Jörg Wiegelmann

Softwareentwicklung in C für Mikroprozessoren und Mikrocontroller

Jörg Wiegelmann

Softwareentwicklung in C für Mikroprozessoren und Mikrocontroller

C-Programmierung für Embedded-Systeme

3., neu bearbeitete und erweiterte Auflage

Hüthig Verlag Heidelberg

Jörg Wiegelmann, Jahrgang 1963, ist als Softwareentwickler tätig. Er hat Erfahrung in der Entwicklung von Software für Komforttelefone und im Aufbau von Entwicklungsumgebungen. Er ist jetzt in der Softwareentwicklung und Projektleitung von Übertragungssystemen und Systemen zur elektronischen Überwachung von Kommunikationsinfrastruktur tätig. Seit 1990 arbeitet er mit der Programmiersprache C im Embedded-Bereich.

ISBN 3-7785-2943-9

3., neu bearbeitete und erweiterte Auflage

Printed in Germany
Satz: Strassner ComputerSatz, Leimen
Druck und Bindung: J. P. Himmer GmbH & Co. KG, Augsburg
Titelbild: Martina Knapp, Wuppertal
Umschlaggestaltung: R. Schmitt, Lytas, Mannheim

Für meine Mutter und Martina

Vorwort

Elektronische Geräte, wie Videorecorder, DVD-Player/Recorder, Telefone, Computerzubehör, Kopierer, Radios und Fernseher, enthalten eine ständig wachsende Menge an Steuerungssoftware. Die Komplexität dieser Software erzwingt neue Wege in der Programmierung der Geräte. Da die Programme immer größer werden, bietet sich die Verwendung einer Hochsprache an. Dafür eignet sich wegen ihrer Einfachheit, Maschinennähe und Schnelligkeit besonders die standardisierte Hochsprache C. Die Sprache Assembler wird dagegen mehr und mehr aus diesem Bereich verdrängt. Bedingt durch den Umstieg von Assembler auf C bzw. den Neueinstieg in die Entwicklung mit C, kommen vielfältige Probleme auf den Programmierer zu. Ziel dieses Buches ist es, diese Probleme zu lösen und eine **praxisorientierte** Beschreibung der wichtigen Schritte der C-Softwareentwicklung zu geben.

Das Buch setzt sich aus zwei Hauptteilen zusammen. Der erste Teil ist ein allgemeines praxisorientiertes Lehrbuch, in dem die wichtigen Punkte der Softwareentwicklung in C erläutert werden. Beginnend mit einer C-Einführung, geht es über Compiler, Linker, Make, Betriebssystem, C-Programmierung, Systementwurf, Quellcode und Hilfsmittel bis hin zu Case-Tools. Auch auf Werkzeuge, die eine Zusammenarbeit mehrerer Teammitglieder an einem Projekt ermöglichen, wird eingegangen. Alle Beispiele sind möglichst werkzeug- oder prozessorunabhängig gehalten.

Der zweite Teil ist ein reiner Praxisteil. An einer kompletten Fallstudie kann das theoretisch dargestellte Wissen vertieft werden. Die Fallstudie ist so aufgebaut, dass sie für den Leser optimalen Nutzen bringt. Die Werkzeuge und der verwendete Prozessor sind so ausgewählt, dass das Beispiel mit geringem Aufwand nachvollziehbar ist. Zum Schluss wird noch ein kleiner Ausblick auf die objektorientierte Programmierung gewährt.

Der Leser soll in die Lage versetzt werden, eine C-Software in einer gegebenen Hardware zu erstellen. Die typischen Probleme, die bei einer Softwareentwicklung auftreten, werden besprochen und das Zusammenspiel der verschiedenen Werkzeuge und Komponenten der Softwareentwicklung wird anschaulich dargestellt.

Auf der beigefügten CD-ROM befinden sich viele Programme, die im praktischen Alltag der Softwareentwicklung sehr nützlich sind und mit denen die beschriebene Fallstudie nachvollzogen werden kann. Bei allen Programmen handelt es sich **nicht** um beschränkte Demo-Softwarelizenzen, sondern um frei verfügbare Software, die in keiner Weise in ihrer Funktion und in ihrem Einsatz beschränkt ist. Auf alle wichtigen Programme wird im Text eingegangen. Die Software wurde von mir auf ihre Praxistauglichkeit getestet und kann sich ohne weiteres mit anderen kommerziellen Lösungen messen.

Danken möchte ich an dieser Stelle meinem Arbeitgeber, der Quante AG, einem Unternehmen der 3 M Telecommunications-Gruppe, den Programmierern, die die auf der CD-ROM gesammelte Software erstellt und sie unentgeltlich zur Verfügung gestellt haben, und den Firmen Conitec Datensysteme und Atmel für die freundliche Unterstützung. Bedanken möchte ich mich auch bei meinen Korrekturlesern, die das Buch weitergebracht haben: Michael Kissel, Carsten Kocherscheidt und Björn Reese. Ebenfalls möchte ich mich für die hervorragende Betreuung durch Herrn Schultz vom Hüthig Verlag bedanken. Anregungen und Kritik können mir gerne an die Adresse embedded.Software@gmx.de geschickt werden.

Wuppertal, Juni 2004 *Jörg Wiegelmann*

Inhaltsverzeichnis

1 Vorteile und Nachteile der Programmierung in C

Der Anteil der Software in elektronischen Geräten wächst immer weiter an. Dies hat zur Folge, dass die Softwareentwicklungskosten ebenfalls ansteigen. Die klassische Programmiersprache der Softwareentwicklung für Embedded-Systeme, (d. h. für Geräte, die mit Software arbeiten, die vom Anwender nicht mehr verändert werden kann) ist *Assembler*. Assemblersoftware ist nach geringer Einarbeitungszeit einfach und schnell zu erstellen. Außerdem wird diese Software von den Prozessoren im Vergleich zur Hochsprachensoftware (bei gleicher Funktionalität) zwei- bis fünfmal so schnell abgearbeitet. Auch der Platzbedarf im Programmspeicher ist erheblich geringer als bei C-Programmen.

Die Übersichtlichkeit der Software und die Möglichkeiten zur Strukturierung sind bei Assembler beschränkt. Ohne trickreiche Hilfskonstruktionen ist es nicht möglich, lokale Variablen anzulegen und diese selbst dokumentierend zu benennen. Ein Assemblerprogramm ist normalerweise immer komplizierter und damit schwerer zu warten als ein C-Programm, welches die gleichen Aufgaben erfüllt. In C kann leichter und übersichtlicher programmiert werden als in Assembler. Hinzu kommt, dass sich der Programmierer nicht mit prozessorspezifischen Dingen, wie das Einhalten von Seitengrenzen und das richtige Laden von Adressierungsregistern, befassen muss.

Wächst eine Assemblersoftware jedoch über eine gewisse Größe an, so ergeben sich neue Probleme. Die Schnittstellen zwischen den einzelnen Programmen werden immer komplizierter und schwerer zu handhaben. Programme zur Lösung eines Problems müssen für die Lösung eines ähnlichen Problems neu geschrieben werden, da Assemblerprogramme meistens Speziallösungen für einen bestimmten Fall sind. Mechanismen müssen eingeführt werden, damit das eine Programm nicht die Daten eines anderen Programms zerstört. C-Programme zur Lösung vieler Probleme finden sich dagegen in der Literatur oder lassen sich aus dem Internet herunterladen. Deshalb hat sich C zu einem Standard entwickelt und wird von der Mehrzahl der Programmierer verwendet.

Das Hauptargument gegen Assemblersoftware ist jedoch die mangelnde Wiederverwertbarkeit für andere Projekte. Jahre an Entwicklungszeit gehen verloren, wenn für ein nachfolgendes oder ein komplett neues Produkt der Prozessor gewechselt wird und der neue Prozessor von einer anderen Firma kommt (und somit meistens nicht kompatibel ist). Assemblercode ist nämlich in den meisten Fällen von Hersteller zu Hersteller sehr unterschiedlich. Aus all diesen Gründen sollte ab einer Programmgröße, die nicht problemlos neu programmiert werden kann, eine *Hochspra-*

che gewählt werden, um die einmal investierte Entwicklungsarbeit zu sichern. Größere Projekte in Assembler zu programmieren, ist angesichts der ständig wechselnden Marktanforderungen einfach zu teuer. Portable C-Programme dagegen sichern die einmal investierte Entwicklungszeit vor dem Wertloswerden. Mit Hochsprachen ist es einfach möglich, Programmbibliotheken anzulegen, die von vielen Programmierern genutzt werden können. Diese Nutzung ist nicht nur auf ein Projekt beschränkt, sondern kann sogar projektübergreifend sein. Die Dokumentation innerhalb des Codes wird durch die Hochsprache unterstützt.

Aufgrund des ständigen Kostendrucks in der kommerziellen Entwicklung war es in meiner beruflichen Laufbahn mehrfach nötig, komplette Softwaresysteme auf andere Prozessoren umzusetzen. Wenn gewisse Regeln eingehalten werden, sollte die Portierung von Software mit vertretbarem Aufwand gelingen. Deshalb macht es normalerweise auch keinen Sinn, die Details einzelner Prozessoren oder der dazugehörigen Entwicklungsumgebungen zu vertiefen. Die Produktpipelines der Halbleiterhersteller bringen ständig neue Produkte heraus, und solche Informationen wären schnell veraltet. Hinzu kommt, dass die Anzahl der auf den Prozessorchip integrierten Elemente ständig zunimmt und möglicherweise ein Prozessorwechsel erforderlich wird, wenn ein Hersteller ein früher externes Modul integriert hat und dieser Prozessor wesentlich kostengünstiger ist als die einzelnen Komponenten.

Damit der Leser die geschilderten Schritte nachvollziehen kann, enthält das Buch einen ausführlichen Praxisteil, in dem ein komplettes und lauffähiges Softwaresystem vorgestellt wird. Hier müssen natürlich Details zum Prozessor und zur Entwicklungsumgebung konkretisiert werden.

Die Anwendung der Hochsprache bringt aber automatisch eine höhere Komplexität der Entwicklungswerkzeuge mit sich. Für die Entwicklung werden ein Compiler, ein Assembler, ein Linker, ein Hochsprachendebugger und ein hochsprachenunterstützender Editor zur Codeerstellung benötigt. Trotzdem lohnt es sich, diesen Aufwand zu treiben, denn in einer Hochsprache kann zusätzlich zu den genannten Vorteilen schneller und fehlerfreier programmiert werden.

Dieses Buch legt den Schwerpunkt auf den praktischen Nutzen der Informationen. Wichtige Hintergrundinformationen finden sich neben Warnungen vor potenziellen Gefahren und einer Vielzahl von Beispielen. Die Vielfalt der Informationen dieses Buchs soll durch an den Rand gestellte Piktogramme gegliedert werden. Die Piktogramme haben die folgenden Bedeutungen:

Symbol	Bedeutung
	Tipp! Wichtige Information aus der Programmierpraxis
	Vorsicht Falle! C ist eine praxisorientierte, optimierte Programmiersprache und keine Anfängersprache mit Netz und doppeltem Boden. Hier wird auf Fallstricke hingewiesen.
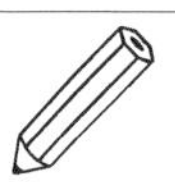	Beispiel! Hier findet der Leser Beispiele, die im Text beschriebene Sachverhalte näher erläutern.

2 Die Programmiersprache C

Unter den vielen vorhandenen Programmiersprachen hat sich C als Sprache für kommerzielle Produkte durchgesetzt. Die Sprache C ist weit verbreitet und trotz einiger „Pferdefüße“ leicht zu erlernen. C ist auf den meisten Entwicklungssystemen (Personalcomputer, Unix/Linux-Maschinen, Macintosh) als Sprache vorhanden, und so kann ein Programm schon einmal auf dem „Trockenen“ ausprobiert werden, bevor es in die Hardware des Zielsystems entlassen wird. C lässt sich mit relativ wenig Compileraufwand in effektiven Assemblercode umsetzen. Außerdem bieten die meisten Mikroprozessorhersteller einen C-Compiler für ihr Produkt an. C ist schnell und effektiv und hat keinen unnötigen Ballast. C ist grundsätzlich nicht objektorientiert. Dies wird aber durch die Effizienz von C ausgeglichen. Verschiedene objektorientierte Techniken können jedoch durch eine gewisse Programmstruktur in ein in C programmiertes System eingebracht werden. Außerdem hat C viele Nachfolger, die mit ihm verwandt sind: C++ und Java. Personen, die diese Programmiersprachen beherrschen, wird auch der „Rückschritt“ nach C nicht schwer fallen. Da sich C im Bereich der „eingebetteten Systeme“ durchgesetzt hat werden wir uns hier ausschließlich mit der Programmiersprache C beschäftigen und andere Sprachen vernachlässigen.

Der ANSI-Standard von 1987 bildet das Fundament für eine portable C-Entwicklung. Jeder ANSI-C-Compiler sollte den Code eines anderen ANSI-C-Compilers verstehen. Bei der Entwicklung sollte unbedingt darauf geachtet werden, dass der ANSI-Standard so weit wie möglich eingehalten wird. Nur dann kann der Code problemlos weiterverwendet werden. Viele Compilerhersteller bieten (fast) reine ANSI-C-Compiler an, oder diese lassen sich auf (fast) reinen ANSI-Code einstellen.

Für die hier behandelten „Embedded-Systeme“ gibt es jedoch leider geringe Einschränkungen. Der ANSI-Standard beschäftigt sich nicht mit der „resetfesten“ Speicherung von Daten. Resetfest bedeutet hier, dass gewisse Einstellungen des Benutzers nach dem Unterbrechen der Stromversorgung erhalten bleiben. Der ANSI-Standard befasst sich auch nicht damit, welche Teile eines C-Programms sich im ROM bzw. welche sich im RAM des Systems befinden. Ebenso gibt es keine Vorschriften, wie Datenstrukturen auf Byteebene im Speicher abgebildet werden. Dies kann interessant sein, um externe Bausteine (Display-Controller, Schnittstellen usw.) anzusprechen. Also muss an diesen Stellen der ANSI-Standard verlassen werden. Die Abweichungen sollten jedoch gering sein und nur an einzelnen, gut dokumentierten Stellen in der Software erfolgen. Reiner ANSI-Code bereitet bei der Portierung keine Sorgen!

3 Kurze Einführung in die Sprache C

Die folgende Einführung soll und kann kein C-Lehrbuch ersetzen. Sie dient dazu, die vorgestellten Beispiele und Probleme besser verstehen zu können. Es ist eine Einführung in C, die speziell auf Mikroprozessorbelange zugeschnitten ist und in der auch auf einige Besonderheiten und Fallstricke der Praxis hingewiesen wird. Der in C bewanderte Leser kann das Kapitel und seine Unterkapitel überspringen, wobei dann unter Umständen einige Praxistipps verloren gehen könnten.

3.1 Aufbau eines einfachen C-Programms

Das einfachste C Programm (Beispiel 3.1) beginnt mit dem Schlüsselwort „main“. main wird beim Systemstart, nachdem die C-Umgebung definiert wurde, automatisch aufgerufen und kennzeichnet den Start des Programms. Jedes C-Programm (gemeint ist hier das gesamte C-System) braucht irgendwo ein (und nur ein) main, damit das Programm seinen Lauf nehmen kann. Wenn main fehlt oder wenn es zwei main in verschiedenen Modulen gibt, erfolgt eine Fehlermeldung beim Linken. Auf main folgen runde Klammern ( ), die das Kennzeichen einer Funktion in C sind. Nun beginnt das eigentliche Programm mit dem Blockbegrenzer Blockanfang {. Einzelne Anweisungen werden durch ; getrennt. Nach einigen Anweisungen kann das C-Programm zum Ende kommen mit dem Blockbegrenzer } für Blockende. Auffallend sind die beiden C-Schlüsselwörter „void“ (engl. nichtig , null, leer). Das erste void steht an der Stelle, an der der Typ eines Rückgabewertes angegeben werden könnte. Void heißt hier, dass kein Rückgabewert von dieser Funktion zurückgegeben wird. Das void in den Klammern steht an der Stelle, wo Übergabeparameter für die Funktion stehen könnten. Die Konstellation void main (void) stellt bei Mikroprozessoranwendungen den Normalfall dar. Meistens ist kein Programm mehr oberhalb von void angesiedelt, und weder Übergabeparameter noch Rückgabewerte machen einen Sinn. Bei PC-gestützten Systemen besteht über die Parameter von main die Möglichkeit, Benutzereingaben vom Betriebssystem zu übernehmen und die Ergebniswerte an das Sytem zurückzuliefern. Kommentare sind in C nach wie vor sehr wichtig. Sie werden durch /* begonnen und mit */ beendet. Das ***Beispiel 3.1*** ist nur ein leeres Gerüst für ein C-Programm mit einem Kommentar. Es lässt sich fehlerfrei übersetzen; wenn es ausgeführt wird, passiert aber nichts, da weder Ein- noch Ausgaben oder Rechenoperationen stattfinden. Viele Compilerhersteller unterstützen bereits die C++-Zeilenkommentare, beginnend mit //. Da diese Art des Kommentars aber einige ältere C-Compiler nicht akzeptieren, kann es hier zu Portabilitätsproblemen kommen.

```
void main (void)
{
  /* Ein Kommentar */
}
```

Beispiel 3.1: *Einfaches C-Programm*

3.2 Datentypen, Variablen und Konstanten

Zu jedem Programm gehören auch Daten. Je nachdem welche Aufgaben ein Programm erledigen soll, stehen unterschiedliche Datentypen zur Auswahl: Datentypen, um Texte oder einzelne Buchstaben zu speichern, Zähler zu realisieren oder Fließkommaberechnungen durchzuführen. In den hier behandelten Mikroprozessoranwendungen spielen Fließkommaberechnungen normalerweise eine untergeordnete Rolle. Wenn möglich, sollte auf sie verzichtet werden, da ihre Verarbeitung ressourcenintensiv in Bezug auf Programmspeicher und Verarbeitungszeit ist. Es folgt eine kurze Beschreibung der verschiedenen Datentypen mit Anwendungsmöglichkeiten.

char

Der Datentyp char ist eigentlich zur Aufnahme von einzelnen Buchstaben gedacht. Im Gegensatz zu anderen Programmiersprachen kann man in C mit ihm aber auch zählen. Der char belegt nur 1 Byte Speicherplatz und bietet sich somit auch an, einzelne Bytes zwischenzuspeichern oder arbeitsspeichersparend (RAM) Zähler zu realisieren. Der Wertebereich reicht von, –128 bis +127. Durch Voranstellen des unten erläuterten Schlüsselworts unsigned kann er verändert werden, so dass er dann von 0 bis 255 reicht. Durch seine geringe Größe eignet sich der Datentyp zum platzsparenden Speichern kleiner Werte. Es ist jedoch zu beachten, dass Prozessoren mit einem 16 Bit breiten Datenbus bei der Verwendung von char unter Umständen größeren Aufwand treiben müssen, um auf diese Daten zuzugreifen. Das schlägt sich in einem Mehr an vom Compiler erzeugten Programmcode nieder. In diesem Fall muss abgewogen werden, ob Datenspeicher auf Kosten von Programmspeicher gespart werden soll oder nicht.

int

Integer entsprechen den ganzen Zahlen. Der Standardtyp int hat einen Wertebereich von –32 768 bis +32 767 und belegt normalerweise 2 Byte. Durch Voranstellen von verschiedenen Attributen kann dieser Standardtyp modifiziert werden. Die Attribute long und short können auch allein stehen, ohne dass sich an der Bedeutung etwas ändert (long ist also gleich long int). Negative Vorzeichen finden bei „Embedded-Systemen“ nur selten Anwendung. Die meisten Datentypen sind also „unsigned“ (siehe unten).

short

Durch das Voranstellen von short ändert sich normalerweise nichts. Es wird kein Speicherplatz gespart, und der Wertebereich verändert sich ebenfalls nicht. Somit ist short eigentlich überflüssig; es kann jedoch vorkommen, dass der ein oder andere Compiler dieses Schlüsselwort verwendet, um besonders sparsam mit dem Speicherplatz umzugehen.

long

Mit long können große Zahlen gespeichert werden. Der Speicherplatz für einen int wird von 2 auf 4 Byte erhöht, und der Wertebereich vergrößert sich auf –2 147 483 648 bis +2 147 483 647.

unsigned

Kann auf negative Zahlen verzichtet werden, so lässt sich der Wertebereich der positiven Zahlen (bei int und long int, aber auch bei char) noch einmal verdoppeln.

float

Dieser Typ ist für Gleitkommazahlen vorgesehen. Er benötigt 4 Byte Speicherplatz, und der Wertebereich reicht von $\pm 10^{-37}$ bis $\pm 10^{+38}$.

double

Für besonders genaue Berechnungen oder große Zahlen ist der Typ double gedacht. Der benötigte Speicherplatz beträgt 8 Byte, der Wertebereich reicht von $\pm 10^{-307}$ bis $\pm 10^{+308}$. Manchmal wird der Typ double auch als long float bezeichnet.

Tabelle 3.1: *Übersicht über die beschriebenen Datentypen*

Datentyp	Größe in Byte	Wertebereich
char	1	–128...127
unsigned char	1	0...255
int	2	–32768... +32767
unsigned int	2	0...65535
short int	2	–32768... +32767
unsigned short int	2	0...65535
long int	4	$-2 \cdot 10^9 ... +2 \cdot 10^9$
unsigned long int	4	$0 ... +4 \cdot 10^9$
float	4	$\pm 10^{-37} ... \pm 10^{38}$
double	8	$\pm 10^{-307} ... \pm 10^{308}$

Neben den verschiedenen Datentypen gibt es auch verschiedene Zahlensysteme, die direkt von C unterstützt werden. Dies sind das dezimale, das oktale und das hexadezimale System. Leider fehlt das binäre System. Die Zahlensysteme werden durch unterschiedliche Schreibweisen kenntlich gemacht. Eine dezimale Zahl wird durch eine Zahl **ohne** vorgestellte Null gekennzeichnet. Eine Oktalzahl ist erkennbar an einer vorgestellten Null. Bei einer Hexadezimalzahl ist ein 0x vorangestellt. In Hexadezimalzahlen finden die Buchstaben a bis f Verwendung. Sie können in Groß- oder Kleinschreibung vorkommen. Problematisch ist, dass das Oktalsystem so gut wie nicht verwendet wird. Das führt leicht dazu, dass z. B. in einer Tabelle, bei einer Zahl eine 0 vorangestellt wird. Damit hat man die Zahl aber meistens gravierend verändert. Um sich gegen solche Fehler zu sensibilisieren, ist es am besten, selbst auch das Oktalsystem nicht zu verwenden.

Tabelle 3.2: *Beispiele zu den unterstützten Zahlensystemen in C*

Dezimalsystem	Oktalsystem	Hexadezimalsystem
1	01	0x1
10	012	0xA
100	0144	0x64
3215	06217	0xC8F

Bei einigen Situationen ist es wichtig zu wissen, wie Daten im Speicher abgelegt werden. Eventuell muss ein Speicherdump gelesen oder ein Hardwarebaustein angesprochen werden. Bei den Datentypen, die größer als 1 Byte sind (also int, long int usw.), gibt es zwei Möglichkeiten, die Bytes im Speicher anzuordnen: beginnend mit dem höchstwertigen Byte oder beginnend mit dem niedrigstwertigen Byte. Diese beiden Verfahren werden als *Little Endian* und als *Big Endian* bezeichnet. *Little Endian* bedeutet eine Anordnung im Speicher, beginnend mit dem niedrigstwertigen Byte und endend mit dem höchstwertigen Byte. Sieht man die Werte über einen Debugger direkt im Speicher, so liest man sie verkehrt herum. Die niedrigste Adresse enthält die niedrigste Speicherstelle. Beim Big-Endian-Verfahren stehen die Daten „richtig herum" im Speicher. An den niedrigen Adressen befinden sich die höherwertigen Bytes und an den hohen Adressen die niederwertigen Bytes.

3.2.1 Erzeugen und Gültigkeitsbereich von Variablen

Nach der Besprechung der Typen sollen nun Variablen mit diesen Typen angelegt werden. Eine Variablendefinition besteht aus ihrem Typnamen und einem Namen, der kein geschützter C-Name (C-Schlüsselwort) sein darf (z. B.: break, for, static, short). Zusammensetzungen von Namen unter Benutzung von geschützen Wörtern ist erlaubt. (z. B. Break, For, Short, Var).

Die Definition der Variablen „Speicher" als int, float, double, char oder long lautet:

int Speicher;
float Speicher;
double Speicher;
char Speicher;
long Speicher;

Beim Anlegen von Variablen besteht die Möglichkeit, diese direkt zu initialisieren:

int Speicher=1063;
float Speicher=5.4;
float Speicher=23.7;
char Speicher='z'; oder char Speicher=77;
long Speicher=1278325;

Lokale Variablen dürfen direkt nach jedem Blockanfang { definiert werden. Sie gelten so lange, bis das Zeichen } das Blockende kennzeichnet. So kann also auch in einem „if-Block" eine Variable definiert werden:

```
if(Bedingung)
  {
      unsigned int lpc=0;  /* Definition einer lokalen Variablen in einem If-Block */
  }
```

Globale Variablen werden außerhalb aller Blöcke, der Übersichtlichkeit wegen am besten vor der ersten Funktionsdefinition definiert. Globale Variablen, die nur in einem Programm benutzt werden, können aber auch direkt vor dem benutzenden Programm definiert werden. Alle Programme dieses Moduls können dann auf diese Speicherstellen zugreifen.

```
float global1=100; /* Globale Variable */
main(void)
{
int lokal1, lokal2; /* Lokale Variable */
.......;
}

float global2=10; /* das ist auch erlaubt!! Eine globale Variable */
void fkt1 (void)
{

}
```

Beispiel 3.2: *Verwendung von Variablen*

```
main(void)
{
int a=5;
  {
     int a=7; /* Eine Neue Variable a ensteht */
  }
...  /* a ist wieder gleich 5 */
}
```

Beispiel 3.3: *Zwei Variablen mit gleichem Namen und unterschiedlichen Gültigkeitsbereichen*

Wird eine Variable außerhalb eines Blocks definiert und dann innerhalb eines Blocks noch einmal, so ersetzt die neue Variable die alte für die Dauer des Blocks. Von dieser Möglichkeit sollte man aber keinen Gebrauch machen, da unklare Variablennamen das Lesen und Bearbeiten eines Programms erschweren.

3.2.2 Variablendefinition mit static, auto, volatile, register und const

Zusätzlich zum Was der Variablendefinition kann dem Compiler mitgeteilt werden, wie er eine Variable behandeln soll. Dies erfolgt, indem den Definitionen bestimmte Schlüsselwörter vorangestellt werden:

static

Eine static-Variable verhält sich teils wie eine globale und teils wie eine lokale Variable. Lokal ist sie, weil der Gültigkeitsbereich nicht über den zugehörigen Block hinausgeht. Von einer globalen Variablen hat sie, dass der ihr zugewiesene Wert auch außerhalb der Gültigkeitsgrenzen erhalten bleibt. Bei einer Displaysteuerung wird z. B. die momentane Cursorposition static gespeichert, damit

- kein Programm außerhalb der Displaysteuerung diesen Wert verändert und
- der momentane Wert der Cursorposition bis zum nächsten Aufruf des Programms erhalten bleibt.

Eine globale Variable als static zu definieren, führt zu einem besonderen Verhalten. Diese Variable verhält sich für das Modul, in dem sie definiert wurde, genau wie eine globale Variable, für andere Module ist diese Variable aber nicht sichtbar. Normale globale Variablen hingegen sind von anderen Modulen aus les- und schreibbar.

Wird static in dieser Funktion benutzt, empfiehlt es sich, ein neues Schlüsselwort PRIVATE über eine #define-Anweisung zu definieren. (#define PRIVATE static), um den eigentlichen Sinn besser zu dokumentieren. Die Anweisung static ist die einzige Möglichkeit in C, Variablen vor Zugriffen zu schützen. Dass diese Möglichkeit etwas dürftig ist, wurde erkannt und durch umfangreiche Schutzmechanismen in der Sprache C++ beseitigt.

auto

Innerhalb von Funktionen sind alle Variablen auto, ohne dass dies extra angegeben werden müsste. Das heißt, sie werden automatisch auf dem Stack angelegt. Globale Variablen mit auto zu versehen, ist normalerweise verboten. auto ist heutzutage überflüssig und ein Überbleibsel aus früheren Zeiten.

volatile

volatile wird in Embedded-Systemen häufig verwendet. Dieses Schlüsselwort teilt dem Compiler mit, dass die entsprechende Variable außerhalb der Kontrolle des Programms (z. B. über Assemblerprogramme, Interrupte oder externe Beschaltung) verändert werden kann. Jeder Zugriff auf diese Variable erfolgt deshalb durch direktes Lesen des Speichers. Von vorherigen Operationen noch vorhandene Registerinhalte werden ignoriert. Bezüglich einer mit „volatile“ versehenen Variablen finden keine Optimierungen seitens des Compilers statt.

register

Das Schlüsselwort gibt die Anweisung an den Compiler, diese Variable möglichst als Prozessorregister auszuführen. Sind keine Register mehr frei, so wird die Anweisung ignoriert. Der Programmierer hat mit diesem Schlüsselwort die Möglichkeit einer Laufzeitoptimierung.

const

Hiermit versehene Typen können nicht mehr verändert werden und gelten als konstant. Bei vielen Compilern für die hier besprochenen Embedded-Systeme hat das Schlüsselwort const noch eine Besonderheit. Es sorgt dafür, dass Konstanten (wenn möglich) im billigeren Programmspeicher (ROM) anstatt im teureren (knapperen) Arbeitsspeicher (RAM) des Systems abgelegt werden. Das funktioniert bei Konstanten, die feste Werte haben, beispielsweise bei Timerwerten oder Schleifendurchläufen. Bekommt jedoch eine Konstante beim Anlegen derselben einen Wert aus z. B. einer Funktion zurückgeliefert, so kann der Compiler diese Konstante natürlich nicht im ROM ablegen. Diese (ganz genau betrachtet) unterschiedlichen Arten von Konstanten werden in C nicht durch verschiedene Schlüsselwörter differenziert. Bei einigen Compilern ist zusätzlich zum Typ „const“ noch ein compilerspezifisches Schlüsselwort notwendig, damit die Daten im ROM abgelegt werden. Diese Prozedur ist sehr umständlich und besonders für größere Projekte, portierte oder zugekaufte Software nicht akzeptabel.

3.2.3 enum-Anweisung

Die enum-Anweisung erlaubt die Deklaration von Aufzählungskonstanten. Beginnend mit einem Startwert, werden die Konstanten in einer enum-Liste automatisch um jeweils 1 inkrementiert. Zusätzlich können den Konstanten auch explizite Werte zugewiesen werden.

Eine Standard-enum-Definition ist im ***Beispiel 3.4*** dargestellt.

```
enum Typkennung
    {
    Konstante1,
    Konstante2,
    ....,
    Konstante20=100,
    .....
    };
```

Beispiel 3.4: *Enum-Anweisung*

Die Typkennung ist optional und kann auch entfallen, wenn der Typ nicht zur Definition von Variablen verwendet werden soll. Die erste Konstante in der Liste erhält den Wert 0, wenn nichts anderes angegeben ist. Die weiteren Konstanten erhalten den um 1 erhöhten Wert ihres Vorgängers, wenn keine explizite Zuweisung angegeben ist. Die Konstante 20 bekommt den Wert 100 explizit zugewiesen.

Die so definierten Konstanten lassen sich zum Initialisieren von Variablen verwenden. Es ist möglich, einer Integer-Variablen den Wert von Konstante1 zuweisen. Mit der Typkennung und dem Zusatz enum lassen sich auch Variablen definieren (***Beispiel 3.5***).

```
enum TWochentag
        {
        MO,DI,MI,DO,FR,SA,SO
        };
enum TWochentag Wochentag=SA;
```

Beispiel 3.5: *Enum-Anweisung zur Deklaration von Wochentagen*

Die Variable Wochentag ist vom Typ TWochentag und hat den Wert SA. Diese Definition ist anschaulich und hat den Vorteil, dass einige Debugwerkzeuge den Wert von Wochentag nun symbolisch darstellen. Der Nachteil ist, dass der enum-Datentyp durch ANSI als Integer definiert ist. In vielen Fällen kommt es so durch enum-Datentypen zu einer nicht effektiven Auslastung des RAM-Speicherplatzes, da die allermeisten Konstanten keinen Integerwertebereich (2 Byte Speicherplatz) benötigen. Als Lösung für dieses Problem bieten einige Compilerhersteller die Option an, automatisch den kleinsten passenden Datentyp auszuwählen oder per Hand einen passenden Datentyp zu bestimmen. Man begibt sich aber bei solch einer Lösung programmtechnisch auf das Glatteis einer herstellerspezifischen Lösung. Da der ANSI-Standard verlassen wird, kann es bei der Portierung der Software auf einen anderen Prozessor oder bei der Verwendung eines anderen Compilers für den gleichen Prozessor Probleme geben, die sich nur durch Anpassen des Codes beheben lassen. Bei größeren Projekten, die einerseits speicherplatzoptimal und andererseits leicht portierbar sein sollen, empfehle ich, auf diese Art der Konstantendefinition zu verzichten.

Wenn enums (trotz des oben beschrieben Nachteils) häufiger verwendet werden sollen, lassen sie sich als eigene Typen definieren. Das hat den Vorteil, dass Variablen nicht mehr mit dem Schlüsselwort enum angelegt werden müssen und so Schreibarbeit gespart wird.

Die obige Wochentagsdefinition kann also auch so aussehen wie in ***Beispiel 3.6***.

Der Typbezeichner des enum wird weggelassen und ein Typ TWochentag mit der typdef-Anweisung definiert. Bei der Definition der Variablen kann nun das Schlüsselwort enum eingespart werden. Das lohnt sich, wenn mehrere Variablen vom Typ TWochtentag Verwendung finden.

```
typedef enum
        {
                MO,DI,MI,DO,FR,SA,SO
        } TWochentag;
TWochentag Wochentag=SA;
```

Beispiel 3.6: *enum als eigener Typ*

3.2.4 Felder von Daten

Alle oben erläuterten Datentypen lassen sich zu Feldern anordnen. Die Definition von Feldern kennzeichnet die eckigen Klammern, in denen die Feldgröße steht. Der Datentyp muss wie bei anderen Variablen natürlich mit angegeben werden. Der Zugriff auf Felder erfolgt über den *Operator* [] (eckige Klammern). Zu beachten ist, dass es in C keine Bereichsüberwachung von Feldern gibt und dass alle Felder mit dem Element 0 beginnen. Ein Feld, welches mit 20 Elementen definiert wird, hat also die erlaubten Indizes von 0 bis 19. Ein Zugriff auf ein nicht definiertes Element wird nicht abgefangen (***Beispiel 3.7***), weder vom Compiler noch zur Laufzeit. Eine Leseoperation führt zu einem undefinierten Ergebnis, Schreiboperationen führen zu schwer zu findenden Fehlern oder Programmabstürzen. Leider ist es per Compiler nicht möglich, Felder dynamisch anzulegen. Die Feldgrößen dürfen also keine Ergebnisse von Berechnungen zur Laufzeit oder Variable sein.

Felder mit mehreren Dimensionen werden einfach durch eine weitere Klammer definiert: ein zweidimensionales Feld durch a[5][6], ein dreidimensionales durch a[5][6][7] usw.

Eine besondere Stellung nehmen Felder des Typs char ein. Hierbei handelt es sich um Strukturen, die den „Strings" aus anderen Programmiersprachen ähnlich sehen. Um das Ende eines Strings zu erkennen, wird in C ein besonderes Zeichen verwendet: \0. Jeder Text, der in C ausgegeben oder durch die speziellen Stringroutinen bearbeitet wird, muss mit diesem Zeichen enden. Aus diesem Grunde müssen Strings immer um ein Zeichen länger definiert werden, als sie Informationen aufnehmen müssen. In anderen Programmiersprachen ist es möglich, Strings zu addieren oder sie einfach Variablen zuzuweisen. In C ist dies nicht möglich. Es existiert aber eine Unterprogrammsammlung für diese Art von Funktionen.

```
void main(void)
{
 int ruebe[2];  /* Definition */
 ruebe[0]=3;  /* Zuweisung von 3 an Element 0 */
 ruebe[1]=2;  /* Zuweisung von 2 an Element 1 */
 ruebe[2]=1;  /* Falsche Zuweisung an Element 2 */
}
```

Beispiel 3.7: *Felder in C*

Bei der Definition von Feldern hat der Programmierer die Möglichkeit, diese direkt zu initialisieren:

int ruebe[3]={1,2,3}

Diese Konstruktion weist den Feldelementen der Reihe nach die Werte 1, 2, 3 zu.

3.2.5 Strukturen

Strukturen bieten die Möglichkeit, verschiedene Variablen eines Programms oder Moduls zu einer Einheit zusammenzufassen. Der Vorteil von Strukturen liegt in einem gewissen Ordnungseffekt und einer logischen Zusammenfassung verschiedener Komponenten. Besonders nützlich sind Strukturen, wenn logisch zusammenhängende oder sehr große Datensätze übersichtlich aufbereitet werden sollen. Ein Grafikdisplay hat z. B. die Koordinaten x und y. Bei der Ansteuerung des Displays müssen die Koordinaten des Displays bearbeitet werden. Anstatt die Variablen einzeln zu verwenden, lassen sich diese über eine Struktur logisch zusammenfassen. Das Anlegen und die Benutzung einer Struktur sind im ***Beispiel 3.8*** dargestellt. Die Variablen x und y werden zu einer Struktur Displayposition zusammengefasst. Danach wird eine Variable GrafikLcdPosition mit der Struktur DisplayPosition angelegt. Der Zugriff auf die Komponenten dieser Struktur erfolgt über den *Punktoperator*.

```
struct DisplayPosition   /* Anlegen einer Struktur */
{
    unsigned int x;
    unsigned int y;
};

/* Definition einer Strukturvariablen */
struct DisplayPosition GrafikLcdPosition;
...
/* Benutzung von Strukturvariablen */
GrafikLcdPosition.x=13;  /* Setzen der  Strukturierten Variablen x */
GrafikLcdPosition.y=10;  /* Setzen der  Strukturierten Variablen y */
...
```

Beispiel 3.8: *Anlegen und Benutzung einer Struktur*

Damit sind die Möglichkeiten von Strukturen noch nicht erschöpft. Denken wir uns eine große Ansammlung strukturierter Daten in einer Datenbank. Z. B. zweihundert Temperatur- und Luftfeuchtigkeitsensoren in einem Schiff. Die herkömmliche Lösung legt jeweils ein C-Array für die Temperatur und ein weiteres C-Array für die Luftfeuchtigkeit an. Mit Strukturen bietet sich eine elegantere Lösung. Eine strukturierte Variable „StructUmweltdaten“ enthält die beiden Variablen Temperatur und Luftfeuchtigkeit. Die Variable „Umweldaten“ kann nun ebenfalls als Array angelegt werden (***Beispiel 3.9***). Im Falle einer Erweiterung des Systems, muss nur eine weitere Komponente, z. B. „Luftdruck“, in die Struktur eingefügt und die neue Komponente von der Software behandelt werden. So helfen Strukturen dabei änderungsfreundliche Software zu erstellen.

Strukturen können auch dazu benutzt werden, die modulglobalen Variablen von ganzen Modulen zusammenzufassen. Vorteil ist, neben dem eingangs erwähnten Ordnungseffekt, eine Darstellung des logischen Zusammenhalts der Variablen. Solch eine zusammengefasste strukturierte Variable, wird oft auch als Kontrollblock bezeichnet.

```
struct StructUmweltDaten   /* Anlegen der Struktur */
{
    unsigned int Feuchte;
    unsigned int Temperatur;
};

/* Definition einer Strukturvariablen */
struct StructUmweltdaten Umweltdaten[200];
```

Beispiel 3.9: *Feld mit einer Struktur*

Strukturierte Variablen können unter Umständen sehr groß werden. Sie können anstatt einzelner Variablen als Komponenten, Arrays oder weitere Unterstrukturen enthalten. Besonders im Embedded-Bereich muss mit großen Strukturen vorsichtig umgegangen werden. Gemeint ist hier das Anlegen von großen Strukturen als lokale Variablen oder die Übergabe an Funktionen als Parameter (siehe hierzu Abschnitt 3.4.2).

3.2.6 Verschiedene Operatoren

In C gibt es verschiedene Operatoren, um Daten zu verändern. Es wird zwischen *binären* und *unären Operatoren* unterschieden. Erstere brauchen zwei Operanden, letztere nur einen.

Tabelle 3.3: *Übersicht über unäre Operatoren:*

Zeichen	Bedeutung
&	Adressoperator
!	logische Negation
*	Indirektion
++	Inkrement
~	bitweises Komplement
--	Dekrement
–	unäres Minus
+	unäres Plus

Tabelle 3.4: *Übersicht über binäre Operatoren*

<table>
<tr><th>Zeichen</th><th>Bedeutung</th></tr>
<tr><td>+</td><td>binäres Plus (Addition)</td></tr>
<tr><td>–</td><td>binäres Minus (Subtraktion)</td></tr>
<tr><td>*</td><td>Multiplikation</td></tr>
<tr><td>/</td><td>Division</td></tr>
<tr><td>%</td><td>Modulo</td></tr>
<tr><td><<</td><td>Linksschieben</td></tr>
<tr><td>>></td><td>Rechtsschieben</td></tr>
<tr><td>&</td><td>bitweises AND</td></tr>
<tr><td>^</td><td>bitweises XOR (exklusives OR)</td></tr>
<tr><td>|</td><td>bitweises inklusives OR</td></tr>
<tr><td>&&</td><td>logisches AND</td></tr>
<tr><td>||</td><td>logisches OR</td></tr>
<tr><td>=</td><td>Zuweisung</td></tr>
<tr><td>*=</td><td>Zuweisungsprodukt</td></tr>
<tr><td>/=</td><td>Zuweisungsquotient</td></tr>
<tr><td>%=</td><td>Zuweisungsmodulo</td></tr>
<tr><td>+=</td><td>Zuweisungssumme</td></tr>
<tr><td>–=</td><td>Zuweisungsdifferenz</td></tr>
<tr><td><<=</td><td>Zuweisung Linksschieben</td></tr>
<tr><td>>>=</td><td>Zuweisung Rechtsschieben</td></tr>
<tr><td>&=</td><td>Zuweisung bitweises AND</td></tr>
<tr><td>^=</td><td>Zuweisung bitweises XOR</td></tr>
<tr><td>|=</td><td>Zuweisung bitweises OR</td></tr>
<tr><td><</td><td>kleiner als</td></tr>
<tr><td>></td><td>größer als</td></tr>
<tr><td><=</td><td>kleiner gleich</td></tr>
<tr><td>>=</td><td>größer gleich</td></tr>
<tr><td>==</td><td>Gleichheit</td></tr>
<tr><td>!=</td><td>Ungleichheit</td></tr>
<tr><td>.</td><td>direkte Elementauswahl</td></tr>
<tr><td>–></td><td>indirekte Elementauswahl über Zeiger</td></tr>
<tr><td>? :</td><td>Konditionaloperator:
a ? b : y „wenn a, dann b; sonst y“</td></tr>
<tr><td>,</td><td>Komma-Operator zur Zusammenfassung von Ausdrücken</td></tr>
</table>

3.2.7 Präprozessor

Der *Präprozessor* ist ein wichtiges Werkzeug zur Vorverarbeitung von C-Texten vor ihrer Übersetzung durch den Compiler. Er erledigt folgende Aufgaben:

– Ersetzen von Makros,

– Einfügen von Dateien,

– bedingtes Übersetzen.

Der vom Präprozessor bearbeitete Text wird an den Compiler weitergegeben. Der Ausdruck „Text“ wurde deshalb gewählt, weil es sich hier um eine reine Textverarbeitung des C-Textes handelt. Syntaxfehler werden vom Präprozessor nicht erkannt.

Der Präprozessor wird durch folgende Anweisungen gesteuert, die alle mit dem Zeichen # beginnen:

#define
#undef
#if
#endif
#ifdef
#ifndef
#else
#include
#pragma
#line
#error

Bedeutung der einzelnen Anweisungen:

#define
Dies ist die wichtigste Anweisung. Mit #define können Makros definiert werden. Ein einfaches Makro ist z. B. eine symbolische Konstantendefinition:

#define ANZAHL 5

Wenn nach der Anweisung im C-Text das Wort ANZAHL vorkommt, wird es automatisch durch 5 ersetzt. Kommen in Makros Berechnungen vor, also z. B.

#define ANZAHL (5+3),

so müssen die Berechnungen in Klammern gesetzt werden, da sonst falsche Ergebnisse entstehen können. Die Regel Punkt- vor Strichrechnung gilt auch in C! So kommt z. B. bei der Berechnung 3*ANZAHL ohne Klammern „3*5+3“ also 18 heraus. Mit Klammern erhalten wir das richtige Ergebnis 24: „3*(5+3)“.

Aus Gründen der Übersichtlichkeit hat es sich eingebürgert, Makros in Großbuchstaben zu schreiben. Makrobezeichnungen aus mehreren Wörtern können durch das Zeichen _ (Unterstrich) getrennt werden, z. B. MAX_PAKET_ANZAHL anstatt MAXPAKETANZAHL.

Grundsätzlich ersetzt der Präprozessor alle Vorkommen des Makros, mit der Ausnahme, dass Ausdrücke in Anführungszeichen nicht ersetzt werden.

Außer diesen einfachen Makros sind auch Makros mit Parametern möglich. Die Parameter werden hinter dem Makronamen in runden Klammern übergeben:

#define max(a, b) (((a) > (b)) ? (a) : (b))

Dieses oft verwendetet Makro verarbeitet die Parameter a und b, findet heraus, welches der größere von beiden ist und liefert diesen zurück. Eine Typangabe und

Prüfung der Parameter findet nicht statt. Es wird lediglich die Anzahl der Parameter überprüft.

Da sich ein Makroaufruf von einem Funktionsaufruf im C-Text praktisch nicht unterscheidet, können Makros verwendet werden, um Funktionen zu simulieren, die noch nicht fertig gestellt worden sind oder die in einer Softwarevariante nicht vorhanden sind. Das folgende Makro liefert unabhängig vom Parameter 1 zurück und kann eine Funktion mit einem Parameter simulieren:

#define dummy(a)(1)

Auf diese Weise können auch „inline"-Funktionen definiert werden. Inline-Funktionen sind in anderen Programmiersprachen (z. B. C++) Funktionen, die zwar der Übersichtlichkeit wegen als Funktionen definiert werden, die aber so klein sind, dass der Aufwand, die Funktionen aufzurufen, in einem Unverhältnis zum Inhalt der Funktion steht. Solche „Mini-Funktionen" entstehen leicht bei der Verwendung von so gennannten „abstrakten Datentypen". Anstatt auf Variablen in anderen Modulen direkt zuzugreifen, werden diese unter Zuhilfenahme von kleinen Funktionen anderen Modulen zur Verfügung gestellt. Der Zweck diese Konzepts wird später erläutert (Abschnitt 4.2 und Abschnitt 14.2) Solche Funktionen können als Makro definiert werden und bieten dann die Übersichtlichkeit einer Funktion mit den Vorteilen der schnellen Programmausführung und codesparenden Übersetzung des C-Compilers:

#define GetGlobalStatus(a) status[a] / Definition einer „inline" Funktion */*

Hier wird mit dem übergebenen Parameter a auf ein Feld mit Werten zugegriffen. Die Definition der Variablen und der „Aufruf" der Funktion kann dann so aussehen:

int status[20]; / Definition der Variablen zur Abfrage */*
int LokalStatus= GetGlobalStatus(2); / Abfrage des 3. Feldelements (Zaehlung beginnt mit 0!!) */*

Eine Sonderstellung nehmen Makros ein, die keinen Inhalt haben:

#define TESTVERSION

Diese Makros können nur mit der unten erläuterten Präprozessoranweisung #ifdef abgefragt werden.

#undef
Ein mit #define bekanntgegebenes Makro kann mit #undef wieder gelöscht werden.

#if
#else
#endif
Das Anweisungspaar #if und #endif ist nicht mit dem „if" von C zu vergleichen. Mit #if kann nur während der Übersetzungszeit eine Bedingung abgetestet werden. Diese Konstruktion wird verwendet, um abhängig von Bedingungen Konstanten zu setzen oder Quellcodes zu aktivieren oder zu deaktivieren. Ist die #if-Bedingung nicht erfüllt, so kann mit #else ein anderer Zweig durchlaufen werden. Das Ende der gesamten #if Abfrage (einschl. des #else-Zweiges) wird mit #endif gekennzeichnet.

Die nachfolgende Konstruktion definiert in Abhängigkeit vom Wert des Makros CROSSCOMPILER das Makro COMPILER entweder als „B“ oder als „M“:

```
#if (CROSSCOMPILER==1)
#define COMPILER "B"
#else
#define COMPILER  "M"
#endif
```

#ifdef
#ifndef
Hiermit kann abgetestet werden, ob ein Makro überhaupt definiert ist. #ifdef ist wahr, wenn ein Makro vorhanden ist, #ifndef ist wahr, wenn ein Makro nicht vorhanden ist. Die Syntax ist identisch mit obigem #if. Diese Anweisungen müssen also auch mit #endif abgeschlossen werden. Die Definition von Makros ohne Inhalt und die Abfrage über #ifdef wird oft verwendet, um Software an verschiedene Gegebenheiten anzupassen. Es können Varianten, die an verschiedene Kundenwünsche angepasst sind, Varianten, die spezielle Hardwareeigenschaften berücksichtigen oder Varianten mit verschiedenen Komfortstufen erzeugt werden.

#include
Diese Anweisung ist besonders wichtig. Mit ihr können ganze Dateien in einen C-Text eingefügt werden. Diese Dateien enthalten typischerweise Präprozessordefinitionen und Funktionsprototypen (Erläuterung siehe Abschnitt 4.1). Der Name der einzufügenden Datei wird entweder in Anführungsstrichen oder spitzen Klammern <> angegeben. Bei Anführungsstrichen sucht der Präprozessor auf dem momentanen Verzeichnis und auf weiteren Suchpfaden. Werden die Klammern verwendet, so wird nur auf den Suchpfaden gesucht. Um einzufügende Dateien von C-Dateien zu unterscheiden, haben sie die Endung .h. Mit dieser Anweisung werden die zwei Dateien string.h und def.h in den C-Code eingefügt:

```
#include <string.h>
#include „def.h“
```

#pragma
Mit #pragma werden compilerspezifische Ausnahmen definiert. Besonders für die hier besprochenen Cross-Compiler ist diese Anweisung wichtig, da eine Programmierung von Mikroprozessorsystemen in reinem ANSI-C eigentlich nicht möglich ist.

#line
#error
Diese Anweisungen werden eher selten benutzt. #line wird verwendet, um die Zeilennummer beim Übersetzten auf einen bestimmten festen Wert zu setzen. #error löst einen schweren Compilerfehler aus und gibt dann den nachgestellten Text aus.

Bei allen Präprozessoranweisungen gilt es zu beachten, dass sie nicht mit Semikolon (;) abgeschlossen werden dürfen. Geschieht es doch einmal, sind unter Umständen schwierig zu findende Fehler die Folge. Das durch eine #define-Anweisung definierte Makro, das versehentlich mit Semikolon abgeschlossen wurde, führt erst an der

Stelle zu einem Fehler, an dem das Makro verwendet wird. Der Compiler wird günstigenfalls eine Fehlermeldung in der Art „Semikolon nicht erlaubt an dieser Stelle“ ausgeben. Unglücklicherweise ist im Quelltext aber gar kein Semikolon zu sehen, da ja nur das definierte Makro erscheint, welches das Semikolon enthält. Bei unverständlichen Fehlermeldungen in Zeilen, in denen Makros vorkommen, ist es ratsam, auch die Definitionen aller beteiligten Makros zu kontrollieren.

3.2.8 Eingabe- und Ausgaberoutinen

Die Eingabe- und Ausgaberoutinen der Programmiersprache C ermöglichen die formatierte Darstellung von Zahlen, Texten und einzelnen Zeichen auf einem Ausgabemedium oder das Einlesen selbiger von einem Eingabemedium. Die Eingabe- und Ausgaberoutinen werden hier nur für ihre Eignung in Mikroprozessorsystemen untersucht.

Die wichtigste Funktion zur Ausgabe ist die Funktion printf. Sie wird benutzt, um formatiert Zeichen auszugeben. Der Aufruf printf("%d",a), wobei die Variable a ein numerischer Wert sein muss (char oder Integer), gibt z. B. den Wert dezimal aus, den a enthält. Der erste Parameter der Funktion printf gibt an, wie die Ausgabe der Variablen zu formatieren ist. Die weiteren Parameter (es können auch mehrere sein) sind die auszugebenen Variablen.

Der Formatbezeichner beginnt mit dem Prozentzeichen (%).

Danach folgen in dieser Reihenfolge in Anführungsstrichen:

flags (optional)
Flag Zeichen: Bestimmt die Ausrichtung der Ausgabe, Zahlen, Dezimalpunkt, nachgestellte Nullen, Präfix für oktal und hexadezimal.

width (optional)
Längenbezeichner: Mindestanzahl von auszugebenden Zeichen, einschließlich Leerzeichen und Nullen.

.prec (optional)
Genauigkeitsangabe: Anzahl der maximal auszugebenden Zeichen für Integer Werte oder Mindestanzahl der auszugebenden Ziffern.

Die genaue Syntax und alle Spezialflags und Einstellungen von printf können in jedem C-Buch nachgelesen werden.

Hier aber noch einige Beispiele aus der Praxis:

printf("Programmende!");

Hier wird eine feste Zeichenkette ausgegeben. Es können Fehlermeldungen oder Ausgaben für den Benutzer ausgegeben werden, um Informationen (wie hier Programmende!) anzuzeigen.

Zusätzlich zum Text können auch numerische Informationen erzeugt werden. Die numerische Information ist hier in der Integervariablen „Temp“ gespeichert:

printf("Temperatur %d Grad C", Temp);

Enthält Temp den Wert 19, wäre die Ausgabe:

Temperatur 19 Grad C

Die Funktion scanf, eigentlich der Gegenpart von printf zum Einlesen von Daten, spielt in Mikroprozessorsystemen eine untergeordnete Rolle, da sie das System für die Dauer der Eingabe blockiert. Dieses Verhalten ist bei den meisten Systemen nicht tolerierbar, da ja auch die Echtzeitanforderungen an ein System während einer Eingabe eingehalten werden müssen. Auch die anderen C-Eingabefunktionen (getc, getchar, getch) können wegen des gleichen Defizits meist nicht verwendet werden. Die Eingaben bei Mikroprozessorsystemen erfolgen oft zeichenweise. Das System hat dann die Möglichkeit, die Eingaben einzeln auszuwerten und ggf. anzuzeigen. Zwischen den Eingaben kann es anderen Aufgaben nachgehen. Die Quellen der Zeichen kontrolliert meistens ein Interrupt, dessen Aufruf nur erfolgt, wenn tatsächlich ein Zeichen vorhanden ist.

3.2.9 Abtesten von Bedingungen zur Programmlaufzeit

Die am häufigsten zur Abfrage von Bedingungen verwendete Konstruktion ist die if-Abfrage. Wenn der Test der Bedingung in der if-Abfrage wahr ergibt, wird der if-Zweig des Programms ausgeführt. Optional besteht die Möglichkeit, hinter den if-Block einen else-Block anzuhängen, der durchlaufen wird, wenn die Bedingung in der if-Abfrage nicht erfüllt ist.

```
int frage;
...
if(frage==1)
  {
  frage=0;
  }
  else
  {
  frage=-1;
  }
```

Beispiel 3.10: *if-Abfrage*

Im ***Beispiel 3.10*** wird die Variable frage auf 1 abgetestet. Ist frage gleich 1, so wird frage gleich 0 gesetzt. Andernfalls bekommt frage den Wert –1. Auch Funktionen können in if-Abfragen aufgerufen werden. Wenn der Funktionsname gut gewählt ist, kann sogar auf den obgliatorischen Kommentar verzichtet werden.

```
if(TürAuf()==TRUE)
{
   LichtAn();
}
```

Ausdrücke in if-Abfragen werden von links nach rechts abgearbeitet. Wenn mehrere Funktionen in einer if-Abfrage durch Operatoren verknüpft sind, wird die Auswertung des Ausdrucks abgebrochen, sobald die if-Abfrage eindeutig bestimmt worden ist.

Die Funktion TesteBeleuchtung() wird hier nur aufgerufen, wenn die Funktion TürAuf() eine „0“ zurückliefert:

```
if(TürAuf() || TesteBeleuchtung())
{
  ......;
}
```

Soll die Funktion TesteBeleuchtung() unabhängig von dem Wert der Funktion TürAuf() immer aufgerufen werden, empfiehlt sich eine Hilfskonstruktion über die Zwischenspeicherung der Funktionsergebnisse in Variablen. Die Variablen können nun anstatt der Funktionen in der Abfrage getestet werden.

```
int a,b;  /* Anlegen der Hilfsvariablen */
a= TürAuf();
b= TesteBeleuchtung();
if(a||b)
{
  ......;
}
```

Wenn mehr als zwei Bedingungen abgetestet werden sollen, kann dies durch mehrere, evtl. sogar verschachtelte if-Abfragen geschehen. Dafür gibt es jedoch eine elegantere und auch codesparende Alternative. Durch den Befehl switch können in nachfolgenden Abfragen (case) mehrere Funktionsblöcke ausgeführt werden. Ist keine der Abfragen erfüllt, wird ein optionaler default-Zweig durchlaufen.

Im ***Beispiel 3.11*** wird abhängig von der Variablen Entscheidung bei Entscheidung gleich 1 die Variable i auf 5 gesetzt. Ist Entscheidung gleich 2, wird i auf 6 gesetzt, und bei Entscheidung gleich 3 erhält i den Wert 7. In allen anderen Fällen bekommt i den Wert 8. Wichtig ist, die einzelnen Entscheidungsblöcke mit einem break abzuschließen, da sonst nach der Ausführung des Blocks mit der erfüllten Bedingung alle weiteren unter diesem Block stehenden Anweisungen ausgeführt werden. Für fehlende breaks gibt es nur zwei Gründe:

1. Es soll eine Oder-Funktion realisiert werden. Bei mehren Werten soll der gleiche Code durchlaufen werden.
   case-Anweisung, ohne break, die eine „oder-Funktion“ für die Werte 1,2,3 realisieren:

   ```
   case 1:
   case 2:
   case 3:
   ```

```
int Entscheidung,i;

...
switch(Entscheidung)
 {
  case 1:
  {
          i=5;
          break;
  }
  case 2:
  {
          i=6;
          break;
  }
  case 3:
  {
          i=7
          break;
  }
  default:
  {
          i=8;

  }
 }
```

Beispiel 3.11: *switch case Anweisung*

2. Die break-Anweisungen wurden vergessen, und Programmfehler tauchen auf.

```
case 1:
        {
                J=5;
        }
default:
        {
                J=6;
                break;
        }
```

In diesem Beispiel wird die Variable J immer gleich 6 gesetzt, da die break-Anweisung im „case 1“ vergessen wurde.

Teilweise werden die break-Anweisungen am Ende von case-Anweisungen absichtlich weggelassen, um eine Mitbenutzung von Code in der nächsten case-Anweisung zu realisieren. Hiervon ist unbedingt abzuraten, da schnell undurchsichtige Programme entstehen. Sauberer ist es, mehrfach benutzte Codeteile in eigenen Unterprogrammen auszulagern.

Die switch-Anweisung spielt in der Programmentwicklung besonders für die Mikroprozessorprogrammierung eine wichtige Rolle. Es wird später noch eine wichtige

Anwendung der switch-Anweisung als Zustandsautomat besprochen. Eine switch-Anweisung dokumentiert die Entscheidungen, die in der Software getroffen werden, gut. Zusätzlich wird sie von Compilern meistens in sehr effektiven Code umgewandelt. Größere switch-Anweisungen mit langen case-Blöcken werden allerdings unübersichtlich. Hier sollten zumindest die Inhalte der switch-Blöcke in einzelne Funktionen verlegt werden. Eventuell kann die switch-Anweisung aber auch durch eine Tabelle, die von einem einfachen selbstgeschriebenen Programm abgearbeitet wird, ersetzt werden.

3.2.10 Schleifen

Ein typisches Problem in der Programmierung ist, dass bestimmte Programmabschnitte mehrere Male wiederholt werden müssen. In C gibt es dafür verschiedene Arten von Schleifen: die for-Schleife, die schon aus BASIC bekannt ist, die while- und die do-while-Konstruktion. Mit diesen 3 Schleifentypen lassen sich alle Suchprobleme, Warteschleifen usw. programmieren. Schleifen bergen auch ein Risiko. Wenn das Abbruchkriterium nie erfüllt wird, kommt es zu Fehlern oder gar zum Programmabsturz.

3.2.11 Festgelegte Anzahl von Durchläufen mit for

Die for-Schleife besteht aus drei Teilen, durch Semikolon getrennt, die sich in Klammern () hinter dem Schlüsselwort for befinden:

```
for(Ausdruck 1; Ausdruck 2; Ausdruck 3)
{
        /* Ausführungsteil */
}
```

Ausdruck 1 wird einmal beim Beginn der Schleife ausgeführt und dient normalerweise dazu, die Schleifenvariable zu initialisieren. Wenn es mehrere Variablen zu initialisieren gibt, kann man diese durch Kommas (,) aneinander reihen. Das Aneinanderreihen ist natürlich auch bei den anderen Ausdrücken möglich. Hinter dem Semikolon beginnt der Ausdruck 2, der dazu dient, die Abbruchbedingung der Schleife zu liefern. Ist die Bedingung des Ausdrucks nicht mehr wahr, so wird die Schleife beendet. Wenn der Ausdruck fehlt, wird für ihn 1 angenommen, es entsteht eine Endlosschleife. Ausdruck 3 wird nach jedem Durchlauf der for-Schleife ausgeführt und normalerweise zur Veränderung der Laufvariablen verwendet.

Um also bis 3 zu zählen, bieten sich folgende Schleifen an:

```
for(a=1;a<4;a++)
for(a=1;a<=3;a++)
```

Oft werden mit for-Schleifen Variablenfelder bearbeitet. Wegen der fehlenden Feldgrenzenüberwachung von C besteht die Gefahr, dass durch eine falsche Schleifenabbruchbedingung die Grenze des Feldes überschritten wird und dadurch schwere Fehler zur Programmlaufzeit auftreten. Dagegen hilft folgender Formalismus (***Beispiel 3.12***):

1. Die Größe des Feldes wird über eine Konstante bestimmt, die mit #define angelegt wird.
2. Die Schleife startet mit dem Wert 0, und die Abbruchbedingung der Schleife wird immer mit dem Ausdruck „Laufvariable<Konstante“ gebildet.

```
#define MAX_GROESSE  10


int Suchfeld[MAX_GROESSE ]
int Zaehler;


for(Zaehler=0; Zaehler< MAX_GROESSE ; Zaehler++)
{
   Suchfeld[Zaehler]=0;
}
```

Beispiel 3.12: *Zählschleife*

Wie oben erwähnt, ist es ziemlich einfach, eine Endlosschleife zu erzeugen. Es muss nur die Abbruchbedingung weggelassen oder bei der Schleifenvariable keine oder die falsche Variable hochgezählt werden. Manchmal ist es jedoch sogar erwünscht, eine Endlosschleife zu erzeugen, da es aus jeder Endlosschleife noch einen Notausgang gibt. Dieser Notausgang heißt „break“. Ein break springt aus einer Schleife heraus, egal wie die Abbruchbedingung aussieht oder ob überhaupt eine vorhanden ist. Eine ähnliche Wirkung wie break hat die Anweisung „return“, nur mit dem Unterschied, dass die ganze Funktion beendet wird. Eine Schleife mit vielen break- oder return-Anweisungen wird natürlich unübersichtlich. Jedoch kann die sparsame Verwendung dieser Anweisungen ein elegantes Hilfsmittel sein, um z. B. Programmlaufzeit zu optimieren oder Programmspeicherplatz einzusparen. Wenn Betriebssysteme benutzt werden, gibt es oft eine Endlosschleife, die die Anweisung einer Task einklammert. Diese Endlosschleife kann über Aufrufe von Betriebssystemfunktionen oder durch zeitgesteuerte Mechanismen über maschinennahe Anweisungen verlassen werden.

3.2.12 Test am Anfang oder Ende der Schleife mit while

Oft muss damit gerechnet werden, dass die Arbeit, für die ein Programmteil geschrieben wurde, schon getan ist. Ein Aufruf eines Programmteils zum Umspeichern von Speicherbereichen darf z. B. nicht ausgeführt werden, wenn der Speicherbereich schon umgespeichert wurde. Eine Möglichkeit, Bedingungen vorab zu testen, ist die while-Schleife. Solange der Ausdruck hinter dem Schlüsselwort while wahr ist, wird der Schleifenteil wiederholt.

Eine Variante der while-Schleife ist die do-while-Konstruktion. Diese Schleife wird mindestens einmal durchlaufen. Am Ende der Schleife wird dann mit while getestet, ob die Schleife noch ein weiteres Mal ausgeführt werden soll.

In allen Schleifen kann die Anweisung continue stehen, die die Ausführung des Codes in der Schleife abbricht und sofort zum Test der Abbruchbedingung springt. Diese Anweisung sollte **selten** verwendet werden, da Programme durch sie eher unübersichtlich werden.

3.3 Zeiger in C

Andere Programmiersprachen kommen ohne *Zeiger* (engl. *Pointer*) aus, C jedoch lebt vom Zeiger. Bei der Übergabe von Variablen an Funktionen, deren Inhalt verändert wird, bei Feldern, bei Strings, beim Ansprechen von Hardwarekomponenten, überall spielen Zeiger eine wichtige Rolle. Komplexere Programme in C sind ohne Zeiger und Zeigerarithmetik unmöglich.

Jeder Zeiger zeigt auf einen Speicherbereich irgendwo im Speicher. Ein Zeiger ist typisiert, d. h., er kann die Typen char, int, float usw. annehmen. Jedoch von welchem Typ er auch ist, er belegt immer den gleichen Speicherplatz. Die Größe eines Zeigers richtet sich nur nach dem Speicherplatz, den er adressieren soll. Die Größe des zu adressierenden Speichers wird vom Speichermodell des Compilers vorgegeben. Die Zeigertypen werden vom Compiler überprüft. So ist es nicht ohne weiteres möglich, Zeigertypen unterschiedlichen Typs einander zuzuweisen.

Die Definition eines Zeigers „txtpt“ auf einen char sieht so aus:

*char *txtpt;*

Analog verfährt man bei anderen Typen. Zeiger sind immer auch gefährlich. Bei der Definition lauert schon die erste Gefahr! Lokal angelegte Zeiger haben einen zufälligen Wert und zeigen damit auch auf einen zufälligen Wert, z. B. auf eine besonders wichtige Stelle im Speicher. Wenn jetzt der Zeiger benutzt wird und über den Zeiger Werte geschrieben werden, kann eine zufällige Stelle im Speicher verändert werden. Dies wiederum kann zu schweren Laufzeitfehlern führen. Glücklicherweise kennen viele Compiler die Gefahr und geben eine Warnung aus, wenn undefinierte Zeiger benutzt werden (Beispiel: Possible use of ‚txtp‘ before definition). Der Zugriff auf den Inhalt eines Zeigers geschieht mit dem *Dereferenzierungsoperator* (oder Indirektion) *.

Einen schlimmen Programmfehler kann man in C ganz einfach programmieren (***Beispiel 3.13***).

Was passiert hier genau? In dieser harmlos aussehenden Programmsequenz versteckt sich ein schlimmer Fehler. Es wird ein lokaler Pointer angelegt, der durch die fehlende Initialisierung auf einen zufälligen Wert zeigt. Dann wird der Wert 5 auf diese zufällige Speicherstelle geschrieben. Das kann fatale Folgen und alle möglichen Fehlfunktionen bis zum Absturz des Systems zur Folge haben. Bei der Definition eines Zeigers muss immer auch direkt die Verwendung des Zeigers überdacht

```
void main (void)
{
 char *LokalerZeiger;

*LokalerZeiger=5;


}
```

Beispiel 3.13: *Nicht initialisierter Zeiger*

werden. Wird der Zeiger richtig initialisiert? Zeigt der Zeiger auf einen sinnvollen Speicherbereich?

Doch wie werden Zeiger verwendet? Dazu ist als erstes der *Referenzierungsoperator* (oder Adressoperator) & als Gegenspieler des * nötig. Mit ihm kann die Adresse (***Beispiel 3.14***) eines Objekts gebildet werden.

```
void main (void)
{
int a;
int *b;
int c;

b=&a;  /* b bekommt die Adresse von a */
*b=5   /* *a und damit auch *b sind gleich 5 */
*b++;  /* *a und damit auch *b sind gleich 6 */
a++;   /* *a und damit auch *b sind gleich 7 */
c=*b;  /* c wird gleich 7 */
}
```

Beispiel 3.14: *Zeigeroperationen*

Zu einem Zeiger sollte auch freier Speicherplatz gehören, auf den dieser Zeiger zeigen kann. Dies kann wie oben eine Variable sein oder ein beliebiger anderer Speicher. Eine ganz besonders bequeme Methode, an diesen Speicherplatz zu kommen, gibt es bei Strings. Ein Zeiger auf einen String und der zugehörige Speicherplatz werden so definiert:

*char *text="Das ist praktisch";*

Wer jedoch nun ein praktisches Stringhandling analog zu obigem Beispiel erwartet, wird enttäuscht. Dieser viel versprechende Ansatz wird nicht weiter verfolgt. Alle anderen Variablentypen müssen sich ihren Speicherplatz z. B. per Programm *malloc* besorgen, welches den angegebenen Speicherplatz besorgt (allokiert) und einen Zeiger auf den Speicher zurückliefert. Folgende Sequenzen sind praktisch identisch:

```
{
int a;
a=3;
}
```

oder:

```
{
int *a;
a=malloc(sizeof(int)); /* anfordern des Speichers */
*a=3;
free(a); /* freigeben des Speichers */
}
```

Natürlich ist die zweite Alternative hier nicht besonders effektiv, da sie sehr schreibaufwändig ist. Später werden hierzu noch Anwendungen gezeigt.

Eine Verwandte der Funktion malloc ist calloc. Sie ist ähnlich zu handhaben wie malloc, hinterlässt aber den belegten Speicher mit Nullen gefüllt:

calloc(Anzahl,Größe);

reserviert einen Block von Anzahl * Größe Bytes und initialisiert ihn mit 0.

Schon oben war die Parallele zwischen *Feld* (String) und *Zeiger* zu ahnen. Die Operationen des Arrays [] und der *Indirektionsoperator* * haben einiges gemeinsam. Um auf den Wert eines Integer-Zeigers zuzugreifen, gibt es eigentlich den *-Operator, der vor den entsprechenden Zeiger gesetzt wird (also z. B.: *zeiger). Auf den gleichen Wert kann aber auch durch die Operation zeiger[0] zugegriffen werden. Das Element mit dem Index 3 eines Arrays lässt sich ebenfalls auf zwei verschiedene Arten erreichen:

1. durch feld[3]

2. durch *(feld+3)

Daraus ergibt sich, dass ein Zeiger durch malloc einen bestimmten Speicherplatz zugewiesen bekommen kann. Nun wird mit Arrayklammern auf diesen Zeiger zugegriffen. Es besteht kein Unterschied zum Zugriff auf ein Array. Damit ist es aber in C möglich, Arrays (fast) beliebiger Größe zur Laufzeit des Programms anzulegen, im Gegensatz zu anderen Programmiersprachen (z. B. Pascal), wo schon zum Erstellungszeitpunkt des Programms die endgültige Größe bestimmt wird.

Mehrdimensionale Felder werden durch Zeiger auf Zeiger realisiert. Wenn einmal von der fehlenden Arraygrenzenüberwachung abgesehen wird und davon, dass ein Feld mit dem Index null beginnen muss, bietet C bei Feldern eine fast unbegrenzte Gestaltungsfreiheit.

Es bleibt also nur noch zu beachten, dass ein Speicher, der mit malloc belegt wird, durch *free* wieder freigegeben werden muss. Ein vergessenes free führt dazu, dass der Speicher ewig belegt bleibt. Das gilt auch, wenn der Zeiger, der auf den Speicherbereich zeigt, schon lange nicht mehr existiert. Ein System, bei dem Speicherbereiche „hängen bleiben“, kann nicht über lange Zeit zuverlässig arbeiten. Vergessene Speicherfreigaben sind unter Umständen schwierig zu finden. Wird zum Beispiel durch einen Programmfehler vergessen, Speicher freizugeben und verfügt das System über viel Speicher, kann es vielleicht erst nach tagelangem Betrieb zum Fehlverhalten kommen, nämlich dann, wenn plötzlich kein „frischer“ Speicher mehr da ist. Man kann sich gut vorstellen, dass Fehler, die nur alle paar Tage mal auftreten, extrem schwer zu finden sind.

Kann malloc einmal keinen freien Speicher finden, so liefert es einfach einen NULL-Zeiger (ein Zeiger, der den Wert 0 hat) zurück und lässt dann das aufrufende Programm mit diesem Problem allein. In Mikroprozessorsystemen empfiehlt sich hier ein Neustart (Reset) des Systems.

Besonders zu erwähnen sind Zeiger auf Strukturen. Eine Strukturkomponente wurde ja, wie in Abschnitt 3.2.5 beschrieben, über den Punktoperator ausgewählt. Bei einem Zeiger auf eine Struktur kommt zum Punktoperator noch der *Indirektionsoperator* zur Dereferenzierung des Zeigers hinzu. Da der Punktoperator eine höhere Priorität als der Dereferenzierungsoperator hat, muss der Dereferenzierungsoperator in Klammern stehen. Das Ergebnis ist ein ziemliches Ungetüm aus Klammern und Operatoren (siehe ***Beispiel 3.15*** „die umständliche Variante“). Strukturoperationen in Verbindung mit Zeigern kommen sehr häufig vor. Das liegt unter anderem daran, dass die Übergabe einer Struktur an eine Funktion, aufgrund des Aufwands zum Kopieren der Struktur, normalerweise nur als Zeiger auf diese Funktion erfolgt. In der Funktion hat man es dann mit Zeigern auf Strukturen zu tun. Darum wurde zur Selektion von Strukturen eine verkürzte Schreibweise eingeführt. Diese selektiert

```
struct DisplayPosition  /* Anlegen einer Struktur */
{
    unsigned int x;
    unsigned int y;
};

 /* Definition einer Strukturvariablen */
struct DisplayPosition GrafikLcdPosition;
struct DisplayPosition* pGrafikLcdPositionPointer=&GrafikLcdPosition;
...
/* Die umständliche Variante*/
(*pGrafikLcdPositionPointer).x=13;  /* Setzen der Strukturierten Variablen x über einen Zeiger*/
(*pGrafikLcdPositionPointer).y=10;  /* Setzen der Strukturierten Variablen y über einen Zeiger*/

/* Die verkürzte Schreibweise */
pGrafikLcdPositionPointer->x=13;  /* Setzen der Strukturierten Variablen x über einen Zeiger*/
pGrafikLcdPositionPointer->y=10;  /* Setzen der Strukturierten Variablen y über einen Zeiger*/
```

Beispiel 3.15: *Zeigeroperationen bei Strukturen*

die Strukturkomponente und dereferenziert den Zeiger auf die Struktur. Der verwendete Operator ist der Pfeiloperator „->“.Obwohl der Operator aus zwei Zeichen besteht, wird er als ein Operator interpretiert. Die verkürzte Schreibweise ist in ***Beispiel 3.15*** unten dargestellt. Diese Schreibweise wird in der Softwareentwicklung auch normalerweise verwendet.

In C ist es auch möglich, mit Zeigern zu rechnen. Die Operation zeiger+=3 auf einen Integer-Zeiger erhöht nicht etwa den Wert, auf den der Zeiger zeigt (das wäre (*zeiger)+=3), sondern verschiebt den Zeiger um 3 Integer-Elemente. Auch Zeiger auf Strukturen werden bei einer Rechenoperation mit ihrer kompletten Größe berücksichtigt. Ähnliches gilt für die Operationen -, >, <, ==, >=, <= und !=. Unerlaubt sind die Operationen Multiplikation, Division, logische Operatoren und das Schieben durch >> und <<.

3.4 Funktionen

Funktionen und Prozeduren sind wesentliche Gestaltungsmerkmale eines strukturierten Programms. Mit Funktionen und Prozeduren kann eine Software übersichtlich strukturiert werden. Außerdem können Programmteile, die mehrfach immer gleich ausgeführt werden sollen, in Funktionen speichersparend zusammengelegt werden. Aufrufende Programme (oder gar das Hauptprogramm) sollen einfach aufgebaut, also „dumm“ sein. Die eigentliche Intelligenz einer Software sollte in den Programmen in den niedrigen Hierarchiestufen stecken. „Allwissende“ komplexe und intelligente Hauptprogramme besitzen leicht eine Unmenge an if-Abfragen, die ein Programm schnell in so genannten „Spaghetticode“ verwandeln, der nicht mehr wartbar ist. Sinnvoller ist es, die Abfragelogik in den niedrigen Hierarchieebenen anzusiedeln.

Der Unterschied zwischen Prozeduren und Funktionen ist, dass Funktionen Werte zurückliefern, Prozeduren dies hingegen nicht können. In C gibt es streng genommen keine Prozeduren. Es können nur Funktionen definiert werden. Früher definierte man prozedurähnliche Funktionen, in denen der Wert 0 zurückgegeben, aber beim Aufrufen dieser Rückgabewert nicht ausgewertet wurde. Heute muss dieser Umweg nicht mehr gegangen werden, denn es gibt mittlerweile den Typ void. Mit ihm werden Funktionen zu Funktionen, die nichts zurückliefern, also zu Prozeduren. Den Aufruf einer Funktion erkennt man an einem Namen, gefolgt vom Klammeroperator: sortiere();. Das abschließende Semikolon darf also auch hier nicht fehlen. Die leere Klammer lässt sich dazu benutzen, beliebige Daten an eine Funktion zu übergeben. Das können Konstanten, aber auch Variablen sein. Programme sollten aber auch nicht zu groß werden. Nur in Ausnahmefällen sollte ein Programm über mehr als eine Seite gehen. Ideal sind kurze Programme, die einen Namen haben, der ihre Tätigkeit beschreibt.

Um den Unterschied zwischen Prozeduren und Funktionen noch einmal klarzustellen, gibt ***Tabelle 3.5*** eine Übersicht mit einigen Beispielen.

Tabelle 3.5: *Gegenüberstellung von Funktions und Prozedurdefinitionen*

Funktionsdefinitionen	Prozedurdefinitionen
int LeseTemperatur (int Sensor)	*void MotorEin (void)*
{	{
int Temperatur;	*Motor=EIN; /* Globale Motorvariable setzen */*
...	}
return (Temperatur)	
}	
float BerechneWurzel(float Operand)	*void SetzeDrehzahl (int Drehzahl)*
{	{
float Ergebnis;	*/* Globale Drehzahlvariable setzen */*
...	*MotorDrehzahl=Drehzahl;*
return (Ergebnis)	}
}	

3.4.1 Prototypen

Am Anfang von C (also vor der ANSI-Norm) gab es keine Prototypen. C war sehr anfällig gegenüber Fehlern der Programmierer. So konnte einer Funktion, die eigentlich Integer-Parameter hat, ohne Warnung ein Zeiger übergeben werden. Um dies abzustellen und um noch zu alter Software kompatibel zu bleiben, wurde der *Prototyp* erfunden (kompatibel, denn der Prototyp ist optional). Der Prototyp hat die Aufgabe, dem Compiler zusätzliche Information zu liefern, um Parameter für Funktionen automatisch zu wandeln und bei nichtwandelbaren Daten Fehlermeldungen oder Warnungen zu erzeugen.

```
int beispiel(int); /* Prototyp */


void main (void)
 {
 int a;
 ...
 a=beispiel(5) /* Aufruf der Funktion */


 }



int beispiel (int a) /*  Definition der Funktion */
 {
  return a*2
 }
```

Beispiel 3.16: *Verwendung des Prototyps*

Ein Prototyp soll immer vor dem ersten Aufruf einer Funktion stehen. Er besteht aus dem Funktionsnamen, den Typen der Parameter der Funktion und dem abschließendem Semikolon. Prototypen dürfen nicht innerhalb von Funktionen stehen. Der beste Platz für sie ist am Beginn eines Moduls wie im ***Beispiel 3.16***.

Der Prototyp hilft aber noch an anderer Stelle. Wie jede Software kann C in verschiedene Module aufgeteilt werden. Bei Aufrufen von einem Modul zum anderen sollten – wie bei Aufrufen innerhalb eines Moduls – die Typprüfungen und Umwandlungen nicht fehlen. Wenn in allen Modulen Prototypen definiert sind, könnte man die Aufgabe der Typprüfung dem Linker übertragen. Da aber die Linker auf Entwürfe aus der „Steinzeit" der Datenverarbeitung zurückgehen und auf den verschiedenen Maschinen einen gewissen Standard erreicht haben, ist es kompatibler (zu existierenden Programmen), einen Compiler zu erweitern als einen Linker. Programme aus anderen Modulen werden dem Compiler durch ihre Prototypendeklarationen bekannt gemacht. Damit hat er alles, was er benötigt, um Typprüfungen und -wandlungen zu erledigen. Der Linker ordnet dann die Programme den einzelnen Modulen zu.

Mit dieser Möglichkeit kann man auch bestimmen, welche Module Zugriff auf welche Funktionen haben sollen. Ein Betriebssystem stellt verschiedene Programme und Gerätetreiber zur Verfügung. Ein hardwarenahes Modul kann durch eine vollständige Prototypendatei Zugriff auf alle Funktionen des Betriebssystems haben. Durch eine verkleinerte Datei kann nun einem anderen Modul der Zugriff auf die Hardwaretreiber versperrt werden. Diese Art der Zugriffssteuerung funktioniert nur in einer kooperativen Umgebung. Niemand kann daran gehindert werden, eine Datei in sein Modul einzubinden, die nicht für ihn bestimmt ist. Ich halte diesen Mangel in C für nicht so gravierend, da Softwareentwicklung nur in einem kooperativen Umfeld funktioniert.

3.4.2 Parameterübergabe an Funktionen

Wenn an Funktionen Parameter übergeben werden, gibt es zwei verschiedene Aufgabenstellungen. Im ersten Fall werden die Parameter für Berechnungen verwendet und das Ergebnis der Berechnung z. B. per „return" an das aufrufende Programm zurückgegeben. Die Parameter werden in der Funktion nicht verändert. Im zweiten Fall werden die Parameter verändert, da z. B. der return-Parameter nicht ausreicht, da die Funktion mehrere Ergebnisse zurückliefert. In C werden diese beiden Möglichkeiten unterschieden. Die erste Übergabeform heißt „call by value" (Übergeben des Wertes einer Variablen), die zweite Form nennt sich „call by reference" (Übergeben der Adresse einer Variablen). Darf der Wert einer Übergabevariablen in einer Funktion nicht verändert werden, so bekommt die Funktion nur den Wert übergeben. Selbst wenn die Variable zur Aufnahme des Wertes den gleichen Namen wie die Übergabevariable hat, gibt es keine Möglichkeit vom aufgerufenen Programm aus, diese Variable zu verändern. Dies kann als Mechanismus genutzt werden, wichtige Daten, die nicht verändert werden sollen, zu schützen (***Beispiel 3.17***).

Soll ein Wert zurückgegeben werden, so bietet sich als Erstes natürlich der return-Value einer Funktion an. Sollen mehrere Werte von einer Funktion berechnet oder auch verändert werden, wird auf „call by reference" zurückgegriffen. Beim Aufruf

```
#include <stdio.h>

void ausgabe(int);
void main(void)
{
int t1,t2;
 t1=77;


 ausgabe(t1); /* Ausgabe von 77 */
 t2=10*t1;
 ausgabe(t2); /* Ausgabe von 770 */

}

void ausgabe(int t)
{
 printf(" %d\n",t);
 t=0; /* Diese Anweisung hat keine Auswirkung !! */
}
```

Beispiel 3.17: *Call by name*

einer Funktion sind die Parameter, die von der Funktion verändert werden können, durch den vorangestellten *Referenzierungsoperator* (&) sofort zu erkennen. Es sollten auch nur Parameter mit & übergeben werden, die auch tatsächlich verändert werden sollen. Der Zugriff innerhalb der Funktion erfolgt über den *Dereferenzierungsoperator* (*).

Die Ausnahme von der obigen Regel, nur Parameter per reference zu übergeben, die tatsächlich verändert werden sollen, ist die Übergabe von ganzen Strukturen an

```
#include <stdio.h>

void ausgabe(int *);

void main(void)
{
int t1,t2;
 t1=77;
 t2=t1;

 ausgabe(&t1); /* Ausgabe von 77 */
 ausgabe(&t2); /* Ausgabe von 770 */
}

void ausgabe(int *t)
{
 printf(" %d\n",*t);
 *t*=10; /* Anweisung multipliziert Inhalt des */
             /* Zeigers mit 10 */
}
```

Beispiel 3.18: *Call by reference*

Funktionen bzw. Prozeduren. Werden ganze Strukturen per value übergeben, so muss zur Laufzeit ein erheblicher Aufwand getrieben werden, um die Strukturen für die Funktion zu kopieren. Dieser Aufwand lässt sich mit dem Referenzierungsoperator (&) einsparen. Deshalb werden Strukturen normalerweise **nie** per Value übergeben. Dies gilt auch für kleine Strukturen als feste Regel, da ja auf den ersten Blick die Größe einer Struktur nicht ersichtlich ist und außerdem Strukturen auch nachträglich erweitert werden könnten.

Im ***Beispiel 3.18*** soll der Wert, der der Funktion ausgabe übergeben wird, in der Funktion mit dem Faktor 10 multipliziert werden. Die Funktion ausgabe wird so geschrieben, dass sie nicht eine normale Variable als Parameter erwartet, sondern einen Zeiger auf eine Variable. Beim Aufruf der Funktion wird über den Dereferenzierungsoperator (&) die Adresse der Variablen gebildet. Über die Adresse kann nun das Programm auf den Speicherbereich zugreifen und damit die Variable verändern.

In der Funktion Ausgabe erfolgen alle Zugriffe auf t über *, da t als Zeiger definiert wurde. Der Zeiger t kann die Adressen von t1 und t2 nacheinander aufnehmen. Über die Adresse in t und über * kann nun der Wert der Variablen verändert werden. Die Anweisung *t*=10; (Bedeutung: multipliziere den Wert, auf den der Zeiger zeigt, mit 10 und speichere ihn wieder ab) ist zwar nicht falsch, sollte aber der Übersichtlichkeit halber geklammert werden: (*t)*=10;.

Eine Besonderheit stellen alle Arten von Datenfeldern (auch Strings) dar. Sie können nicht mit ihrem Wert, sondern nur über ihre Adresse übergeben werden, da der Name des Datenfeldes ja nur einen Zeiger darstellt.

Die Definition eines Parameters in der Funktion und im Prototyp kann wegen der Doppeldeutigkeit von Array und Zeiger auf zweierlei Arten erfolgen. Werden Texte übergeben, so sollte ein (konstanter) Zeiger als Parameter definiert werden. Für die Übergabe eines Arrays gibt es noch eine weitere Möglichkeit, die Arraydeklaration name[]. Die Klammern bleiben leer, da ja kein Speicherplatz reserviert werden muss, um Werte aufzunehmen, sondern nur ein Zeiger zur Aufnahme der Arrayadresse (siehe ***Beispiel 3.19***).

```
#include <stdio.h>
void ausgabe(int []);
void main(void)
{
 int feld[2]={0,1};
 ausgabe(feld);
}
void ausgabe(int werte[])
{
  printf("Wert 1: %d\n",werte[0]);
  printf("Wert 2: %d\n",werte[1]);
}
```

Beispiel 3.19: *Übergabe eines Feldes*

Bis jetzt wurden Funktionsergebnisse nur über die Referenz einer Variablen zum Aufrufer übergeben. Der Befehl „return“ bietet die Möglichkeit, einen Wert eines bestimmten Typs zurückzugeben und ein Programm zu beenden. Aus Gründen der Übersichtlichkeit sollte es immer nur ein „return“ und dieses möglichst am Ende der Funktion geben. Die return-Anweisung steht in engem Zusammenhang mit der Funktionsdefinition. Der Typ des Rückgabewertes muss immer mit dem definierten Rückgabewert der Funktion übereinstimmen. So darf kein *int (Pointer auf einen Integer) in einer Integerfunktion oder „kein Wert“ bei einer nicht mit void definierten Funktion geliefert werden. Mit Hilfe der Deklarationen im C-Programm überprüft der Compiler aber bereits diese Fehlermöglichkeiten. Die return-Anweisung wird in der Praxis für die Rückgabe einzelner Werte benutzt. Oft findet sie aber auch Verwendung, wenn boolesche Ergebnisse oder Fehlermeldungen zurückgeliefert werden. Die Rückgabeparameter können direkt in if-Abfragen ausgewertet werden.

3.4.3 Zeiger auf Funktionen

Ein besonderes Kapitel der Zeiger sind Zeiger auf Funktionen. Sie werden gebraucht, wenn ein Programm in Abhängigkeit von vielen verschiedenen Parametern andere Programme starten soll. Eine typische Anwendung sind z. B. große Zustandsautomaten. Die Definition erfolgt analog zu den anderen Zeigerdefinitionen. Nach seiner Initialisierung mit einer Funktionsadresse kann solch ein Zeiger wie eine Funktion aufgerufen werden. Ein Zeiger auf eine Funktion, die nichts zurückliefert und nichts übergeben bekommt, sieht so aus:

*void (*pointer_name)(void);*

Soll ein Zeiger auf eine Integer-Funktion definiert werden, die einen float-Wert übergeben bekommt, so ergibt sich folgende Definition:

*int (*pointer_name)(float);*

Es ist wichtig, dass die Klammern um den Ausdruck pointer_name nicht vergessen werden, da sonst einfach ein Funktionsprototyp definiert wird. Ein angelegter Zeiger kann initialisiert werden. Die Zuweisung einer Funktionsadresse an einen Zeiger geschieht durch den Funktionsnamen ohne den Aufrufoperator Klammer ( ):

pointer_name=funktion;

„funktion“ muss natürlich eine gültige, bereits definierte (oder durch einen Prototyp deklarierte) Funktion sein.

Übrigens ist immer die Adresse einer Funktion gemeint, wenn sie ohne Klammern erscheint (auch dann, wenn die Klammern vergessen wurden). Durch die Möglichkeit von Operationen mit den Adressen von Funktionen handelt man sich also auch wieder einen Nachteil ein. Wenn z. B. der Rückgabewert einer Funktion mit einer if-Anweisung getestet werden soll, und der Programmierer vergisst die Klammern hinter der Funktion, so wird immer die Adresse der Funktion getestet. Da nicht alle Compiler an dieser Stelle eine Warnung ausgeben, können hier schwierig zu findende Fehler entstehen.

Der Aufruf einer Funktion über einen Zeiger sieht nun so aus:

pointer_name();

Von einem echten Funktionsaufruf ist der Pointeraufruf nicht zu unterscheiden. Deshalb empfiehlt es sich, einen Funktionspointer immer mit einem eindeutigen Namen zu versehen. Natürlich muss der Zeiger, bevor eine Funktion über ihn aufgerufen wird, auch einen definierten Wert haben. Ist dies nicht der Fall, so ist ein Programmabsturz unweigerlich die Folge. Ebenso verbieten sich mathematische Operationen auf Funktionszeiger, denn das Inkrementieren eines gültigen Funktionszeigers erbringt im Regelfall keine gültige Funktionsadresse.

Durch die Verwendung von Funktionszeigern lassen sich elegante und platzsparende Lösungen für gewisse Steuerungsaufgaben realisieren. In der Praxis müssen oft eintreffende Zahlenfolgen effektiv in Funktionsaufrufe umgesetzt werden. Die althergebrachte Lösung für dieses Problem ist die „switch case"-Anweisung (siehe Abschnitt 3.2.8).

```
void fkt1(void) /* Definition der 1. Funktion */
{
}
void fkt2(void) /* Definition der 2. Funktion */
{
}
void fkt3(void) /* Definition der 3. Funktion */
{
}
void  (*pointerfkt[3]) (void)={fkt1,fkt2,fkt3}; /* Anlegen und Initialisieren des Pointers */
void main (void)
{
int Befehl;
  for(Befehl=0;Befehl<3;Befehl++)
  {
    pointerfkt[Befehl](); /* Aufruf der Funktionen ueber Pointer */
  }
}
```

Beispiel 3.20: *Funktionspointer in der Anwendung*

Die elegantere und flexiblere Lösung mittels eines Funktionspointers ist in ***Beispiel 3.20*** dargestellt. Eine Variable „Befehl", die die Werte 0 bis 2 enthalten kann, soll direkt entsprechende Funktionen aufrufen. Hierzu wird ein Feld von Pointern auf

Funktionen angelegt und mit den Funktionsadressen der Funktionen fkt1, fkt2 und fkt3 initialisiert. Die hier beispielhaft verwendete for-Schleife ruft nun nacheinander die Funktionen fkt1 bis fkt3 auf. Der Wert der Variablen „Befehl" als Array Index führt augenblicklich zum Aufruf der entsprechenden Funktion. So elegant die geschilderte Lösung auch ist, möchte ich ausdrücklich vor der leichtfertigen Benutzung warnen. Einen fatalen Programmabsturz erzeugt man bereits dadurch, das man den Endwert der for-Schleife von 3 auf 4 oder einen höheren Wert setzt, ohne übrigens einen Fehler oder nur eine Warnung beim Compilieren zu erhalten. In manchen sicherheitsrelevanten Anwendungen ist deshalb auch der Aufruf von Funktionen über Zeiger verboten. Außerdem haben Werkzeuge zur Analyse von Software Schwierigkeiten mit Funktionsaufrufen über Zeiger. Der Zeiger erhält seinen Wert ja erst zur Programmlaufzeit. Eine Analysesoftware kann also nicht darstellen, welche Funktion hier tatsächlich aufgerufen wird. Trotz dieser beiden Einwände ist der Funktionsaufruf über Zeiger ein in der Praxis häufig angewendetes Verfahren.

3.5 Wichtige Libraryroutinen für die Praxis

Im täglichen Leben hat der Programmierer oft mit immer wiederkehrenden Problemstellungen zu tun. Für viele dieser Problem gibt es bereits Lösungen in den C-Standardlibrarys. Hier sollen nun auszugsweise wichtige Standardroutinen erläutert werden, um zu vermeiden, dass das Rad mehrere Male erfunden wird.

Tabelle 3.6: *Wichtige Funktionen der Library String zum Bearbeiten von Strings*

Funktionen	Beschreibung
char* strcpy (char s1, char s2)	Funktion zum Kopieren von String 2 in den String 1. Der Pointer auf den String 1 wird zusätzlich noch zurückgeliefert. Der Kopiervorgang endet mit dem Endekennzeichen des Quellstrings. **Achtung:** **1. Der Zielstring muss groß genug sein, um alle Zeichen und das Endekennzeichen des Quellstrings aufzunehmen.** **2. Der Quellstring muss immer ein Endekennzeichen besitzen, da sonst die Kopierfunktion nicht terminiert wird.**
char* strncpy (char s1, char s2, size_t max)	Diese Funktion kopiert eine bestimmte Anzahl (max) von Bytes aus einem String in einen anderen. Diese Funktion wird oft benutzt, wenn nur der Anfang einer Information wichtig ist oder aufgrund von Effizienzgründen bei der Verarbeitung von Strings nicht der ganze String ausgewertet werden muss. **Achtung: Wird der String durch das Kopieren verkürzt, muss das Endekennzeichen des Strings explizit hinzugefügt werden**.
char *strcat(char *dest, const char *src)	Hängt einen String (src) an einen anderen (dst). Der dest-Pointer wird zurückgeliefert.
char *strncat(char *dest, const char *src, size_t max);	Hängt einen String (src) an einen anderen (dst). Es wird nur bis zu einer Maximallänge (max) angehängt. Der dest-Pointer wird zurückgeliefert.

Tabelle 3.6: *(Fortsetzung)*

Funktionen	Beschreibung
int strcmp(const char *s1, const char*s2)	Vergleicht zwei Strings miteinander. Wenn die beiden Strings gleich sind, wird eine 0 zurückgeliefert. Die Strings werden voneinander abgezogen. Rückgabewert: < 0 wenn s1 < s2 == 0 wenn s1 == s2 > 0 wenn s1 > s2
int strncmp (const char *s1, const char *s2, size_t maxlen);	Funktion wie strcmp, mit dem Unterschied, dass nur die Anzahl maxlen verglichen wird.
int strcmpi(const char *s1, const char *s2)	Vergleicht zwei Strings wie strcmp, mit dem Unterschied, dass Groß- und Kleinschreibung nicht beachtet wird.
char *strtok(char *s1, const char *s2)	Funktion, um das Auftreten eines Stringschlüssels (s2) im String (s1) zu finden. Der erste Aufruf von strtok liefert einen Zeiger auf den Start der ersten gefundenen Zeichenfolge im String s1zurück und setzt ein Nullzeichen in s1 hinter das Ende der Zeichenfolge. Folgende Aufrufe mit 0 als erstem Argument liefern die restlichen Zeichenfolgen. Diese Funktion kann benutzt werden, um aus Datensätzen wie z. B. „Guthaben: 100 •" den Wert des Guthabens zu extrahieren und rechnerisch weiterzubearbeiten. **Achtung: Der bearbeitete String wird verändert.**
char *strchr(const char *s1, int c)	Die Funktion strchr durchsucht einen String in Richtung vorwärts nach einem angegebenen Zeichen. Der Rückgabewert liefert einen Zeiger auf einen String, in dem das Zeichen als erstes vorkommt. Wenn das Zeichen nicht gefunden wurde, wird 0 zurückgeliefert.
size_t strlen(const char *s)	strlen liefert die Länge eines Strings ohne Endekennzeichen zurück. Der Speicherbedarf ist immer um 1 Byte größer als die Länge eines Strings, da ja das Endekennzeichen zum String gehört, bei der Länge aber nicht berücksichtigt wird.

Tabelle 3.7: *Die Library Mem zum Bearbeiten von Speicherbereichen*

Funktionen	Beschreibung
void *memcpy (void *m1, const void *m2, size_t Groesse)	Der Quellpointer m2 wird in den Zielpointer m1 kopiert. Die Anzahl der Bytes bestimmt die Angabe Groesse. Quell- und Zielspeicher dürfen sich nicht überlappen!
int memcmp (const void *s1, const void *s2, size_t n)	Funktion zum Vergleichen zweier Speicherbereiche. Die Anzahl der Bytes bestimmt n. Rückgabewert: < 0 wenn s1 < s2 == 0 wenn s1 == s2 > 0 wenn s1 > s2
_ void *memmove(void *dest, const void *src, size_t n)	Funktionsweise wie memcpy, mit dem Zusatz, dass sich die Speicherbereiche überlappen dürfen.
void *memset (void *s, int c, size_t n)	Die Anzahl n Bytes des Arrays s wird auf den Wert von c gesetzt. Diese Funktion ist wichtig, um z. B. Speicher im RAM gezielt auf den Wert 0 zu setzen.

Allgemeine Hilfsfunktionen findet man in der Standardlibrary (stdlib). Die ***Tabelle 3.8*** enthält einige wichtige.

Tabelle 3.8: *Wichtige Funktionen der Standardlibrary stdlib*

Funktionen	Beschreibung
int atoi(const char *s)	Umwandeln einer Zeichenkette in einen Integer (Rückgabewert).
div_t div(int numer, int denom)	div dividiert zwei Integer-Zahlen und liefert den Quotienten und den Divisionsrest als div_t-Typ.

4 Compiler

Der Compiler hat die Aufgabe, den C-Code des Programmierers auf Fehler zu prüfen und in den Code des Zielsystems zu übersetzen. Compiler, die Code für andere Systeme produzieren als für die Systeme, auf denen sie selbst laufen, heißen *Cross-Compiler*. Der (Cross-) Compiler ist natürlich eines der Schlüsselwerkzeuge für die Softwareentwicklung. Der in einer Datei vorliegende C-Code wird in mehreren Stufen bearbeitet. Zuerst werden vom Präprozessor (siehe Abschnitt 3.2.6) die im C-Code vorhandenen Makros aufgelöst bzw. durch Zahlenwerte ersetzt. Unabhängig von evtl. auftretenden Syntaxfehlern führt der Präpozessor die Ersetzungen durch und führt die „#include"-Dateien ein. Durch diese Eigenschaft des Präprozessors kommt es manchmal auch zu verwirrenden Fehlermeldungen, da ein Compiler unter Umständen Fehler meldet, die so gar nicht im Quelltext vorhanden sind und erst durch die Ersetzungen des Präprozessors entstehen. Der vom Präprozessor vorbereitete Code wird nun übersetzt. Das Übersetzungsergebnis wird wieder in einer Datei abgelegt und kann dann vom Linker weiterverarbeitet werden. Beim Übersetzen prüft der Compiler außerdem noch die Syntax des C-Codes. Die wichtige Syntaxprüfung ist jedoch von Compiler zu Compiler unterschiedlich. Selten werden Fehler des einen Compilers von einem anderen Compiler klaglos verarbeitet, häufig kommt es aber zu Unterschieden bei den Warnungen verschiedener Compiler.

Da Compiler für Embedded-Systeme manchmal mit „heißer Nadel" gestrickt sind (in diesem Zusammenhang wird auch von „Bananensoftware" gesprochen; d. h., die Software reift beim Kunden), ist es unbedingt anzuraten, den Code über einen zweiten, etablierten Compiler oder Syntaxcheckprogramm (siehe Abschnitt 11.3) zu schicken, um die Syntax zu prüfen. Dieser zweite Compiler liefert dann vielleicht Warnungen oder Fehler, die dem anderen Compiler entgangen sind. Von verschiedenen Anbietern werden Programme angeboten, die den Code auf potenzielle Fehler, Portierungsprobleme oder Verletzungen des ANSI-Standards untersuchen. Bei diesen Produkten handelt es sich oft um Abwandlungen und Verbesserungen des UNIX/LINUX-Programms lint. Das Programm lclint ist ein Freeware-Programm, welches viele Fehler und potenzielle Fehlerquellen in der Software entdeckt. Gute Dienste leisten aber auch die Standard-PC-Compilersysteme. Sind erst einmal Hunderte von Stunden für eine Entwicklung investiert worden, so ist es umso schlimmer, hinterher Verletzungen des ANSI-Standards festzustellen, die vielleicht auf einem anderen Compiler zu Problemen führen.

Generell sollte übrigens ein möglichst weit verbreiteter und erprobter Compiler eingesetzt werden. Denn nur dann sind schon die meisten Fehler in der Warnungserzeugung oder gar in der Codeumsetzung gefunden worden. Compiler sollen zwar mit bestimmten Testprogrammen getestet werden, jedoch ist die Compilererstellung selbst ein kompliziertes Handwerk, so dass sich darin gewiss Fehler einschleichen. Eine Referenzliste des Compilerherstellers von (hoffentlich zufriedenen) Kunden ist deshalb Gold wert.

Die meisten C-Compiler unterstützen verschiedene Speichermodelle. Mit der Auswahl des passenden Speichermodells kann die Software optimal an den zur Verfügung stehenden Speicherplatz angepasst werden. Daten im Speicher werden über Zeiger adressiert. Je größer also der Datenbereich ist, der im Speicher verwaltet werden soll, desto größer muss auch der Wertebereich der Zeiger sein, die diese Daten verwalten sollen. Mit einem üblichen 16 Bit (2 Byte) großen Zeiger lassen sich maximal 2^{16}, also 65 536 verschiedene Werte adressieren. Sind die Datenmengen größer als die möglichen 65 536 Werte, so wird zu einem anderen Speichermodell gegriffen, welches z. B. 2^{24} (16 MByte) adressieren kann. Dann vergrößern sich jedoch alle verwendeten Zeiger auf 3 Byte oder unter Umständen auf den nächsten geraden Wert 4 Byte. Die Folgen sind, dass mehr Ressourcen, wie RAM, ROM und Ausführungszeit, benötigt werden. Es gibt jedoch nicht nur verschiedene Speichermodelle für Daten; auch wenn der Code eine bestimmte Größe überschreitet, muss evtl. ein neues Speichermodell gewählt werden. Der Grund hierfür liegt darin, dass es auf manchen Prozessoren unterschiedliche Sprung- und Unterprogrammbefehle des Prozessors für verschiedene maximale Sprungweiten im Code gibt.

Es ist ein wesentliches Leistungsmerkmal eines Compilers, wie viele Speichermodelle er unterstützt. Je größer die Anzahl von Speichermodellen ist, umso effektiver kann der Code an die jeweiligen Voraussetzungen angepasst werden.

Bei einer kleinen Software, die entwickelt werden soll, empfiehlt sich ein möglichst kleines Speichermodell, um den Verwaltungsaufwand zum Adressieren des Speichers möglichst gering zu halten. Es wird als *Small-memory-Modell* oder gar als *Tiny-Modell* bezeichnet. In diesem Modell werden alle Zeiger auf Funktionen und Adressierungen im Speicher so klein wie möglich angelegt. Daraus ergibt sich natürlich eine Beschränkung in der Größe des Codes und des maximal zu adressierenden Speichers. Typische Grenzen sind hier z. B. 64 kByte für Daten und Code. Diese Grenze ergibt sich ja daraus, dass bei linearer Adressierung zur Adressierung von 65 536 unterschiedlichen Werten genau 2 Byte benötigt werden. Genaueres entnimmt man dem jeweiligen Compilerhandbuch.

Reichen die kleinen Speichermodelle nicht mehr aus, um die vorhandenen Code- oder Datenmengen zu verwalten, so müssen größerer Modelle gewählt werden. Einfache Compiler stellen nur ein größeres Speichermodell zur Verfügung, bei anderen kann zwischen mehreren gewählt werden. Es gibt Modelle für wenig Daten und viel Code, viele Daten und wenig Code und viele Daten und viel Code. Wie bereits erwähnt, wächst mit der Größe des adressierbaren Speicherplatzes im RAM und im ROM auch der compilerinterne Aufwand, der getrieben werden muss, um den

Speicherplatz zu adressieren. Normalerweise wird natürlich das kleinste Speichermodell gewählt, welches für die gegebenen Aufgaben ausreicht. Das Ergebnis ist schneller, effektiver Code.

Neben dem Speichermodell bieten auch optimierende Compilereinstellungen die Möglichkeit, die Übersetzung der C-Texte in ausführbaren Assemblercode an den vorhandenen Speicherplatz und die Prozessorleistung anzupassen. Bei der Optimierung gibt es grundsätzlich zwei Richtungen: Optimierung in Richtung Codegröße und Optimierung in Richtung Programmgeschwindigkeit. Bei der Codegrößenoptimierung werden Schleifen zusammenfasst, überflüssige Befehle entfernt, Befehle neu geordnet usw. Bei der Geschwindigkeitsoptimierung wird dafür vielleicht eine kleine Schleife in mehrere aufeinander folgende Anweisungen umgesetzt, was die Ausführungsgeschwindigkeit natürlich erhöht. Manche Optimierungsmöglichkeiten bringen sowohl eine Erhöhung der Ausführungsgeschwindigkeit als auch weniger Programmcode. Eine solche Methode besteht in dem gesammelten Aufräumen des Stapels erst nach mehreren Funktionsaufrufen anstatt nach jedem einzelnen Funktionsaufruf. Dieses Vorgehen reduziert die Codegröße im ROM, da weniger Assemblerbefehle anfallen. Durch die Verringerung der Codegröße wird in diesem Fall auch die Ausführungsgeschwindigkeit erhöht. Der Nachteil dieser Methode ist, dass natürlich auch der Stapel im RAM stärker anwächst und dadurch insgesamt mehr Platz im RAM benötigt wird. Die verschiedenen Optimierungsmöglichkeiten des Compilers haben zum Teil drastische Veränderungen des Programmcodes zur Folge. Ein Beispiel ist die Optimierung des Compilers bezüglich der Speicherzugriffe. Bei bestimmten Optimierungsschaltern erkennt der Compiler, dass eine Variable, die eigentlich aus einem externen Speicher geladen werden sollte, bereits durch eine vorhergehende Operation in einem Prozessorregister vorliegt. Anstatt nun den Wert erneut zu laden, wird die nächste Operation direkt auf das Register angewendet. Wird nun diese Variable auch noch in einem Interrupt verändert und ist sie fälschlicherweise **nicht** als *volatile* (siehe Abschnitt 3.2.2) definiert, kann es durch das Einschalten dieser Optimierung zu Programmfehlern kommen, wenn der Interrupt genau an der Stelle, wo die Variable nach dem Einschalten der Optimierung nicht mehr neu geladen wird, auftritt. Deshalb sollte zu Beginn einer Entwicklung der Optimierungslevel festgelegt und danach möglichst nicht mehr verändert werden. Durch Compilerfehler oder auch, wie gerade beschrieben, versteckte Programmfehler, können nach dem Einschalten von Optimierungen Programme plötzlich neue, ungewollte Funktionalitäten entwickeln. Kurz vor Auslieferung des Gerätes an den Kunden kann man solche Überraschungen nicht gebrauchen.

Die Optimierungen bergen jedoch noch einen anderen Effekt. Unter Umständen kann ein Debugger einen optimierten Code nicht mehr richtig durchlaufen und anzeigen. Das heißt, dass bestimmte Variablen nicht angezeigt werden können, weil sie wegoptimiert wurden, oder dass der Quellcode im Debugger fehlerhaft angezeigt wird. In einem solchen Fall sollten Programme zuerst nicht optimiert oder nicht maximal optimiert übersetzt werden. Erst nach erfolgreichem Test und Fehlerbeseitigung werden sie dann optimiert compiliert und müssen noch einmal getestet werden. Tritt ein Fehler nur in einem optimierten Programm auf, beginnt eine unangenehme Fehlersuche.

Aus einer erfolgreich übersetzten Datei erzeugt der Compiler eine *Objektdatei*. In einer Objektdatei befindet sich der übersetzte C-Code ohne die Referenzen des Moduls zu extern definierten Programmen und Variablen. Zusätzlich enthält der übersetzte Code evtl. noch Debugginginformationen in einer für den Linker lesbaren Form. Die externen Bezüge eines Moduls und die absoluten Adressen (z. B. die Programmstartadresse) werden erst vom Linker in den Programmcode eingesetzt. Das Format der Objektdateien kann vom Benutzer nicht gelesen werden. Will der Programmierer wissen, wie der übersetzte Code auf Assemblerebene aussieht, so muss das C-Programm mit einem entsprechendem Compilerschalter übersetzt werden. Es entsteht dann ein Listing, in dem Assemblercode steht und worin man als Kommentare die zugehörigen C-Zeilen finden kann. Die nach dem Compilieren entstandene Objektdatei ist noch nicht auf dem Prozessor lauffähig. Es fehlen noch Verbindungen zu anderen Modulen, zu Standardfunktionen und die absolute Codeposition. Um einen lauffähigen Code zu erhalten, muss ein solches Objekt noch mit mindestens der Standardbibliothek und evtl. anderen Modulen gelinkt werden. Manchmal wird das Linken übrigens auch als *Binden* bezeichnet.

Manchmal, besonders bei so genannten „integrierten Entwicklungsumgebungen" entsteht nach einem Compilerlauf doch wie von Geisterhand ein lauffähiger Code. Hier hat entweder die Entwicklungsumgebung den Linker aufgerufen oder der Compiler hat dies selbst getan. Ist der Compiler kommandozeilenorientiert (DOS-Box, Linux- oder Unixshell), so sorgt der Compilerschalter -c meistens dafür, dass der implizite Linkeraufruf unterbleibt.

Mittlerweile werden viele Compiler mit den so genannten *integrierten Entwicklungsumgebungen* (IDE) ausgeliefert. Hierbei handelt es sich um grafische Oberflächen, die einen einfachen Editor zur Erstellung des C-Codes, den Compiler, Linker und Tools zum Überwachen der Aktualität der Dateien und zum Zusammenfügen des Programms enthalten. Ich will hier nicht auf eine einzelne Umgebung eingehen, da diese meist selbst erklärend sind und der Leser garantiert immer eine andere Umgebung hat als die, die hier erklärt werden könnte. Ich möchte eher auf einige Probleme hinweisen, zu denen es oft bei der Verwendung von IDEs kommt. Eins dieser Probleme ist z. B. das Setzen von Compiler- und Linkerschaltern über die IDE. Ohne Absicht, z. B. durch einfaches „Verklicken", kann ein Compilerschalter falsch gestellt und die Programmerstellung wesentlich verändert werden. Ein Problem ist auch die Reproduzierbarkeit der Einstellungen über einen längeren Zeitraum. Da das Abspeichern der Einstellungen der IDE meist nicht dokumentiert ist, können Einstellungen nicht gezielt mit dem Erzeugen bestimmter Softwareversionen gesichert und später wiederhergestellt werden. Ebenso schwierig ist es, bei einer Softwareentwicklung, an der mehrere Personen arbeiten, die Einstellungen bei allen Teammitgliedern gleich zu halten. Sind die IDEs bei kleinen Softtwareprojekten und in der Erforschungsphase sehr praktisch, so halte ich sie jedoch bei größeren und komplexeren Entwicklungen aus den oben genannten Gründen für problematisch. Vielleicht legen die IDE-Hersteller ihre Konfigurationsdaten in einer einfachen ASCII-Datei ab und lassen es dann auch noch zu, dass diese Datei gegenüber versehentlichen Änderungen mit einem Schreibschutz versehen werden kann. Dann könnte eine IDE zu einer guten Hilfe werden. Solange dies nicht der Fall ist, verweise ich auf die Vorgehensweise in Kapitel 8.

4.1 Aufbau von großen Projekten mit mehreren Modulen

Eine einzelne *C-Datei* (auch Modul genannt) sollte eine Größe von 2 DIN-A4-Seiten nicht überschreiten. Vielseitige „Riesenmodule" sind unübersichtlich. Sinnvoll ist eine Aufteilung von größeren Programmpaketen nach ihren Aufgaben. Zwischen den verschiedenen Modulen bedarf es gewisser Schnittstellen. Diese Schnittstellen bilden die *Headerdateien*, die in der Sprache C durch die .h-Erweiterung gekennzeichnet werden. Den Namen bekommen die Headerdateien von den C-Dateien, zu denen sie die Schnittstelle bilden. Das heißt, dass die C-Datei „motor.c" und die Headerdatei „motor.h" zusammengehören. Um es klar zu sagen: Deklarationen und Funktionsprototypen gehören nicht in eine Headerdatei, wenn diese Daten nur lokal vom C-Modul gebraucht werden. Die Headerdatei stellt nur die Schnittstelle zum entsprechenden C-Modul dar. Hier ist die Disziplin des Programmierers gefragt. Kein Compiler überprüft, ob Daten in einer Headerdatei deklariert sind, die da eigentlich nicht hineingehören.

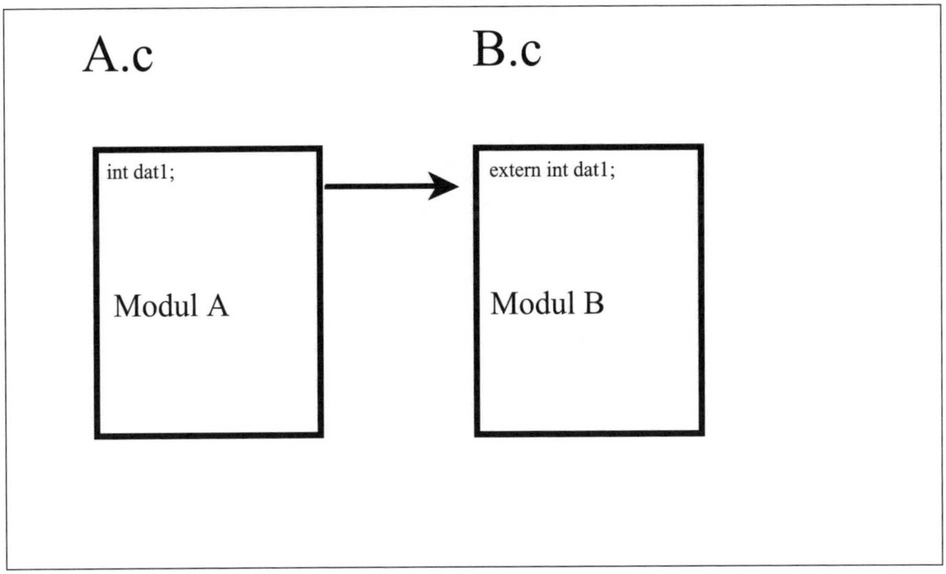

Bild 4.1: *Prinzip des externen Benutzens von Daten* ***(Bitte so nicht verwenden!)***

Ein Datum (dies kann eine Variable oder eine Funktion sein), welches modulübergreifend genutzt werden soll, wird in der C-Datei Modul A fest definiert. Alle globalen Daten, d. h. Funktionen und globale Variablen, können grundsätzlich von anderen Modulen benutzt werden. Die einzige Möglichkeit, Daten vor der Benutzung anderer Module zu schützen, ist das Schlüsselwort „static" (siehe auch Abschnitt 3.2.2). Dieses Schutzkonzept ist, gemessen an objektorientierten Sprachen, primitiv. Soll nun ein im Modul A definiertes Datum im Modul B benutzt werden, so kann es im Modul B als extern deklariert werden (***Bild 4.1***). Der Linker legt die beiden gleich benannten Variablen auf die gleiche Adresse. Hier wird auch der Unterschied zwischen Definition und Deklaration deutlich.

Eine *Definition* legt Variablen an. Eine *Deklaration* gibt nur den Typ eines Datums an und verweist weiter auf die Definition in einem anderen Modul. Obwohl der hier beschriebene Mechanismus prinzipiell funktioniert (und leider auch vielfach Anwendung findet), wird von der Verwendung in dieser Form **unbedingt abgeraten**. Er wurde nur beschrieben, um das Prinzip zu verdeutlichen. Wenn der Typ der Variablen im Modul A geändert wird, können sich schwere (und schwer zu findende) Programmfehler einschleichen, wenn diese Änderung im Modul B nicht nachgezogen wird. Der Compiler hat keine Möglichkeit festzustellen, dass dasselbe Datum unterschiedlich definiert und deklariert ist, da er immer nur eine Datei gleichzeitig bearbeitet. Der Linker könnte diesen Fehler theoretisch erkennen, jedoch sind Linker aus historischen Gründen für diese Fehlerart nicht ausgelegt. Um diesem schwer zu findenden Programmfehler vorzubeugen, sollen extern-Deklarationen **nur** in Include-Dateien gemacht werden. Die Include-Datei wird nun an zwei Stellen verwendet: im Modul B, um das externe Datum bekannt zu machen, im Modul A, um den *extern* deklarierten Typ mit der Definition im Modul zu vergleichen. Funktional bleibt alles gleich, jedoch hat der Compiler jetzt die Möglichkeit, die Konsistenz der Deklaration und der Definition zu überprüfen (siehe Bild 4.2).

Aus mir unverständlichen Gründen findet man die Benutzung von extern-Anweisungen in C-Dateien immer noch in neuen Lehrbüchern und in kommerzieller und freier Software. Der Grund ist vielleicht darin zu suchen, dass jemand aus Bequemlichkeit keine Headerdatei erzeugen möchte und deshalb „mal eben" mit einer extern deklarierten Variablen den Compiler zufrieden stellt. Deshalb nochmals: Von der gefährlichen Konstruktion, eine Variable im C-Modul extern zu deklarieren, ist unbedingt abzuraten. Hier besteht überhaupt keine Möglichkeit, automatisch über den Compiler Fehler zu erkennen. Der Linker sucht sich den zur extern-Anweisungen passenden Namen und ordnet den Speicherbereich ohne Typüberprüfung zu.

Zu einer extern-Anweisung gehört immer ein Datentyp (also extern float a). Wird dieser Datentyp vergessen (extern a), so nimmt der Compiler standardmäßig den Typ Integer an. Ist nun die Definition des Speicherbereichs vom Typen Integer verschieden, so kann es unter Umständen zu Fehlern im Programm kommen. Aber auch diese Fehlermöglichkeit wird bei der Verwendung des sicheren Include-Mechanismus vom Compiler mit einer Fehlermeldung entdeckt (aber auch nur dann).

Funktionsprototypen in C-Dateien können auch als extern deklariert werden. Dies hat in C jedoch nur kosmetischen Charakter und bleibt dem Programmierer überlassen.

Eine wichtige Faustregel ist, in den Include-Dateien keine Variablen oder Programme zu definieren. Programme mit Variablen oder Programmen in den Include-Dateien sind unübersichtlich, werden vom C-Compiler aber fehlerfrei übersetzt, da der

Compiler die Include-Datei nicht als solche erkennen kann. Der Grund hierfür liegt in der Art der Bearbeitung eines C-Moduls. Jeder C-Text wird zuerst vom Präprozessor (siehe Abschnitt 3.2.6) bearbeitet. Er führt die #include-Anweisung aus, indem er die Dateien aus den #include-Anweisungen in eine Zwischendatei einfügt. Der C-Compiler bearbeitet diese Zwischendatei und kann deshalb keinen Unterschied mehr zwischen Daten, die aus eingefügten Dateien oder der Original C-Datei stammen, erkennen.

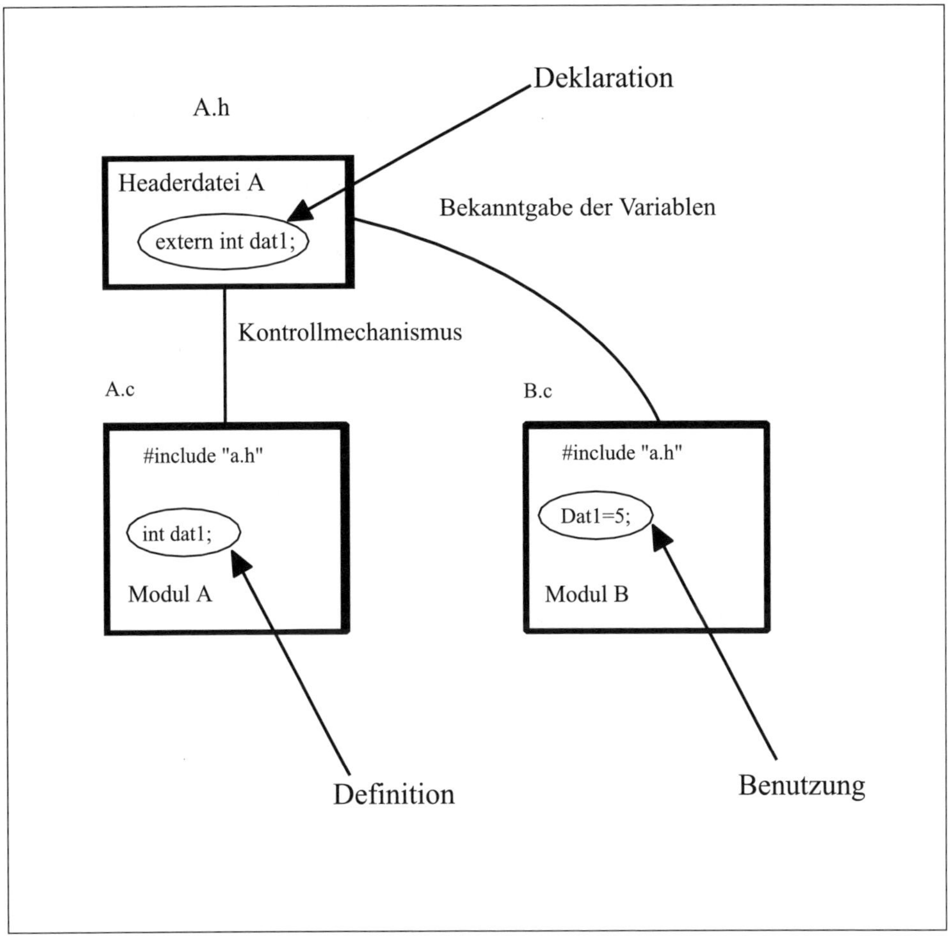

Bild 4.2: *Sicherer Include-Mechanismus*

Wird eine Datei in eine C-Datei mehrfach durch #include eingefügt, so kann es zu Warnungen und Fehlern kommen. Mehrfaches Einfügen entsteht leicht dadurch, dass in Include-Dateien wiederum Include-Anweisungen enthalten sind, die benutzte Datentypen definieren. Werden nun zwei solcher Dateien eingefügt, die beide die gleiche Include-Datei benutzen, so kommt es zum mehrfachen Einfügen. So gibt es beispielsweise bei der Definition von Strukturen Fehler, wenn diese doppelt vorhanden sind. Eine einfache Abhilfe gegen diesen unangenehmen Fehler bietet eine Hilfskonstruktion über Makros.

```
#ifndef __DISK_H

#define __DISK_H

/* Hier werden die zu schützenden Anweisungen eingetragen: */
#define KONSTANTE 1

#endif
```

Beispiel 4.1: *Schutzmakro für die Datei disk.h*

Zuerst wird mit der Anweisung #ifndef in einer Headerdatei abgefragt, ob das Hilfsmakro bereits definiert ist. Ist das nicht der Fall, wird dieses Makro definiert. Jetzt können die eigentlichen Definitionen kommen. Zum Schluss wird die #ifndef-Anweisung noch mit der #endif-Anweisung abgeschlossen. Im ***Beispiel 4.1*** schützt das Makro (__DISK_H mit der dazugehörigen Endanweisung #endif) die Anweisungen in der Datei disk.h vor Doppeldefinition durch mehrfaches #include. Das Makro aktiviert die in ihm eingeschlossenen Anweisungen nur ein einziges Mal pro C-Datei. Wichtig ist hier, dass der Makroname nur einmal für jede Include-Datei verwendet wird. Außerdem dürfen Makros mit gleichen Namen innerhalb der Software nicht vorkommen. Dies wird ziemlich zuverlässig durch eine „exotische" Namensgebung erreicht, die hier aus zwei führenden Unterstrichen, dem Dateinamen und der Endung _H besteht.

4.2 Kapselung von Daten

Ein sehr wichtiges Thema ist die so genannte *Kapselung von Daten* oder das *Konzept der abstrakten Datentypen*. Die Kapselung von Daten in die dazugehörigen Module hilft, Software wartungsfreundlich und übersichtlich zu halten. Viele Programmpakete zur Steuerung von Geräten haben einen zentralen Datensatz, der sich durch die verschiedenen Module des Programmpakets zieht. Ein Beispiel wäre z. B. die Rechnungsnummer in einer Registrierkasse oder die Referenznummer einer Verbindung in einem ISDN-Telefon. Naheliegend, aber auf keinen Fall empfehlenswert, ist es, solche Daten global zu definieren und die einzelnen Module direkt auf die verschiedenen Daten des Programms zugreifen zu lassen. Vorteilhafter ist es, solche Daten zu kapseln und sie nur über den Aufruf von Funktionen anderen Programmen zur Verfügung zu stellen. Sinn der Kapselung ist es, die Daten Modulen zuzuordnen und diese Daten nicht in anderen Modulen direkt zu verwenden. Ist beispielsweise Modul A ein Zählmodul, welches die Impulse einer Lichtschranke aufsummiert, und Modul B ein Statistikmodul, welches die zeitliche Verteilung der Impulse messen soll, so muss Modul B Informationen von Modul A bekommen. Die einfachste Möglichkeit, die Daten von Modul A dem Modul B zugänglich zu machen, ist, die Zählvariable im Modul B (über obigen Include-Mechanismus) extern zu definieren. Diese, vom Programmcode her gesehen, sehr effektive Methode hat jedoch den Nachteil, dass, wenn am inneren Aufbau von Modul A etwas verändert wird (z. B. die Zählvariable fällt weg oder wird umbenannt), Modul B weder funktionsfähig noch übersetzbar/linkbar ist. Eine bessere Kopplung der beiden Module wäre es, eine Funktion in A zu schreiben, die Modul B aufrufen kann, um die gewünschten Daten zu erhalten. Ändert sich hier etwas am inneren Aufbau von A, so muss maximal nur die Funktion, die die Daten zurückliefert, angepasst werden. Auch wenn das Statistikmodul in ein anderes System eingepasst werden soll, ist nur die Schnittstellenfunktion zum Liefern der Mengendaten bereitzustellen. Dieses so genannte *Konzept der abstrakten Datentypen* vereinfacht Portierung und Softwarewiederbenutzung (engl. software reuse) ungemein. Jedoch erkauft man sich diesen Vorteil mit einem höheren Aufwand an Programmcode und Laufzeit. Sind möglichst kleine und schnelle Module gefragt, die nicht weiter verwertet werden (aber wer weiß das schon vorher), so ist abzuwägen, welche Methode der Datenkopplung bevorzugt wird. Bei größeren Projekten ist die Kapselung von Daten der einzig gangbare Weg, um die Übersicht zu behalten.

5 Linker

Der *Linker* fügt die Programme und Daten von mehreren Modulen zusammen. Er trägt für alle Programme und Daten, die über Modulgrenzen hinaus benutzt werden, die gültigen Adressen ein. Compiliert wird ja immer nur ein Modul. Benutzt z. B. ein Modul eine Funktion eines anderen Moduls, so weiß der Compiler beim Compilieren des Moduls nicht, wo er ein benutztes Programm finden kann. Ist eine Prototypdefinition für eine Funktion oder eine extern-Anweisung für eine Variable vorhanden, so gibt sich der Compiler damit zufrieden, lässt die Adresse offen und überlässt es dem Linker, die richtige Adresse einzusetzen. Außerdem erhalten die Programme und Konstanten vom Linker ihren endgültigen Platz im ROM und die veränderlichen Daten ihren Platz im RAM. Wie schon erwähnt, nehmen alle mir bekannten Linker keinerlei Überprüfungen vor, ob Typen über die Modulgrenzen hinweg konsistent deklariert und definiert sind. Deshalb ist es auch so wichtig, den beschriebenen Include-Mechanismus zu verwenden.

Es gibt allerdings einige Fehler, die der Linker erkennt. Dazu gehören z. B. doppelt definierte Programme und teilweise auch doppelt definierte Variablen. Sind zwei Symbole mit dem gleichen Namen definiert, kommt es zum Fehler. Ebenso werden natürlich komplett fehlende, aber in der Software referenzierte Symbole gemeldet. Außerdem erkennen viele Linker (aber nicht alle), wenn Module zusammen gelinkt werden, die mit unterschiedlichen Einstellungen für die Speichermodelle übersetzt wurden. Es ist natürlich kein Problem, wenn Module mit unterschiedlichen Compilereinstellungen für die Optimierung zusammen gelinkt werden.

Der Linker legt den Code fest an eine bestimmte Stelle in den Programmspeicher. Außerdem werden die Variablen dem Speicherplatz im RAM zugeordnet. Der Programmierer kann zusätzlich auch noch eigene Bereiche im Speicher (RAM, ROM) definieren, in die vom Linker nur bestimmte Programme oder Variablen gelegt werden. Mögliche Anwendungen wären eine Gerätenummer, die immer an einer genau festgelegten Stelle im ROM stehen soll, oder eine Übergabeschnittstelle, bei der Daten immer an einer festen Stelle im RAM stehen sollen. Flash-ROM-Bausteine bieten die Möglichkeit, einzelne Sektoren mit einem Schreibschutz zu versehen. Mit Hilfe des Linkers und entsprechender Anweisungen kann nun ein besonders wichtiges Programm in einen Sektor im Flash-ROM gelegt werden, der dann später geschützt wird.

Der Linker wird meistens über eine *Linkkommandodatei* (engl.: linkcommandfile) gesteuert. In dieser Datei stehen wichtige Informationen über das Zielsystem, auf welchem ja letztlich das Programm funktionieren soll.

Ein Beispielsystem mit folgenden Daten sei gegeben:

RAM 0-1FFF (8-kByte-RAM)

ROM E000-FFFF (8-kByte-Flash-ROM)

Die später in Abschnitt 9.1.2 besprochenen *Interruptvektoren* (hier TRAPS genannt) befinden sich hier am Ende des ROMs, beginnend mit FFE0.

Die Linkkommandodatei kann nun z. B. wie im ***Beispiel 5.1*** aussehen.

```
SECT stack=$100
SECT code=$e000
SECT TRAPS=$ffe0
SECTZIZE stack=$40
SECTZIZE heap=$100
order stack,initvars,zerovars,heap
```

Beispiel 5.1: *Linkkommandodatei*

Die Anweisung SECT definiert Abschnitte im adressierbaren Speicher. Der erste Datenabschnitt (benannt mit stack) beginnt erst bei Adresse 0100h im RAM, da sich bei diesem Beispiel Prozessorsteuerregister bis zur Adresse 0100h befinden. Der Compiler legt die veränderlichen Daten, beginnend mit stack, an der Adresse 100 in das RAM. Über die Anweisung SECTSIZE bekommt der Abschnitt stack die Größe 40 hex. zugeordnet. Dies ist notwendig, da die Größe des Stapels nicht über den Compiler oder Assembler festgelegt werden kann, sondern zur Laufzeit des Systems vom Prozessor bestimmt wird. Umso wichtiger ist es auch, dafür zu sorgen, das der Stack ausreichend groß definiert ist. Ein Überlauf des Stacks hat zwangsläufig einen Systemabsturz zur Folge.

Im Abschnitt initvars befinden sich alle globalen Variablen, die vom Programmierer initialisiert werden. Der Linker legt parallel zu den initvars eine Tabelle im Programmspeicher des Systems an, die im *Startupcode* des Systems in das RAM in den Abschnitt initvars kopiert wird. Dadurch haben die Variablen nach der Ausführung des Startupcodes automatisch die vom Programmierer gesetzten Werte.

In zerovars befinden sich alle globalen Variablen, die der Programmierer nicht explizit initialisiert hat. Laut Festlegung sollen alle Variablen den Wert 0 haben. Da ein RAM aber keine bestimmten Vorzugswerte nach dem Einschalten aufweist, wird dies durch eine Schleife im Startupcode erreicht, die diesen Abschnitt auf 0 setzt.

Im Abschnitt heap (siehe auch Abschnitt 9.1.7) liegt der vom Benutzer verwendbare Freispeicher. Die Größe des heap wird ebenfalls über sectsize festgelegt, da die Größe (wie beim stack) ja erst zur Programmlaufzeit bekannt ist. Die Reihenfolge der Abschnitte wird durch die order-Anweisung bestimmt. Sie legt die Abschnitte initvars, zerovars und heap hinter den Abschnitt stack, ohne ihnen eine feste Adresse zuzuordnen.

Das $-Zeichen zeigt in dem ***Beispiel 5.1*** dem Linker hexadezimal codierte Zahlen an. Die eigentlichen Programme sollen natürlich in das **ROM** des Systems und nicht in das RAM. Das wird erreicht, indem alle Programme vom Compiler der Section code zugeordnet werden. Der Linker legt nun alle Programme nacheinander in die Section code. Dem Abschnitt code wird im obigen Beispiel die Startadresse des ROM zugewiesen.

Es ist möglich, Programmen und Variablen andere Abschnitte als die Standardbereiche zuzuordnen. Anwendungen hierfür sind:

- Schützen von besonders wichtigen Codeteilen, indem sie bei löschbaren Bausteinen, wie Flash-ROMs, an bestimmte schreibgeschützte Stellen gelegt werden.
- Sichern von Daten, die nicht verloren gehen dürfen, indem sie in einen Baustein mit bestimmter Adresse gelegt werden, der durch eine Batterie, einen Pufferkondensator oder einen Akkumulator auch bei Spannungsausfall mit Strom versorgt wird.

Um eigene Abschnitte mit Programmen oder Daten zu belegen, müssen diese Sektionen zur Compilierzeit angelegt werden. Dies geschieht über Compilerschalter oder eine pragma-Anweisung, die in der Dokumentation nachgeschlagen werden müssen, da dieses Thema nicht vom ANSI-Standard behandelt wird. Sind die Sektionen mit Namen versehen worden, können sie über die SECT-Anweisung und den dazugehörigen Namen auf bestimmte Adressen gelegt werden. Viele Linker können keine anderen Abschnitte um einen bereits festgelegten Abschnitt herumlegen. Deshalb findet man benutzereigene Abschnitte meistens am Ende oder am Anfang von RAM- oder ROM-Speicherbereichen. Die ***Tabelle 5.1*** zeigt einige Anwendungen für verschiedene Abschnitte.

Tabelle 5.1: *Beispiele zur Verwendung von Abschnitten*

Sequenz im C-Code	Abschnitt
int i;	globale Variable in zerovars
int j=6;	globale Variable in initvars
const int=6;	Konstante in code (bei den meisten Compilern, wenn die Konstante modulglobal angelegt ist)
for(n=0;n<5;n++);	Anweisungen in code
ppp=malloc(55);	Freispeicher in heap

Der Abschnitt TRAPS in ***Beispiel 5.1*** muss noch vom Benutzer z. B. in einer Assemblerdatei benannt werden, wenn der Compiler und Linker nicht das automatische Anlegen der Interruptvektoren unterstützt (siehe Abschnitt 9.3). Es wird darauf hingewiesen, diesen Abschnitt nicht zu vergessen, denn da sich kein Programm auf diesen Abschnitt bezieht, erhält man keine Fehlermeldung, wenn dieser Abschnitt fehlt. Trotz ausbleibender Fehlermeldungen oder Warnungen funktioniert das System nicht, da der Prozessor weder die Startadresse noch die Startadresse der Interruptvektoren des Programms findet.

Um ein ausführbares Programm zu erzeugen, fehlen dem Linker jetzt nur noch Angaben über die Namen der Module, die der Linker zusammenfügen soll. Die Module können

z. B. über load-Anweisungen angegeben werden, die dem Linker sagen, welche Objekte zu einem Programmpaket gehören sollen. Es ist jedoch meist auch möglich, beim Aufruf des Linkers die Module anzugeben, die sich zum System zusammenfügen sollen. Zusätzlich zu den vom Programmierer erstellten Modulen müssen auch noch die vom Compilerhersteller gelieferten Bibliotheken angegeben werden. Da die Steuerung des Linkers nicht standardisiert ist, kann die angegebene *Linkkommandodatei* nur ein Beispiel sein. Je nach Hersteller können sich noch viele andere Optionen, Anweisungen, Syntax und Spezialitäten in einer solchen Datei befinden.

Wenn der Linker seine Arbeit getan hat, erzeugt er ein auf dem Zielprozessor ausführbares Programm. Je nachdem in welchem Format das Programm vorliegt, kann es nun in einen Debugger (Simulator, Emulatorinterface, Monitor) oder in ein EPROM-Programmiergerät geladen werden. Formate für Debugger sind z. B. ELF-, das Coff- und das IEEE-Format (sprich: AI triple IE). Um von dem Programm ein EPROM, Flash-ROM oder ROM zu erzeugen, werden Formate wie Tektronix, HP, Motorola-S-Format oder Intel-Hex unterstützt. Motorola-S und Intel-Hex gehören zu den am meisten verwendeten Formaten. Die Auswahl der verschiedenen Formate wird entweder direkt in der Linkkommandodatei vorgenommen, oder es existieren Zusatzprogramme, die aus dem Ausgabeformat des Linkers das gewünschte Format erzeugen. Es ist nur darauf zu achten, dass die erzeugten Formate von dem vorhandenen oder noch zu beschaffenden Programmiergerät für Speicherbausteine auch unterstützt werden. Passen die angebotenen Formate des Linkers und die unterstützten Formate des Programmiergerätes absolut nicht zusammen, so kann zur Not ein Programm geschrieben werden, welches ein Programmierformat (nicht Debugformat) in ein anderes umwandelt. Teilweise sind Formatkonvertierungsprogramme auch als Freeware verfügbar.

Linker liefern grundsätzlich zwei verschiedene Ausgabeformate: ein Ausgabeformat für das Erzeugen von programmierten Speicherbausteinen über Programmiergeräte und ein anderes Format zum Laden in einen Debugger, um damit unter Verwendung der Symbolinformationen ein Programm zu testen und Fehler zu suchen. Das Ausgabeformat, welches für Debugwerkzeuge verwendet wird, enthält neben dem Absolutcode noch zusätzliche Informationen darüber, wie der Absolutcode und der C-Code zusammenpassen. Diese Informationen werden vom Debugger herangezogen, um dem Programmierer anzuzeigen, in welcher C-Zeile er sich befindet. Formate, die nur dazu da sind, in Speicherbausteine programmiert zu werden, enthalten keine Debuginformationen.

Wie oben bereits kurz angerissen, darf beim Linken die *Bibliothek* nicht fehlen. Darin befinden sich Grundroutinen, die bei Multiplikationen und Divisionen benutzt werden. Außerdem sind in ihr die Standard-C-Routinen enthalten. Die Aufrufe dieser Routinen befinden sich in den einzelnen Modulen. Der *Linker* versucht nun, die aufgerufenen Funktionen in der Software zu finden. Verläuft die Suche ergebnislos, so sucht er zuletzt in der Bibliothek. Werden die Programme da gefunden, so bindet der Linker sie ein. Bleiben keine benutzten Symbole übrig, so kann das ausführbare Programm erzeugt werden. Benutzte Routinen, die aber weder in einem Modul noch in einer Bibliothek gefunden werden, führen zu Fehlermeldungen.

Sind Programme sowohl in Modulen als auch in der Bibliothek definiert, so kommt es zu keinem Fehler beim Linken. Dies steht im Gegensatz zu doppelten Definitionen in Modulen, was stets zu Fehlermeldungen führt. Definitionen in Modulen haben Vorrang vor den Definitionen in den Bibliotheken. Durch dieses Verhalten ergeben sich interessante Perspektiven. Der Benutzer hat die Möglichkeit, eigene Programme die Bibliotheksroutinen ersetzen zu lassen. Eine Anwendung hierfür ist die Möglichkeit, die printf-Funktion durch eine eigene Funktion zu ersetzen. Die neue printf-Funktion kann dann die Informationen auf einen Testanschluss (z. B. RS232) bringen und ermöglicht die Kontrolle des Programmablaufs. Eine weitere Möglichkeit ist das Ersetzen von Routinen durch eigene zeitoptimierte Programme. Da das Ersetzen der Bibliotheksfunktionen durch eigene Funktionen aber meist kommentarlos verläuft (keine Warnung, kein Fehler vom Linker), schlummert natürlich hier die Gefahr, dass Funktionen zu Testzwecken eingebaut und dann vergessen werden. Werden Bibliotheksroutinen unkontrolliert durch eigene Routinen ersetzt, so droht Gefahr. Erfindet z. B. ein Programmierer die Standard-Bibliotheksroutine memcpy neu, so greift die ganze Software auf diese neue Routine zu.

6 Ausgabeformate des Linkers

Debugformate näher zu erläutern, ist für den Anwender einer C-Entwicklungsumgebung nicht interessant. Bei Problemen beim Debuggen muss Unterstützung vom Compilerhersteller oder vom Hersteller des Debugsystems angefordert werden. Interessant und nützlich kann es aber sein, über den Aufbau eines Linkeroutputs für Programmiergeräte prinzipiell Bescheid zu wissen. Da das Ergebnis der Linkeroutputs (je nach Einstellung des Linkers) in einem Textformat vorliegt, bietet es sich geradezu an, selbst geschriebene Werkzeuge zu einer evtl. Codenachbearbeitung mit diesem Format einzusetzen. Solche Nachbearbeitungen sind nötig, wenn z. B. der Code komprimiert im Programmspeicher abgelegt werden soll oder wenn ein Gerät updatefähig sein soll und der Programmcode über eine Übertragungsstrecke wie eine serielle Schnittstelle eingeladen wird. Bedingt durch die weite Verbreitung der elektrisch löschbaren Flash-ROMs ist eine Updatefähigkeit vielfach gefordert.

Die verschiedenen Formate tragen die Namen der Firmen, die diese Formate definiert haben. Die beiden verbreitetsten Formate sind das *Intel-Hex-Format* und das *Motorola-Srecord-Format*. Das *Tektronix-Format* findet man entsprechend seltener und überwiegend bei älteren Softwaretools. Die textbasierten Formate sind alle ähnlich aufgebaut. Sie beginnen mit einer Startkennung, die den Anfang einer Zeile kennzeichnet. Danach folgen die Daten, beginnend mit der Länge der zu programmierenden Daten, die Programmspeicheradresse und meistens am Ende eine Checksumme. Die Daten sind durch Hex-Ziffern 0-9 und A-F repräsentiert.

Intel-Hex-Format

Im ***Beispiel 6.1*** ist ein Auszug aus einer Intel-Hex-Datei dargestellt.

```
:0AC006008A12002680FAD00B0A8A85
:10C0100012402680FAD00C0A8B13000A0652FD2229
:10C0200000AB0002CAFB52572218AB00A8CAFBA201
:10C03000950052A80D8EC67A8EC6AB8EC6CB8EC525
:10C040009E8EC5928EC5AA8EC5D88EC6F18ECEC7DD
:10C05000A3F005A20301D5A673FC8173868373EF59
:10C060008305D54BD5178EC0BC8EC21F8EF0268E91
:10C07000F1368EC6668EC7108EF02D8ED5218EC0FD
:10C08000FF8EC5278EC018018EF17D8EC0187702F5
:10C0900080038ECB9F770417068EE26873FB1777B9
:10C0A0004017068EC72873BF17763B1702E0038E32
:10C0B000D5D2767F17D2760280CEE0C852388EC0B5
:10C0C000D152068EC0D1520C8EC0D152018EC0D139
:10C0D0000A8EC0D88EC0E80A8EC006C8628B1200D5
:10C0E0008A12008EC006C90A8EC00FC8628B124029
:10C0F0008A12408EC00FC90A8EC0068EC00F0A5227
:0AC10000018EC0D18EE8780AC59ABE
:00000001FF
```

Beispiel 6.1: *Auszug aus einem Linkeroutput im Intel-Hex-Format*

Das auf den ersten Blick verwirrend aussehende Zahlengewirr lässt sich leicht mit folgendem Schlüssel entwirren:

Jede gültige Zeile beginnt mit dem Doppelpunkt als Startzeichen. Danach sind die Daten im Schema NnAaaaXxDdddCs angeordnet.

Es bedeuten:

Nn die Anzahl der folgenden Datenbytes (ohne die Adressinformationen und Checksumme),

Aaaa die Startadresse der zu übertragendenden Daten,

Xx Recordkennung

00 = Datenrecord,

01 = Endekennzeichen für die Datei,

02 = Segmentadresse der nachfolgenden Daten (beim Intel-Hex86-Format, siehe unten),

Dddd die eigentlichen Programmdaten (Nutzinformation), die in den Speicher transferiert werden sollen,

Cs die Checksumme über die Datenbytes.

Mit dieser einfachen Legende soll nun beispielhaft die erste Zeile aus ***Beispiel 6.1*** entschlüsselt werden.

Die Zeile lautet:

:0AC006008A12002680FAD00B0A8A85

Das Startzeichen der Zeile ist bekanntlich der Doppelpunkt. Danach folgt die Anzahl der Datenbytes im Hex-Format. 0A bedeutet, dass 10 Bytes an Daten vorhanden sind. Danach folgt die Adresse, an der die Datenbytes im Speicher platziert werden sollen. Die Adresse ist hier C006. Jetzt folgt der Recordtyp. Eine 00 steht für einen normalen Datensatz. Als Nächstes sind die eigentlichen Nutzinformationen, die Datenbytes, an der Reihe. Es handelt sich um 10 Bytes, die lauten:

8A 12 00 26 80 FA D0 0B 0A 8A

Die Zeile wird mit der Checksumme Cs abgeschlossen. Sie ist eine Summe der bisher vorangegangenen Bytes aus diesem Datenrecord, von der das Zweierkomplement gebildet wird. Die 85 ergibt sich aus:

0A+C0+06+00+8A+12+00+26+80+FA+D0+0B+0A+8A =47B

Von dieser Zahl wird nun das Zweierkomplement gebildet (d. h., die Zahl wird invertiert), und alle Stellen bis auf die letzen beiden werden ausgeblendet. Es ergibt sich 85.

Die folgenden Records, bis auf den letzen, sind nach dem gleichen Schema aufgebaut. Eine Besonderheit bildet der letze Record, der das Dateiende kennzeichnet. Mit Ausnahme der Recordkennung, die als Endekennung auf 01 gesetzt wird, und der Checksumme, die nach wie vor berechnet wird, sind alle Bytes auf 00 gesetzt. Die Dateiendekennung ermöglicht es z. B. bei einer Datenübertragung, zuverlässig das Ende der Nutzdaten zu erkennnen.

Da der Adressbereich von 64 kByte (FFFF hex) schnell erschöpft ist, gibt es eine Erweiterung des Intel-Hex-Formats. Das Intel-Hex86-Format bietet zusätzlich die Möglichkeit, einen Segmentoffset im Record mit der Kennung 02 unterzubringen. Die Segmentadresse steht in den Datenbytes, die Adressbytes bleiben auf 0. Um die Segmentadresse FFFF zu übertragen, wäre der folgende Record nötig:

:02000002FFFFFE Segment-Adresse = FFFFh Prüfsumme = FEh

S-Record-Format

Das S-Record-Format ermöglicht variable Adressformate. Das Startzeichen des S-Record-Formats ist der Buchstabe S. Danach folgt der Recordtyp. Als Recordtypen sind 7 verschiedene Records vorhanden:

S1: Record für Programmierdaten, der für 2 Byte Adressen Platz bietet,

S2: Record der für 3 Byte Adressen Platz bietet,

S3: Record der für 4 Byte Adressen Platz bietet,

S0: Record, um Kommentare unterzubringen, wenn er am Anfang der Datei steht.

Zu den 3 verschiedenen Datenrecordtypen gibt es passende Dateiendekennzeichen:

für den S1-Record den S9-Record; für den S2-Record den S8-Record und für den S3-Record den S7-Record.

Die S-Record-Formate sind nach folgendem Schema aufgebaut:

Datenrecord:

SnNnAaaaDdddCs

Sn Formatkennung, wobei n=1,2,3 sein kann,

Nn Anzahl aller nachfolgenden Bytes,

Aaaa Adresse, die Länge der Adresse ist n+1 Byte (für S1-Record z. B. 2 Byte),

Dddd Datenbytes, die in den Programmspeicher sollen,

Cs die Checksumme. Die unteren zwei Bytes des Zweierkomplements der Summe aller Datenbytes nach der Recordkennung.

Beispiel: S10D0000FFFFFFFFFFFF8A12002636

Schlussrecords je nach Dateiformat, um das Ende der Daten zu erkennnen:

S9030000FC	für S1-Records
S803000000FC	für S2-Records
S70300000000FC	für S3-Records

Tektronix-Format

Dem Tektronix-Format fehlen Erweiterungen, um einen größeren Adressbereich als 64 kByte darstellen zu können. Das Startzeichen des Formats ist ein Schrägstrich \. Direkt darauf folgt die Adresse im Programmspeicher. Die Adresse ist 2 Byte groß. Danach folgt die Länge der Daten. Dieser Block wird durch eine nachfolgende 12-Byte-Checksumme gebildet. Die Checksummen werden nicht byteweise wie bei den anderen Formaten, sondern nibbleweise gebildet. Die einzelnen Hexzahlen werden aufaddiert. Nach der Checksumme kommen die Datenbytes, die zum Schluss wieder mit einer Checksumme abgesichert werden.

Der Aufbau des Formats ist wie folgt:

Datenrecord:

/AaaaNnCsDdddddddddddddddddCs

Aaaa die Startadresse der zu übertragendenden Daten,

Nn die Anzahl der folgenden Informationen,

Cs die Checksumme über die vorangegangenen Bytes bis zur nächsten Checksumme,

Dddd die eigentlichen Programmdaten (Nutzinformation), die in den Speicher transferiert werden sollen.

Beipiel: /00000A0AFFFFFFFFFFFF8A120026D1

Die Dateiendekennung ist:

/0000000000

Die drei vorgestellten Formate ähneln sich in ihrem Aufbau mehr oder weniger stark. Mit vorangegangenen Beispielen sollte es nicht besonders schwer fallen, andere Formate zu decodieren.

7 Library

Neben dem Programm zur Übersetzung des Codes und dem Programm zur Anordnung des Codes im Speicher gibt es noch eine Programmsammlung, die die wichtigsten Standardroutinen enthält und für eine funktionierende Software unerlässlich ist. Diese Programmsammlung wird *Standardbibliothek* oder auch *Library* genannt und stellt bestimmte Grundfunktionen für die C-Software zur Verfügung. Solche Grundfunktionen sind: Multiplikationen und Divisionen, Kopieren von Strings, Suchen von Zeichenfolgen, Ausgabe und Formatieren von Zeichen usw. Einige wichtige Libraryfunktionen wurden in Abschnitt 3.5 vorgestellt.

Die *Bibliothek* selbst ist ein großes Programmpaket, das viele mächtige Funktionen enthält. Meistens werden aber nicht alle Funktionen tatsächlich benötigt. Wenn trotzdem alle Funktionen, die in der Bibliothek vorhanden sind, in den Code der Applikation eingefügt würden, ergäbe sich ein sehr großer Speicherbedarf und damit eine nicht effektive Ausnutzung des vorhandenen Programmspeichers. Deshalb bietet die Bibliothek eine besondere Funktion.

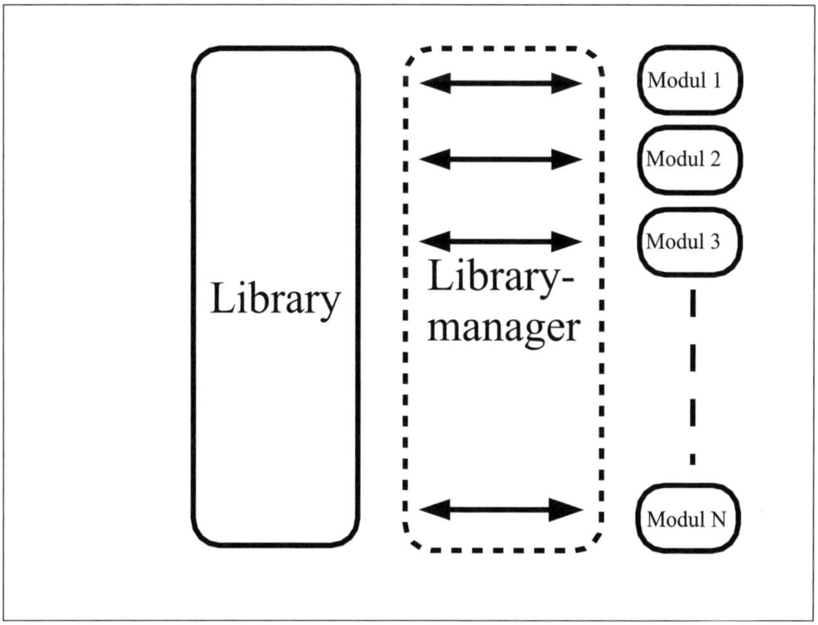

Bild 7.1: *Umwandeln einzelner Module in eine Library*

Aus der großen Bibliothek werden nur die Funktionen in den Code eingebunden, die tatsächlich benutzt werden. Prinzipiell klingt das ideal. Man ist versucht, die ganze Software in eine Bibliothek zu verwandeln, um evtl. brachliegende Funktionen (dies kommt bei größeren Entwicklungen leicht vor) automatisch zu eliminieren. Leider ist jedoch die Bibliothek sehr aufwendig aufgebaut. Sie besteht eigentlich aus mehreren separat compilierten Modulen, wobei für jede Funktion ein separates Modul vorhanden sein muss. Das heißt, für jede Funktion, die den Vorteil haben soll, separat über eine Bibliothek in die Software eingebunden zu werden, muss eine C-Datei vorhanden sein, die dann auch extra übersetzt werden muss. Es ist also einfach zu aufwändig, eine untereinander vernetzte Software so aufzuteilen, dass jede Funktion in einem eigenen Modul Platz findet, nur um den Vorteil zu haben, ein paar nicht aufgerufene Funktionen zu finden. Diese überflüssigen Funktionen können auch mit C-Quellcode-Analyseprogrammen oder über eine Liste des Linkers gefunden werden. Einige Linker geben auch Hinweise in Form von Warnungen bei nicht benutzten Modulen.

Für einzelne abtrennbare Aufgabenpakete kann es aber durchaus sinnvoll sein, eine Bibliothek zu erstellen. Denkbar ist eine Bibliothek für Grafikoperationen (Verschieben, Zoomen) oder für komplizierte mathematische Algorithmen (z. B. Matrixoperationen). Liegen die einzelnen Module in separat compilierter Form vor, so kann eine Bibliothek erstellt werden. Mit einem meist mitgelieferten Werkzeug, dem *Bibliotheksmanager* (*Librarymanager*), können nun die compilierten Module (Objekte) in die Bibliothek eingebracht oder aus der Bibliothek extrahiert werden (***Bild 7.1***). Verbreitet ist die Form der Library bei zugekauften Programmpaketen. Wegen der einfachen Distribution in einer einzelnen Datei und der automatischen Optimierung nicht benutzter Funktionen werden einige Programmpakete als Librarys ausgeliefert, wenn nicht zusätzlich die Rechte am Sourcecode erworben wurden.

Bei der Standardlibrary ist es übrigens günstig, wenn der Compilerhersteller die Bibliothek im Quellcode mitliefert. Man hat dann einen Einblick in die Funktionen der Bibliothek und kann Veränderungen an diesen Funktionen vornehmen. Weiter kann man aus dem meist professionellen C-Code lernen. Hinzufügen möchte ich noch, dass eine Codenachbearbeitung der Standardlibrary nur in Ausnahmefällen erfolgen sollte, da sonst ein Compilerupdate unter Umständen das Einpflegen der eigenen Änderungen notwendig macht. Die Standardlibrary befindet sich normalerweise in einer Datei. Wenn der Compiler jedoch verschiedene Speichermodelle unterstützt, ist für jedes Modell eine eigene Standardlibrary-Version erforderlich.

8 Make-Programm

Nach Änderungen in C-Source-Dateien ist es nötig, diese mit dem Compiler zu übersetzen und danach die Module des Projekts zusammen zu linken. Besteht ein Projekt aus mehreren Modulen, möchte man sichergehen, dass sich alle zu den C-Dateien gehörenden Objekte auf dem neuesten Stand befinden. Dies kann natürlich dadurch sichergestellt werden, dass bei der Änderung eines Moduls alle Module neu compiliert werden. Dies ist eine machbare, aber keine effektive Lösung, die bei großen Projekten viel Zeit in Anspruch nimmt. Das Compilieren kann dann schon einige Stunden dauern. Eine bessere Lösung wäre es, nur die Dateien zu übersetzen, die sich auch wirklich geändert haben und deren C-Code nicht mehr mit dem vorhandenen Compilat übereinstimmt. Eine fehlendes Compilat muss natürlich wie ein veraltetes bewertet werden. Das Programm *make* bewerkstelligt dies. Anhand des Datums der Dateien stellt es fest, ob eine C-Datei neuer als die dazugehörige Objektdatei ist und ruft dann den Compiler auf, der die C-Datei übersetzt. Die alte Objektdatei wird durch eine neue ersetzt.

Damit *make* dies tun kann, ist es nötig, ihm die Abhängigkeiten des Projekts mitzuteilen. Dies geschieht in einer *Make-Datei* (engl.: *makefile*). Da sich bei den Make-Programmen eine Art „Quasi-Standard" etabliert hat, möchte ich hier kurz auf den Aufbau einer Make-Datei eingehen und auch einige Probleme aufzeigen. Unter Quasi-Standard ist **nicht** eine Standardisierung wie bei ANSI-C zu verstehen, sondern nur ein gemeinsames Funktionsprinzip. Make-Programme gibt es von vielen verschiedenen Herstellern und mit verschiedenen Funktionen. Die Hersteller der Make-Programme haben diese optimal an ihre jeweiligen Compiler und Linker angepasst. Da der Make des GNU-Projekts kostenlos zur Verfügung steht, habe ich diesen für meine nachfolgenden Beispiele ausgewählt. Der Nachteil des GNU-Makes ist, das sich die verfügbaren Beispiele meist auf Linux-Projekte beziehen. Arbeitet man nicht unter Linux, müssen die Make-Dateien an das verwendete System angepasst werden. Ein typisches Problem ist die Verwendung von Linux-Betriebssystemkommandos wie *rm* (löschen) und *cp* (kopieren), die in einer Windows-Umgebung in *del* (für einzelne Dateien) oder *deltree* (für ganze Verzeichnisse; Vorsicht!) und *copy* geändert werden müssen.

In der Sprache C besteht der programmerzeugende Source-Code nicht nur aus der C-Datei, sondern auch aus den die Schnittstellen beschreibenden H-Dateien, die vom Präprozessor in den C-Code eingefügt werden. Eine C-Datei enthält meist mehrere H-Dateien. Eine Objektdatei ist also nicht nur von der C-Datei abhängig, sondern auch von den durch die *include*-Anweisung eingefügten H-Dateien.

Die Make-Datei ist eine Auflistung der Abhängigkeiten und der entsprechenden Aktionen, die geschehen sollen, um die Objektdatei und schließlich auch die ausführbare Datei auf den neuesten Stand zu bringen. Der Standardname einer Make-Datei ist *makefile*. Der Schalter -f*Dateiname* macht es möglich, einen alternativen Dateinamen zu spezifizieren, um z. B. mehrere Projekte in einem Verzeichnis zu verwalten.

Die einfachste Form des Eintrags in einer Make-Datei ist eine so genannte *explizite Regel* in der Form:

```
Ziel:	Abhängigkeit1 Abhängigkeit2
	Kommando1
	Kommando2
```

Das Ziel, also z. B. eine Objektdatei, hängt von den Dateien ab, die in *Abhängigkeit1* bis *N* aufgelistet sind. Ist eine Datei in der Abhängigkeitsliste neuer als die Zieldatei, so werden die Kommandos aus der Kommandoliste, hier *Kommando1* und *Kommando2,* gestartet. Soll eine Aktion unbedingt, das heißt ohne die Auswertung von Abhängigkeiten, ausgeführt werden, entfällt der Eintrag der Abhängigkeiten, und die Zeile bleibt leer.

Achtung: Kommandos im makefile (für die meisten Make-Programme) müssen mit dem Tabulator beginnen! Beginnt ein Kommando nicht mit dem Tabulatorzeichen, kommt es zu Fehlern. Leider sind die Fehlermeldungen bei *make* nicht sehr komfortabel, und ein fehlender Tabulator oder ein in Leerzeichen umgewandelter Tabulator kann schon einmal zu längeren Suchaktionen führen.

Ein typisches Beispiel für eine solche Fehlermeldung ist die Ausgabe:

```
makefile:11: *** missing separator. Stop.
```

Zugegeben nicht sehr aussagekräftig! Um diesen Fehler zu erzeugen, wurde nur der Tabulator durch die entsprechende Anzahl von Leerzeichen ersetzt. Optisch hätte sich das Aussehen der Datei in den meisten Editoren nicht geändert. Manche Editoren wandeln bei der entsprechenden Einstellung automatisch alle Tabulatoren in Leerzeichen um. Beim Bearbeiten einer Make-Datei wäre das ziemlich fatal. Der GNU-Make ist bei fehlenden Tabulatoren wesentlicher hilfreicher und weist explizit auf diesen Fehler hin.

In der Praxis sieht ein Eintrag in der Make-Datei wie nachfolgend aus:

```
main.o:	calc.h mmi.h main.c
	cc main.c
```

Die Objektdatei main.o ist von der Datei calc.h mmi.h und main.c abhängig. Ist eine von diesen Dateien neuer als die Objektdatei main.o, so wird der Compiliervorgang ausgelöst, der hier durch „cc main.c“ erfolgt. Da die Objektdatei noch durch den Linker bearbeitet werden muss, muss eine weitere Zeile mit der Abhängigkeit der ausführbaren Datei von den einzelnen Objektdateien hinzugefügt werden. Da das Make-Programm beim Aufruf ohne besondere Parameter stets versucht, das erste Ziel (den ersten Targeteintrag) zu erstellen, wird das gewünschte Endergebnis als erstes Ziel eingetragen. Deshalb steht das Ziel projekt.x hier auch als erstes Ziel in der Datei. Die Ziele werden auch als *Targets* bezeichnet. Analog zur obigen Zeile wird für die Steuerung des Linkprozesses eine Zeile wie folgt aufgebaut:

```
projekt.x: main.o mmi.o
           lnk main.o mmi.o -o projekt.x
```

Das Gesamtergebnis projekt.x ist als Target eingesetzt. Die Dateien main.o und mmi.o bilden die Abhängigkeiten, und durch die Anweisungszeile lnk main.o mmi.o -o projekt.x wird bei Bedarf der Linker mit den erforderlichen Dateien und einem Steuerparameter zur Benamung des Ergebnis aufgerufenen. Genauso wie bei den Abhängigkeiten können auch bei den Zielen (Targets) mehrere Ziele durch Leerzeichen getrennt angegeben werden. Die komplette Make-Datei ist in ***Beispiel 8.1*** dargestellt. Das Projekt besteht aus den C-Dateien main.c und mmi.c, das Ergebnis des Link und Compiliervorgangs soll projekt.x heißen. Wie im Beispiel sichtbar, können Kommentare mit # gekennzeichnet werden.

```
# Einfache Beispielmakedatei fuer ein Projekt aus den Dateien
# Sourcedateien: main.c mmi.c
# Includedateien: calc.h mmi.h

projekt.x: main.o mmi.o
           lnk main.o mmi.o -o projekt.x
main.o: calc.h mmi.h main.c
           cc main.c

mmi.o:  mmi.h mmi.c
           cc mmi.c
```

Beispiel 8.1: *Einfache Make-Datei*

Schon in dem einfachen Beispiel fällt eine Wiederholung von Dateinamen auf. Das Ziel projext.x, die Sourcecodedateien main.c und mmi.c findet man jeweils zweimal in der Datei. Um solche Mehrfachnennungen zu vermeiden, die Übersichtlichkeit der Datei zu wahren und Tipparbeit zu vermeiden, werden *Variablen* verwendet. Variablen werden definiert durch den Variablennamen, gefolgt von einem Gleichheitszeichen mit der nachfolgenden Zuweisung des Variableninhalts:

Modul1 = main

mit $(Modul1) wird der Inhalt der Variablen an beliebigen Stellen wieder eingesetzt.

Die Make-Datei aus ***Beispiel 8.1*** ändert sich mit der Verwendung von Variablen wie in ***Beispiel 8.2***. Die Erweiterung einer solchen Datei ist einfacher, da nicht die Modulnamen individuell hinzugefügt werden müssen, sondern die Zeilen kopiert werden können und die Ziffern zur Unterscheidung der Makros einfach hochgezählt werden. Ebenso wurden die Tools C-Compiler (cc) und Linker (lnk) durch Makros ersetzt, damit die entsprechenden Tools einfacher ausgetauscht werden können.

```
# Beispielmakedatei mit der Verwendung von Makros
# Sourcedateien: main.c mmi.c
# Includedateien: calc.h mmi.h
Modul1 = main
Modul2 = mmi
Target = projekt.x
Linker = lnk
Compiler = cc

$(Target): $(Modul1).o $(Modul2).o
                  $(Linker) $(Modul1).o $(Modul2) -o $(Target)
$(Modul1).o: calc.h mmi.h $(Modul1).c
                  $(Compiler) $(Modul1).c
$(Modul2).o: mmi.h $(Modul2).c
                  $(Compiler) $(Modul2).c
```

Beispiel 8.2: *Make-Datei mit Makros*

Die auszuführenden Kommandos sind bei jedem zu compilierenden Modul gleich. Durch die Verwendung von impliziten Regeln ist es möglich, diese Wiederholungen einzusparen. Eine implizite Regel ist schon die in make vordefinierte Regel, eine C-Datei in eine O-Datei zu überführen.

Die implizite Regel, die für die C-Programmierung interessant ist, ist die Regel:

$(CC) -c $(CPPFLAGS) $(CFLAGS)

die alle C-Dateien in O-Dateien überführt unter der Verwendung der Variablen CC, CPPFLAGS und CFLAGS. Diese Variablen können vom Anwender auf die entsprechenden Werte gesetzt werden, um den Namen des C-Compilers und notwendige Kommandoschalter für den C-Compiler zu übergeben. Die implizite Regel vereinfacht die Beispiel-Make-Datei weiter, indem die auszuführenden Kommandos zur Compilation der C-Dateien wegfallen und eine reine Abhängigkeitsliste (***Beispiel 8.3***) stehen bleibt.

```
# Beispielmakedatei mit der Verwendung von Makros und impliziten Regeln
# Sourcedateien: main.c mmi.c
# Includedateien: calc.h mmi.h
Modul1 = main
Modul2 = mmi
Target = prj.x
Linker = lnk
CC = cc
$(Target): $(Modul1).o $(Modul2).o
          $(Linker) $(Modul1).o $(Modul2).o -o $(Target)
$(Modul1).o: calc.h mmi.h
$(Modul2).o: mmi.h
```

Beispiel 8.3: *Make-Datei unter Verwendung von impliziten Regeln*

Bei Compilern für Embedded-Systeme weichen die Dateibezeichnungen teilweise von den gängigen Bezeichnungen ab. Die Folge ist, dass implizite Regeln hier nicht verwendet werden können. Es ist aber möglich, *Suffixregeln* zu definieren, mit denen eigene generelle Bildungsregeln erstellt werden können. Eine Suffixregel, die eine C-Datei in ein Objekt mit der Endung .r77 umwandelt, würde so aussehen:

```
.c.r77:
        $(CC) -c $<
```

Die Variable $< ist eine automatische Variable von make und steht für den aktuellen Dateinamen. Außer der Variablen $< gibt es noch weitere automatische Variablen mit Sonderfunktionen:

$d	1, wenn der nachfolgende Variablenname definiert ist; 0 wenn nicht.
$*	Basisname der Datei ohne Erweiterung, mit evtl. Pfad.
$<	kompletter Dateiname mit Erweiterung und evtl. Pfad.
$:	Pfad ohne Namen und Erweiterung.
$.	Dateiname mit Erweiterung ohne Pfad
$&	nur Dateiname ohne Pfad und ohne Erweiterung
$@	voller Targetname mit Pfad. Target ist hier ein Parameter beim Aufruf von Make!
$**	alle Abhängigkeiten
$?	alle nicht aktuellen Abhängigkeiten
__MSDOS__	1, wenn das Make-Programm unter MSDOS läuft
__MAKE__	Versionsnummer des Make-Programms
MAKE	Dateiname des Make-Programms
FLAGS	Optionen, die Make beim Aufruf übergeben wurden
MAKEDIR	Verzeichnis, auf dem das Make-Programm läuft

Zu den Variablen kommen noch einige Kommandos hinzu, von denen hier eine Auswahl aufgelistet ist:

!if	Ausdruck mit Variable
!elif	else-Zweig, wenn if-Bedingung nicht eintrifft, mit neuer if-Bedingung
!else	else-Zweig einer if-Bedingung
!endif	Endekennzeichen einer else-Anweisung
!ifdef	Abfragen, ob Makro definiert
!ifndef	Abfragen, ob Makro nicht definiert
!undef	Makrodefinition löschen

!error	Erzeugen eines Fehlers und Abbruch
.ignore	Ignorieren eines Kommandoergebnisses (bei Fehlern im Kommando stoppt make normalerweise)
.noignore	Gegenteil von ignore
include	fügt einen angegebenen Dateinamen ein
.silent	ausgeführte Kommandos werden nicht ausgegeben

Das Make-Programm selbst hat auch noch einige Kommandozeilenoptionen für seinen Aufruf. Die wichtigsten sind hier aufgelistet:

-f	bietet die Möglichkeit, einen alternativen Namen für die Make-Datei anzugeben. Diese Option wird beispielsweise benutzt, um von einem Projekt innerhalb eines Verzeichnisses mehrere Varianten zu erzeugen.
-n	realisiert eine minimale Debugfunktion von make. Die Kommandos werden nur ausgegeben und nicht ausgeführt.
-k	umgeht einen Abbruch des Make-Vorgangs bei einem Fehler in einer Datei. Diese Option kann für unbeaufsichtigt laufende Make-Prozesse verwendet werden, um trotz eines Fehlers in einer Datei so viel wie möglich zu compilieren.
-p	gibt alle Makrobeschreibungen und Regeln aus. Kann zur Fehlersuche im Make-Prozess verwendet werden.

Die beschriebenen Optionsschalter, Kommandos und Variablen vereinfachen die Arbeit schon. Es bleibt aber die Unbequemlichkeit, die Abhängigkeiten der durch #include in die C-Dateien eingefügten H-Dateien nachzutragen. Dabei ist darauf zu achten, dass bei jeder Hinzufügung oder Löschung der include-Dateien in einer C-Datei die Abhängigkeiten entsprechend in der Make-Datei nachzutragen sind. Diese Vorgehensweise ist nicht nur lästig, sondern natürlich auch fehleranfällig.

Im Laufe der Zeit haben sich für dieses Problem mehrere verschiedene Lösungen gefunden, die ich hier kurz erläutern möchte. Die Aufgabenstellung ist immer gleich. Der C-Code der C-Dateien wird analysiert, eventuelle #include-Anweisungen im Code werden registriert und bilden die späteren Abhängigkeiten. Die prinzipielle Funktionsweise ist in ***Bild 8.1*** erläutert.

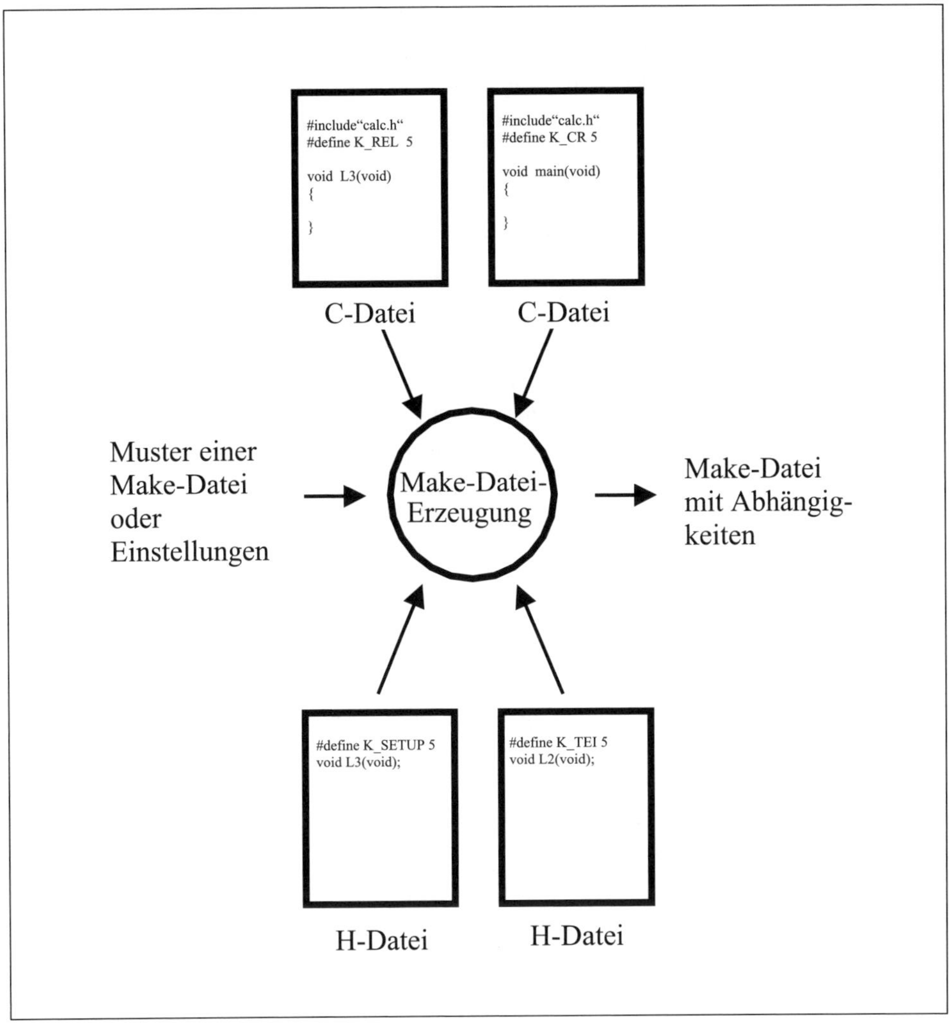

Bild 8.1: *Prinzip bei der Erzeugung von Abhängigkeiten von H-Dateien*

Verwendung eines Makes mit automatischer Kontrolle der Abhängigkeiten

Einige Make-Programme überprüfen die Abhängigkeiten von den C-Dateien automatisch. Zu diesen Make-Programmen gehören z. B. die Programme der Hersteller Borland und Watson. Beim Borland-Make kann die Funktionalität durch das Kommando *.autodepend* innerhalb der Make-Datei eingeschaltet werden. Diese Lösung halte ich für die komfortabelste und einfachste, sie macht aber abhängig von der korrekten Funktionsweise des Programms und bindet an einen Hersteller.

Verwendung des Compilers zur Generierung der Abhängigkeiten

Der weit verbreitete Make des GNU-Programmpakets unterstützt eine automatische Generierung der Abhängigkeiten leider nicht. Jedoch kann man die meisten C-Compiler dazu bringen, die Abhängigkeiten zu generieren. Der verwendete Compiler wird hierfür meistens (im Zweifelsfall im Handbuch nachschlagen) mit dem Schalter -M und der zu analysierenden Datei aufgerufen. Ist also main.c von calc.h und mmi.h abhängig, ergibt der Aufruf von:

cc -M main.c

das Ergebnis:

main.o: main.c mmi.h calc.h

Hier hat der Compiler die lästige Aufgabe übernommen, die #include-Dateien zu erfassen und die Abhängigkeiten in der Syntax der Make-Datei darzustellen.

Das Ergebnis des Analysevorgangs des Compilers wird in eine Datei mit z. B. dem Namen depend.d umgeleitet (z. B. so: cc -M main.c mmi.c > depend.d). Eine Make-Datei, die nur die Abhängigkeit einer C-Quelldatei enthält, ist erstellt. Die erstellte Make-Datei mit den Abhängigkeiten ist nun anstelle der von Hand generierten Abhängigkeiten mit *include* in die Haupt-Make-Datei einzufügen. Als zusätzliches Target wird das Target depend in die Make-Datei eingebaut. Hinter diesem Target befinden sich keine Abhängigkeiten, sondern nur die Anweisungen, um die Make-Datei depend.d zu erstellen:

```
depend:
        $(CC)-M $(Modul1).c $(Modul2).c > depend.d
```

Hat der Programmierer nun Änderungen an den #include-Dateien vorgenommen, so muss eine neue Abhängigkeitendatei erstellt werden. Das Make-Programm wird mit dem Parameter depend aufgerufen. Dieses Target erzeugt nun automatisch die Abhängigkeiten. Die Make-Datei wird nun nur noch editiert, wenn ein neues Modul hinzugefügt wird oder sich Parameter des Compilers oder Linkers verändern.

Zur Erhöhung des Komforts beim Arbeiten mit Make, sind noch einige weitere Targets von Nutzen. Innerhalb des Entwicklungszyklus kommt es vor, dass es nötig ist, alle Objekte zu löschen und von neuem zu erzeugen. Dies ist z. B. notwendig, wenn globale Änderungen an den Compilereinstellungen vorgenommen wurden, wie Optimierungen oder Speichermodelle. Hierzu wird Make mit dem Target clean aufgerufen. Die auszuführende Aktion ist hier, alle Objektdateien und alle Linkdateien zu löschen.

Auch zu Backupzwecken kann man Make nutzen. Ein Target backup ist denkbar, welches mit Hilfe von Kopierkommandos die Quelldateien auf ein sicheres Medium bringt.

Mit allen genannten Targets und der automatischen Erkennung von Abhängigkeiten sieht die Make-Datei wie in ***Beispiel 8.4*** aus.

Es gibt auch Lösungen mit Make-Dateien die erkennen, wenn sich eine C- oder H-Datei geändert hat und dann die Abhängigkeiten automatisch generieren. Diese Lösungen arbeiten mit weiteren externen Programmen (wie z. B. sed) und sind dadurch sehr abhängig von dem Betriebssystem, welches auf dem entsprechenden Host läuft, der für die Programmentwicklung benutzt wird. Deshalb möchte ich auf eine Vorstellung dieser Lösungen verzichten. Die hier dargestellt Lösung ist nach meiner Erfahrung vollkommen ausreichend. Sicherheitshalber kann ja ein „make depend“ durch eine Automatik beim morgendlichen Booten des Rechners gestartet werden.

```
# Beispielmakedatei mit der Verwendung von Makros und impliziten Regeln
# Sourcedateien: main.c mmi.c
# Includedateien: calc.h mmi.h
Modul1 = main
Modul2 = mmi
Target = prj.x
Linker = lnk
CC = cc
$(Target): $(Modul1).o $(Modul2).o
        $(Linker) $(Modul1).o $(Modul2).o -o $(Target)

depend:
        $(CC)    -M $(Modul1).c $(Modul2).c > depend.d
# Abhängigkeiten
include depend.d

#Alle Erzeugnisse vom Compiler und Linker löschen
clean:
        del *.o
        del *.x

#Quelldateien auf Sicherungslaufwerk kopieren
backup:
        copy *.c e:\backup
        copy *.h e:\backup
```

Beispiel 8.4: *Make-Datei mit nützlichen Erweiterungen*

Verwendung von externen Zusatztools zur Erzeugung der Abhängigkeiten

Es sind einige Tools vorhanden, die die automatische Erzeugung von Abhängigkeiten übernehmen. Grundsätzlich arbeiten diese Hilfsprogramme alle ähnlich. Aus einer Musterdatei (oft als *template* bezeichnet), welche nur die Module, die Linker- und Compilereinstellungen enthält, generiert ein Tool eine Make-Datei mit den entsprechenden Abhängigkeiten. Das Programm benötigt keinen zusätzlichen Compiler, sondern analysiert die C-Dateien selbst. Durch den Einsatz eines neuen Wegs, um zu den Abhängigkeiten zu kommen, ergibt sich das Problem, den Compiler mit seinen Einstellungen konsistent zu den Einstellungen des Programms zur Make-Datei-Erzeugung zu halten. Insbesondere die Suchpfade zur Verarbeitung der Include-Dateien sind problematisch. Es besteht die Gefahr, dass das Tool zu anderen Ergebnissen bezüglich der Aktualität von Dateien kommt, als es tatsächlich der Fall ist. Problempunkte können hier verschachtelte #include-Anweisungen, rekursive #include-Dateien oder von Bedingungen für bedingte Compilierung abhängige #include-Anweisungen sein. Bei der Verwendung von Zusatztools zum Generieren von Abhängigkeiten sollte öfter mal ein Make mit dem Target „clean" (zum Löschen aller Compiler- und Linkererzeugnisse) aufgerufen und alle Compiler- bzw. Linkerergebnissse neu erzeugt werden.

In der UNIX-Umgebung ist das Tool mkmf verbreitet. Oft werden auch selbst geschriebene Skripte oder Hilfsprogramme verwendet, um die Abhängigkeiten zu generieren.

Erzeugung der Make-Datei durch eine integrierte Entwicklungsumgebung

Dem separaten Make wird besonders bei kommerziellen Compilern oft durch so genannte *integrierte Entwicklungsumgebungen* (IDE) Konkurrenz gemacht. Sie bieten die automatische Erkennung von Abhängigkeiten, Generierung der Make-Datei mit Abhängigkeiten, Zusammenstellung des Projekts und der Startkonfiguration des Prozessors per Mausklick und die automatische Erzeugung des Startupcodes. Trotzdem lohnt es sich bei allen größeren Projekten, diese Möglichkeiten zu ignorieren und die Konfiguration und Make-Dateien per Hand nach den hier gezeigten Schemata zu erstellen. Der Grund für diese Vorgehensweise liegt in der Reproduzierbarkeit. Bei den komfortablen IDE-Lösungen werden die Konfigurations- und Projektdaten in meist nicht offen gelegten Dateien gespeichert. Außerdem liegen diese nicht in reinem ASCII-Code vor und sind deshalb nur innerhalb der IDE änderbar. Kopieren von ein paar Dateien kann besonders bei mehreren Mitarbeitern an einem Projekt einfacher sein, als die komfortable IDE mehrere Male einzustellen. Ebenso macht man sich von evtl. in der IDE vorhandenen Softwarefehlern unabhängig. Hinzu kommt noch die leichtere Verwaltung über Tools zur Sourcecodeverwaltung (siehe Abschnitt 11.4). Diese Gründe sprechen dafür, höchstens ein Miniprojekt oder ein Evaluierungsprojekt mit Hilfe von IDEs abzuwickeln. Bei größeren Projekten empfiehlt es sich, wie hier dargestellt vorzugehen und mit Make-Dateien auf der Kommandoebene zu arbeiten.

9 C-Programmierung für Embedded-Systeme

Das Entwickeln von C-Systemen, die auf PCs funktionieren sollen, ist (bei gleicher Aufgabenstellung) einfacher als das Entwickeln von C-Programmen für eine selbst entwickelte Hardware. Dinge, die bei PC-basierten Systemen vom BIOS des Rechners, dem Betriebssystem oder von Standardbibliotheksfunktionen übernommen werden, müssen bei eigenen Systemen selbst angelegt oder programmiert werden. Da es sich aber meistens um Standardaufgaben handelt, kann hier auf vorgefertigte Lösungen zurückgegriffen werden.

Ein Embedded-System setzt sich aus vielen verschiedenen Komponenten zusammen:

1. Mikroprozessorsystem und Peripherie,
2. Treiber für Hardwarebausteine (Erkennen von Tastendrücken, Ansteuerung von Displays, LEDs und Lampen),
3. Betriebssystem,
4. permanente Datenspeicherung (Betriebsstundenerfassung, Kassenstand, programmierte Alarmzeiten, Lagerbestand),
5. Fehlerbehandlung (Ausnahmezustände, ungültige Betriebszustände, Zeitüberwachung von Funktionen),
6. Steuerungssoftware (Berechnung von Werten, Einhalten von Zeitspannen),
7. Präsentation des Systems für den Anwender (Darstellung der Informationen durch Displayanzeige, Kontrolllampen und Signaltöne).

In den folgenden Abschnitten werden die einzelnen Komponenten des Systems nacheinander erläutert.

9.1 Systeme mit Mikrocontrollern und Mikroprozessoren

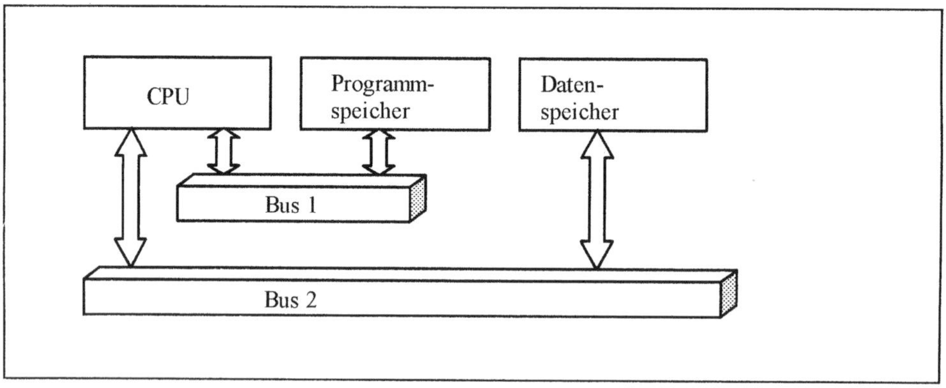

Bild 9.1: *Harvard-Architektur*

Reine Mikroprozessoren werden in Embedded-Systemen nur in seltenen Spezialanwendungen verwendet. Fast immer findet man statt eines Mikroprozessors einen *Mikrocontroller*, der wichtige Komponenten, wie Prozessorkern, Timer, Interruptcontroller, Portbausteine oder auch RAM und ROM, auf einem Chip integriert. Ein typisches Mikroprozessorsystem zur Steuerung von Geräten besteht aus den Bausteinen Programmspeicher, Arbeitsspeicher, Mikroprozessor und Schnittstellenbausteinen, z. B. Treiberbausteinen, die den Kontakt zur Außenwelt herstellen. Hinzu kommt dann noch die so genannte „Gluelogic", die einzelne Komponenten miteinander verbindet. Wie bereits erwähnt, sind bei modernen Mikrocontrollern diese Komponenten ganz oder teilweise auf dem Chip integriert. Weit verbreitet ist die Integration von RAM, Flashspeicher, Timer, UART und Watchdogschaltungen und einer konfigurierbaren Adressdecodierung. Hersteller von Prozessoren für Spezialanwendungen integrieren noch weitere Komponenten, wie z. B. Analog-Digital-Wandler. Dies spart Kosten und Platz auf der Leiterplatte. Die verschiedenen Bausteine werden vom Mikroprozessor (CPU) über den Adressbus angesteuert und tauschen die Daten über den Datenbus, kontrolliert über den Steuerbus, mit der CPU aus. Grundsätzlich gibt es zwei verschiedene Architekturen bei Prozessoren: Die Harvard- und die Von-Neumann-Architektur. Beide Architekturen bieten verschiedene Vor- und Nachteile. Bei der älteren Harvard-Architektur (***Bild 9.1***) sind Programm- und Datenspeicher streng voneinander getrennt. Vorteile sind eine höhere Betriebssicherheit und – je nach Ausführung des Prozessors – eine erhöhte Speicherbandbreite, wenn der Prozessor zwei getrennte Bussysteme für den Daten- und Programmbereich besitzt. Es können schon die Daten für die nächste Operation aus dem Datenspeicher abgeholt werden, während der Prozessor die gerade aktuelle Anweisung aus dem Programmspeicher holt und ausführt.

Die getrennten Bussysteme kosten jedoch viele Prozessorpins, damit auch Chipfläche und letztendlich Geld. Deshalb werden die getrennten Busse meistens nach außen wieder zusammengelegt, weshalb der Vorteil der höheren Bandbreite wieder verloren geht. Ein Vertreter dieser Gattung ist der verbreitete 8051-Prozessor (alt, aber immer noch häufig eingesetzt) mit seinen Derivaten (z. B. 80C32).

Die strikte Trennung der beiden Bereiche bringt aber einen Verlust an Flexibilität. Da der Programmspeicher normalerweise aus ROM-Speicher (Nur-Lesespeicher) und der Datenspeicher aus RAM (Schreib- und Lesespeicher) besteht, ist es z. B. nicht ohne weiteres möglich, ein Programm im Datenspeicher (RAM) auszuführen. Dies kann z. B. vorkommen, wenn ein Programm vom Prozessor über eine Schnittstelle geladen worden ist, dann im RAM abgelegt und da ausgeführt werden soll. Ebenso ist es nicht möglich, ein Programm vom ROM in das RAM zu kopieren und dort ausführen zu lassen. Eine Anwendung hierfür ist das Programmieren von Flashspeicher vom RAM aus, da bei vielen Flashspeichern während des Programmierens kein Lesezugriff auf den Baustein erfolgen kann. Ebenso ist ein Code denkbar, der komprimiert im ROM vorliegt und erst im RAM dekomprimiert und ausgeführt wird. Bestehen solche Anforderungen bei einem Prozessor mit Harvard-Architektur, ist zusätzliche Logik notwendig, die z. B. das RAM in einen ungenutzten Speicherbereich des Programmspeichers einblendet. Meistens ist es jedoch einfacher einen Mikroprozessor mit Von-Neumann-Architektur auszuwählen. Bei der *Von-Neumann-Architektur* sind die Programm- und Datenbereiche nicht voneinander getrennt. Sie unterscheiden sich nur durch unterschiedliche Adressen. Der prinzipielle Aufbau einer Von-Neumann-Architektur ist in ***Bild 9.2*** dargestellt.

Die weiteren Unterscheidungen von Prozessorarchitekturen, wie CISC, RISC und CISP, sind hier nicht von großer Wichtigkeit, da sie sich auf den Assembler-

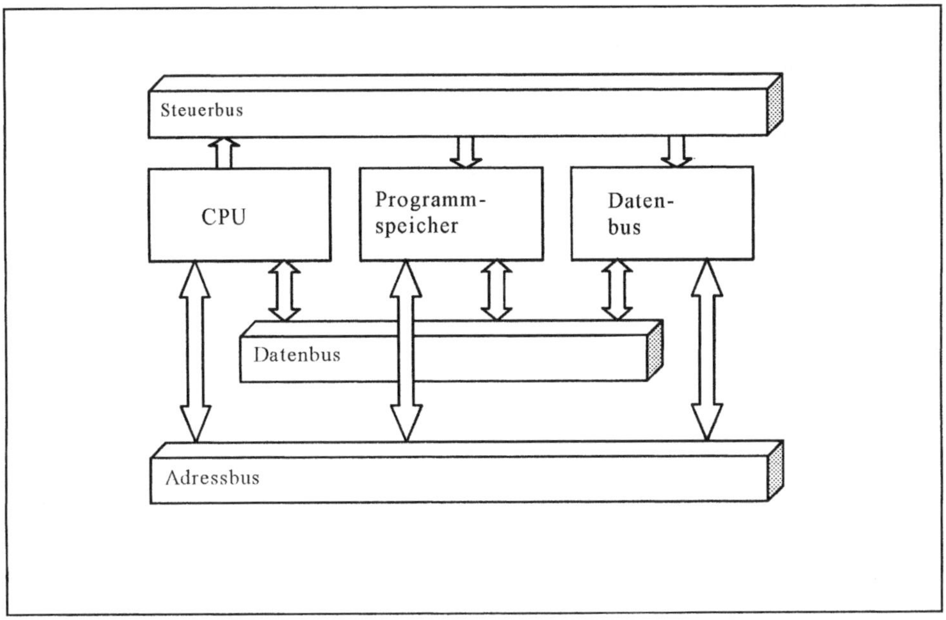

Bild 9.2: *Von-Neumann-Architektur*

befehlssatz des Prozessors beziehen und es hier um C geht. Es handelt sich um die Art und Weise, wie der Befehlsinterpreter des Mikroprozessors arbeitet. Traditionell ist der *CISC-Interpreter* (Complex Instruction Set Computer), der eine Vielzahl von Assemblerbefehlen bietet. Er hat aber den Nachteil, dass die Ausführung und Decodierung der Befehle mehrere Taktzyklen dauert. Bei der *RISC-Architektur* (Reduced Instruction Set Computer) ist der Befehlssatz eingeschränkt mit dem Ziel, möglichst alle Befehle in nur einem Taktzyklus ausführen zu können. *CISP-Architekturen* (Configurable Instruction Set Computer) bieten konfigurierbare Befehlssätze und Registerarchitekturen. Diese spielen im Moment nur bei besonders leistungsfähigen Prozessoren eine Rolle und sind im traditionellen Embedded-Bereich noch nicht üblich.

9.1.1 Der Datenfluss im Mikrocontroller

Der *Datenbus* ist ein bidirektionaler Datenkanal, der dazu dient, Daten zwischen den einzelnen Bausteinen eines Mikroprozessorsystems auszutauschen. Die CPU kann Daten auf den Bus geben, um z. B. einen Speicher zu beschreiben. Andererseits kann ein Speicherbaustein (RAM oder ROM) ebenso seine Daten auf den Bus geben, damit diese vom Prozessor bearbeitet werden können. Wenn ein Baustein Daten schreibt, dürfen immer nur die Ausgänge dieses Bausteins aktiv sein. Die Datenleitungen aller anderen Bausteine müssen hochohmig oder auf Eingang ge-

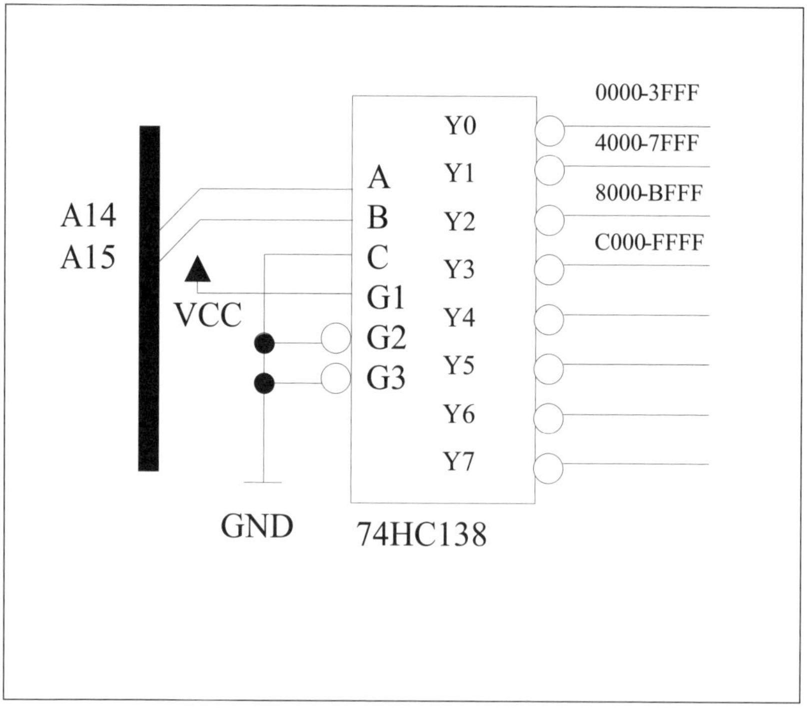

Bild 9.3: *Einfache, diskret aufgebaute Adressdecodierung*

schaltet sein. Dieses Verhalten wird über den *Steuerbus* (Lese- und Schreibsignale der CPU) und über den *Adressbus* mit Hilfe der Adressdecodierung gesteuert. Sind zu einer Zeit einmal zwei Ausgänge auf der gleichen Datenleitung aktiv, so kann es zu Fehlfunktionen oder gar zur Zerstörung der Bausteine kommen.

Tabelle 9.1: *Wahrheitstabelle zur Adressdecodierung*

A	B	Y0	Y1	Y2	Y3
0	0	0	1	1	1
0	1	1	0	1	1
1	0	1	1	0	1
1	1	1	1	1	0

Der Adressbus wird normalerweise nur von der CPU geschrieben und von den anderen Bausteinen nur gelesen (Ausnahme: DMA = direct memory access, Multiprozessoranwendungen usw.; diese werden hier jedoch nicht behandelt). Die CPU legt hier die Adressen des Programmspeichers, des Datenspeichers und der Peripherie an. Jeder Baustein nimmt einen Teil der Adressleitungen auf, um die Daten, die von ihm beherbergt werden, zu erreichen. Der andere Teil der Adressleitungen wird benutzt, um über die Adressdecodierung die verschiedenen Bausteine anzusprechen. Die Adressdecodierung selektiert die Bausteine anhand der oberen Adressleitungen. Um die Funktion einer Adressdecodierung zu verdeutlichen, soll hier eine solche aus diskreten Bauelementen erläutert werden. Diese Realisation wird zwar heutzutage immer seltener, demonstriert aber anschaulich das Prinzip. In ***Bild 9.3*** wird der Standardbaustein 74HC138 verwendet, um aus den Adressleitungen Chipselect-Signale zu erzeugen. Hat ein Mikroprozessor z. B. 16 Adressleitungen, so kann er 65 536 Stellen im Speicher adressieren. Das entspricht 64 kByte Speicherkapazität (65 536/1024). An diesen Bus können z. B. 4 Bausteine zu je 16 kByte angeschlossen werden. Es ist eine Adressdecodierung dargestellt, die anhand der Adressleitungen 15 und 16 (A15 und A14, da die Nummerierung mit 0 beginnt) den Speicher in 16 kByte große Blöcke einteilt. Die Anschlüsse G2A oder G2B müssen evtl. noch mit den entsprechenden Ausgängen (z. B. Enable) des Prozessors verbunden werden. Die Logik des Bausteins ist in der Wahrheitstabelle ***Tabelle 9.1*** verdeutlicht.

Der Steuerbus wird, wie der Adressbus, nur von der CPU geschrieben. Er besteht hier aus Signalen wie Lesen, Schreiben und Enable. Lese- und Schreibsignale werden verwendet, um die Richtung der Daten festzulegen. Schreiben geht von der CPU zu den anderen Bausteinen, Lesen von den Bausteinen zur CPU. Das oder die Enable-Signale (manchmal wird das Enable-Signal schon intern mit den Read- und Write-Leitungen verknüpft) steuern die Gültigkeit der Daten auf dem Bus. Das Zusammenspiel der Leitungen wird im Timingdiagramm verdeutlicht. In ***Bild 9.4*** ist ein schematisches Timing für einen Prozessor mit separaten Enable-, Read- und Write-Ausgängen dargestellt. Die Signale Read und Write sind low-aktiv, d. h. bei 0 V sind sie aktiv, bei 5 V dagegen inaktiv. Enable-Signale sind flankengesteuert. Hier müssen die Daten mit der steigenden Flanke zur Verfügung gestellt werden. Die Adressen sind außerhalb der schraffierten Bereiche gültig. Es ist zuerst ein Lesezugriff auf die Speicherstelle 1A10h und danach ein Schreibzugriff auf die Adresse 2B10 dargestellt.

Bei einem Lesezugriff auf eine Speicherstelle wird zuerst das Read-Signal aktiv, um den Lesezugriff anzukündigen. Der Speicherbaustein kann nun die Daten adressieren und legt sie, wenn der Prozessor das Enable-Signal aktiviert, auf den Datenbus. Der Schreibvorgang verläuft analog zum Lesevorgang. Der Unterschied ist nur, dass das Schreibsignal anstatt des Lesesignals auf 0 geht und der Prozessor die zu schreibenden Daten bereitstellt. Der Aufbau des Steuerbusses ist je nach Prozessortyp verschieden, jedoch findet sich die grundsätzliche Funktionalität bei allen Prozessoren.

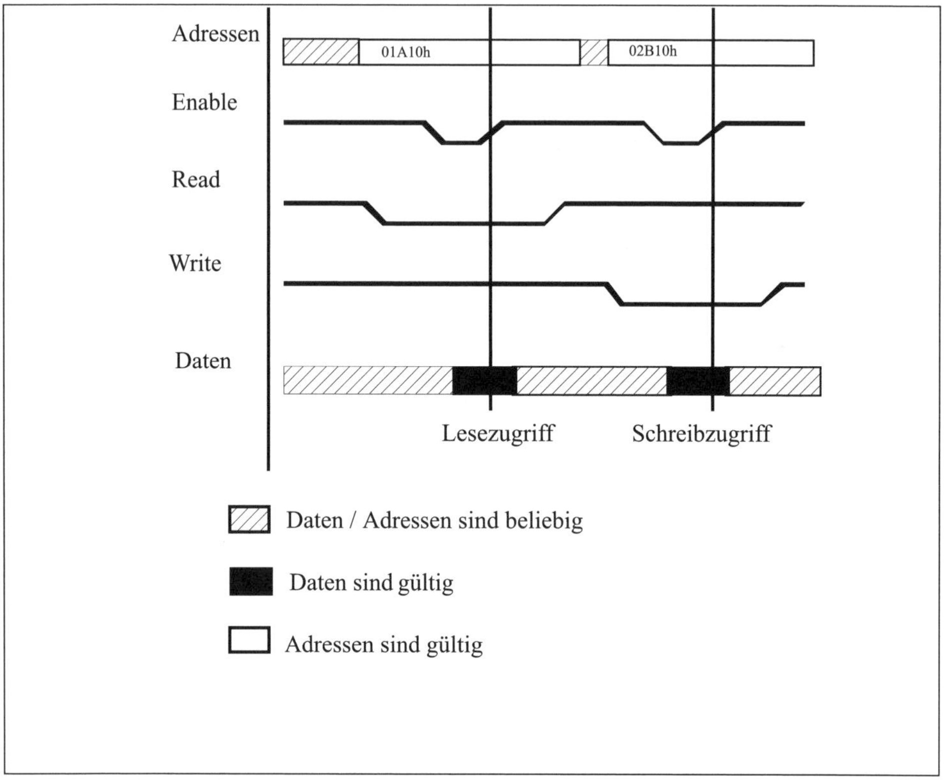

Bild 9.4: *Schematisches Timingdiagramm*

In der Praxis kommen Mikrocontroller zur Anwendung, die häufig benutzte Komponenten auf dem Chip integriert haben. In ***Bild 9.5*** ist das Blockschaltbild der Mikrocontrollerfamilie 161 von Infineon [1] dargestellt. Sie bietet einen steuerbaren Prozessortakt, der es ermöglicht, die Prozessorleistung an verschiedene Anforderungen dynamisch anzupassen. Die Timereinheit bietet die Möglichkeit, zeitgesteuert Interrupte auszulösen, die wie andere externe und interne Interrupte vom Interruptcontroller verarbeitet werden. Über die USART-Schnittstelle wird ein serieller

Kommunikationskanal bereitgestellt, der z. B. über eine Pegelanpassung Daten mit einem PC austauschen kann. Für Betriebssicherheit sorgt der eingebaute Watchdog, der den Prozessor zurücksetzt, wenn er eine bestimmte Zeit lang nicht bedient wurde. Die konfigurierbare Buskontrolllogik macht eine externe Adressdecodierung überflüssig. Das interne RAM bietet durch seinen 16 Bit breiten Bus einen sehr schnellen Zugriff auf die in ihm abgespeicherten Daten. Das 1...2 kByte große RAM bietet aber nur genug Platz für die Daten von kleineren Anwendungen. Reicht der Platz nicht aus, kann über den externen Bus, in Verbindung mit dem Chipselect-Signal der Buskontrolllogik, ein externes RAM angeschlossen werden. Ein externes ROM muss auf jeden Fall mit dem Mikrocontroller verschaltet werden, da das gestrichelt eingezeichnete interne ROM erst auf Kundenwunsch mit dem vom Kunden zu liefernden Programmcode integriert wird. Die Ports des Controllers sind als Ein- und Ausgang konfigurierbar. Über die Ports werden Signale aus der Außenwelt des Kontrollers aufgenommen und Steuersignale (z. B. zum Ein- und Ausschalten von Motoren) an die Außenwelt abgegeben.

Der Controller bietet noch einige Sonderfunktionen, die nicht unbedingt bei anderen Mikrocontrollern in der Form vorhanden sind. Die SPI-Einheit stellt eine schnelle serielle Schnittstelle zur Verfügung, die verwendet werden kann, um mit anderen

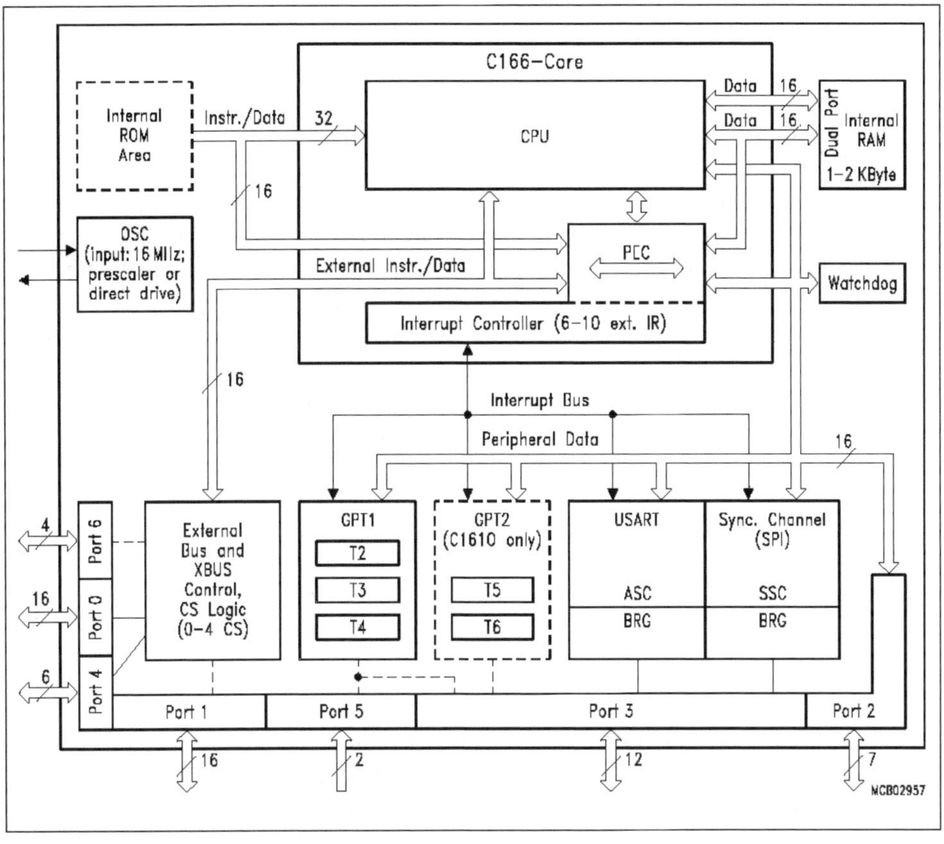

Bild 9.5: *Mikrocontroller der 161-Familie von Infineon*

Prozessoren über kurze Strecken zu kommunizieren. Die PEC-Einheit kann, angestoßen durch Interrupte, selbstständig Daten zwischen Speicherbereichen transferieren und bietet die Möglichkeit, sehr schnell auf Interrupte zu reagieren und den Prozessor von diesen Aufgaben zu entlasten.

9.1.2 Adressaufteilung in Mikroprozessorsystemen

Verschiedene Adressbereiche sprechen über die Adressdecodierung verschiedene Bausteine an. Eine niedrige Adresse spricht z. B. das ROM, eine hohe Adresse das RAM an. Ein wichtiges Merkmal eines Mikroprozessorsystems ist die Art der Aufteilung der Adressen zwischen den angeschlossenen Bausteinen. Diese Aufteilung der Bausteine nach ihren Adressen wird *Adressaufteilung* (engl. adressmap) genannt. In der folgenden Adressaufteilung sind die einzelnen Komponenten eng aneinander gelegt, um die Übersichtlichkeit der Darstellung zu wahren. So ist auch noch Platz für Erweiterungen des Systems frei. Es ist jedoch zu beachten, dass sich beim Design eines Mikroprozessorsystems mit diskret aufgebauter Adressdecodierung Bausteine sparen lassen, wenn die einzelnen zu adressierenden Komponenten so weit wie möglich auseinander gelegt werden. In ***Bild 9.6*** ist ein einfaches System mit RAM (Datenspeicher), ROM (Programmspeicher EPROM, ROM oder Flash-ROM) und einem Eingabe-Ausgabe-Bereich dargestellt. Das ROM liegt am obersten Ende des Adressbereichs, weil der hier angenommene Prozessor seine Interruptvektoren (auch *Traps* genannt) in dem obersten erreichbaren Adressbereich benötigt. *Interruptvektoren* sind im Prozessor vergebene Adressen, an denen im Speicher bestimmte Daten vorhanden sein müssen. Der wichtigste Interruptvektor ist die Programmstartadresse oder der Resetvektor. Hierüber findet der Prozessor beim Reset die Anfangsadresse des Programms. Außerdem gibt es noch (dies ist jedoch von Prozessor zu Prozessor unterschiedlich) Interruptvektoren für Timerinterruptadressen (Startadresse) einer Timerbearbeitungsroutine, Interruptadressen (Startadressen für die Bearbeitung von externen Ereignissen), evtl. Adressen für Fehlerbehandlungen (Division durch 0, Fehler beim Speicherzugriff) und weitere benutzerdefinierte Routinen, so genannte Softwareinterrupte. *Softwareinterrrupte* sind vom Programmierer definierte Interruptroutinen, denen eine bestimmte Nummer zugeordnet ist. Über einen speziellen Assemblerbefehl (z. B. TRAP oder SWI => **S**oft**w**are**i**nterrupt) kann der Softwareinterrupt nun aufgerufen werden und wie eine normale Interruptroutine ablaufen. Verwendung finden Softwareinterrupte als genau definierte Schnittstellen zu anderen Programmen oder als speicherplatzsparende und schnelle Alternative zu Unterprogrammaufrufen. Leider gibt es in ANSI-C kein Verfahren, um Softwareinterrupte zu erzeugen, so dass bei der Verwendung auf compilerspezifische Erweiterungen oder Assembler zurückgegriffen werden muss.

Hinter dem ROM folgt in der Adressaufteilung der Bereich für die eigentlichen Daten. Hier befindet sich normalerweise ein RAM, um die veränderlichen Daten des Programms aufzunehmen. Wenn nötig, kann ein solches RAM batteriegepuffert sein, damit die Werte auch ohne eine äußere Spannung erhalten bleiben. Kostengünstiger als das gesamte RAM zu puffern, ist es, solche Werte in einem speziellen

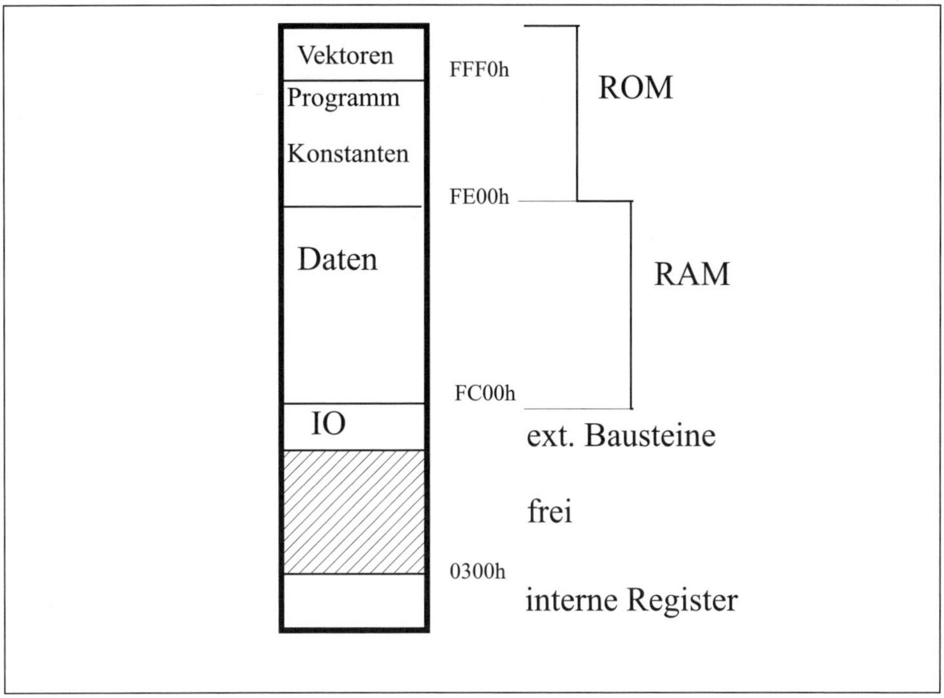

Bild 9.6: *Beispiel einer Adressaufteilung*

Baustein (EEPROM, Flash-ROM) abzulegen und diese Daten bei Systemstart in das RAM zu kopieren. Batterien oder Akkus sind außerdem in vielen Produkten aus Umweltschutzgründen nicht mehr erwünscht.

An den RAM-Bereich schließt sich ein IO-Bereich an, der entweder dazu dient, direkt andere Bausteine anzusteuern (Anzeigecontroller, Uhrenbausteine, andere Prozessoren), oder dazu, Werte aus z. B. einer Tastaturmatrix herauszulesen.

Der schraffierte freie Bereich kann für spätere Erweiterungen verwendet werden.

Im gewählten Beispiel befinden sich von den Adressen 0000h bis 0300h prozessorinterne Register zum Steuern von Ports, Interruptzuständen und Timern. Dieser Bereich kann nicht für eigene Anwendungen benutzt werden.

Die bisherigen Ausführungen gelten (mit leichten Abweichungen) für jeden Mikrocontroller und jedes Prozessorsystem, unabhängig von der verwendeten Programmiersprache. Obwohl es hier um Systeme, die mit der Programmiersprache C arbeiten, gehen soll, wurden diese allgemeinen Erläuterungen gemacht, um eine gemeinsame Basis für die folgenden Ausführungen zu schaffen.

9.1.3 Ports

Die bereits erwähnten Ports sind sehr wichtig, damit der Mikrocontroller mit der Außenwelt in Kontakt treten kann. Der Mikrocontroller muss Zustände von Leitungen setzen oder diese einlesen. Dies geschieht über so genannte *Ports*. Das sind entweder Ein- bzw. Ausgänge direkt am Mikroprozessor oder Ein- bzw. Ausgänge an Portbausteinen des Mikroprozessorsystems. Notfalls kann man sich über Latches in Verbindung mit einer Adressdecodierung auch eigene Ports bauen. Glücklicherweise bieten die heutigen Prozessoren genug Ports, so dass zusätzlicher Schaltungsaufwand meist nicht nötig ist.

Ports sind meistens in Achtergruppen (oder Vielfachen davon) angeordnet. Gruppenweise über das Schreiben oder Lesen von Bytes auf bzw. von bestimmten Adressen ist es nun möglich, die Leitungen zu bewegen oder zu lesen.

Nach einem Hardware-Reset am Mikrocontroller sind alle bidirektionalen Ports auf Eingang geschaltet. Dies geschieht aus Sicherheitsgründen, damit an einen Prozessoreingang geschaltete Signale von anderen logischen Gattern nicht zu Kurzschlüssen führen. Der Softwareentwickler hat die Aufgabe, die Ports entsprechend der

Aufgabe:
Beim Port A, welches aus 8 Leitungen besteht, sollen folgende Einstellungen vorgenommen und Operationen durchgeführt werden. Leitung 0 soll ein Ausgang sein und zuerst einen High-Pegel abgeben, danach einen Low-Pegel. Leitung 1 soll ein Eingang sein.

Wenn Prozessor und Compiler Bitoperationen auf C-Ebene unterstützen:

```
/* Schalten des entsprechenden Data Direction Registers auf Ausgang */
PortA_DDR0=1;

/* Schalten des entsprechenden Data Direction Registers auf Eingang */
PortA_DDR1=0;

/* Am Ausgang erscheint ein High-Pegel */
PortA0=1;
/* Am Ausgang erscheint ein Low-Pegel */
PortA0=0;

/*Lesen der Portleitung */
Lesewert=PortA1;
```

*Wenn Prozessor oder Compiler **keine** Bitoperationen auf C-Ebene unterstützen:*

```
/* Schalten der entsprechenden Data Direction Register auf Ausgang oder Eingang */
PortA_DDR=0xFE; /* binär 1111 1110 */

/* Am Ausgang erscheint ein High-Pegel, durch die Oder-Operation wird ein Bit gesetzt. */
PortA=PortA|0x1;
/* Am Ausgang erscheint ein Low-Pegel, durch die Und-Operation mit dem Komplement (~) wird das
Bit gelöscht. */
PortA=PortA&(~0x1);

/* Lesen der Portleitung, Ausblenden der redundanten Informationen (&0x02) und Schieben an die
richtige Stelle (>>1) */
Lesewert=(PortA1&0x02)>>1;
```

Beispiel 9.1: *Beispiele zur Portbenutzung*

äußeren Beschaltung zu konfigurieren. Das geschieht, indem über ein *Steuerregister* (oft wird es als *Data Direction Register*, abgekürzt DDR, bezeichnet) des Ports bestimmt wird, ob der gewählte Port als Ein- oder als Ausgang arbeiten soll. Über ein Portregister kann nun der Port benutzt werden. Das Lesen des Portregisters liefert bei einem als Eingang geschaltetem Port den aktuellen Zustand des Eingangs als 0 (Low-Potenzial) oder 1 (High-Potenzial).

Beim Schreiben des Portregisters werden die externen Leitungen auf High- bzw. Low-Potenzial gesetzt, in Abhängigkeit vom Wert, der in das Portregister geschrieben wurde. Durch abwechselndes Schreiben von 0 und 1 auf einen Portpin in einem gewissen Zeitabstand kann beispielsweise (über einen Verstärker und einen Lautsprecher) ein Ton erzeugt werden, dessen Tonhöhe über die Software des Prozessors steuerbar ist. Wichtig ist, dass einzelne Portleitungen immer nur bitweise angesprochen werden können. Zum Ansprechen einzelner Bits gibt es bei vielen Prozessoren spezielle *Bitmanipulationsbefehle*. Im oberen Teil von ***Beispiel 9.1*** verstecken sich diese Bitmanipulationsbefehle hinter den besonderen Definitionen von Port A. Diese Definitionen sind vom Compilerhersteller vorgegeben und in entsprechenden prozessorspezifischen include-Dateien definiert. So setzt die Anweisung PortA0=1 ein einzelnes Bit im Port A. Da diese Bitmanipulationsbefehle nicht standardisiert sind, ist die beschriebene Vorgehensweise nur als Beispiel zu verstehen. Die im Einzelfall zu verwendende Lösung ist dem Compilerhandbuch oder dem Prozessorhandbuch zu entnehmen.

Bei wenigen, meist älteren oder besonders einfachen Prozessoren stehen keine Bitoperationen zur Verfügung. Hier wird das Setzen eines einzelnen Bits über logische Operationen mit „Oder" oder „Und" erreicht. Dem Nachteil der Ineffizienz und relativen Langsamkeit auf Maschinenebene, der Prozessor benötigt mehrere Assemblerbefehle zum Löschen eines Bits, steht der Vorteil der Standardisierung und der damit verbundenen Portierbarkeit auf andere Prozessoren und Compiler gegenüber. Im unteren Teil von ***Beispiel 9.7*** sind Anwendungen zum Setzen und Löschen von Bits ohne spezielle Prozessorunterstützung gezeigt.

9.1.4 Inbetriebnahme eines Systems

Ein spannender Augenblick in jedem Projekt ist der Moment, in dem die erste komplett bestückte Platine zur Verfügung steht. Nachdem erste Bestückungs- und Lötprobleme beseitigt worden sind und die Schaltung nicht (mehr) übermäßig viel Strom aufnimmt, ist es an der Zeit, die erste Testsoftware im System laufen zu lassen. Als Testprogramm wird am besten ein möglichst einfaches C-Programm gewählt, das von keinen Variablen abhängig ist. Zählschleifen sollten erst zu einem späteren Zeitpunkt ausprobiert werden. Wichtig ist auch, das erste Programm ohne einen evtl. vorhandenen Emulator auszuprobieren, um diesen nicht gleich am Anfang durch Schaltungsfehler zu beschädigen. Ein einfaches Programm könnte z. B. wie in ***Beispiel 9.2*** aussehen. Das Programm wird nun mit dem Compiler des Zielsystems compiliert, mit den entsprechenden Angaben gelinkt und danach in ein PROM oder Flash-ROM programmiert. Nach dem Einsetzen des Flash-ROM in das entwickelte System sollten erste Messungen am System Aufschluss über seine Funk-

```
#define LED_EIN
#define LED_AUS
void main (void)
{
   for(;;)
   {
         LED_EIN;
         LED_AUS;
   }
}
```

Beispiel 9.2: *Einfaches Testprogramm für die Inbetriebnahme*

tion geben. Die erste Messung könnte mit einem Oszilloskop an einer der unteren Adressleitungen stattfinden. Ein korrektes Signal wäre ein periodisch wiederkehrendes Taktsignal, da das Testprogramm ja eine Endlosschleife enthält. Da die Endlosschleife sehr kurz ist, müsste auf den höheren Adressleitungen ein gleichförmiges Signal (Dauer 0 oder Dauer 1) vorhanden sein. Sind diese beiden Messungen nicht erfolgreich, so beginnt die Fehlersuche. Da es zahllose verschiedene Mikroprozessorsysteme gibt und ebenso viele Möglichkeiten, Systeme aufzubauen, kann ich hier nur allgemein ein paar häufige Fehlerquellen nennen:

1. Verdrahtungsfehler beim Daten-, Adress- oder Systembus. Sind alle Leitungen richtig verdrahtet? Wurde ein Prozessor von Motorola verwendet? Die Beschriftung der Busse ist hier manchmal etwas eigenwillig und unterscheidet sich von der Beschriftung vieler Speicherbausteine.
2. Sind Fehler beim Linken der Software oder beim Programmieren des Speicherbausteins passiert? Sind die Interruptvektoren in die Software eingebaut?
3. Hat der Prozessor einen internen Watchdog und ist dieser für die ersten Versuchsprogramme auch abgeschaltet? Wenn nicht, kann es sein, dass der Prozessor nach einem Stück Programmausführung wieder vom Watchdog zurückgesetzt wird.

Sind jedoch die Messungen plausibel, ist der nächste Schritt, über die Makros LED_EIN und LED_AUS Portpins, an denen eine Messmöglichkeit besteht, auf 1 und 0 zu setzen. Eine evtl. über einen Vorwiderstand angeschlossene Leuchtdiode dürfte nur schwach leuchten, da der erwartete Takt zu einer Leuchtstärkenreduzierung führt. Ein Flackern dürfte nicht zu sehen sein, da hierfür das Auge zu träge ist. Der Takt wird am besten mit einem Oszilloskop nachgewiesen. Bevor die Ports benutzt werden können, müssen sie natürlich mit den entsprechenden Konfigurationsregistern auf Ausgang geschaltet werden. Hierzu siehe auch Abschnitt 9.1.3.

Wenn gleichmäßige Taktsignale am Port des Mikrocontrollers gemessen werden können, funktioniert schon einmal die Programmausführung. Der nächste Schritt wäre nun, den Datenspeicher (RAM) zu testen. Hierzu legt man eine mit einem Wert initialisierte globale Variable an und fragt diese im Programm wieder ab (***Beispiel 9.3***). Dieses Vorgehen testet, ob vom Startupcode die Variablen richtig gesetzt werden und ob das RAM die Daten zuverlässig speichert.

```
/* Portdirektionregister müssen initialisiert werden, und die Makros LED_EIN und LED_AUS
müssen funktionieren */
int a=0x55
void main (void)
{
   LED_AUS;
   for(;;)
   {
      if (a==0x55)
      {
            LED_EIN;
      }
   }
}
```

Beispiel 9.3: *Test der äußeren Beschaltung*

Wird nun über das Makro LED_EIN der entsprechende Port angeschaltet, können Werte im RAM abgespeichert und Variablen im RAM über den Startupcode (siehe Abschnitt 9.1.5) initialisiert werden. Ist bis hierhin alles glatt gegangen, liegt mit einiger Wahrscheinlichkeit ein funktionierendes System vor, und die eigentliche Softwareentwicklung kann beginnen. Das Ergebnis: Im ROM befindet sich ausführbarer Programmcode, und das RAM funktioniert ebenso, wie es soll.

9.1.5 Startup

Globale Variablen können in C mit Werten vorinitialisiert werden, nicht initialisierte globale Variablen haben den Wert 0. Darauf sollte man sich verlassen können. Verantwortlich hierfür ist der *Startup*. Der Startup ist ein Programmteil, der auf PC-basierten Systemen vom Anwender unbemerkt abläuft. Hier muss man sich aber aus verschiedenen Gründen mit dem Startup beschäftigen. Nach einem Hardwarereset liest der Prozessor die Programmstartadresse aus der Interruptvektortabelle heraus. Jetzt kann aber noch nicht direkt mit dem Abarbeiten von selbst geschriebenen C-Programmen begonnen werden. Zuerst muss die Umgebung (Variablen initialisieren) geschaffen werden, in der C-Programme überhaupt lauffähig sind. Für das Schaffen dieser Umgebung ist der so genannte *Startupcode* zuständig. Dieser Startupcode muss vor allen C-Programmen ablaufen.

Der Startupcode wird vom Compilerhersteller im Quellcode mitgeliefert, damit der Endnutzer ihn noch modifizieren kann. Zusätzlich steht er meistens noch in der Bibliothek (engl. Library) in einer für den Benutzer nicht lesbaren, dafür aber direkt ausführbaren Form. Compiliert man nun ein einfaches Programm und linkt es unter Einbindung der Standardbibliotheken, wird der Startup unbemerkt zum eigenen erstellten Code hinzugebunden. Für die wenigsten Anwendungen reicht jedoch diese einfache Art der Verwendung des Startups. Aus diesem Grund wird er nun ausführlich beschrieben.

Der Startupcode besteht im Wesentlichen aus folgenden Teilen:

1. Bei Mikrocontrollern mit konfigurierbarer interner Chipselektion und Adressdecodierung muss diese (zumindest notdürftig) initialisiert werden, damit RAM und ROM erreichbar sind.
2. Definieren des Stapels (engl. Stack) und Setzen des Stapelzeigers (engl. Stackpointer) des Prozessors.
3. Definieren des Heaps.
4. Initialisieren der nicht vom Programmierer gesetzten globalen Variablen. Laut ANSI-Standard müssen globale Variablen, die nicht explizit auf einen Wert gesetzt wurden, vor der ersten Benutzung den Wert 0 erhalten. Dies geschieht, indem eine Schleife durchlaufen wird, die alle Variablen nacheinander auf 0 setzt.
5. Initialisieren der globalen und statischen Variablen mit den vom Programmierer angegebenen Werten. Damit sind Definitionen gemeint, die gleichzeitig initialisieren: int a=8;.
6. Initialisieren von Systembereichen für Ein- und Ausgabe und für die Speicherverwaltung des dynamischen Speichers.
7. Starten von optionalen Systemen zur Fehlerüberwachung während der Laufzeit, z. B. Stapelüberwachung.
8. Aufruf des Programms main und damit Beginn der eigentlichen C-Programme.

Im Startupcode können außer den oben genannten Funktionen noch Funktionalitäten für andere Programme vorhanden sein. So findet man vielleicht ein Label „error“, welches von Systemroutinen benötigt wird und bei schweren Fehlern angesprungen wird. Diese Stelle kann der Benutzer verändern, um eigene Fehlerbehandlungen aufzurufen. Änderungen am Startupcode sollten aber so wenig wie möglich vorgenommen werden, da dieser sich bei einer neuen Version des Compilers verändern kann. Ein stark modifizierter Startup würde dann einen hohen Anpassungsaufwand verursachen. Wenn man Pech hat, ist man gezwungen, den neuen Startupcode zu übernehmen bzw. an den neuen Startup anzupassen, da gewisse Bibliotheksroutinen evtl. auf Vorleistungen des Startups aufbauen und mit dem älteren Code nicht mehr funktionieren. Systeminitialisierungen des Programmierers sollten erst ab dem Programm „main“ vorgenommen werden, denn hier beginnt das eigentliche portable Reich des Programmierers. Lässt es sich nicht vermeiden, den Startup zu verändern, kann dies auch in einer separaten Funktion geschehen, die nur vom Startup aufgerufen wird und in der sich alle eigenen Änderungen befinden.

Die Dinge, die der Startup zu erledigen hat, können sehr umfangreich sein. Sind sehr viele globale oder statische Variablen anzulegen, so kann es vorkommen, dass der Startup mehrere Sekunden läuft. Das heißt wiederum, dass das System erst mehrere Sekunden nach dem Anlegen der Spannung betriebsbereit ist. Ein Problempunkt, der häufig im Startup auftritt, ist, dass durch die unter Umständen lange Programmlaufzeit der Watchdogtimer des Systems fälschlicherweise einen Programmabsturz erkennt. Deshalb ist es **sehr wichtig,** den Watchdogtimer auch in der Startupphase ausreichend zu triggern! Unerlässlich sind hier auch **Worst-Case**-Betrachtungen, damit es nicht unter ungünstigen Umständen durch Temperaturänderungen oder Bauteiletoleranzen zu einem Ablauf des Watchdogs kommt! Auch theoretische Überlegungen zu Toleranzen in der Watchdogzeit nach einem Warmstart (Reset) oder nach einem Kaltstart (Anlegen der Versorgungsspannung) sind besonders bei selbst konstruierten Watchdogschaltungen unerlässlich.

9.1.6 Stapel (Stack)

Aus C heraus kann zwar nicht auf den Stapel zugegriffen werden, trotzdem ist der Stapel (Stack) auch in C-Systemen sehr wichtig. Auf dem Stapel werden wichtige Daten des Programms abgelegt. Wird eine Unterroutine (C oder Assembler) aufgerufen, so wird unter anderem die *Rücksprungadresse* gespeichert. Die Rücksprungadresse wird gebraucht, um nach dem Unterprogramm wieder zu der Stelle zurückzukehren, an der das Programm aufgerufen wurde. Bei Interrupten läuft das Verfahren ähnlich ab, jedoch wird hier noch zusätzlich der Status des Prozessors gerettet. Ist die aufgerufene Routine beendet, holt sich der Prozessor beim Ausführen einer speziellen Assembleranweisung (z. B. RET, RETURN für Unterprogrammaufrufe oder RETI für Interrupte) die Rücksprungadresse vom Stapel und verzweigt dorthin.

In der Sprache C werden beim Aufruf von Funktionen meistens noch die Parameter, die an Funktionen übergeben werden, auf dem Stapel gespeichert. Daraus folgt, dass ein Stapel für ein C-System immer wesentlich größer sein muss als für ein Assemblersystem mit Parameterübergabe über Speicherstellen oder Register. Aus einem C-Funktionsaufruf mit Parametern wird vom Compiler ein Assemblerprogramm erzeugt, indem die Parameter der Funktion nacheinander auf dem Stapel abgelegt werden. Die C-Funktion wird nun aufgerufen und greift auf die abgelegten Werte zu. In ***Bild 9.7*** ist beispielhaft der Stapel während eines Unterprogrammaufrufs des Programms „Aufruf" dargestellt. Man sieht die 2 Byte Returnadresse und darüber die beiden unterschiedlich großen Parameter. Aus dem Unterprogramm können nun die auf dem Stapel angelegten Parameter über Assembleranweisungen (die wieder selbstverständlich der Compiler für den Programmierer erzeugt) ausgewertet werden. Das Programm endet irgendwann mit einer Rücksprunganweisung für den Prozessor, die den letzten Wert aus dem Stapel liest, die entsprechende Adresse anspringt und dann den Wert vom Stapel entfernt. Im Hauptprogramm angekommen, werden nun noch die beiden Parameter vom Stapel gelöscht. Der Funktionsaufruf ist beendet und das Hauptprogramm seine Arbeit fortsetzen.

In diesem Beispiel (***Bild 9.7***), wächst der Stapel zu höheren Adressen. Es gibt jedoch auch Prozessoren, bei denen der Stapel mit einer höheren Adresse beginnt und dann zu niedrigeren Adressen geht. Die auf dem Stapel gespeicherten Parameter müssen nach ihrer Benutzung wieder vom Stapel entfernt werden. Hierfür ist bei C der Aufrufer einer Funktion verantwortlich. Dies heißt nicht, dass der Programmierer nach dem Aufruf einer Funktion per Hand den Stapel wieder in Ordnung bringen muss. Das macht der Compiler nach einem Funktionsaufruf von selbst. Das heißt aber, dass nach jedem Funktionsaufruf Code anfällt, um die Übergabeparameter einer Funktion zu beseitigen. Dieses Verfahren bietet den Vorteil, dass Funktionen eine variable Anzahl von Übergabeparametern haben können. Der Aufrufer, der die Anzahl der übergebenen Parameter kennt, bringt ja den Stapel wieder in Ordnung. Wenn es in C keine variable Anzahl von Parametern gäbe, könnte die Stapelbereinigung in der Funktion selbst geschehen, und der Code hierfür fiele dann nur pro Funktion an. Nach dem in C üblichen Verfahren fällt der Code jedoch bei jedem Aufruf einer Funktion an.

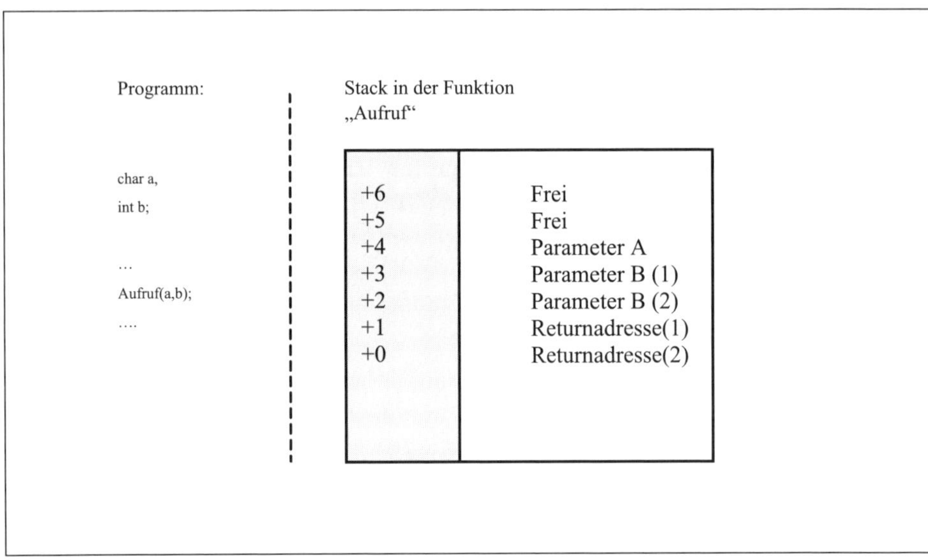

Bild 9.7: *Beispiel eines Stackaufbaus*

In der normalen Programmierpraxis wird der Vorteil variabler Parameteranzahl allerdings selten genutzt. Das hängt wiederum damit zusammen, dass die Überprüfungsfunktion von ANSI C, die die Übergabeparameter an eine Funktion mit den definierten Prototypen vergleicht, natürlich nur genutzt werden kann, wenn alle Übergabeparameter feststehen. Es gibt nur einige wenige Funktionen der Standard-C-Bibliothek, die mit variablen Übergabeparametern arbeiten. Die bekanntesten Funktionen sind die Eingabe- und Ausgabefunktionen scanf und printf. Deshalb kommt es auch häufig zum beliebten Anfängerfehler (***Beispiel 9.4***), bei scanf nicht die Adresse einer Variablen (scanf(„%d“, &t)) zu übergeben, sondern einfach nur den Wert der Variablen (scanf(„%d“, t)). Der Compiler übersetzt klaglos (ohne Warnungen und Fehler), und das Programm stürzt ab oder funktioniert nicht richtig.

Falsch:

```
#include <stdio.h>
void main (void)
{
int a;          ↓
scanf(„%d“,a);

}
```

Richtig:

```
#include <stdio.h>
void main (void)
{
int a;
scanf(„%d“,&a);

}
```

Beispiel 9.4: *Programmfehler (↓) ohne Warnung*

9.1.7 Heap

Daten werden normalerweise in Variablen fester Größe gespeichert. In der Sprache C können keine Variablen mit erst zur Programmlaufzeit bekannten oder errechneten Größe angelegt werden. In vielen Systemen fallen aber Daten mit veränderlichen Größen an. Um diese zu speichern und weiter zu verarbeiten, muss für sie genügend Speicherplatz vorhanden sein. In C kann man nun immer den Speicher für die maximal mögliche Länge der Daten in Form z. B. eines Datenfelds vorsehen. Kommen Daten mit der Größe von minimal 1 Byte und maximal 256 Byte vor, wäre ein Byte-Datenfeld mit 256 Elementen ausreichend.

Es würde so angelegt:

char DataBuffer[256];

Mit den Indizes von 0 bis 255 könnten nun die Daten abgespeichert werden. Diese Methode ist, besonders wenn viele kleine Datenmengen anfallen, natürlich nicht besonders effektiv. Für diese Aufgabe könnte man den Heap-Speicher effektiv einsetzen. Der *Heap* dient dazu, dem Programmierer größere Speicherbereiche für verschiedene Zwecke zur Verfügung zu stellen. Der Heap kann effektiver und flexibler genutzt werden als ein fest angelegter Speicher. Vom Heap kann bei Bedarf während der Laufzeit Speicherplatz in bestimmter Größe angefordert und nach Gebrauch wieder zurückgegeben werden. Die Größe des Heap-Speichers hängt von den Benutzeranforderungen ab.

Mit Hilfe des Heaps sind z. B. endlich auch Felder möglich, deren Größe erst zur Laufzeit bestimmt wird. Hierzu wird ein Zeiger definiert und ihm mit der malloc-Funktion Speicherbereich der gewünschten Größe zugewiesen. Danach kann der Zeiger als Array benutzt werden. Die Grenzen des Arrays müssen aber vom Programmierer eingehalten werden (siehe auch Abschnitt 3.2.4).

In ***Beispiel 9.5*** wird ein Feld von Integern der Größe 10 zur Laufzeit angelegt und dann dem sechsten Element (Index 5, denn das erste Element hat die Nummer 0) der Wert 99 zugewiesen. Mit free wird der Speicher wieder zurückgegeben und steht nun nicht mehr für den Anwender zur Verfügung. Trotzdem behält der Pointer a natürlich seinen durch malloc zugewiesenen Wert. Lese- oder gar Schreiboperationen auf den Pointer sind aber jetzt unter allen Umständen zu vermeiden. Schreiboperationen können zu schweren Programmabstürzen führen, Leseoperationen liefern beliebige Werte.

```
int *a;
...
a=malloc(sizeof(int)*10);
a[5]=99;
...
free(a);
```

Beispiel 9.5: *Felder variabler Größe*

Viele Systeme im Embedded-Bereich müssen ohne Heap auskommen, da die Heap-Verwaltung auch Probleme mit sich bringt. Die Probleme ergeben sich aus einer möglichen *Fragmentierung* des Speichers durch nicht zusammenhängende Speicherblöcke. Dadurch entsteht ein unbestimmtes Laufzeitverhalten, das meist nicht tolerierbar ist (siehe Abschnitt 9.7.7).

9.2 Hardwarenahe Programmierung

Bei hardwarenaher Programmierung fällt schnell das Stichwort Assembler. In manchen Fällen ist dies sicherlich richtig, doch bei weniger kritischen Anwendungen kann hardwarenahe Programmierung auch in C erfolgen. Bei hardwarenahen Anwendungen, beispielsweise beim Steuern von Controllerbausteinen, sind Operationen auf Byte- und Bitebene unerlässlich. Ein Datentyp Byte bzw. Bit ist in C leider nicht vorhanden. Der in C vorhandene Typ char kann aber an seine Stelle treten. Der Typ char ist genau 1 Byte groß. Da es in C ohne weiteres möglich ist, einem char (also einer Buchstabenvariablen) den Wert 67 zuzuweisen, können mit char alle Byteoperationen realisiert werden. Wird in einer Software der Typ char einmal als Byte und an anderer Stelle als Buchstabenspeicher benutzt, so empfiehlt es sich, einen Datentyp Byte zu definieren. Dies kann sehr einfach mit Hilfe von char und der Anweisung typedef (***Beispiel 9.6***) realisiert werden. Die Definition von Byte findet am besten in einer Headerdatei statt, die dann von den Programmdateien über die #include-Anweisung eingefügt wird, die den Typ Byte verwenden wollen. Der Vorteil einer separaten Definition von Byte liegt darin, dass sofort anhand des verwendeten Datentyps auf die Anwendung im Programm geschlossen werden kann. Nichts hindert aber den Programmierer daran, char oder das selbstdefinierte Byte wieder durcheinander zu werfen. Dies führt dann zwar nicht zu irgendwelchen funktionalen Softwarefehlern, die Übersichtlichkeit des Quellcodes leidet aber stark.

Das Setzen von einzelnen Bits in einem Byte läßt sich durch die *Bitfelder* in einer C-Struktur verwirklichen. Bei der C-Strukturanweisung kann die Größe der ein-

```
typedef char Byte;

void hardware(void)
{
        Byte b;

        b=67;
}
```

Beispiel 9.6: *Zugriff auf ein Byte*

zelnen Komponenten in der Struktur angegeben werden. Somit können auch mehrere Bits oder in einem Byte definierte Steuerwörter angesprochen werden. Der Zugriff auf die Bits oder Bitfelder geschieht durch den Namen, der innerhalb der Struktur definiert wurde. Beim Programm in ***Beispiel 9.7*** wird das Bit 6 nur auf 0 gesetzt, wenn das Bit 1 den Wert 1 enthält. Diese elegante Methode hat jedoch einige Nachteile. Der Zugriff auf die Bits ist compilerabhängig. Der ANSI-Standard legt nicht fest, auf welche Art und Weise die Bits im Speicher abgelegt werden. Das erste Bit in der Struktur kann das erste oder letzte Bit innerhalb des Bytes im RAM sein. Hat man die Struktur der Datenablage im Speicher erforscht, kann sich diese jedoch bei einem Compilerupdate (unwahrscheinlich) oder bei einem Wechsel des Compilerlieferanten (wahrscheinlicher) ändern. Wird gar ein neuer Mikroprozessortyp verwendet, so kann es ebenfalls vorkommen, dass die Software zwar fehlerfrei compiliert wird, aber mit der Hardware etwas anderes tut als das alte System. Das höchst- und niedrigstwertige Byte könnten vertauscht sein (Big Endian und Little Endian, siehe Abschnitt 3.2).

Der Programmierer hat außerdem keinen Einfluss darauf, auf welche Art und Weise der Compiler auf die Werte im Speicher zugreift. Liest die C-Zuweisung (char a=5;) die Bytes im Speicher, bevor sie sie schreibt, oder werden bei Lesezugriffen anstatt der erwarteten 8 Bit aus Optimierungsgründen 16 Bit gelesen und die überflüssigen Bits in einem Arbeitsregister ausgeblendet? Diese Unsicherheiten führen dazu, dass die Methode des Harwarezugriffs über Bitfelder nur bei unkritischen Registerzugriffen angewendet werden kann. Ein Beispiel für einen unkritischen Zugriff ist ein Uhrenbaustein, der Daten immer zu einem gewissen Zeitpunkt zur Verfügung stellt und der nicht durch Lesezugriffe beinflusst (gesteuert) wird. Kritisch hingegen ist die Verwendung der Methode z. B. bei Prozessorregistern, bei denen das Lesen gewisse Sonderfunktionen auslöst. So bedeutet das Lesen eines Interruptstatusregisters im Prozessor manchmal gleichzeitig die Bestätigung des Interrupts. Hat man die Art des Zugriffs erforscht, können Bitfelder in der hier beschriebenen Art benutzt werden, wenn man einkalkuliert, dass bei einem Prozessor- oder Compilerwechsel diese hardwarenahen Teile überarbeitet werden müssen.

Eine weniger elegante Methode, die aber unanfälliger gegen Compileränderungen ist, besteht im Setzen und Ausblenden von Bits über Bytekonstanten, mit denen die zu manipulierenden Bytes Und bzw. Oder verknüpft werden (***Beispiel 9.8***). Die

```
typedef struct
{
        int bit_1       : 1;
        int bits_2_to_5         : 4;
        int bit_6       : 1;
        int bits_7_to_8         : 2;

} bitregister;

bitregister reg1;

void hardware(void)
{
        if (reg1.bit_1==1)
        {
                reg1.bit_6=0;
        }
}
```

Beispiel 9.7: *Zugriff auf Bits*

Konstanten, mit denen die Operationen hier durchgeführt werden, sind hexadezimal. Eine hexadezimale 0x80 erzeugt eine binäre Bitfolge von 1000 0000. Das hexadezimale Zahlensystem kommt zur Anwendung, weil das binäre System von C nicht unterstützt wird. Aus Gründen der Programmdokumentation und Übersichtlichkeit der Programme empfiehlt es sich, die Konstanten zum Setzen und Ausblenden der Bits als Makros über #define zu definieren und so mit sinnvollen Namen zu versehen (siehe BEREIT_BIT in ***Beispiel 9.8***). Das Setzen eines Bits geschieht, indem die Oder-Operation auf das entsprechende Bit angewendet wird. Ist das Bit vor der Operation auf null, so erscheint nach der Operation eine Eins. Ist das Bit schon eins, passiert nichts. Das Löschen eines Bits (oder mehrerer) geschieht durch eine Und-Operation mit dem Komplement des zu löschenden Bits. Das Komplement kann von Hand ausgerechnet und dann verwendet werden. Übersichtlicher und einfacher ist es jedoch, wenn der Komplementoperator (~) benutzt wird. Obwohl diese Methode schon erheblich sicherer ist als die Bearbeitung über Bitfelder, bleiben noch letzte Gefahren. So besteht eine C-Anweisung (z. B. eine Oder-Operation reg_a|=0x80;) im ungünstigen Fall aus mehreren Assemblerbefehlen. In Assembler kann mit optimalem Einsatz von Prozessorregistern eine solche Operation oft mit nur einem Assemblerbefehl OR #80H,reg_a ; erreicht werden. Abgesehen von der Codeersparnis der Assemblerlösung, kann eine Assembleranweisung nicht durch Interrupte unterbrochen werden, eine C-Anweisung hingegen doch. Dies kann Probleme erzeugen, wenn im unterbrechenden Interrupt die gleiche Speicherstelle verändert wird wie in der unterbrochenen C-Anweisung. Ist das der Fall, so muss der Interrupt für die Dauer der C-Anweisung gesperrt werden.

```
typedef char Byte;

Byte a,b,c,d,e;

#define BEREIT_BIT 0x80 /* Definition des Bereitbits */

void Bits(void)
{
...

/* Ausblenden von mehreren Bits */

a=a & 0x01;        /* Ausblenden aller Bits mit Ausnahme des untersten Bits */

b=b & 0x80;        /* Alle Bits werden ausgeblendet, mit Ausnahme des obersten Bits */


/* Ausblenden einzelner Bits mit dem Komplementoperator */

b=b & ~0x01; /* Nur das unterste Bit wird gelöscht */

/* Setzen von Bits */

c=c | 0x01; /* Setzen des untersten Bits */

d=d | 0x80; /* Setzen des obersten Bits */

/* Verwendung von Namen */

e=e | BEREIT_BIT ; /* Setzen des Bereitbits */
```

Beispiel 9.8: *Bitmanipulationen*

Die sicherste Methode zum Zugriff auf Hardwareregister ist das Verändern der Register über Assemblerprogramme, die wie in Abschnitt 9.5 beschrieben eingebunden werden. Diese Methode ist allerdings etwas umständlich. Unter Beachtung der erwähnten Einschränkungen liefern die C-Methoden, besonders die zuletzt dargestellte, durchaus brauchbare Ergebnisse.

Bis jetzt wurde nur der Zugriff auf einzelne Bits oder ganze Bytes behandelt. Hardwarebausteine haben jedoch die Eigenschaft, dass ihnen über die Adressdecodierung (siehe Abschnitt 9.1.2) bestimmte Adressen zugewiesen werden. Innerhalb von ANSI C gibt es jedoch keinen Mechanismus, um Variablen eine Adresse zuzuweisen. Da es kein genormtes Verfahren gibt, haben Compilerhersteller eigene Verfahren entwickelt. Meistens werden diese Verfahren durch #pragma-Anweisungen gekennzeichnet. Die Anweisung pragma erlaubt compilerspezifische Anweisungen, ohne dabei mit anderen Compilern in Konflikt zu geraten. Hinter pragma steht die Anweisung, die für den Compiler spezifisch ist. Andere Compiler, die diese Anweisung nicht unterstützen, ignorieren sie vollständig oder geben eine Warnung aus, dass sie die pragma-Option nicht kennen. Es gibt nun Compiler, die pragma-Optionen unterstützen, mit denen es möglich ist, Variablen feste Adressen zuzuweisen. Eine solche Zuweisung für die Variable z_reg ist exemplarisch in ***Beispiel 9.9*** zu sehen.

```
#pragma z_reg EQU 05513h
volatile char z_reg=44;
```

Beispiel 9.9: *Zugriff auf feste Adressen über Sonderanweisungen*

Die Variable z_reg hat nun die feste Adresse 05513h bekommen. Immer wenn nun auf die Variable z_reg zugegriffen wird, wird tatsächlich die Adresse 05513 hex im Speicher gelesen oder geschrieben. Die Anweisung volatile muss auch hier wieder benutzt werden, da sich der Wert der Variablen, von außen veranlasst, verändern könnte. Ein Hardwarebaustein hat naturgemäß diese Eigenschaft.

```
char *z_reg= (char*)0x5513 ; /* Definition des Zeigers und Initialisieren der Hardwareadresse */
*z_reg=44;  /* Laden des Wertes über die Pointeroperation*/

#define Z_REG (*z_reg)     /* Hilfsmakro fuer komfortablen Zugriff */
Z_REG=44; /* Oder Laden des Wertes, über ein  Makro */
```

Beispiel 9.10: *Zugriff auf feste Adressen über Pointer*

Leider unterstützen nicht alle Compiler die komfortable Möglichkeit mit Hilfe der pragma-Anweisung. Es gibt jedoch noch Alternativen, um Variablen auf feste Adressen zu legen. Ein mit einer Hardware-Adresse vorinitialisierter Zeiger wird definiert. Über die Indirektion (Abschnitt 3.3) lädt man Werte in diesen Zeiger (***Beispiel 9.10***). Über die Zeiger könnten dann bestimmte Adressen angesprochen werden. Das Laden der Register mit Werten müsste über Zeigerzugriffe geschehen (*z_regr=44). Um Schreibarbeit zu sparen oder die Darstellung übersichtlicher zu gestalten, ist es möglich, ein Makro (Z_REG in ***Beispiel 9.10***) für den indirekten Zugriff zu definieren.

Eine weitere Möglichkeit, die allerdings teilweise Assembler benötigt, definiert in einer Assemblerdatei Register mit einer festen Adresse. Bei der Definition in Assembler darf der führende Unterstrich (_) nicht vergessen werden. In einer H-Datei legt man nun Variablen mit gleichem Namen an (ohne Unterstrich _). Sie werden als extern gekennzeichnet. Der Linker führt nun nach dem Compilieren bzw. Assemblieren die beiden Dateien zusammen und legt die Variablen auf die gewünschten (in Assembler definierten) Adressen. Dieses Verfahren ist nicht ganz korrekt, da Größe und Struktur der angelegten Daten in der Assembler- und in der C-Datei manuell kontrolliert werden müssen, jedoch funktioniert es bei vielen Compilern/Assemblern. Die Zuweisung an die definierten Register erfolgt ohne Zeigerzugriff (z. B.: z_regr=44).

Bei allen direkten Operationen auf C-Ebene mit Hardwareregistern darf das schon besprochene Schlüsselwort volatile nicht fehlen, damit man nicht Opfer von Compileroptimierungen wird. Nicht unbedingt nötig ist es bei Zugriffen über Pointer, da hier die Compiler meist nicht optimieren.

Register	Adresse
Stunde	00
Minute	01
Sekunde	02
Tag	03
Monat	04
Jahr (2-stellig)	05
Update	06

Bild 9.8: *Uhrenbaustein mit Kalender*

Die meisten elektronischen Bausteine, die von einem Mikrocontroller bedient werden sollen, verfügen über mehrere Steuerregister. Die Register liegen oft mit aufsteigenden Adressen hintereinander. Zur Verdeutlichung möchte ich hier einen beispielhaften Uhrenbaustein angeben, der jeweils ein Register für Stunde, Minute, Sekunde, Tag, Monat und für eine zweistellige Jahreszahl besitzt. Hinzu kommt noch ein Update-Register, das erst später eine Rolle spielen soll. Die Anordnung der Register ist in ***Bild 9.8*** dargestellt. Die Basisadresse des Bausteins sei 4000 hex. Es sollen hier drei Adressierungsarten, die sich mit ANSI-C verwirklichen lassen, aufgezeigt werden, die im Prinzip Variationen der Adressierung in ***Beispiel 9.10*** sind.

Adressierung über Pointer

```
char *pStunden=(char*) 0x4000;
char *pMinuten=(char*) 0x4001;
char *pSekunden=(char*) 0x4002;
char *pTag=(char*) 0x4003;
char *pMonat=(char*) 0x4004;
char *pJahr=(char*) 0x4005;
char *Update=(char*) 0x4006;

void lesesekunden (void)
{
  char Sekunden= *pSekunden; /* Sekunden aus Baustein auslesen und in Variable speichern */
}
```

Beispiel 9.11: *Adressierung über Pointer*

Analog zum ***Beispiel 9.10*** werden in ***Beispiel 9.11*** mehrere Pointer definiert, mit denen evtl. über Hilfsmakros auf die verschiedenen Register des Bausteins zugegriffen werden kann. Für jede einzelne Komponente ist ein eigener Pointer erforderlich.

Adressierung über einen Pointer als Array

```
#define  STUNDEN        0
#define  MINUTEN        1
#define SEKUNDEN        2
#define TAG             3
#define MONAT           4
#define JAHR            5
#define Update          6

/* Setzen des Pointers auf die Basisadresse */
 char *PuhrenBaustein=(char*)0x4000;

void lesesekunden (void)
{
   /* Sekunden aus Baustein auslesen und in Variable speichern */
   char Sekunden=PUhrenBaustein[SEKUNDEN];
}
```

Beispiel 9.12: *Adressierung über Pointer als Array*

Jeder Pointer kann auch als Array gesehen und in C so benutzt werden. Sind alle Register in einem Baustein vom gleichen Typ, lassen sich die einzelnen Komponenten auch wie ein Array adressieren. In ***Beispiel 9.12*** wird der Pointer Uhrenbaustein als Basispointer des Uhrenbausteins definiert, und mit symbolisch definierten Konstanten als Arrayindex lässt sich komfortabel auf die verschiedenen Register zugreifen. Diese Möglichkeit funktioniert nur, wenn die verschiedenen Register einen konstanten Abstand zueinander haben. Dies ist in vielen, aber nicht in allen Bausteinen der Fall.

Adressierung über eine Struktur

Anstatt mehrere Pointer zu definieren oder ein Array zu benutzen, könnte man auch einen Pointer auf die Basisadresse definieren und auf die einzelnen Komponenten des Bausteins über die Komponenten einer Struktur zugreifen (***Beispiel 9.13***). Zuerst wird eine Struktur definiert, die die einzelnen Komponenten enthält. Danach wird ein Pointer vom Typ der Struktur erzeugt, der mit der Basisadresse initialisiert wird. In der Funktion „lesesekunden" werden die Sekunden ausgelesen und in einer Variablen zwischengespeichert. Der Vorteil dieser elegant aussehenden Methode ist die gut dokumentierende und übersichtliche Darstellung. Obwohl diese Methode in der Praxis häufig angetroffen wird, hat sie einige Nachteile. Ich möchte sogar behaupten, dass die Nachteile überwiegen. Das ANSI-Komitee hat nicht festgelegt, wie eine Struktur auf Byteebene umgesetzt werden soll. Der Compilerhersteller hat hier völlige Freiheit. Zur Optimierung des Zugriffs auf die Komponenten einer Struktur

```
typedef struct /* Anlegen der einzelnen Komponenten */
{
 char Stunden;
 char Minuten;
 char Sekunden;
 char Tag;
 char Monat;
 char Jahr;
char Update
}
 TUhrenBaustein;

/* Setzen des Strukturpointers auf die Basisadresse */
 TUhrenBaustein *PuhrenBaustein=(TUhrenBaustein*)0x4000;

void lesesekunden (void)
{
   /* Sekunden aus Baustein auslesen und in Variable speichern */
  char Sekunden=(*PUhrenBaustein).Sekunden; /* lange Schreibweise */
  char Sekunden=PUhrenBaustein->Sekunden; /* oder die verkürzte Schreibweise */
}
```

Beispiel 9.13: *Adressierung über Pointer und Strukturen*

können zwischen die einzelnen Komponenten *Füllbytes* (auch padding Bytes genannt) eingefügt werden, damit diese innerhalb der Struktur auf geraden Adressen zu liegen kommen. Das wiederum kann von Compiler zu Compiler (evtl. sogar von Compilerversion zu Compilerversion, dies ist aber sehr unwahrscheinlich) unterschiedlich sein. Einige 16-Bit-Prozessoren müssen ihren Adressierungmodus umständlich von 16 Bit auf 8 Bit umschalten, um eine ungerade Adresse zu erreichen. Um die aufwendige Umschaltung zu vermeiden, kann es sein, dass Compiler ungerade Adressen aussparen und alle Strukturkomponenten auf gerade Adressen legen. Ebenso haben manche Prozessoren Probleme, Variablen, die 2 Byte oder größer sind, von ungeraden Adressen zu laden. Hier wird dann ebenfalls ein Füllbyte eingefügt, um eine gerade Adresse für diesen Wert zu erreichen (***Bild 9.9***). Um dies zu umgehen, bieten wiederum einige Compiler Schlüsselwörter an, um Strukturen zu packen und damit die Anzahl der Füllbytes zu verringern oder ganz zu vermeiden. Meistens heißt dieses (nicht ANSI) Schlüsselwort „packed", und es wird direkt vor die Strukturdefinition gesetzt.

Der Zugriff auf Hardwarebausteine mit Hilfe von Strukturen ist zugegebenermaßen sehr elegant und im C-Code selbstdokumentierend, man setzt sich aber einigen Ungewissheiten über die tatsächliche Lage der Komponenten im Adressraum aus.

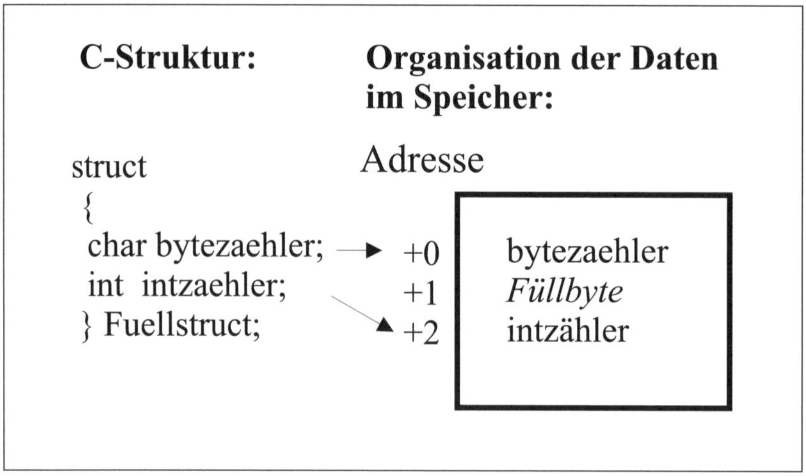

Bild 9.9: *Füllbyte im Speicher*

Ein einigermaßen sicherer Zugriff auf Datenströme oder Hardwarebausteine mit mehreren Bereichen geschieht also am besten über Felder, deren Indizes dann die gewünschten Komponenten ansteuern. Bei der Benutzung von Bausteinen, die über unterschiedlich große Register verfügen, ist die Definition verschiedener Pointer, die auf diese Adressen zeigen, das Mittel der Wahl.

In einem kleinen Beispielprogramm sollen nun Daten aus dem Baustein herausgelesen werden. Jetzt spielt das Register Update aus ***Bild 9.8*** (S. 95) eine Rolle. Das oberste Bit in diesem Register soll anzeigen, ob ein Lesen des Bausteins möglich ist oder ob gerade die Uhrzeit aktualisiert wird und ein Lesen zu falschen Ergebnissen führen würde. Die gelesene Uhrzeit (nur Stunden und Minuten) soll dauernd ausgegeben werden. In dem Programm zur Bewältigung der beschriebenen Aufgabe (***Beispiel 9.14***) werden zuerst die Adressen der Register des Bausteins festen Adressen zugeordnet. Es wird die elegante Methode der Adressierung über ein Array verwendet (siehe auch ***Beispiel 9.12***).

Nun beginnt das eigentliche Programm. Die for-Schleife (fast ohne Inhalt) stellt eine Endlosschleife dar. Innerhalb der Endlosschleife wird das oberste Bit des Steuerregister Update des Bausteins durch die bitweise Und-Operation mit 80 hex (80 hex = 1000 0000 binär) und die if-Abfrage abgefragt. Das Ergebnis der Abfrage ergibt 0, wenn in der Variablen PuhrenBaustein [Update] das oberste Bit nicht gesetzt ist. Ist das Bit gesetzt, so ergibt die Operation 80 hex (nicht 1!). Wird die if-Abfrage wahr, so gibt das Programm den gelesenen Uhrzeitwert mit printf aus. In der Praxis würde man übrigens nicht mit Hexwerten arbeiten, sondern das oberste Bit mit einem Namen versehen und diesen dann verwenden (#define UPDATE_BIT 0x80).

```
#include<stdio.h>

#define  STUNDEN       0
#define  MINUTEN       1
#define SEKUNDEN       2
#define TAG            3
#define MONAT          4
#define JAHR           5
#define Update         6

/* Setzen des Pointers auf die Basisadresse */
 char *PuhrenBaustein=(char*)0x4000;
 void main (void)
  {
    for (;;)
          {
          if((PuhrenBaustein[Update]&0x80)==0)
           {
              printf("%d : %d\n",PuhrenBaustein[STUNDEN],PuhrenBaustein[MINUTEN]);
           }
          }
  }
```

Beispiel 9.14: *Programm zum Auslesen der Uhrzeit*

9.3 Interrupte

Mikroprozessoren sind sehr flexibel zu programmieren. Fast alles in einem Programm kann der Programmierer nach seinen Wünschen festlegen. Es gibt aber einige feste Schnittstellen zwischen dem Hersteller und dem Programmierer eines Prozessors. Eine dieser Schnittstellen ist die *Interruptvektortabelle*, deren Adressen und Aufbau vom Prozessorhersteller vorgegeben sind. Die Interruptvektortabelle wird benutzt, um dem Prozessor mitzuteilen, an welcher Stelle sich bestimmte Codeteile im Speicher befinden. Diese Codeteile sind der bereits besprochene Startupcode, Sprungadressen für Interrupt- und Timerroutinen und evtl. Adressen für bestimmte Fehlerbehandlungen während der Laufzeit. Tritt ein bestimmtes Ereignis auf, so schaut der Prozessor an festgelegter (und im Mikroprozessorhandbuch beschriebener Stelle) in der Tabelle nach und springt zu der Adresse, die in der Tabelle eingetragen ist. Da der Sprung unverzüglich und unbedingt erfolgt, sollten auch unbenutzte Einträge in der Tabelle mit einer Funktion belegt sein, damit nicht unerwartete Programmfehler auftreten, wenn ein unvorhergesehenes Ereignis eintritt. Als Funktion für das Ausfüllen nicht benutzter Tabelleneinträge, wird die Adresse einer Funktion verwendet, die als einzige Anweisung eine Anweisung zum

Beenden eines Interrupts enthält. Dieser Befehl heißt oft rti (**ret**urn from **i**nterrupt). Je nach Prozessortyp kann es hier noch notwendig sein, durch den Interrupt gesetzte Bits im Interruptcontroller zurückzusetzen, bevor der Prozessor mit der normalen Programmausführung fortsetzen kann.

Einige moderne Prozessoren erlauben dem Programmierer, die Lage der Interruptvektoren durch die Software in gewissen Grenzen zu bestimmen. Natürlich muss der Resetvektor nach wie vor festliegen, denn an der Stelle, auf die der Vektor zeigt, beginnt erst das auszuführende Programm. Es lässt sich aber unter Umständen die Startadresse der übrigen Vektoren über Prozessorkonfigurationsregister bestimmen.

Da es keine Referenzen der C-Programme auf die Vektortabelle gibt, wird ein Programmpaket auch fehlerfrei übersetzt, wenn diese Tabelle fehlt. Dieses Programm wird jedoch nie auf einem Prozessor funktionieren, da dieser ja nicht weiß, wo er mit der Programmabarbeitung anfangen soll. Läuft also ein neu konstruiertes System überhaupt nicht los, so sollte zuerst überprüft werden, ob vielleicht die Interruptvektortabelle fehlt oder ob beim Lesen der Adressen der Vektortabelle Zugriffe auf den Speicher nicht funktionieren.

Die Erzeugung der Interruptvektortabelle kann auf verschiedene Arten geschehen. Eine Möglichkeit, die immer funktioniert und unabhängig von einem Compiler und evtl. vorhandenen Fehlern im Compiler arbeitet, ist das Erzeugen der Tabelle über Assembleranweisungen. Die Interruptvektortabelle wird hier in Assembler geschrieben. Da ihr Aufbau sehr einfach ist, stellt das auch für den C-Programmierer kein Problem dar. Ein weiterer Grund für das Anlegen der Tabelle in Assembler ist, dass sich der im Prozessorhandbuch genau (d. h. die Position jedes Bytes) vorgeschriebene Aufbau so am besten und sichersten realisieren lässt. Das ***Beispiel 9.15*** zeigt den prinzipiellen Aufbau der Tabelle.

Die Assembleranweisung dw mit dem nachfolgendem Label reserviert 2 Byte Speicher und legt in diese Bytes die Adresse ab, die dem Label entspricht. Durch die Beschränkung auf 2 Byte können nur 2^{16} (das entspricht 64 kByte) im Speicher adressiert werden. Ist der zu adressierende Speicher größer, so muss die Adresse in der Tabelle auf eine Sprunganweisung zeigen, die dann den gesamten Code adressieren kann. Mit Ausnahme der Labels „default_int“ und „start“ beginnen alle Labels mit einem Unterstrich, da hier direkt C-Routinen aufgerufen werden. „default_int“ kennzeichnet einen nicht benutzten Interrupt. Hinter dem Label „default_int“ steckt ein Assemblerprogramm, welches als einzige Anweisung einen Befehl zum Beenden von Interruptserviceroutinen enthält. Tritt dieser Interrupt auf (eigentlich ein Fehler), so verzweigt der Mikroprozessor kurz zur Ausführung des Programms, findet den Befehl zum Beenden und kehrt zum unterbrochenen Programm zurück. Das laufende Programm wird nicht gestört. Das Label „start“ am Ende der Tabelle verweist auf den Startupcode des C-Systems. Hinter den anderen benutzten Interrupten stecken jeweils C Programme. Diese C Programme bearbeiten nun Bausteine, die einen Interrupt ausgelöst haben, oder sind Timerfunktionen, die die Zeitsteuerung von Programmen übernehmen. Die nun erstellte Tabelle muss nun noch mit Hilfe des Linkers (siehe Kapitel 5) auf den im Handbuch vorgeschriebenen Platz im Speicher gelegt werden. Damit der Linker die Tabelle auf eine bestimmte

```
;******* Interruptvektoren ****************

EXT        _timer2      ;
EXT        default_int  ;
EXT        _uhren_int   ;
EXT        _timer1      ;
EXT        _dcf77_int   ;
EXT        start        ;

.SECT TRAPS

dw         _timer2      ;  INT 5
dw         default_int  ;  INT 4
dw         _uhren_int   ;  INT 3
dw         _timer1      ;  INT 2
dw         _dcf77_int   ;  INT 1
dw         start        ;  Reset
```

Beispiel 9.15: *Definition von Interruptvektoren mit Assembler*

Adresse legen kann, wird sie über die .SECT-Anweisung mit dem Namen TRAPS benannt. Über diesen Namen kann nun der Linker die Tabelle erreichen. Typischerweise liegt eine solche Tabelle bei einem 8-Bit-Mikroprozessor so im ROM, dass die beim Reset auszuführende Adresse auf den Adressen 0xffff und 0xfffe zu liegen kommt. Die in der Tabelle benutzten Referenzen müssen noch über EXT-Anweisungen dem Linker bekannt gegeben werden. Die hier benutzten Abkürzungen und Anweisungen haben nur beispielhaften Charakter, da hier nur das Prinzip erläutert werden soll und Assembler eben keine vereinheitlichte Sprache ist und mit Hersteller und Mikrocontroller variiert. Auch die Größe der Adresseinträge unterliegt dieser Variation.

Oftmals bieten Compiler die Möglichkeit, eine Interrupttabelle aufzubauen. Dies hat den Vorteil, dass sich der C-Programmierer nicht auf die „Niederungen“ von Assembler hinab begeben muss. Leider ist aber das Aufbauen von Interrupttabellen nicht durch das ANSI-Gremium festgelegt, und somit findet man wieder verschiedene Ansätze. Eine häufig verwendete Methode ist die Definition eines Interruptprogramms in C durch das Schlüsselwort „interrupt“ zu einer Funktionsdefinition. Zusätzlich kann nun eine Nummer in eckigen Klammern, ähnlich einem Arrayindex, angegeben werden. Diese Nummer kennzeichnet die Position der Adresse der Interruptserviceroutine in der Interrupttabelle. Ein Beispiel für eine Anordnung eines Interrupts in der Tabelle analog zu obigem Beispiel könnte wie in ***Beispiel 9.16*** aussehen. Der Zusatz [INT_DCF77BAUSTEIN] (durch das Makro gleich 1) in eckigen Klammern gibt die Position der Interruptadresse in der

Tabelle relativ zum Resetvektor (also von unten gezählt) an. Der Compiler legt nun für den Programmierer eine Interrupttabelle mit dem Label der C-Funktion (dcf77_int) an. Der Linker legt diese Tabelle dann auf die richtige absolute Adresse im Programmspeicher. Bei einem Interrupt liest der Mikrocontroller die Adresse aus der angelegten Tabelle und springt die entsprechende Funktion an. Ganz elegant, selbstdokumentierend und wartungsfreundlich ist dieses Beispiel dadurch, dass die 1 durch eine #define-Anweisung mit einem aussagekräftigen Namen versehen wird (***Beispiel 9.16***).

```
#define INT_DCF77BAUSTEIN 0x01 /* Definition des Interrupts vom DCF 77 Empfänger */

interrupt [INT_DCF77BAUSTEIN] dcf77interruptroutine (void)
{
...;
}
```

Beispiel 9.16: *Definition eines Interrupts in C. Methode 1*

Andere Compiler verwenden pragma-Anweisungen (***Beispiel 9.17***), um die compilerspezifischen Interruptdefinitionen zu ermöglichen. Zur Erinnerung: pragma-Anweisungen kennzeichnen compilerspezifische Ausnahmen, die von allen Compilern ohne Fehler übersetzt, aber tatsächlich nur von Compilern in Code umgesetzt werden, die diese Anweisungen kennen (siehe auch Abschnitt 3.2.6).

```
#define INT_DCF77BAUSTEIN 0x01


#pragma interrupt INT_DCF77BAUSTEIN dcf77interruptroutine


void dcf77interruptroutine(void)
{
...;
}
```

Beispiel 9.17: *Definition eines Interrupts in C. Methode 2*

Die beiden eleganten Möglichkeiten, die Interruptvektortabelle durch den Compiler anlegen zu lassen, haben den Nachteil, dass natürlich der Compiler die Art des Aufbaus der Interrupttabelle kennen muss. Zusätzlich muss der Linker die genaue Startadresse der Interruptvektortabelle mitgeteilt bekommen oder von sich aus „wissen". Diese Adresse ist entweder fest im Linkerprogramm eingestellt, oder sie lässt sich über Optionen verändern. Die hier gemachten Anmerkungen haben exemplarischen Charakter. Die jeweils gültige Methode zum Erzeugen von Code für die

Interruptbearbeitung muss natürlich immer den entsprechenden Compiler- und Linkerhandbüchern entnommen werden.

In einem Echtzeitsystem sind Interrupte besonders wichtig. Interrupte stellen die Verbindung zur Außenwelt her und verknüpfen die Software mit der Umwelt. Nachdem der Aufbau der Interrupttabelle und die Definition der Interruptroutinen besprochen wurden, soll nun der Ablauf beim Auftreten eines Interrupts behandelt werden.

Mikroprozessoren haben meist mehrere Interrupteingänge. Wenn diese Eingänge ein bestimmtes, vorher per Software definiertes Potenzial annehmen, wird das im Moment auf dem Prozessor laufende Programm unterbrochen. Der Prozessor holt sich nun aus der Interruptvektortabelle eine Adresse, die zu diesem Interrupt gehört. Diese Adresse wird vom Prozessor angesprungen und somit das dort stehende Programm ausgeführt. Vor dem Start der Programmausführung rettet der Prozessor noch sein Statusregister und eine Rücksprungadresse. Das *Statusregister* wird benötigt, damit der Prozessor nach dem Interrupt die gerade unterbrochenen Berechnungen weiterführen kann. Zum Fortsetzen des Programms nach dem Interrupt an genau der Stelle, an der das Programm verlassen wurde, wird die *Rücksprungadresse* verwendet. Interruptroutinen in Assembler enden mit einem besonderen Befehl, der den Prozessorstatus zurückspeichert und das Programm an der Adresse der Unterbrechung weiterlaufen lässt.

Typische Anwendungen für Interrupte sind Zeitmessungen an Signalen, Kommunikation mit anderen Bausteinen, serielle Datenübertragung und Überwachung von Tastaturen.

Exemplarisch wird hier die Anwendung Zeitmessung (***Bild 9.10***) betrachtet. Ein periodisches Signal (Eingangssignal) wird an den Interrupteingang eines Mikrocontrollers geführt. Der Abstand zwischen den negativen Flanken des Interrupts wird gemessen und soll auf der Anzeige ausgegeben werden. Zuerst muss beim Start des Programms, also nach einem Reset, festgelegt werden, bei welchen Bedingungen der Prozessor auf das Interruptsignal reagieren soll. Moderne Prozessoren verfügen über komfortable Interruptcontroller, die vielfältige Einstellungen ermöglichen. Im Blockschaltbild in ***Bild 9.5*** (S. 81) ist der Interruptcontroller im Prozessorkern zu sehen. Der Controller ermöglicht die Steuerung der vielen verschiedenen Mikrocontrollerinterrupte. Einem Interrupt kann eine Priorität zugeordnet werden. Dies ermöglicht eine Vorrangsteuerung beim gleichzeitigen Auftreten von verschiedenen Interrupten. Außerdem besteht die Option, einen laufenden Interrupt durch einen als wichtiger eingestuften Interrupt unterbrechen zu lassen. Mit einem Interruptcontroller ist es auch möglich, die auf der Hardware vorhandenen Signale unabhängig von ihrer Polarität (High- oder Low-aktiv) ohne zusätzliche externe Beschaltung anzuschließen. Bei einigen Prozessoren ohne Interruptcontroller ist die Aktiv-Polarität eines Interrupts fest vorgegeben und muss unter Umständen vor dem Anschluss an den Interruptpin invertiert oder differenziert werden. Gesteuert über Interrupt-Kontrollregister ist es möglich, verschiedene Optionen einzustellen. Folgende Einstellungen sind prinzipiell möglich, aber natürlich vom Mikrocontroller und dem integrierten Interruptcontroller abhängig:

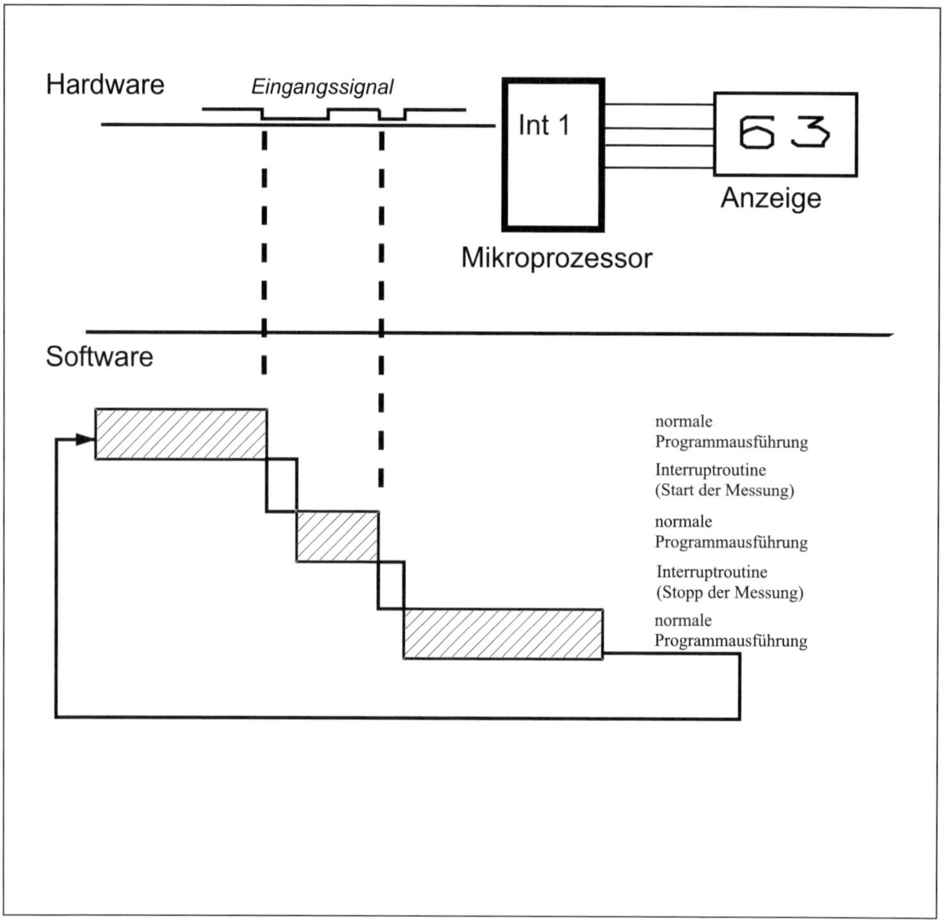

Bild 9.10: *Zeitmessung mit Interrupt*

Reaktion auf:

Low-Signalpegel

High-Signalpegel

positive Signalflanke

negative Signalflanke

Kombinationen von Pegel und Flanken.

Interruptprioritäten:

Prioritäten, z. B. von 0 (gesperrt) bis 7 (höchste Priorität)

eventuelle Umlenkung von Interrupten an unterstützende Hardware (z. B. an den PEC-Controller in ***Bild 9.5***, S. 81)

Bei der Verwendung von Interrupten müssen aufgrund ihrer exklusiven Ausführungsweise mit hoher Priorität, einige Dinge beachtet werden. Ich möchte hier beispielhaft auf einige Besonderheiten und Gefahren hinweisen. Das genaue Verhalten und die Einstellmöglichkeiten des Interruptcontrollers oder der Interrupte lassen sich im Handbuch zum verwendeten Prozessor nachlesen.

Während der Ausführung der Interruptroutine ist der in Bearbeitung befindliche Interrupt gesperrt. Ist nun ein Interrupt auf Signalpegel eingestellt, so besteht folgende Gefahr. Liegt der als aktiv definierte Pegel eines Interrupts nach dem Beenden der Interruptroutine noch an, so wird der Interrupt erneut aktiviert und durchläuft die Interruptroutine immer wieder. Der Prozessor kommt nicht mehr zur normalen Programmausführung außerhalb der Interruptroutine. Dieses Verhalten stellt normalerweise einen Fehler dar und führt dazu, dass der Prozessor sich für die Dauer der Aktivphase des Interrupts nur in der Serviceroutine befindet und seine anderen Aufgaben vernachlässigt. Um diesen Fehler auszuschließen, muss z. B. die Einstellung für die Aktivierung des Interrupts von Pegel auf Flanke geändert werden. Ist dies nicht möglich, so können noch andere softwareseitige Maßnahmen, wie Umstellen der Interruptpolarität oder Sperren des betroffenen Interrupts, helfen. Ist dies alles nicht praktikabel, dann muss das Signal evtl. über ein RC-Glied differenziert werden, um ein brauchbares Signal zu erhalten. Sinnvoll ist die Einstellung eines Interrupts auf Signalpegel, wenn der Interrupt von anderen Bausteinen ausgelöst wird und die Bausteine nach der Bedienung ihres Interrupts diesen zurücknehmen. Darauf gehe ich später noch ausführlich ein.

Ein generelles Problem ist die Integrität von globalen Daten oder Hardwareressourcen, die im Interrupt verwendet werden. Daten oder auch Hardwareressourcen, die nicht davor geschützt sind, aus dem Interrupt und quasi gleichzeitig im normalen Programmablauf verändert zu werden, stellen eine schwierig zu findende Fehlerquelle dar. Es ist empfehlenswert, alle Daten und Hardwareressourcen, die im Interrupt bearbeitet werden, genau auf die Verwendung an anderen Stellen zu untersuchen. Entsteht hier ein Fehler, hat man es meist automatisch mit schwer zu findenden Fehlern zu tun. Die Überschneidung der Datenbearbeitung vom Interrupt und vom Programm kann sehr selten auftreten. Gesteuert durch ein externes Ereignis tritt ein Interrupt in keinem Zusammenhang mit dem Programmablauf auf. Für die Fehlersuche bedeutet das, dass ein System unter Umständen stundenlang läuft, um dann plötzlich spektakulär abzustürzen. Deshalb ist es einfacher, alle im Interrupt verwendeten Daten/Hardwareressourcen genau zu überprüfen, als lange Zeit mit der Suche nach intermittierenden Fehlern zu verbringen. Teilweise sind aber auch reine Lesevorgänge von Variablen auf Programmebene kritisch, wenn der globale Speicher im Interrupt verändert werden könnte. Haben wir einen byteorientierten Mikrocontroller, so kann schon das Lesen einer Integervariablen in einem Programm zu inkonsistenten Ergebnissen führen. Das liegt daran, dass ein byteorientierter Prozessor mindestens zwei Assemblerbefehle benötigt, um eine Integervariable zu lesen. Zwischen den beiden Assemblerbefehlen könnte ein Interrupt auftreten, der die Integervariable verändert, also z. B. inkrementiert (also den Wert der Variablen um 1 erhöht). So kann dann z. B. aus einer globalen Variablen, die im Interrupt von 255 (0000 0000 1111 1111 binär) auf 256 (0000 0001 0000 0000 binär) erhöht werden soll, im Programm ein falscher Wert von 511 (0000 0001 1111 1111 binär) entstehen, wenn der Interrupt genau zwischen den Byteoperationen im Hauptprogramm auftritt. Solche Betrachtungen werden in Softwaresystemen oft versäumt und führen unter Umständen zu einer langen Fehlersuche. Als Faustregel gilt:

Wird eine globale Variable im Interrupt und in einem Programm verändert oder gelesen, ist der betreffende Interrupt für die Dauer der Variablenveränderung im Hauptprogramm zu sperren.

Da C hierfür keinen Befehl zur Verfügung stellt, muss entweder ein Assemblerprogramm geschrieben werden, um die Interrupte zu sperren, und dieses dann von C aus aufgerufen werden. Eventuell lässt sich der Interrupt über die Register des Interruptcontrollers sperren, die von C aus über die in Abschnitt 9.2 beschriebenen Methoden zugänglich sind. Oft gibt es bereits vom Compilerhersteller definierte Routinen zum Erledigen dieser Aufgaben. Hier lohnt sich ein Nachschlagen in der Dokumentation.

In seltenen Fällen ist es nicht möglich, Interrupte zu sperren. Es gibt extrem zeitkritische Interrupte, deren auch noch so kurze Sperrung eine nicht akzeptable Verzögerung der Bearbeitung von Werten oder Vorgängen zur Folge hat. Ein Beispiel wäre ein Wert, der nur eine extrem kurze Zeit an einem Prozessorport anliegt und dessen Vorhandensein über einen Interrupt angekündigt wird. Gibt es hier Berührungspunkte zwischen den globalen Variablen, die im Interrupt verändert werden und deren Bearbeitung noch an Stellen des Hauptprogramms stattfindet, müssen solche Variablen über *Semaphoren* geschützt werden. Bevor ein Programm (also kein Interrupt) eine Variable verändert oder liest, wird ein Semaphor (also eine weitere globale Variable) auf 1 gesetzt, die anzeigt, dass die Variable gesperrt ist. Die Variable kann nun bearbeitet werden. Nach der Bearbeitung wird das Semaphor gelöscht. Der Interrupt darf nun nicht auf die Variable zugreifen, wenn das Semaphor die Bearbeitung an anderer Stelle im Programm anzeigt. Ein vom Interrupt evtl. abzulegender Wert muss dann in einer Ersatzvariable gespeichert werden, die natürlich auch über ein Semaphor geschützt ist.

Die folgenden Beispiele zur Zeitmessung eines Signals und dem Auslesen eines Bausteins sollen die Verwendung von Interrupten verdeutlichen.

Für die hier geplante Messung der Periodendauer eines Signals wird am Interruptcontroller eingestellt, dass bei negativen Signalflanken ein Interrupt ausgelöst werden soll. Das System befindet sich nun im Ruhezustand, solange das Messsignal keine negative Flanke aufweist. Es „wartet" auf das Eintreten eines Ereignisses. Dieses Warten kann z. B. mit einer Warteschleife realisiert werden, oder der Prozessor kann anderen Aufgaben nachgehen, da ja der Interrupt das laufende Programm unverzüglich unterbricht.

Tritt nun die eingestellte Bedingung für den Interrupt auf, d. h., das Signal hat eine negative Flanke, so wird das laufende Programm unterbrochen und die Interruptroutine aufgerufen. In der Interruptroutine wird ein Timer gestartet, der dazu dient, die Zeit bis zur nächsten negativen Flanke zu messen. Wenn der Interrupt zum ersten Mal auftritt, wird die Routine hier beendet. Das System wartet nun wieder auf das Auftreten des nächsten Ereignisses. Tritt wieder eine negative Flanke auf, so wird das Interruptprogramm erneut aufgerufen. In ihm kann der Wert des Timers ausgele-

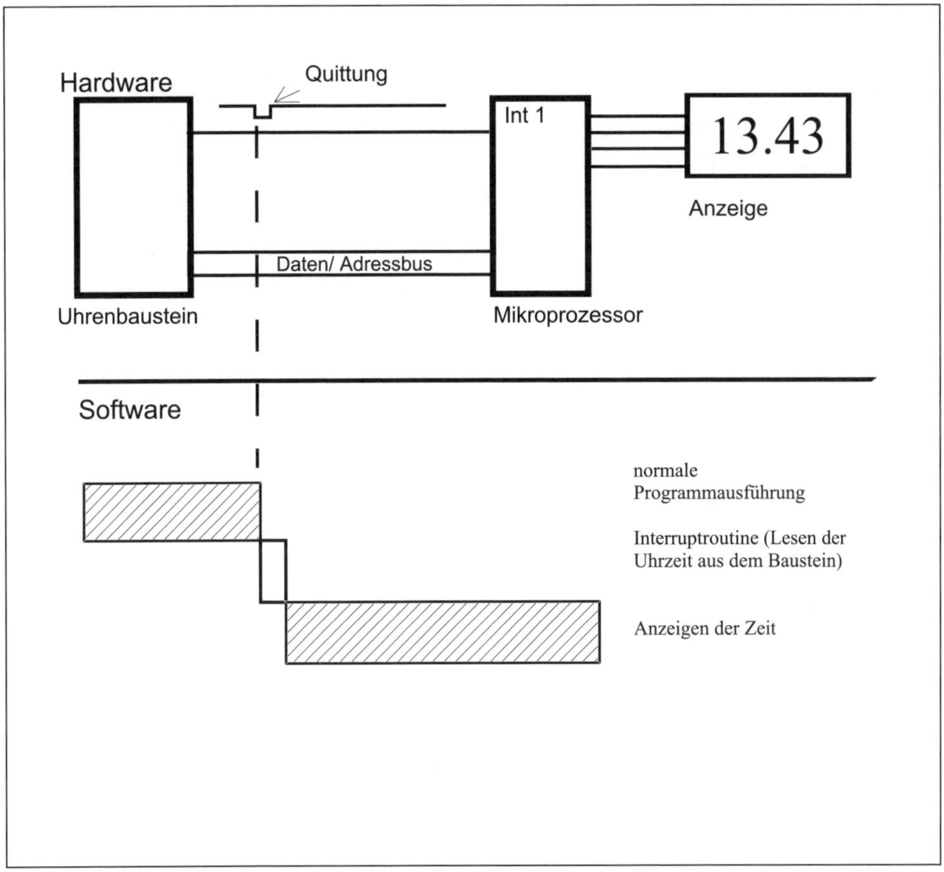

Bild 9.11: *Interrupt von einem Uhrenbaustein*

sen und zur weiteren Verarbeitung zwischengespeichert werden. Danach wird der Timer erneut gestartet, um die nächste Messung vorzubereiten. Wird die Interruptroutine beendet, so kehrt der Prozessor wieder zum unterbrochenen Programm zurück. Hier kann der Messwert weiterverarbeitet werden, um ihn dann auf dem Display auszugeben. Es fällt auf, dass im Interrupt nur sehr einfache Aufgaben erledigt werden. Der Messwert wird aus dem Timer herausgelesen, gespeichert und der Timer wieder neu gestartet. Die Umwandlung des Wertes in einen darstellbaren Code, das Ansteuern des Displays und das Übertragen der Werte an das Display werden außerhalb der Interruptroutine bearbeitet. Diese Aufteilung der Aufgaben ist typisch für die Arbeitsteilung zwischen Interruptprogrammen und restlicher Software. Nur die einfachen, schnell zu erledigenden Dinge werden in Interruptprogrammen abgehandelt. Komplizierte Berechnungen, Umwandlungen oder Warteschleifen werden möglichst außerhalb abgehandelt, da sonst Interrupte durch ihre exklusive Ausführungsart ein ganzes System bremsen können. Zusätzlich müssen alle im Interrupt verwendeten Ressourcen, z. B. Register, vor der Verwendung im Interrupt gespeichert und nach dem Interrupt wieder mit ihren ursprünglichen Werten versehen werden. Damit Interruptroutinen möglichst schnell ablaufen, werden sie oft in Assembler geschrieben.

Ein zweites Beispiel (***Bild 9.11***) ist die Kommunikation mit einem Uhrenbaustein. Dieser Baustein löst jede Sekunde einen Interrupt aus, um dem Prozessor mitzuteilen, dass sich die Uhrzeit geändert hat. Die Bedingung für das Erkennen des Interrupts wird hier auf Low-Signalpegel eingestellt. Löst der Baustein den Interrupt aus, so wird – wie im obigen Beispiel – die Interruptroutine aktiviert. In der Routine werden nun die Daten (Uhrzeit) des Bausteins gelesen. Als Quittung für diese Leseoperation nimmt der Baustein den Interrupt wieder zurück. Nach der Interruptroutine wird die Uhrzeit bearbeitet und zur Anzeige transferiert. Wäre die Leseoperation fehlerhaft oder durch externe Einflüsse gestört, so würde der Baustein keine Quittung geben (d. h. die Interruptleitung bliebe aktiv). Nach Beendigung der Interruptroutine würde die Routine automatisch wieder aufgerufen, da ja die eingestellte Bedingung weiterhin das Low-Potenzial des Interrupts erkennt.

Werden Interrupte in C programmiert, so gibt es einige Besonderheiten zu beachten. Ein Interruptprogramm wird mit dem C-Schlüsselwort *interrupt* gekennzeichnet. Der Compiler setzt dieses Schlüsselwort um, indem er alle von ihm benutzten Register rettet und am Schluss wieder zurückspeichert. Außerdem sorgt er dafür, dass der oben erwähnte spezielle Assemblerbefehl zum Beenden des Interrupts eingebaut wird.

C Programm:

```
volatile char creg;
char wsp;
void interrupt int1(void)
{
 if(creg!=0)  /* Ist der Interrupt von diesem Baustein */
  {
   wsp=creg; /* Retten des vom Baustein gelieferten Wertes */

  }
}
```

und was der Compiler daraus macht (vereinfacht):

```
_int1:
          clp      d           ; Initialisieren des Prozessor status
          psh      a,b,d1,d2   ; Retten der Register die der C Compiler evtl. benötigt
          lda      a, _creg    ; If Abfrage: Testen des Interruptregisters
          beq      L1          ; Bedingter Sprung (wenn creg gleich Null)
          lda      a, _creg    ; Retten des Wertes
          sta      a, _wsp     ; in einen Speicher
L1:
          pul      a,b,d1,d2   ; Zurückspeichern der oben
                               ; geretteten Register
          rti                  ; Befehl zum Beenden des Interrupts
```

Beispiel 9.18: *Interrupt in C und das dazugehörige Assemblerprogramm*

In ***Beispiel 9.18*** ist ein kurzes, vereinfachtes Beispiel eines C-Programms und des daraus entstandenen Assemblercodes dargestellt. Ein Baustein erzeugt einen Interrupt. Aus dem Baustein soll ein Wert ausgelesen werden der sich über die Variable creg erreichen lässt. Ist dieser Wert ungleich 0, wird er in der char-Variablen wsp gespeichert.

9.4 Scannen von Leitungen

Im Abschnitt 9.3 wurde die Anwendung des Interrupts beschrieben. Der Interrupt wird meistens verwendet, wenn eine Leitung überwacht werden soll, die zu einem Schalter oder weiteren Bausteinen führt, und die Benachrichtigung über ein Ereignis auf dieser Leitung sehr schnell weitergeleitet werden soll.

Oft müssen aber direkt mehrere Leitungen eines Bausteins ausgewertet werden. Dies kann dadurch geschehen, dass z. B. Dioden (oder logische Und- bzw. Oder-Bausteine) mehrere Eingangsleitungen zu einer Leitung konzentrieren, die dann einen Interrupt auslöst, sobald einer der Eingänge aktiviert wurde. Nachdem der Interrupt ausgelöst wurde, muss dann noch herausgefunden werden, welche Leitung den Interrupt verursacht hat. Hierbei helfen softwaretechnische Lösungen, die über Ports die Leitung selektieren, die sich bewegt hat. Natürlich gibt es auf diese Aufgaben genau zugeschnittene Bausteine (Tastaturcontroller-Bausteine), die für den Prozessor die Leitungen abfragen, einen Interrupt auslösen und das Ergebnis der Auswertung in einem Register zur Verfügung stellen. Sehr oft erfolgt jedoch die Tastaturauswertung über die Software und die Ports des Prozessors, um Hardware einzusparen.

Das Verfahren, um sich ändernde Werte (ohne Interrupt) per Software zu erkennen, ist das *Scannen* von Leitungen, das oft auch als *Polling* bezeichnet wird. Beim Scannen überwacht der Prozessor in regelmäßigen Zeitabständen externe Leitungen. Damit der Mikroprozessor diese Leitungen überhaupt überwachen kann, müssen ihm über Ports die Potenziale der Leitungen zugänglich sein. Hierzu werden die Leitungen auf Ports gelegt. Gesteuert über Timer, fragt der Prozessor in regelmäßigen Abständen die Werte der Ports ab und kann dann bei bestimmten Potenzialen Aktionen einleiten.

Eine typische Anwendung des Scannverfahrens ist die Auswertung von Tastaturen. Die Tasten werden wie in ***Bild 9.12*** in einer Matrix angeordnet. Timerüberwacht scannt nun der Mikroprozessor die Tasten alle 25 ms ab. Der Mikroprozessor setzt zuerst die Ports P0 bis P3 auf Ausgang und logisch high. Über die Pull-down-Widerstände liegt an den auf Eingang geschalteten Ports 0-Potenzial, solange keine Taste gedrückt ist. Wird jetzt z. B. Taste 6 gedrückt, so erkennt der Prozessor High-Potenzial an Port 5. Setzt der Prozessor nun die Ausgänge Port 0 bis Port 3 nacheinander kurz auf Low, so verschwindet das High-Potenzial beim Heruntersetzen von Port 2. Aus der Kombination Spalte 3 (Port 2) und Zeile 2 (Port 5) kann das Programm die Taste 6 selektieren; die Information ist erkannt. Jetzt muss noch das Kontaktprellen von Tasten ausgefiltert werden. Dazu wird ein Timer gestartet, der z. B. 10 ms läuft. Nach Ablauf der 10 ms wird überprüft, ob die erkannte

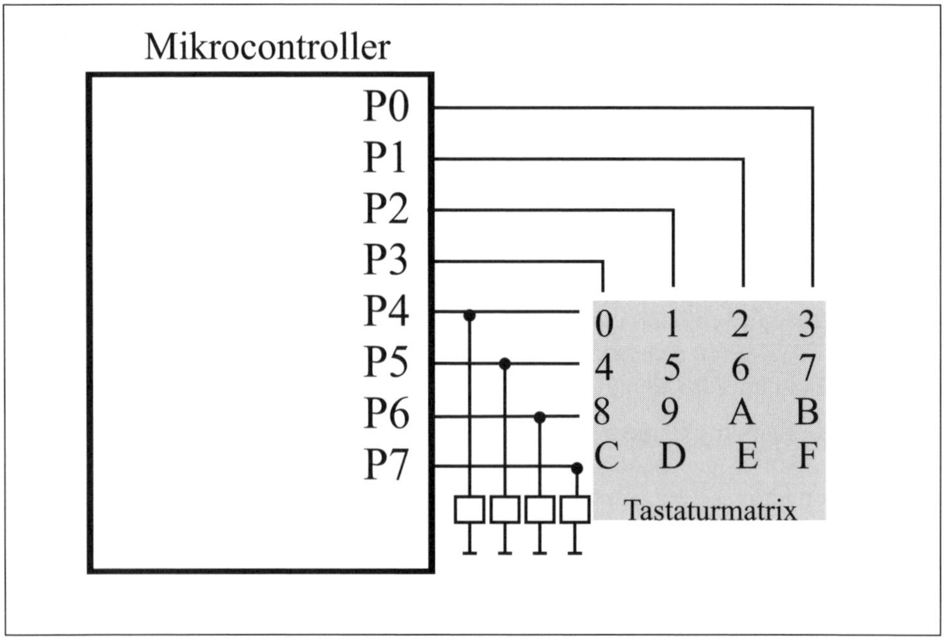

Bild 9.12: *Scannen einer Tastaturmatrix*

Information immer noch anliegt. Wenn ja, wird die Taste als erkannt weitergegeben, wenn nicht, die Information verworfen.

Der hauptsächliche Vorteil des Scannens ist der geringe Verbrauch an Hardwareressourcen. Weder zusätzliche Bausteine noch ein Interrupteingang am Prozessor müssen vorhanden sein. Nachteil des Verfahrens ist jedoch, dass durch die Scan-Routine ein dauernder Rechenzeitverbrauch und damit auch Energieverlust entsteht. Meistens hat ein Prozessor jedoch sowieso in periodischen Zeitabständen Aufgaben zu erledigen (z. B. einen Systemtimer zu aktualisieren), so dass der zusätzliche Aufwand durch das Scannen der Leitungen kaum ins Gewicht fällt. Ist im Beispiel keine Taste gedrückt, befindet sich der Port im Ruhezustand. Der ausgelesene Wert von Portpin P4 bis P7 wäre also 0. Bei den meisten Prozessoren könnte man PO bis P7 mit einem bis vielleicht 3 Assemblerbefehlen, d. h. maximal einer C-Zeile, auslesen. Die Werte der auf Ausgang geschalteten Ports sind noch auszublenden. Nach dem Ausblenden wäre nur noch ein simpler Test auf 0 nötig, um festzustellen, ob die Tastatur ausgewertet werden muss. Der Aufwand zum Auslesen des Ports bei nicht gedrückter Taste würde sich also auf 1 bis 10 Assemblerbefehle belaufen (ohne den Aufwand für den Timerinterrupt). Ein solcher Aufwand ist fast vernachlässigbar, wenn es sich nicht um ein batteriebetriebenes Gerät handelt, welches im Dauerbetrieb läuft und deshalb extrem wenig Energie aufnehmen soll.

9.5 Verknüpfungen von C und Assembler

Wie schon mehrfach erwähnt, kann man in Embedded-C-Systemen meist nicht ganz auf Assembler verzichten. Es kommt vor, dass C-Programme zwar die logischen Anforderungen erfüllen, aber in der Ausführungszeit viel zu langsam sind. Dies kann bei aufwendigen Zählroutinen der Fall sein, aber auch Interrupte können manchmal nicht in C programmiert werden, weil sie sonst zu langsam ablaufen.

Wenn aus C-Programmen Assemblerroutinen aufgerufen werden, muss eine Schnittstelle zwischen C und Assemblerfunktion vorhanden sein. Besonders wenn C Werte an Assemblerprogramme übergibt oder von Assemblerprogrammen Werte zur Weiterverarbeitung in C zurückgeliefert werden sollen, muss der Schnittstelle Aufmerksamkeit gewidmet werden.

C-Programme übergeben Parameter von Funktionen über den Stapel an die aufgerufene Funktion. Die aufrufenden Programme übertragen die Werte auf den Stapel (siehe Abschnitt 9.1.6). Das aufgerufene Programm greift nun auf diese Parameter zu und arbeitet mit den Werten. Rückgabeparameter werden dem Aufrufer entweder über den Stapel oder über Register zurückgeliefert. Schreibt man nun Assemblerprogramme, die C-Funktionen benutzen, so muss dieser Mechanismus nachgebildet werden. Hierzu gibt es einen einfachen Trick: Eine einfache C-Routine wird geschrieben, die alle Parameter des späteren Assemblerprogramms übergeben bekommt und auch zurückliefert. Dieses Programm wird nun mit dem C-Compiler über einen bestimmten Compilerschalter (siehe Compilerhandbuch) so übersetzt, dass der C-Compiler als Ergebnis eine Assemblerdatei erzeugt. Diese Assemblerdatei dient nun als Rumpf, um das eigentliche, noch zu erstellende Programm aufzunehmen.

Es gibt jedoch noch eine weitere Möglichkeit, die zwar nicht so elegant ist, dafür aber schneller zu implementieren, unempfindlich gegen Compilereinstellungen und auch in der Ausführung etwas schneller ist. Die Assemblerfunktion wird im C-Programm wie eine void-Funktion ohne Parameter behandelt. Eventuelle Übergabe- und Rückgabeparameter werden als globale Variablen angelegt und vor dem Aufruf des Programms in C beschrieben. Im Assemblerprogramm kann dann auf diese Variablen zurückgegriffen werden. Eine wichtige Vorbereitung zum Aufruf fehlt jedoch noch. Für die aus C aufzurufenden Assemblerprogramme müssen noch in C Prototypen vorhanden sein, damit Aufruf und Parameterverwendung, wie bei anderen C-Programmen auch, vom Compiler überprüft werden können.

Manchmal sollen C- und Assembleranweisungen direkt gemischt werden. Einige Compiler bieten Funktionen an, um innerhalb von C-Programmen Assembleranweisungen einzubauen. Diese Funktionalität kann benutzt werden, um innerhalb von C-Programmen besonders zeitkritische Dinge oder besonders maschinennahe Befehle unterzubringen. Denkbar wäre z. B., eine zeitkritische Suchschleife in Assembler zu programmieren, das Suchergebnis der Schleife jedoch in C weiterzuverarbeiten. Eine Anwendung für besonders maschinennahe Programmierung ist z. B., die Assemblerbefehle zum Sperren und Freigeben der Interrupte direkt in den C-Code einzubauen. So komfortabel diese Möglichkeit auch ist, leider hat sie den großen Nachteil, nicht standardisiert zu sein. Bei Verwendung dieser Methode schreibt man compilerabhängigen Code, der beim Wechsel des Compilers an den neuen Compiler angepasst werden muss. Diese Anpassung ist wahrscheinlich bereits beim Compilerwechsel nötig, bei einem Prozessorwechsel müssen natürlich noch die Befehle selbst angepasst werden.

Besser ist es, die C- und Assembleranteile der Software sauber voneinander zu trennen und auf die Mischung von C und Assemblercode zu verzichten. Diese Trennung geschieht am besten so, dass notwendige Assemblerroutinen als eigene Funktionen programmiert werden. In den C-Programmen stehen dann diese Programme zur Verfügung. Bei einer notwendigen Prozessor- oder Compilerumstellung ist nur eine Anpassung des Assemblercodes notwendig.

Die Namen von Programmen und Variablen in C werden nach Assembler nach einer festgelegten Regel umgesetzt. Diese Regel muss natürlich auch von Assemblerprogrammen erfüllt werden, wenn sie mit den C-Routinen zusammenarbeiten sollen. Glücklicherweise ist die Regel einfach umzusetzen und bei vielen (nicht bei allen) C-Compilern gleich. Variablennamen und Programmnamen werden bei der Umsetzung auf Assembler mit einem Unterstrich _ an erster Stelle versehen. Aus dem C-Programm mit dem Namen „rechne“ wird in Assembler das Programm „_rechne“. Eine Variable „testen“ in C heißt somit auf Assemblerebene „_testen“. Beim Zugriff von Assembler auf C-Namen muss also nur der Unterstrich zugefügt werden. Wird in C auf ein Assemblerprogramm zugegriffen, so wird der Unterstrich natürlich weggelassen. Ein Assemblerprogramm ohne führenden Unterstrich kann also normalerweise aus C nicht aufgerufen werden. Manche Compiler bieten jedoch die Möglichkeit, das Erzeugen von Unterstrichen zu unterdrücken. Das Verwenden von führenden Unterstrichen ist nicht zwingend vorgeschrieben. Will man sichergehen, wie die Schnittstelle von Assembler und C-Programm aussieht, muss in den entsprechenden Handbüchern nachgeschlagen werden.

9.6 Permanente Datenspeicherung

Bei vielen Anwendungen müssen Daten auch nach dem Ausschalten des Gerätes erhalten bleiben. Man stelle sich eine Registrierkasse vor, die nach dem Ausschalten die Tageseinnahmen oder einen Fernseher, der die eingestellten Sender „vergisst“.

Programme, die auf einem PC laufen, haben die Möglichkeit, Dateien auf ihre Festplatte oder auf Diskette zu schreiben und nach einem erneuten Start des Programms einzulesen. Bei mikroprozessorgesteuerten Geräten fehlt (aus Kosten-, Geschwindigkeits-, Zuverlässigkeits- und Stromspargründen) meistens die Möglichkeit, auf Massenspeicher wie Diskette oder Festplatte zurückzugreifen und erhaltenswerte Daten auf ihnen zu sichern. Hier kann nur auf die billigen Lösungen: mit Batterie oder Kondensator gepuffertes RAM, EEPROM oder Flash-ROM zurückgegriffen werden. Um die Daten im Flash-ROM oder EEPROM zu sichern, müssen besondere Programme verwendet werden, da der Schreibalgorithmus für diese Bausteine komplex ist. Ein spezieller Treiber muss vorhanden sein, dem die Daten übergeben werden können und der diese dann im Speicherbaustein ablegt.

Prinzipiell ergibt sich die gleiche Vorgehensweise, mit denen Programme auf einem PC Daten mit einem Massenspeicher austauschen. Daten werden aus dem Speicher des Systems auf die sicheren Medien geschrieben und bei Bedarf wieder zurückgelesen. Die zu sichernden Daten werden als globale Variablen im Speicher abgelegt. Es empfiehlt sich, alle permanenten Daten zu einer Struktur zusammenzufassen. Über die ANSI-C-Funktion-sizeof lässt sich dann bequem die Gesamtgröße der Struktur ermitteln. In der Sicherungsroutine wird die gesamte Struktur z. B. über einen Flash-ROM-Treiber in das Flash-ROM gesichert. Fährt das System neu hoch (nach einem Spannungsausfall), sind die Daten aus dem Flash-ROM in die permanente Struktur zu kopieren.

Nachteil dieser Methode ist, dass die zu erhaltenden Daten gesichert werden müssen, wenn sie sich verändern. Bei einer Registrierkasse z. B. heißt das, dass die Tageseinnahmen nach jedem Kassiervorgang in den geschützten Speicher übertragen werden. Hierbei gilt es, die spezifizierte Anzahl von Programmiervorgängen für das Flash-ROM im Bezug auf die Produktlebensdauer zu beachten.

Ist ein batterie- oder kondensatorgepuffertes RAM vorhanden, so lassen sich die Daten einfacher schützen. Der zu sichernde Speicherbereich wird als globales Datum im Speicher angelegt. Stehen nun die zu schützenden Daten in diesem Bereich, so muss nur noch dafür gesorgt werden, dass nicht – wie in C üblich – nach jedem Reset alle globalen Daten auf 0 initialisiert werden. So einleuchtend die Problematik der „resetfesten“ Speicherung von Daten klingt – C war wohl ursprünglich nicht für diese Anwendungen oder überhaupt nicht für Mikroprozessoranwendungen in Geräten gedacht. Es gibt jedenfalls keine ANSI-C-Norm, die festlegt, wie globale Daten davor zu schützen sind, bei einem Reset des Gerätes wieder mit null (0) initialisiert zu werden. Die Norm schreibt sogar vor, dass globale Daten mit null initialisiert werden müssen. Zuständig für das Initialisieren ist der beschriebene Startupcode (siehe Abschnitt 9.1.5). Ausnahmen von der ANSI-C-Norm, die das Problem lösen, werden benötigt. Dafür gibt es – je nach Compilerhersteller – unterschiedliche Lösungen:

- Die Daten, die permanent gespeichert werden sollen, werden mit einem bestimmten Compilerswitch compiliert.
- Die entsprechenden Daten bekommen bei ihrer Definition ein besonderes Schlüsselwort zugewiesen.

Ist die elegantere letzte Möglichkeit vorhanden, dann sollte das compilerspezifische Schlüsselwort unbedingt durch ein eigenes Makro ersetzt werden (***Beispiel 9.19***), damit bei einem Compilerwechsel nicht an vielen Stellen eine Ersetzung des Wortes vorgenommen werden muss.

```
#define PERMANENT backup

PERMANENT int Einnahmen;
```

Beispiel 9.19: *Permanente Daten (Schlüsselwort backup)*

Muss die erste, umständlichere Möglichkeit gewählt werden, so ist es sinnvoll, alle Daten, die länger als die Programmlaufzeit leben, in einem Modul zusammenzufassen. Es wäre nicht sinnvoll, alle Module, die diese resetfesten Daten benötigen, mit dem Compilerswitch zu übersetzen. Der Zugriff auf die dann in einem Modul zusammengefassten Daten geschieht über Headerdateien mit entsprechenden extern-Anweisungen, die in den C-Modulen durch include-Anweisungen eingebunden werden. Sind solche resetfesten Variablen vorhanden, so müssen sie auch von den Programmen selbst verwaltet werden. Der Startupcode, der ja dafür da ist, alle Variablen zu initialisieren, lässt diese Variablen unberührt. Beim ersten Anlauf des Gerätes (oder nach einem Wechsel der Pufferbatterie) müssen die Variablen von vom Programmierer selbst zu schreibenden Programmen auf ihre Startwerte gebracht werden, d. h., die Tageseinnahmen der Registrierkasse bekommen den Startwert 0. Der erste Anlauf eines Gerätes kann über eine Batterieüberwachungsschaltung erkannt werden, die eine Unterbrechung der Stromversorgung der Pufferbatterie erkennt. Manche Bausteine, z. B. einige Echtzeituhrbausteine mit eingebautem batteriegepuffertem RAM, bieten eine Batterieüberwachung. Wenn eine solche Möglichkeit nicht vorhanden ist, kann der Erstanlauf des Gerätes auch softwaremäßig erkannt werden. Hierzu wird verglichen, ob ein festgelegtes Bitmuster im RAM steht. Steht es nicht im Speicher, so wird es in den Speicher geschrieben und danach die restlichen Daten initialisiert. Steht das Bitmuster bereits im Speicher, dann handelt es sich nicht um einen Erstanlauf, und mit der normalen Programmabarbeitung wird fortgefahren. Eine weitere sichere Methode ist das Sichern der Daten über eine *Checksumme*. Die Checksumme muss bei jedem schreibenden Zugriff aktualisiert werden. Bei der oben beschriebenen Datenspeicherung in Flashbausteinen müssen die Daten auf jeden Fall mit einer Checksumme gesichert werden, da der Datensicherungsvorgang eine gewisse Zeit benötigt. Während dieser Zeit könnte die Spannungsversorgung ausfallen und es somit zu unvollständigen Datensätzen kommen, die mit der Checksumme zuverlässig erkannt werden. Wichtig ist es dabei, dass die Checksummeninformation an das Ende der Nutzdaten platziert wird, damit die Checksumme als letzte Information in den Flash-ROM-Baustein gelangt und der erfolgreiche Schreibvorgang mit dieser Information abgeschlossen wird.

9.7 Betriebssystem

Das Betriebssystem ist die zentrale Komponente eines Softwaresystems. Genauso wie Leim und Schrauben einen Schrank zusammenhalten, hält das Betriebssystem ein Softwaresystem zusammen. Das Betriebssystem ist in einer mehr oder weniger komplexen Form in jeder Software vorhanden, obwohl es nach außen hin nicht in Erscheinung tritt.

Betriebssysteme sind oft nach einem Schichtenmodell aufgebaut. In der obersten Schicht sind die Anwendungstasks angesiedelt. In der Schicht darunter findet man die Systemprogramme und darunter die *Hardwaretreiber*. Diese greifen auf die Hardware zu. Jede Schicht beansprucht Dienstleistungen von der jeweils untergeordneten Schicht. Ebenso stellt jede Schicht Dienste zur Verfügung, die von übergeordneten Schichten oder auch Tasks genutzt werden können. Das *Schichtenmodell*

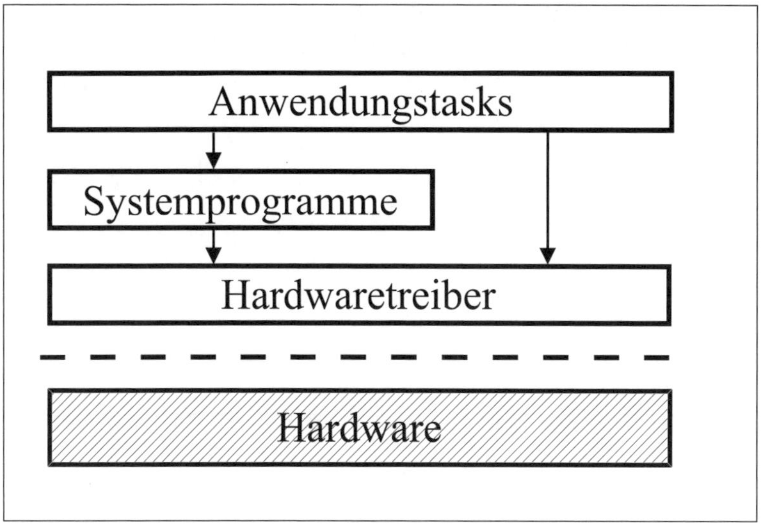

Bild 9.13: *Schichtenmodell eines Embedded-Betriebssystems*

eines Betriebssystem für Embedded-Systeme könnte wie in ***Bild 9.13*** aussehen. Die Schnittstelle Hardwaretreiber verdeckt möglichst alle Hardwareregister vor dem Zugriff der höheren Schichten. Denkbar (wenn auch unsauber aber vielleicht manchmal nicht vermeidbar) wäre es auch, dass eine Anwendungstask direkt Komponenten der Hardware bedient.

Software, die auf PCs oder anderen Rechnern läuft, greift auf ein vorhandenes Betriebssystem zurück. Das Betriebssystem ist hier beim Starten und Laufen des Programms im Verborgenen tätig. Nach dem Ende des Anwenderprogramms übernimmt das Betriebssystem wieder die vollständige Kontrolle über das System. Anders ist es bei den Embedded-Systemen. Hier muss sich der Programmierer auch um das Betriebssystem kümmern. Eine Software, die auf einem Embedded-System läuft, muss den Prozessor immer in einem definierten Zustand halten, der die Verarbeitung äußerer Ereignisse sicherstellt. Das Hauptprogramm (main) darf also z. B. nicht nach getaner Arbeit (also nach dem Abspielen einer CD) einfach beendet werden, weil das Programm ja direkt von dem oben besprochenen Startupcode aufgerufen wurde. Kehrt das Programm nun wieder zurück, so sind keine Anweisungen mehr da, die auszuführen wären. Der Prozessor verfällt in Untätigkeit, oder bestenfalls macht er einen Reset. Dieser Fall wäre für ein Softwaresystem fatal, da eben keine definierte Umgebung mehr vorhanden wäre.

Ein Programm für Embedded-Systeme muss also auf oberster Ebene immer ein Endlosprogramm mit einer Endlosschleife sein. Die Aufgaben, die beim PC vom Programmierer unbemerkt ablaufen, wie Speicherverwaltung und Starten der einzelnen Programme, aus denen eine Anwendung besteht, müssen nun vom Programmierer selbst definiert oder eventuell auch erstellt werden.

Genau das ist aber die Aufgabe des Betriebssystems. Eine Endlosschleife wird benutzt, um die vorhandene Verarbeitungskapazität des Prozessors unter den einzelnen Anwendungen in einem System zu verteilen. Der einfachste Fall eines Mini-Betriebssystems ist also eine Endlosschleife wie in ***Beispiel 9.20***.

```
void main(void)
for(;;)
{
        Motorsteuerung();
        MotorTreiber();
}
```

Beispiel 9.20: *Endlosschleife als einfachstes Betriebsystem*

9.7.1 Wichtige Kriterien für die Auswahl eines Betriebssystems

Meistens ist ein Betriebssystem jedoch mehr als nur eine Endlosschleife, die die Ressource Rechenzeit verteilt. Es sorgt zusätzlich für die Verteilung von weiteren Ressourcen innerhalb eines Systems und für die Kommunikation der verschiedenen Module (auch Tasks genannt) untereinander. Die vom System zu verteilenden *Ressourcen* sind, neben der Rechenzeit, der Speicherplatz und der Zugriff auf Hardwarebausteine. Die Art, wie die Ressourcen verteilt werden, kennzeichnen den Typ des Betriebssystems. Es gibt Systeme, die im *preemptiven Modus* und solche, die im *non preemptiven Modus* arbeiten. Je nach den Anforderungen sind die Systeme mehr oder weniger kompliziert aufgebaut. Entscheidungskriterien für die Auswahl von Systemen sind: Schnelligkeit des Systems, Codegröße des Systems im Verhältnis zum restlichen Code der Anwendung, Arten der Kommunikationsmöglichkeiten zwischen den Tasks, Dokumentation des Systems, Support und Schulung, Durchschaubarkeit und Codequalität und Größe des prozessorabhängigen (Assembler) Anteil des Systems. Eine immer größere Rolle spielen evtl. vorhandene Zusatzmodule für ein Betriebssystem. Dies können Web-Fähigkeiten oder standardisierte Protokollsoftware sein. Bei kommerziellen Systemen kommen noch die Kosten für das Betriebssystem hinzu.

- Das wichtige Kriterium Schnelligkeit darf nicht vernachlässigt werden. Es ist wichtig, dass das Betriebssystem Mechanismen zur Verfügung stellt, damit die Echtzeitanforderungen an das Gerät eingehalten werden können. Die Zeit für die Verarbeitung eines Interruptes unter Einbeziehung der benötigten Betriebssystemfunktionalitäten darf eine geforderte maximale Reaktionszeit nicht überschreiten.

- Bei einigen kommerziellen oder freien Betriebssystemen handelt es sich um sehr komplexe und große Systeme. Bei den Kosten für ein Mikroprozessorsystem schlägt der Programmspeicherplatz wesentlich zu Buche. Das Betriebssystem sollte nur einen kleinen Prozentsatz der Gesamtsoftware ausmachen (nach meinen Erfahrungen maximal 10 %). Wenn die Anwendungssoftware relativ klein ist, sollte das Betriebssystem auch möglichst einfach sein. Die Betriebssystemsoftware darf nicht den „Wasserkopf" eines Softwaresystems bilden. Eventuell ist es effektiver, ein kleines eigenes System zu schreiben als für ein überdimensioniertes System einen größeren Speicher einzuplanen. Bei der weiter unten beschriebenen einfachen Rolltorsteuerung (Abschnitt 13.1) würde ich eindeutig das implementierte kleine System anstatt eines gekauften Systems bevorzugen. Dies auch, wenn der Programmspeicher ein größeres System erlaubte.

- Die Kommunikationsmöglichkeiten zwischen den einzelnen Tasks müssen ebenfalls den gestellten Anforderungen gewachsen sein und dürfen nicht überdimensioniert sein, um die Effektivität nicht zu gefährden. Reicht eine Kommunikation über Puffer und Bits aus, oder muss ein Mailboxsystem her?
- Das Betriebsystem sollte gut dokumentiert sein, da der Anwender höchstwahrscheinlich einige Modifikationen oder Fehlerbehebungen im System vornehmen muss. Der prozessorabhängige oder auch der Assembleranteil am Betriebssystem sollte möglichst gering, am besten gleich null sein. Dieser Anteil bestimmt den Aufwand, wenn das System an einen neuen Prozessor angepasst werden muss, der auf Assemblerebene nicht kompatibel zu dem bisher verwendeten Prozessor ist. Nicht zu vergessen ist die Codequalität von kommerziellen Systemen (z. B. wird „goto" verwendet? Sind Anweisungen ordentlich kommentiert?).
- Bei kommerziellen Systemen ist ebenso die Bereitschaft des Anbieters ausschlaggebend, vom Anwender gefundene Fehler zu beheben. Zur Sicherstellung dieser Bereitschaft ist meist ein kostenpflichtiger Wartungsvertrag nötig.
- Viele Betriebssysteme stellen noch eine Timerfunktion und/oder eine Systemuhrzeit zur Verfügung.

Betriebssysteme bestehen aus verschiedenen Komponenten (***Bild 9.14***). Der Betriebsystemkern beinhaltet den Scheduler und meist einen Systemtimer, der dazu verwendet wird, die einzelnen Anwenderprogramme mit einer Systemuhrzeit zu versorgen oder die Möglichkeit bietet, Programme zeitgesteuert aufzurufen oder zeitgesteuerte Kommunikation zu aktvieren. Der *Scheduler* ist ein zentrales Programm, welches die Aufrufreihenfolge der Anwenderprogramme (Tasks) zusammenstellt und in eine so genannte Readylist überträgt. Soll ein Taskwechsel stattfinden, wird eine Task, die in der Readylist steht, ausgeführt und von dieser gelöscht. Hinzu kommen eine Speicherverwaltung und Kommunikationtionsmöglichkeiten. Weiter werden noch Mechanismen bereitgestellt, die ermöglichen, aus einem Mikrocontrollerinterrupt mit dem Betriebssystem zu kommunizieren. Interruptserviceroutinen gehören eigentlich zum Betriebssystem. Da sie aber sehr system- und anwendungsspezifisch sind, müssen sie meistens selbst geschrieben werden und sind bei fertigen Betriebssystemlösungen nicht vorhanden. Das gleiche gilt für evtl. Hardwaretreiber, die ebenfalls zum Betriebssystem gehören, aber nur mit genauem Detailwissen über die angesteuerte Hardware programmiert werden können.

9.7.2 Echtzeitbetriebssysteme

Die *Echtzeitfähigkeit* eines Systems ist so wichtig, dass sie hier einmal genauer besprochen wird. Sie ist in der DIN 44300 definiert: „Echtzeitbetrieb ist ein Betrieb eines Rechensystems, bei dem Programme zur Verarbeitung anfallender Daten stän-

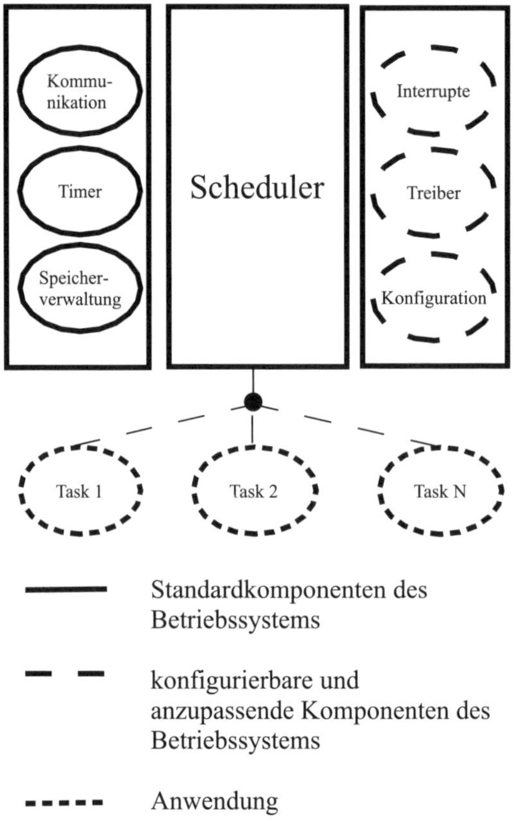

Bild 9.14: *Komponenten eines Betriebssystems*

dig derart betriebsbereit sind, dass die Verarbeitungsergebnisse innerhalb einer vorgegebenen Zeitspanne verfügbar sind."

Die maximale Reaktionszeit auf ein Eingangssignal muss unter allen Umständen (also auch bei hoher Systemlast) gewährleistet sein. Diese maximale Zeit wird vom gewählten Betriebssystem, der Prozessorleistung, von denen vom Programmierer erzeugten Programmen und den im Betriebssystem implementierten Mechanismen bestimmt. Um die Echtzeitanforderung zu erfüllen, muss der Prozessor also mehrere Aufgaben quasi gleichzeitig erledigen. Auf einem Prozessor kann aber zu einer Zeit nur ein Programm laufen. Die scheinbare Gleichzeitigkeit kommt dadurch zustande, dass die einzelnen Programmlaufzeiten sehr klein gegenüber den geforderten Reaktionszeiten des Systems sind. Ein Betriebssystem sorgt dafür, dass die verschiedenen Programme, die im System ihre Arbeit verrichten sollen, ausreichend häufig aufgerufen werden. Die verfügbare Rechenzeit wird auf die verschiedenen Programme aufgeteilt. Zusätzlich muss für die Kommunikation der Programme untereinander gesorgt werden.

Zuerst können zwei unterschiedliche Arten von Betriebssystem bzw. Betriebssystemmodi ausgewählt werden: preemptive und non-preemptive.

Es gibt Systeme, die jeweils nur einen der beiden Modi unterstützen. Andere lassen sich über bedingte Compilierung oder andere Methoden auf den gewünschten Modus umstellen. Beim *Non-preemptiv-System* darf jede Task nur einen geringen Teil der Prozessorzeit beanspruchen. Tasks in einem solchen System müssen für diese Anforderung optimiert sein. Wartet ein System auf eine Benutzeraktion, wie z. B. die Eingabe von drei Ziffern, so darf das System nicht für die Dauer der Eingabe der Ziffern blockieren. Jeder Zifferntastendruck muss einzeln verarbeitet, die Zeit zwischen der Zifferneingabe muss dem System zur Verfügung gestellt werden. Im *Preemptiv-Betriebssystem* muss eine Task nicht unbedingt in kleine Bearbeitungsstücke aufgeteilt werden, da das Betriebssystem die Task zu gegebener Zeit selbst verdrängt.

Das in ein Betriebssystem eingebettete *Anwenderprogramm* nennt man auch *Task* oder *Rechenprozess*. Eine Task ist hat einen eigenen Speicherbereich, in dem Steuerinformationen für das Betriebssystem untergebracht sein können. Das kann z. B. der Stackbereich einer Task, die Priorität, der momentane Zustand einer Task und der Zeiger auf die Startadresse der Task sein. Dieser vom Betriebssystem zugeordnete und verwaltete Bereich wird oft als Taskkontrollblock bezeichnet. Eine Task kann aber auch einen eigenen Bereich an globalen Variablen besitzen, die keine Beziehung zum Betriebsystem haben. Das Betriebssystem stellt nur sicher, dass die Variablen ihren Wert behalten, auch wenn die Task gerade nicht aktiv ist. Beispiele hierfür wären Zwischenergebnisse oder taskinterne Bearbeitungszustände.

Grundsätzlich kann eine Task fünf verschiedene Zustände einnehmen (siehe auch [2]). Es wird unterschieden zwischen ruhend, blockiert, bereit, laufend und wartend. Da Systeme im Embedded-Bereich meist etwas einfachere Betriebssysteme haben als Großrechner oder PCs, spielen einige Zustände in der Praxis eine untergeordnete Rolle. Von den nachfolgenden Zuständen hört man eher seltener:

- **Zustand ruhend (suspended)**

  bedeutet, dass eine Task zwar vorhananden ist, aber nicht gestartet werden kann. Dies bezieht sich einerseits auf Tasks, die zwar angelegt, aber noch nicht aktiviert sind. Andererseits kann der Suspendierungszustand auch durch Wartefunktionen eingenommen werden. Komfortable Betriebssysteme bieten Warteaufrufe, die eine Task für eine gewisse Zeit ruhen lassen. Es handelt sich bei diesen Wartefunktionen nicht um eine einfache Warteschleife, sondern die Zeit kann durch andere Tasks genutzt werden, da der Prozessor nicht blockiert wird. Dieser Zustand findet sich nur in komfortablen Betriebssystemen.

- **Zustand blockiert (blocked)**

  Die Task wartet auf noch nicht freigegebene Systemressourcen. Dieser Zustand wird bei einfachen Betriebssystemen oft über den Zustand „wartend" realisiert. Denn anstatt eine Ressourcenverwaltung zu implementieren, ist es einfacher, eine Task in den wartend-Zustand zu versetzen und ein Ereignis zu erzeugen, wenn die Ressource freigegeben wurde.

Die wichtigen Zustände, die man in einfachen Embedded-Betriebssystemen findet, sind die nachfolgenden 3 Zustände (***Bild 9.15***). Die Möglichkeiten, zwischen den Zuständen zu wechseln, sind durch die Pfeile und Pfeilspitzen angegeben.

- **Zustand laufend (running oder activ)**

  Hier läuft die Task gerade auf dem Mikroprozessorsystem. Die Task kann jetzt in den Zustand „wartend" oder „bereit" wechseln.

- **Zustand bereit (ready)**

  Eine Task ist bereit, ihre Arbeit aufzunehmen und wartet nur auf die Bereitstellung der CPU. Durch die Zuteilung der CPU wechselt sie in den Zustand „laufend". Selten ist es, dass die Task wieder in den Zustand „wartend" wechselt. Das kommt vielleicht vor, wenn die Anforderung für die Task von anderer Stelle wieder gelöscht wurde.

- **Zustand wartend (waiting)**

  Eine Task wartet auf ein Ereignis. Das kann das Eintreffen von im Moment nicht vorhandenen Daten sein, oder (bei einfachen Systemen) auch die Freigabe einer blockierten Ressource. Wird der Zustand „wartend" irgendwann beendet, geht die Task in den Zustand „bereit" über.

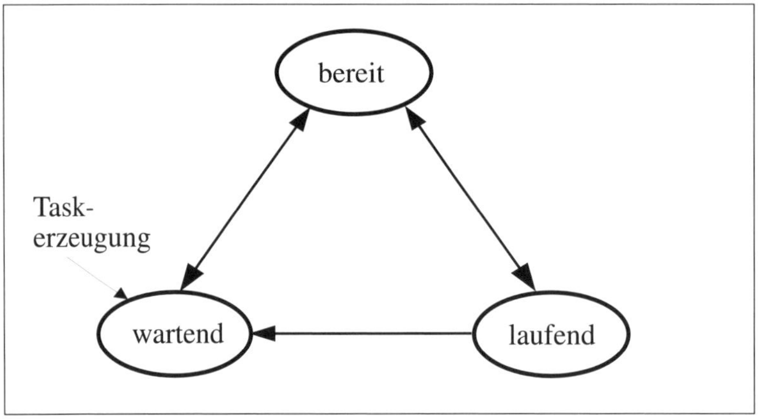

Bild 9.15: *Taskzustände bei einfachen Systemen*

Eine Task hat einen bestimmten Lebenslauf. Nach der Erzeugung befindet sie sich hier im Zustand „wartend". Die Erzeugung der Task kann zur Laufzeit erfolgen oder zur Compilierzeit. Die Task wartet nun z. B. auf ein Ereignis. Tritt dieses Ereignis ein, wechselt sie in den Zustand „bereit". Ist keine andere Task mit einer höheren Priorität vorhanden, ruft das Betriebsystem sie auf und sie ist in dem Zustand „aktiv". Nachdem die Task ihre Aufgabe erledigt hat, versetzt sie sich selbst wieder in den Zustand „wartend". Tritt nun ein erneutes Ereignis für die Task auf, erfolgt wieder der Wechsel nach „bereit" und dann nach „aktiv". Eine andere Möglichkeit wäre, dass eine aktive Task vom Betriebssystem zu Gunsten einer „bereiten" Task mit einer höheren Priorität verdrängt und selbst in den Zustand „bereit" versetzt wird. Erst wenn alle Tasks mit höheren Prioritäten ihre Arbeit beendet haben, kommt nun die verdrängte Task wieder an die Reihe, d. h., sie kann in den Zustand „aktiv" wechseln.

Die Bedingungen, die zu Veränderungen auf der Readylist führen, sind zum einen Ereignisse, die die Tasks selbst erzeugen, zum anderen durch Interrupte ausgelöste Ereignisse. Eine Nachricht an eine höher priorisierte Task kann dazu führen, dass eine niedrig priorisierte Task verdrängt wird. Eine andere Möglichkeit ist, dass externe Ereignisse (Interrupte) dazu führen, dass die Readylist verändert wird. Ein Interrupt z. B. erzeugt, direkt oder indirekt über Semaphoren, ein Ereignis oder eine Nachricht für eine hoch priorisierte Task. Die Readylist wird verändert und alle Tasks mit einer niedrigeren Priorität rücken auf der Readylist nach hinten.

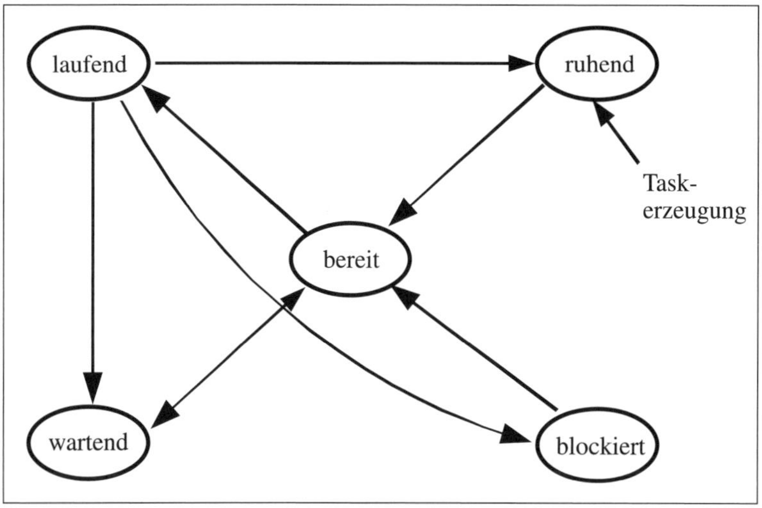

Bild 9.16: *Taskzustände bei komplexen Systemen*

Einige Embedded-Betriebssyteme bieten alle oben aufgeführten Taskzustände. Es handelt sich hier meist um größere kommerzielle Systeme. Neben den bereits ausführlich besprochenen Zuständen finden wir hier die Taskzustände „ruhend" und „blockiert". Die wichtigsten möglichen Zustandsübergänge sind in ***Bild 9.16*** dargestellt. Der Zustand „ruhend" wird eingenommen, wenn Wartezeiten in der Task entstehen. Wartezeiten entstehen z. B. durch Protokolle, wenn eine Vorschrift besagt, dass nach einer Nachricht eine Pause von 100 Millisekunden einzuhalten ist, bevor die nächste Nachricht gesendet werden kann, oder wenn eine Warnlampe oder ein Warnton eine vorgegebene Mindestzeit aktiviert werden muss. Durch den Wartezustand kann die Rechenzeit des Prozessors anderen Tasks zur Verfügung gestellt werden. Eine einmal blockierte Task wechselt nach dem Ende ihrer Blockade über den Zustand „bereit" in den Zustand „laufend" zurück. Bedingt durch die internen Verwaltungsstrukturen des Betriebssytems ist ein direkter Wechsel in „laufend" meist nicht möglich, da alle bereiten Rechenprozesse erst in die Readylist eingereiht werden und hier auf die Zuteilung des Prozessors warten.

Der Zustand „blockiert“ wird nur bei im Betriebssystem implementierten Ressourcenverwaltungen benutzt. Er wird eingenommen, wenn eine Ressource benutzt werden soll, diese aber bereits anderweitig vergeben ist. Die Task kann dann nicht mehr weiterarbeiten sondern wird in den Zustand blockiert versetzt, bis die Ressource wieder freigegeben wird. Besonders wenn eine Task mehr als eine Ressource benötigt, kann es zu Verklemmungen oder Deadlocks kommen. So kann eine Task A die Ressource 1 belegen und wird beim versuchten Belegen der Ressource 2 suspendiert, da diese bereits belegt ist. Eine andere Task belegt die mittlerweile frei gewordene Ressource 2 und wird suspendiert, wenn sie die Ressource 1 belegen möchte. Diese Verklemmung wird nie wieder aufgelöst und führt zu zwei Tasks, die ewig suspendiert bleiben. Durch geschickte Planung der Ressourcenbelegung, z. B. durch die Einführung einer festen Belegungsreihenfolge von Ressourcen, kann dieser Fehler vermieden werden.

In der Art und Weise, in der Tasks verdrängt und wieder aktiviert werden, unterscheiden sich die Betriebssysteme grundsätzlich. Systeme, die Tasks nicht selbst verdrängen können, sondern darauf angewiesen sind, dass sich die Tasks selbst in den „wartend“-Zustand begeben, nennt man „non preemptive Systeme“. Die Task müssen kooperativ sein. Betriebsysteme, die ihre Tasks aktiv verdrängen können, nennt man „preemptiv“.

9.7.3 Non-preemptives Betriebssystem

Zu den einfacheren Betriebssystemen gehören *non-preemptive Systeme*, die nur diesen Modus unterstützen. Sie haben den Vorteil, dass sie simpler aufgebaut sind als preemptiv arbeitende Systeme (oder umschaltbare Systeme). Einfachere Softwaresysteme sind grundsätzlich auch weniger fehleranfällig und leichter zu durchschauen. Der Nachteil der non-preemptiven Systeme liegt darin, dass die selbst programmierten Tasks etwas aufwendiger sind (siehe ***Beispiel 9.22***). Außerdem wird durch eine Blockade (z. B. nicht terminierende Berechnung) in einer Task das ganze System lahm gelegt.

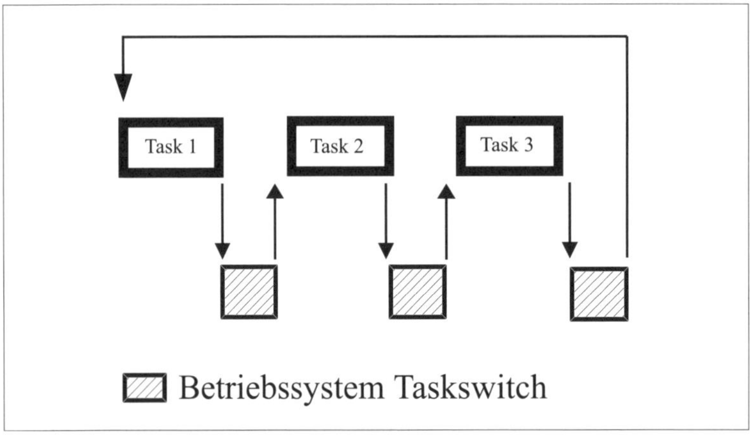

Bild 9.17: *Non-preemptiv-Modus*

Die Ressource Rechenzeit muss auf alle Tasks je nach Anforderungen sinnvoll aufgeteilt werden. Je nachdem wie ein Betriebssystem zwischen den Tasks hin- und herwechselt, werden Systeme, die im „Non-preemptiv-Modus“ arbeiten, von denen, die im „Preemptiv-Modus“ arbeiten, unterschieden. Der „Non-preemptiv-Modus“ kann eine Task nicht selbsttätig unterbrechen. Die Kontrolle über den Prozessor muss von einer Task explizit an das Betriebssystem zurückgegeben werden. Dies geschieht entweder durch das Erreichen des Programmendes oder durch das Aufrufen einer speziellen Betriebssystemfunktion. Diese Funktion teilt dem System mit, dass die Prozessorressource nicht länger benötigt wird. Die Programme müssen mit dem Betriebssystem kooperieren. Sie werden deshalb auch *kooperative Programme* genannt. Das Prinzip wird in ***Bild 9.17*** verdeutlicht. Task 1 ruft an ihrem Ende eine Betriebssystemfunktion auf. Diese ermittelt, welche Task als nächste starten soll. Diese Task wird dann aufgerufen. Am Ende der Task wird, genau wie bei Task 1, wieder die Betriebssystemfunktion aufgerufen, um die Kontrolle wieder zurückzugeben. Da die einzelnen Tasks nach getaner Arbeit sich selbst beim Betriebssystem zurückmelden müssen, ist es wichtig, dass die Tasks kooperativ arbeiten. Lange Berechnungen oder das Warten auf externe Ereignisse müssen in so kleine „Happen“ aufgeteilt werden, dass die gewährleistete Reaktionszeit nicht beeinträchtigt wird. Soll z. B. die Task 3 spätestens alle 100 ms aufgerufen werden, darf die Gesamtlaufzeit aller Tasks und des Overhead für den Taskwechsel, einschließlich aller Interrupte, nicht mehr als 100 ms dauern. Werden Aufgaben von Tasks (also z. B. Berechnungen) in kleinere Einheiten aufgeteilt, benötigen diese Tasks ein Gedächtnis. Hierzu werden globale Variablen benutzt, die Zwischenergebnisse und den internen Status einer Task aufnehmen, damit beim nächsten Aufruf die Aufgabe fortgesetzt werden kann. Der Aufbau der Task wird nicht nur von der Aufgabe bestimmt, die sie erledigen soll, sondern auch von Details des Betriebssystems und den zeitlichen Anforderungen an andere Tasks. Dies wirkt sich unter Umständen auch auf die Portierbarkeit und Wiederverwertbarkeit von Programmen aus. Das bedeutet z. B., dass eine Berechnung aus einem anderen Projekt nicht wieder verwertbar sein kann, obwohl sie auch in der neuen Umgebung das richtige Ergebnis liefert, aber die zeitlichen Anforderungen für das neue Projekt nicht erfüllt.

Bei der Festlegung der Taskreihenfolge gibt es grundsätzlich zwei Verfahren: Das einfache Verfahren lässt die Tasks nach einer festgelegten Reihenfolge aktiv werden. Dann kann das Betriebssystem durch eine einfache Endlosschleife, die die Taskaufrufe (Programmaufrufe) beherbergt, realisiert werden. Dieses Verfahren hat den Vorteil einer einfachen Realisierbarkeit. Ebenso ist das System von seinem Laufzeitverhalten genau bestimmt und bietet weniger unerwartete Verhaltensweisen. Ein solches System wird auch als *Round-Robin-System* bezeichnet.

Die Tasks werden in einem C-Programm, innerhalb einer Endlosschleife, einfach hintereinander gehängt. Der Nachteil liegt darin, dass eine feste Aufrufreihenfolge einen gewissen Zeitverlust innerhalb des Systems darstellt, da wichtige Tasks unter Umständen warten müssen, bis unwichtigere Tasks ihre Aufgabe abgeschlossen haben. Andererseits kommt eine feste Aufrufreihenfolge vielen Anwendungen entgegen. Oft hat man es mit Systemen zu tun, die unmittelbar auf eine Eingabe (z. B. eines Benutzers oder einer Schnittstelle) eine Ausgabe erzeugen. So ergibt sich eine

Reihenfolge von Eingabe, Verarbeitung und Ausgabe. Eine Endlosschleife, die Tasks mit den Funktionen „Eingabe“, „Verarbeitung“ und „Ausgabe“ in einer festen Reihenfolge hintereinander aufruft, bildet bei dieser Anforderung die Realität mit einfachen Mitteln gut ab. Das Round-Robin-Betriebssystem mit fester Aufrufreihenfolge ist einfach zu programmieren und zu verstehen, und es erfüllt bei kleineren Anwendungen zuverlässig seine Aufgaben (***Beispiel 9.21***). Außerdem bietet es eine hohe Betriebssicherheit, da alle Taskaufrufe und Adressen im ROM stehen und somit nicht durch vagabundierende Zeiger bzw. Programmfehler zerstört werden können.

```
void main(void)
{
for(;;)
        {
        volatile char Anf1=0;
        char Anf2=0,Anf3=0;

        if(Anf1!=0)
                {
                Dint();
                Anf1=Anf1-1;
                Eint();
                Task1();
                }
        if(Anf2!=0)
                {
                Anf2=Anf2-1;
                Task2();
                }

        if(Anf3!=0)
                {
                Anf3=Anf3-1;
                Task3();
                }

        if((Anf1==0)&&
          (Anf2==0)&&
          (Anf3==0))
                {
                Ruhe();
                }
        }
}
```

Beispiel 9.21: *Einfaches Betriebssystem in C*

Ganz am Anfang des Codes erkennt man eine for-Schleife ohne einen einzigen Parameter. Dies ist die früher erwähnte Endlosschleife, die dafür sorgt, dass das Programm nach seinem Aufruf nie mehr zurückkehrt. Innerhalb der Endlosschleife werden nun, abhängig von verschiedenen Bedingungen, die eigentlichen Programme aufgerufen, die das Gerät steuern. Dieses System kann nur die Ressource Rechenzeit zuteilen, das Zuteilen von Hardwareressourcen muss ihm noch beigebracht werden.

Ist eine dynamische Speicherverwaltung gefordert, so kann die C-eigene Speicherverwaltung mit malloc und free verwendet werden. Die Fragmentierungsgefahr ist aber zu beachten (Abschnitt 9.7.7).

Das System ist in Ruhe, wenn keine der Anforderungen (Anf1, Anf2, Anf3) gesetzt sind. In diesem Fall befindet es sich in einer Endlosschleife und ruft die if-Abfragen und das Programm Ruhe zyklisch auf. Da unnötiges „Imkreislaufen“ nicht besonders effektiv ist, kann in das Programm Ruhe eine Anweisung eingebaut werden, die den Prozessor in einen *Energiesparmodus* (engl. *Sleepmode, Idlemode*) versetzt. Aus diesem Sleepmode muss der Prozessor durch bestimmte Ereignisse (Interrupt oder Timerablauf) wieder geweckt werden können.

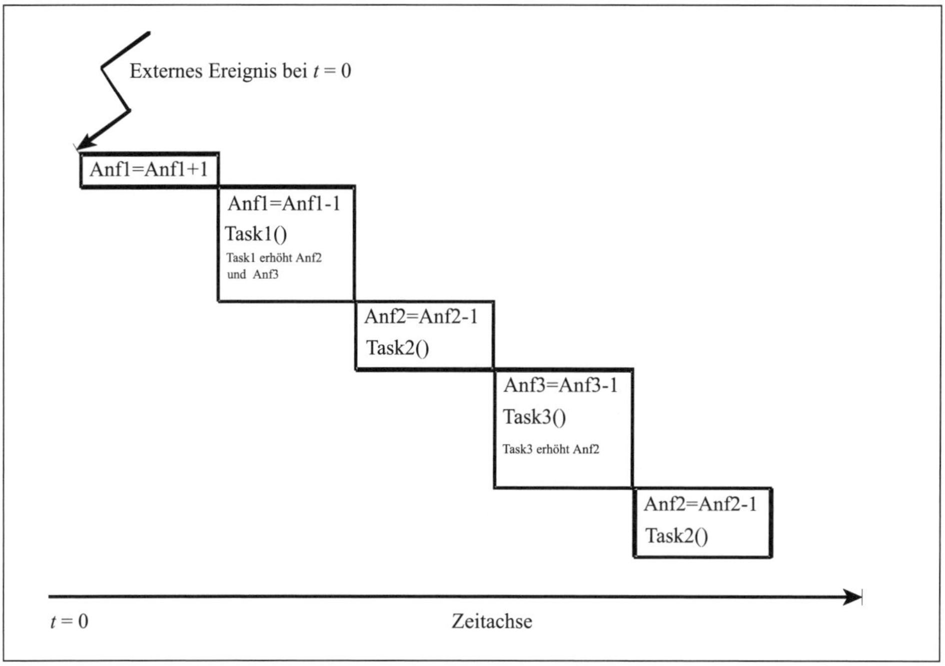

***Bild 9.18:** Ablaufdiagramm*

Die Anforderung 1 (Anf1) kann als einzige durch ein externes Ereignis (Interrupt) gesetzt werden. Tritt nun dieser Interrupt auf, so erwacht der Prozessor automatisch aus dem Energiesparmodus (wenn dieser eingestellt ist) und beginnt mit seiner Arbeit. Als Erstes wird das Interruptprogramm (wird später besprochen) aufgerufen, welches die Variable Anf1 um 1 erhöht. Da sie vorher 0 enthielt (das System befand sich ja in Ruhe), enthält sie nun den Wert 1. Nach Beendigung des Interruptprogramms beginnt der Prozessor wieder mit der Endlosschleife. Da die Variable Anf1 jedoch auf 1 gesetzt wurde, erfolgt dann die Ausführung des Inhalts der ersten if-Anweisung. Hier wird das Auftreten von Interrupten verriegelt, damit Anf1 störungsfrei bearbeitet werden kann. Anf1 wird nun wieder heruntergezählt, weil die Anforderung ja durch den Aufruf von Task1 gleich erfüllt wird. Als Nächstes folgt die Freigabe der Interrupte des Systems. Task1 wird aufgerufen, erledigt seine Arbeit und erhöht z. B. die Anforderungen (Anf2 und Anf3). Wie angefordert, werden nun mit analogen Mechanismen die Tasks 2 und danach 3 aufgerufen. Angenommen, die Task 3 erhöht nun wieder Anf2, dann wird nach Task3 noch einmal Task2 aktiviert, bevor sich das System wieder in Ruhe begibt (siehe auch ***Bild 9.18***). Variablen, die für solche Steuerungszwecke eingesetzt werden, bezeichnet man auch als *Semaphore*.

Die Variable Anf1 hat noch die Besonderheit, mit dem Schlüsselwort volatile versehen zu sein. Dieses Schlüsselwort wird verwendet, wenn ein C-Wert von „außen" verändert werden kann. Außen bedeutet, dass tatsächlich durch die Variable ein Port des Prozessors angesprochen wird, der über einen Draht in der unberechenbaren Umwelt endet. Außen bedeutet aber auch noch, dass eine Interruptroutine plötzlich den Wert verändern kann.

volatile verhindert Optimierungsoperationen des Compilers bezüglich der Variablen. Jedesmal, wenn sie benutzt wird, liest der Prozessor ihren Wert neu, statt evtl. den Wert in einem Register zu speichern und den Registerinhalt zu verwenden. Das Neulesen der Variablen ist hier auch nötig, da ja jederzeit das Interruptprogramm aktiviert werden kann, welches in diesem Beispiel die Variable Anf1 erhöht.

Die aufgerufenen Tasks dürfen natürlich nur wenig Rechenzeit beanspruchen, da ja bei diesem Einfachsystem keine Möglichkeit besteht, eine Task zu verdrängen. Die Verarbeitung von Tastaturinformationen kann z. B. so aussehen:

1. Die Information wird auf Gültigkeit geprüft.
2. Die Tastaturinformation wird im Display angezeigt.
3. Die Information wird gespeichert.
4. Ein Zähler für die bereits eingetroffene Anzahl wird hochgezählt und das Programm beendet.

Nach der kurzen Laufzeit der Tastaturverarbeitung wird sofort wieder die Kontrolle an das Betriebssystem zurückgegeben.

Dieses Einfachsystem hat gegenüber anderen Systemen den großen Vorteil, dass es ausschließlich in C geschrieben worden ist. Bei einem Wechsel des Prozessors entsteht für die Portierung des Systems kein Mehraufwand. Außerdem ist die Funktionsweise des Systems sehr einfach und damit auch übersichtlich.

Bei einigen Aufgabenstellungen muss aber in den Tasks, bei Verwendung einer Endlosschleife, ein größerer Aufwand getrieben werden. Wenn eine Task z. B. mehrere Bearbeitungsschritte in zeitlich getrennter Abfolge erledigen soll, ist eine aufwendige Steuerung notwendig, da das Einfachsystem Endlosschleife keine Möglichkeit bietet, eine Task an beliebiger Stelle zu unterbrechen. Ebenso darf eine Task keine langen Warteschleifen enthalten, da sonst andere Tasks nicht mehr bearbeitet werden und so die Echtzeitbedingung verletzt wird. Tasks mit langen Warteschleifen sind nicht mehr kooperativ. Soll eine Task in einem Endlosschleifen-Betriebssystem z. B. eine Ampel von „Rot" auf „Gelb" und dann auf „Grün" schalten, muss eine

Steuerung implementiert werden, die beim ersten (timergesteuerten) Aufruf „Gelb“, beim nächsten Aufruf „Grün“ einschaltet und „Rot“ und „Gelb“ ausschaltet. Hat man ein komfortableres System, kann die Umschaltung in der Task selber geschehen. Die geforderten Wartezeiten zwischen den Ampelphasen werden dann durch Wartefunktionen des Betriebsystem erzeugt. In ***Beispiel 9.22*** ist die Problematik dargestellt. Auf der linken Seite steht ein Programm, das für die Steuerung der Ampel eine kleine Zustandsmaschine mit einer statischen Variablen benötigt. Diese sorgt dafür, dass beim 1. Aufruf die Variable Gelb gesetzt wird, beim zweiten Aufruf die Variablen Gelb und Rot gelöscht werden. Zusätzlich muss die Zustandsvariable wieder auf ihren Ausgangszustand zurückgesetzt werden. Viel einfacher ist das Programm auf der rechten Seite, das allerdings ein komfortables Betriebssystem benötigt. Ohne globale Variablen verwenden zu müssen, haben wir einen linearen Ablauf vor uns. Wird die Funktion „Os_Sleep“ aufgerufen, wartet die Task die angegebene Zeit. Die Wartezeit verstreicht jedoch nicht ungenutzt, sondern wird anderen Tasks zur Verfügung gestellt, die nun ihre Aufgaben erledigen könnnen.

Task in einer Endlosschleife (die Task wird, von einem Timer gesteuert, 2-mal aufgerufen):

```
void TaskRotnachGruen(void)
{
  static int icnt=0;
  icnt++:
  switch (icnt)
  {
    case 1:
      Gelb=1;
    break;
    case 2:
      Gelb=0;
      Rot=0;
      Gruen=1;
      icnt=0;
   break;
}
}
```

Task in einem Betriebssystem mit Wartefunktion:

```
void TaskRotnachGruen(void)
{
   Gelb=1;
   Os_Sleep(1000);
   Gelb=0;
   Rot=0;
   Gruen=1;
}
```

Beispiel 9.22: *Komfortables Betriebssystem vereinfacht Software*

Bei anspruchsvolleren Aufgaben reicht das obige Einfachsystem nicht aus. Besonders wenn sich Tasks in einem System befinden, die unter allen Umständen in kurzen zeitlichen Abfolgen aktiviert werden müssen, sind *Prioritäten* der Tasks nötig.

Das komfortablere System hat keine feste Aufrufreihenfolge, sondern entscheidet nach vorhandenen Anforderungen und Prioritäten, welche Task als nächste an die Reihe kommt. Wichtige Tasks, die keine Zeitverzögerung dulden, bekommen eine hohe Priorität und kommen damit vor anderen, unwichtigeren Tasks an die Reihe. Verschiedene Prioritäten sollten aber mit Vorsicht vergeben werden, um nicht ein undurchschaubares Laufzeitverhalten des Systems zu erhalten. Als Faustregel gilt:

– Möglichst wenige verschiedene Prioritäten vergeben.
– Prioritäten nicht zur Laufzeit ändern, auch wenn das benutzte Betriebssystem diese Funktion bietet.

Bei sehr engen Zeitanforderungen reicht auch das „non-preemptive Betriebssystem" nicht mehr aus. Die minimale Reaktionszeit des Systems wird durch die maximale Tasklaufzeit der längsten Task bzw. der längsten Zeit zwischen Betriebssystemaufrufen bestimmt. Dies liegt daran, dass eine Task nicht verdrängt werden kann, wenn während der Taskbearbeitung eine andere Task mit höherer Priorität den Mikrocontroller beanspruchen möchte. Das Betriebssystem ist immer auf die Kooperation der Tasks angewiesen. Da Tasks nicht beliebig verkürzt werden können, leuchtet es ein, dass das kooperative System bei gewissen Anforderungen an seine Grenzen gelangt.

9.7.4 Preemptives Betriebssystem

Das Preemptiv-Multitasking kann eine auf dem Prozessor laufende Task selbsttätig verdrängen, weil z. B. eine Task mit einer höheren Priorität den „bereit"-Zustand erreicht hat oder weil eine vorgegebene maximale Berarbeitungszeit überschritten wurde. Zusätzlich können die Tasks aber weiterhin aus eigenem Antrieb die Kontrolle zurückgegeben, weil sie ihre Aufgabe beendet haben oder auf eine zeitliche Bedingung, wie z. B. das Freiwerden einer Ressource, warten. Das preemptive System ist aber nicht mehr auf die Kooperation der Tasks angewiesen.

Je nach Art des Systems, kann eine Task bei einem beliebigen Betriebssystemaufruf oder in anderen Anweisungen unterbrochen werden. Preemptive-Systeme sind deshalb aufwendiger und komplizierter aufgebaut als reine non-preemptive Systeme. Zusätzlich sind sie durch die Art des Taskwechsels auch immer maschinenabhängig und teilweise in Assembler geschrieben. In C gibt es keinen Mechanismus, eine laufende Task zu verlassen und später wieder zu ihr zurückzukehren. Daraus folgt automatisch, dass es im Betriebssystem einen Assembleranteil gibt. Um zwischen Tasks umzuschalten, wird der Programmzähler des Prozessors mit einem neuen Wert geladen. Ebenso muss bei einer Taskumschaltung für das neue Programm ein Bereich zur Verfügung gestellt werden, der die lokalen Variablen mit den Werten vor der letzten Unterbrechung des Programms enthält. Das Betriebssystem muss zu einer Task also eine ganze Reihe von Informationen speichern. Das geschieht in einem *Taskkontrollblock*, der für jede einzelne Task existiert. Der Taskkontrollblock ist für die Task selbst normalerweise nicht zugänglich. Die Information wird vor der Task versteckt. Abhängig von der Aufgabe und Programmstruktur kann eine Task auch einen eigenen Kontrollblock besitzen, der nicht zum Betriebssystem gehört und nicht mit dem Taskkontrollblock zu verwechseln ist.

Bei preemptiven Betriebssystemen besteht grundsätzlich die Möglichkeit, dass Programme reentrant aufgerufen werden können. *Reentrant* bedeutet, dass ein Programm quasi gleichzeitig von mehreren Tasks aufgerufen werden kann. Wenn eine Task eine Funktion zur Berechnung eines Wertes aufruft, kann es sein, dass ein preemptives Betriebssystem die Task mitten in der Berechnung verdrängt und eine neue Task startet. Wenn diese Task nun ihrerseits die Berechnung als Funktion aufruft, ist die Funktion von zwei Stellen quasi gleichzeitig in Benutzung. Ein Beispiel ist die Ausgabe einer Anzeige auf einem Display und die Benutzung der gleichen Ausgabefunktion für die Protokollierung in eine Datei. Tritt während der Ausgabe auf dem Display ein dringendes zu protokollierendes Ereignis ein, wird die Ausgabefunktion zweimal quasi gleichzeitig aufgerufen.

Die Sprache C erlaubt solche Konstellationen, da C eine reentrantfähige Sprache ist. Jedoch werden an den Programmierer höhere Anforderungen gestellt, da er auch reentrantfähig programmieren muss. Auf globale oder statische Daten muss bei reentrantfähigen Programmen weitgehend verzichtet werden, oder zumindest müssen diese Speicher (über Semaphore) geschützt werden, damit sie nicht unkontrolliert von Mehrfachaufrufen verändert werden. Hat eine Funktion globale Daten, kann man für jeden Aufruf von unterschiedlichen Stellen z. B. einen eigenen Satz globaler Variablen anlegen. Damit der richtige Satz von Variablen ausgewählt werden kann, benötigt die Funktion aber eine zusätzliche Information über den Ort, von dem sie aufgerufen wird (Task 1 oder Task 2). Eine andere Möglichkeit wäre bei einem reentranten Aufruf, über eine Betriebssystemfunktion die Task so lange zu suspendieren, bis der erste Aufruf beendet wurde.

In vielen preemptiven Systemen für Embedded Systeme stellen sich solche Probleme aber nicht. Das liegt daran, dass die meisten preemptiven Betriebssysteme Tasks nicht an beliebiger Stelle unterbrechen können, sondern nur an bestimmten Stellen. Die Unterbrechung kann nur in Betriebssystemaufrufen erfolgen. Es kann also nur zu Unterbrechungen kommen, wenn eine Task z. B. Funktionen zur Kommunikation mit anderen Tasks oder andere Dienstleistungen des Betriebssystem in Anspruch nimmt. Da diese Dienstleistungen relativ selten benötigt und dazu meist auf oberster Taskebene benutzt werden, lässt sich die Anzahl reentrantfähiger Funktionen leicht beschränken. Lässt man das Thema Interrupt einmal außen vor, kann man ein System entwerfen, in dem kaum reentrantfähige Funktionen existieren. Diese Vereinfachung hat leider aber einen kleinen Nachteil. Die einzelnen Tasks müssen wieder mit dem Betriebssystem kooperieren. Enthält eine von einer Task aufgerufene Funktion eine nicht terminierende Berechnung oder eine Endlosschleife, in der sich kein Betriebssystemaufruf befindet, hat das Betriebssystem keine Möglichkeit, andere Tasks zu aktivieren. Das System wäre blockiert. Über die Hintertür hat sich also die Kooperation wieder in das preemptive System eingeschlichen. In der Praxis der Embedded-Systeme stellen aber nicht terminierende Prozesse meist ein geringeres Problem dar. Diese Gefahr wird meistens durch einen ausführlichen Systemtest minimiert. Deshalb nimmt man den Nachteil einer gewissen notwendigen Taskkooperation normalerweise in Kauf. Durch die Betriebssystemaufrufe kann man dann die Unterbrechbarkeit der Task gestalten. Will man in Unterprogrammen und Tasks den Aufwand für die reentrantfähige Programmierung sparen, werden die Systemaufrufe nur in der Task des Betriebssystems verwendet. Da die Task selbst nur vom Betriebssystem aufgerufen wird, kann es nicht mehr zu einem reentranten Aufruf kommen. Die Tasks selbst werden dann nach ihrer Suspendierung an genau der Stelle fortgesetzt, an der sie unterbrochen wurden. Die von den Tasks aufgerufenen Unterprogramme können nicht mehr unterbrochen werden, da sie keine Betriebssystemaufrufe enthalten.

Neben der größeren Schnelligkeit eines preemptiven Systems können auch I/O-Wartezeiten durch andere Tasks sinnvoll genutzt werden. Das heißt: Während eine Task auf ein langsames Gerät wartet und eine Warteschleife ausführt, kann zu einer anderen Task umgeschaltet und so die Wartezeit genutzt werden.

Tasks in einem Preemptiv-System bestehen oft selbst aus Endlosschleifen. Das Betriebssystem hat ja die Möglichkeit, die Task an (fast) beliebiger Stelle zu unterbrechen. Ein Ende der Task ist nicht vorhanden.

9.7.5 Aufbau einer Task

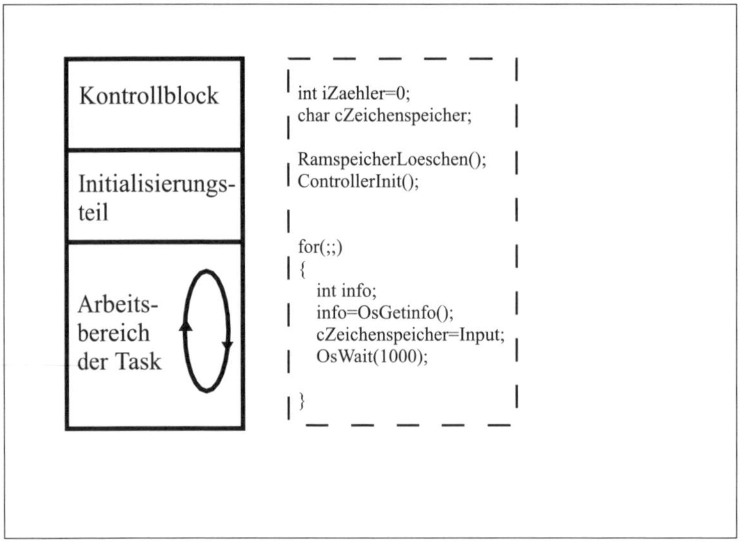

Bild 9.19: *Prinzipieller Aufbau einer Task*

Bevor das Betriebssystem funktionsfähig ist, müssen die Anwendertasks definiert sein. Die Anwendertasks sind je nach Betriebssystem unterschiedlich aufgebaut, haben aber viele Gemeinsamkeiten. In einfachen Betriebssystemen ohne Assembleranteil entspricht eine Task immer einer Funktion, die vom Betriebssystem aufgerufen wird und nach einer bestimmten Zeit terminiert. Ein Beispiel für eine solche Task findet man in ***Beispiel 9.22*** in der linken Hälfte. In komplexeren Systemen (die dann auch immer einen Assembler oder maschinenabhängigen Teil beinhalten) bestehen Tasks meist aus einer Endlosschleife (hier eine for(;;)-Schleife, siehe ***Bild 9.19***), in der verschiedene Rechenoperationen und Betriebssystemaufrufe enthalten sind. Die Funktionen werden nach ihrem einmaligen Start normalerweise nie beendet und nur in den Systemaufrufen verlassen oder an beliebiger Stelle vom Betriebssystem verdrängt. Die Art der Verdrängung ist abhängig vom verwendeten System. Globale oder statische Variablen einer Task, die benötigt werden, um Informationen zu speichern, werden sinnvollerweise in einem so genannten *Kontrollblock* zusammengefasst. Dieser kann der Übersichtlichkeit wegen als Struktur definiert werden. Die globalen Variablen (also der Kontrollblock) werden vom Linker/Compiler angelegt und vom Startupcode intitialsiert. Irgendwann startet nun das Betriebssystem die Task. Jetzt wird der Initialisierungsteil durchlaufen. In diesem Teil (in ***Bild 9.19*** beispielhaft die Funktionen RamspeicherLoeschen() und ControllerInit()) finden Dinge statt, die nur einmal beim Start einer Task ausgführt werden sollen. Dann folgt die Endlosschleife (for(;;)), die die eigentliche Arbeit der Task darstellt. Die aufgerufenen Anweisungen unterscheiden sich zwischen den Betriebssystemaufrufen (OsGetinfo() und OsWait(1000)) und den restlichen Anweisungen, die normale Rechenoperationen darstellen sollen. Die beiden Betriebssystemfunktionen stellen auch die Kooperationsfähigkeit der Tasks dar. An diesen Stellen kann die Task vom Betriebssystem unterbrochen werden, und es kommen andere Programme an die Reihe. Betriebssysteme, die eine Task nicht nach einer gewissen Zeit vom Prozessor verdrängen, haben nur die Möglichkeit, in den Betriebssystemfunktionen eine Task zu verdrängen. Eine Endlosschleife ohne Betriebssystemaufrufe würde hier zu einem Hängen des Systems führen.

9.7.6 Kommunikation zwischen den Tasks

Die Kommunikation der Tasks untereinander ist sehr wichtig. Tasks und andere Prozesse müssen miteinander kommunizieren, um ein funktionsfähiges System zu bilden. Um Kommunikationsmöglichkeiten zu realisieren, gibt es verschiedene Methoden mit unterschiedlichen Komplexitäts- und Komfortstufen. Die einfachste Möglichkeit, eine Kommunikation zu realisieren, ist der *gemeinsam benutzte Speicher* (engl. *shared memory*, ***Bild 9.20***). Die Sendertask schreibt eine globale Variable, und die Empfängertask liest diese aus. Reicht eine Variable nicht mehr aus, können auch ganze Felder mit Variablen benutzt werden. Diese einfache Methode wird gerne bei einem Endlosschleifensystem benutzt. Sie hat den Nachteil, dass eine Task nur eine Nachricht unterbringen kann. Eine zweite Nachricht, ohne dass zwischenzeitlich eine Bearbeitung stattgefunden hat, würde die vorherige erste Nachricht überschreiben. Eine Kommunikation zwischen Task 1 und Task 2 könnte z. B. so ablaufen: Die Information, die Task 1 an Task 2 übergeben will, wird z. B. in ein globales Feld geschrieben. Danach wird das Semaphor Anf2 der Task gesetzt. Wird diese Task nun aktiviert, so wird die Information aus dem Übergabebereich gelesen. Bei diesem Verfahren muss für jede Task, die Informationen empfangen will, ein Übergabebereich definiert sein. Außerdem müssen Vorkehrungen getroffen werden, damit nicht eine Task die Informationen von anderen Tasks überschreibt. Auch dürfen Informationen nicht in einen Puffer eingetragen werden, der noch durch andere, nicht bearbeitete Informationen belegt ist. Dies ermöglicht eine Benutzung von Semaphoren als Schutz für diesen Speicherbereich. Eine gesetztes Semaphor hat nun zwei Bedeutungen:

- Es signalisiert der abarbeitenden Task das Vorhandensein von Informationen.
- Es kennzeichnet den vorhandenen Puffer als belegt und schützt ihn vor dem Überschreiben durch neue Informationen.

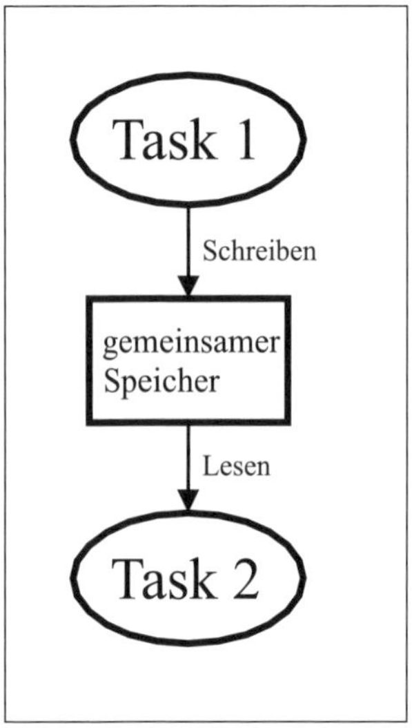

***Bild 9.20:** Kommunkikation über gemeinsamen Speicher*

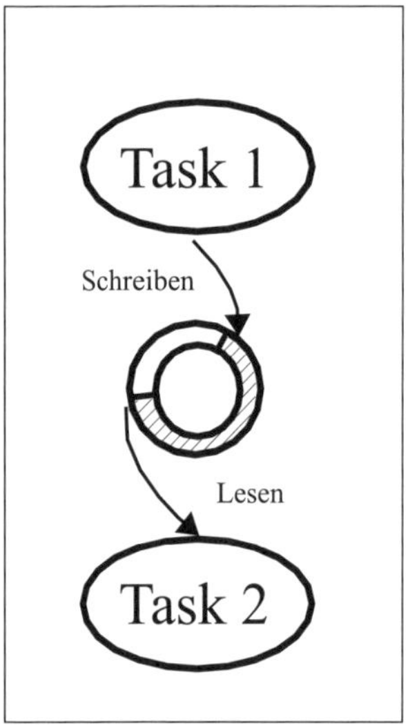

***Bild 9.21:** Kommunkikation über einen Ringpuffer*

Eine Abhilfe gegen das Problem des Überschreibens von Informationen ist die Implementation eines *Ringpuffers* (***Bild 9.21***). Beim Ringpuffer können mehrere Informationen in eine Warteschlange eingereiht werden. Bei der Bearbeitung liest die bearbeitende Task die vorhandenen Informationen in der Reihenfolge aus dem Puffer, in der sie eingetroffen sind; die zeitliche Zuordnung der Informationen zueinander wird nicht verändert. Es handelt sich also um das FIFO-Prinzip (FIFO= **f**irst **i**n **f**irst **o**ut). Die Nachrichten werden hintereinander in den Puffer eingetragen. Der Empfänger liest die Nachrichten in der gleichen Reihenfolge aus dem Puffer aus. Bei einem Ringpuffer können nur noch Nachrichten verloren gehen, wenn mehr Nachrichten eingetragen werden, als seine Kapazität zulässt. Der Nachteil beider Methoden ist, dass die Größe der Nachricht feststeht, da der Speicher oder Ringpuffer eine feste Granularität besitzt. Wird der Speicher nach der größten auftretenden Nachricht ausgelegt, leidet die Effektivität bei kleinen Nachrichten. Andererseits ist es umständlich, größere Nachrichten zu zerstückeln, nur um sie in einem unzureichenden Kommunikationsmittel unterzubringen.

Zur Lösung diese Problems werden *Mailboxsysteme* oder Message Queues verwendet. Da dieses Verfahren in vielen Betriebssystemen realisiert wird und somit quasi standardisiert ist, soll hier nicht auf seine Implementation eingegangen werden. Es werden nur Anwendung und Funktionsweise beschrieben. Grundsätzlich erinnert das Mailboxsystem an den oben beschriebenen Ringpuffer. Jeder Task, die Nachrichten von anderen Tasks empfangen können soll, wird eine Mailbox zugeordnet. Die Mailbox stellt die Schnittstelle zwischen den Tasks dar. Die Mailbox ist grundsätzlich als First-in-first-out-Speicher aufgebaut. Die Nachricht, die als erste an eine Mailbox geschickt wird, erreicht auch die empfangende Task beim Leeren der Mailbox als erste. Ähnlich wie beim heimischen Briefkasten sammeln sich in der Mailbox die Nachrichten in der Reihenfolge ihres Eintreffens (***Bild 9.22***). Zuerst ausgelesen wird die zuerst eingetroffene Nachricht. Den Briefträger spielt eine Funktion, der die Nachricht und der Empfänger übergeben werden. Die Funktion liest die Adresse des Empfängers und reiht die Mail in die Empfängermailbox des Systems ein. Wird nun die Empfängertask aktiviert, z. B. weil eine Mail angekommen ist, liest diese mit einer Read-Funktion die Nachricht und wertet sie aus. Die Verantwortung für die Mail geht nun auf die bearbeitende Task über. Wirft diese die Nachricht einfach weg oder ignoriert sie, so gilt sie für das Mailboxsystem trotzdem als ordnungsgemäß bearbeitet.

Im Detail betrachtet, kann natürlich eine umfangreiche Information nicht so ohne weiteres an eine Funktion übergeben werden. Statt dessen bietet sich in der Sprache C an, anstatt der Information nur einen *Zeiger* auf diese Information zu übergeben. Nun gibt es zwei Möglichkeiten, die Information an den Empfänger zu übermitteln: durch das Weiterreichen eines Zeigers oder durch das Kopieren der Nutzinformationen.

Beim Weiterreichen eines Zeigers darf der Speicherbereich, auf den der Zeiger zeigt, keinen Lebensdauerbeschränkungen unterliegen, denn eine Mail wird unter Umständen erst gelesen, wenn die absendende Funktion bereits beendet wurde. Dann haben aber alle lokalen Variablen der Funktion bereits ihre Gültigkeit verloren.

Daraus folgt, dass sich als Speicher keine lokalen Variablen eignen, sondern nur globale Variablen oder ein Speicher, der über die Funktion malloc oder vergleichbare Funktionen allokiert wurde. Bei der Verwendung der dynamischen Speicherverwaltung muss natürlich darauf geachtet werden, dass die Speicherbilanz stimmt. Ein vom Absender allokierter Speicher muss immer vom Empfänger nach Auswertung der Botschaft freigegeben werden.

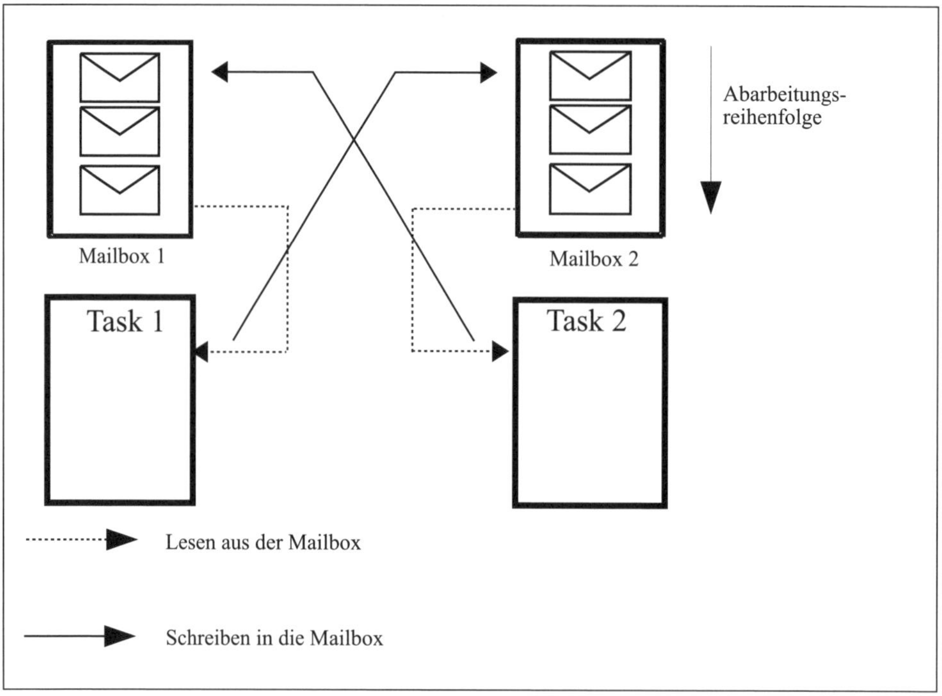

Bild 9.22: *Mailboxsystem*

Zur Verdeutlichung soll der Ablauf hier einmal kurz beschrieben werden (***Beispiel 9.23***). Die Funktion A will Information an die Funktion B übermitteln, die Funktion B aktivieren und damit zur Verarbeitung der Nachricht bewegen. Die Informationen, die verschickt werden sollen, liegen in einem Feld vom Typ Byte (char) von der Größe 3. Die Kommunikation findet in einem Betriebssystem statt, das im Non-preemptiv-Modus arbeitet. Die Funktion A muss nun als Erstes Speicherplatz von der Speicherverwaltung bekommen, da ja Speicher für Mails keinen Gültigkeitsbeschränkungen unterliegen dürfen. Mit der Abfrage auf den Wert NULL wird getestet, ob von der Funktion malloc tatsächlich Speicher geliefert wurde. Sind die Speicherressourcen des Systems erschöpft, kann malloc keinen Speicher liefern. Als Zeichen dafür wird dann der Wert NULL zurückgegeben. NULL ist in einer Include-Datei (z. B. stdlib.h) als Zeiger mit dem Wert 0 definiert. Hat das Programm Speicher bekommen, so füllt es den Speicher mit den Nutzinformationen. Danach wird eine Funktion des Betriebssystems aufgerufen (SendMessage), um die Nachricht zu

```
#include <stdlib.h>
#include "bsmessag.h"

void Funktion_A(void)
{

char *message;

message=malloc(3*sizeof(char)); /* Speicher anfordern */

if(message!=NULL) /* wenn Speicher vorhanden, weiter */
  {

  message[0]=2; /* Info 1 */
  message[1]=8; /* Info 2 */
  message[2]=1; /* Info 3 */

  SendMessage((void*) message, FKT_B_MBOX); /* Nachrichten verschicken */
  }
}


void Funktion_B(void)
{

char *message;

ReadMessage((void*)&message, FKT_B_MBOX); /* Nachrichten empfangen */

 if (message[0]==2) /* Nachricht bearbeiten */
  {
  /* ... */

  }
 free(message);
}
```

Beispiel 9.23: *Senden und Empfangen von Nachrichten im C-Programm durch Zeigerübergabe*

versenden. Der Funktion wird als erster Parameter der Zeiger auf die Information übergeben. Da die Funktion als Parameter einen void-Zeiger erwartet, der übergebene Zeiger aber vom Typ char ist, muss dem Compiler mitgeteilt werden, dass eine Parameterwandlung vom char-Zeiger zum void-Zeiger erwünscht ist. Dies geschieht über das so genannte *Typecasting*. Dabei wird der Ergebnistyp der Wandlung in runden Klammern vor den Parameter gesetzt. Ohne Typecasting würde das Programm zwar genauso funktionieren, jedoch gäbe der Compiler eine Warnung aus, dass eine evtl. unerwünschte Umwandlung erfolgt ist. Typecasting sollte so wenig wie möglich verwendet werden, da durch die explizite Umwandlungsanweisung die Überprüfungsmechanismen umgangen werden, die C sonst bietet. Ein Fehler bleibt evtl. unentdeckt. Der zweite Parameter der Funktion gibt den Adressaten der Message an. Es handelt sich hier um eine interne im Betriebssystem definierte Konstante, die den Briefkasten einer jeden Funktion identifiziert.

Nach dem Aufruf der Funktion zum Versenden der Nachricht ist die Funktion A an ihrem Ende angelangt. Da die Funktion A ja auch aus irgendeinem Anlass vom Betriebssystem aufgerufen worden ist, wird nach dem Ende von Funktion A wieder zum Betriebssystem zurückgekehrt.

Aufgrund der eingegangenen Message für die Funktion B wird das Betriebssystem die Funktion B aufrufen. In dieser Funktion wird nun der Briefkasten der Funktion über die Funktion ReadMessage gelesen. Die Funktion muss zum Lesen der Nachricht nur einen Zeiger zur Verfügung stellen, um die eingegangene Nachricht lesen zu können. Als erster Parameter wird der Zeiger übergeben, der später auf die Information zeigen soll. Der Adressoperator & sorgt jedoch dafür, dass nicht der Wert des Zeigers übergeben wird, sondern seine Adresse. Es handelt sich hier um den so genannten „call by reference" des Zeigers, da der Inhalt des Zeigers ja verändert werden muss (siehe Abschnitt 3.4.2).

Der Vorteil, nur einen Zeiger mit der Nachricht zu verschicken, hat den Nachteil, dass die Empfängerfunktion sich um die ordnungsgemäße Rückgabe des Speichers kümmern muss. Findet die Rückgabe wie in ***Beispiel 9.23*** statt, sind keine Probleme zu erwarten. Am Ende der Task wird die Funktion „free" unbedingt aufgerufen. Problematisch ist es allerdings, die Rückgabe des Speichers von Bedingungen abhängig zu machen oder die Rückgabe Unterprogrammen zu überlassen. Das größte Problem dieses Systems ist ein Ungleichgewicht der Allokation und der Rückgabe des benutzten Speichers. Wird dieses Ungleichgewicht nicht beseitigt, ist kein zuverlässiger Langfristbetrieb des Systems möglich. Deshalb ist es empfehlenswert, den Speicher wie im obigen Beispiel am Ende der Funktion zurückzugegeben und die Rückgabe nicht von irgendwelchen Bedingungen abhängig zu machen.

Um das Problem der Ausgewogenheit zwischen dem Ausleihen und der Speicherrückgabe zu vermeiden, gibt es Betriebssysteme, die die Möglichkeit bieten, die übergebene Information in den eigenen Speicher und später in den Speicher der Empfängertask zu kopieren und damit die Information dem Empfänger zur Verfügung stellen. Die Sendertask übergibt der Sendefunktion des Betriebssystems die Information über einen Pointer auf eine beliebige Variable und die Länge der Information. Die Variable kann durchaus eine lokale sein. Über die Längenangabe kopiert die Betriebssystemfunktion den Inhalt in einen Zwischenspeicher. Die empfangene Task übergibt ihrerseits den Zeiger auf eine beliebige Variable. Das Betriebssystem kopiert die Information nun in den Speicherplatz, der von der Empfängertask zur Verfügung gestellt wurde. Auf Kosten der Prozessorleistung wird hier Sicherheit gewonnen. Prozessorleistung wird für die zwei Kopiertransaktionen benötigt. Dafür brauchen die Tasks keine Speicherverwaltung zu betreiben. Die Information beim Senden und Empfangen der Tasks steht in beliebigen Variablen, die (wenn es lokale Variablen sind) automatisch vom System zur Verfügung gestellt und „entsorgt" werden.

Das Mailboxsystem ist komfortabel und sicher, bringt jedoch auch einige Probleme mit sich. Ein Problem tritt auf, wenn das System stark ausgelastet ist und sich die vielen verschiedenen Nachrichten (im Folgenden auch Mails) im Briefkasten drängen. Da die Nachrichten nach dem First-in-first-out-Prinzip verwaltetet werden, liest eine Funktion, die ihren Briefkasten abarbeitet, natürlich zuerst die älteste Nachricht. Das muss aber nicht unbedingt die Nachricht sein, die unverzüglich bearbeitet werden muss. Es kann vorkommen, dass eine wichtige Nachricht, wie „Maschine stoppen", von einer unwichtigen Nachricht, die nur eine Kontrollfunktion (z. B. Wartungsintervall anzeigen) hat, verzögert wird. Die Situation ist ungefähr mit der vergleichbar, die ein Urlauber vorfindet, der nach seiner Heimkehr einen übervollen Briefkasten abarbeiten muss: Die unwichtige Werbung verzögert die Bearbeitung des wichtigen Briefs vom Finanzamt.

Abhilfe schafft das Einführen von *Prioritäten* für die verschiedenen Nachrichten. Wichtige Nachrichten werden im System zwar nicht schneller befördert, schieben sich aber im Briefkasten vor alle Nachrichten mit geringeren Prioritäten. Der Absender entscheidet über die Wichtigkeit der Nachricht und gibt ihr die Priorität beim Abschicken der Nachricht mit. Das Prinzip des reinen FIFO-Speichers wird hier durchbrochen. Verschiedene Mailprioritäten benutzt man normalerweise möglichst sparsam, um das Laufzeitverhalten des Systems nicht unnötig zu komplizieren.

Meistens ist einer Task nur eine Mailbox zugeordnet. Da Nachrichten mit dem Lesen der Mailbox aus der Kontrolle des Betriebssystems entfernt werden, kann sich eine weitere Komplikation ergeben. Unter Umständen wartet eine Task auf eine ganz bestimmte Mail, bekommt aber nur andere Mails, auf die sie nicht wartet. Da die Mailbox aber einmal ausgelesen ist, kann die Mail nicht ohne weiteres verworfen werden. Ein Beispiel wäre eine Nachricht an eine Speichertask, Daten in einen Speicher zu schreiben. Bevor das geschehen kann, muss dieser Speicher aber zuerst formatiert werden. Die Steuerung des Formatierungsprozesses erfolgt über eine weitere Task, die Formatierungstask. Das Ende des Prozesses wird der anstoßenden Speichertask über eine Mail mitgeteilt. Der Befehl zum Abspeichern und die darin enthaltenden Daten sowie alle weiteren Befehle müssen nun so lange zurückgehalten werden, bis die Formatierungstask ihre Arbeit beendet hat. Speichert die Task die Nachrichten mit eigenen Mechanismen zwischen, so übernimmt sie Aufgaben, für die das Betriebssystem bereits Mechanismen zur Verfügung stellt oder stellen sollte. Diese Vorgehensweise führt zu Redundanz in der Software, da Software zum Verwalten von Nachrichten doppelt vorhanden sein muss: in der Task und im Betriebssystem. Eine andere Möglichkeit wäre, die Nachricht über das Betriebssystem so lange an sich selbst zu schicken, bis die Nachricht über das Ende der Formatierung eintrifft. Diese Möglichkeit hat zwar den Vorteil, dass es keine redundante Speicherung von Mails in den Tasks gibt, bringt aber mehrere Nachteile. Durch das Schicken an die eigene Task wird eine hohe Systemlast erzeugt, da das Betriebssystem die Nachricht unter Umständen sofort zustellt und diese Mail sofort wieder zugeschickt bekommt. Außerdem kommt sehr wahrscheinlich die zeitliche Reihenfolge der Nachrichten durcheinander, wenn während dieser Phase noch weitere Nachrichten aus anderen Quellen eintreffen. Die elegante Lösung ist hier, zwei Mailboxen für eine Task anzulegen. Während der kritischen Wartephase (auf den Abschluss der Formatierung) liest die Task nur die Mailbox, die für diese wichtige Nachricht reserviert wurde. Die im Moment unwichtigen Nachrichten werden von den Tasks an die Standard-Mailbox geschickt und dort bis zum Abruf vom Betriebssystem gespeichert. Es ist jedoch nicht in allen Betriebssystemen möglich, mehrere Mailboxen pro Task einzurichten und somit das Problem elegant zu umgehen.

Außerdem kann die Situation auftreten, dass Tasks sich aus Fehlergründen gegenseitig Nachrichten schicken. Task 1 schickt eine Nachricht an Task 2, Task 2 daraufhin wiederum an Task 1 usw. Schaukelt sich dieser Fehler nicht hoch und bleibt die Anzahl der unnötig verschickten Nachrichten konstant, so wird eine unnötige Auslastung des Systems verursacht, welches wiederum eine längere Reaktionzeit und evtl. einen erhöhten Stromverbrauch und somit geringere Batterielebensdauer zur Folge hat. Erhöht sich jedoch die Anzahl der verschickten Nachrichten in diesem Fehlerfall, so werden massiv Ressourcen, z. B. Speicher, verbraucht. Ein Zusammenbruch des Systems ist die Folge. Durch einen gründlichen Test und ein aufmerksames Systemdesign kann man dieses Risiko nahezu ausschließen.

Abgesehen von den beschriebenen Möglichkeiten, Kommunikation über Mailboxen abzuwickeln, bieten einige Betriebssysteme zusätzlich noch einfache Kommunikationsfunktionen über Semaphore an. Das Setzen eines Semaphors hat den Aufruf einer diesem Semaphor zugeordneten Task zur Folge. Die Anwendung einer solchen Kommunikation wird in Abschnitt 9.7.9 beschrieben.

9.7.7 Speicherverwaltung

Einen Teil der *Speicherverwaltung* übernimmt der Compiler. Dies betrifft das Anlegen von globalen und lokalen Variablen. Die globalen Variablen finden ihren festen Platz im RAM des Systems. Die lokalen Variablen und die Übergabeparameter einer Funktion werden bei Bedarf ebenfalls im RAM auf dem Stapel angelegt. Für viele Anwendungen reichen diese Möglichkeiten aus.

Werden jedoch große Speichermengen von verschiedenen Tasks zu verschiedenen Zeiten benötigt, so ist die *dynamische Speicherverwaltung* günstiger. Manche Problemstellungen, wie Bäume oder Listen, lassen sich nur mit Hilfe von dynamischem Speicher programmieren. Bei der dynamischen Verwaltung hat ein Programm die Möglichkeit, über eine Funktion (z. B. malloc, calloc oder bei C++ new) Speicher anzufordern. Eine weitere Funktion (free, bei C++ delete) gibt den angeforderten Speicher dem System zurück. Die Quelle dieses Speichersegens ist der so genannte *Heap*. Es ist eine Art Stapel, der den gesamten dynamisch verfügbaren, freien Speicher enthält. Fordert die Funktion malloc Speicher mit einer bestimmten Größe an, so wird dieser aus dem Heap genommen und als belegt gekennzeichnet. Bei der Rückgabe von Speicher über die Funktion free wird der Speicher wieder als frei markiert und kann vom nächsten Programm benutzt werden. Diese Art des „Speicherrecyclings" hat aber auch Nachteile. Der angeforderte Speicher muss immer an einem Stück liegen, damit das anfordernde Programm den Speicher uneingeschränkt verwenden kann. Durch Rückgabe von Speicherblöcken, die zwischen anderen noch belegten Speicherblöcken liegen, entstehen Löcher in der Belegung. Für neue Speicheranforderungen, die größer sind als das zurückgegebene „Loch", kann dieses Loch nun nicht mehr verwendet werden. Die neue Anforderung wird also mit anderem Speicher befriedigt. Der Heap ist nun *fragmentiert* (***Bild 9.23***). Wenn sich dies mehrmals wiederholt, kann der Speicher so fragmentiert sein, dass eine Spei-

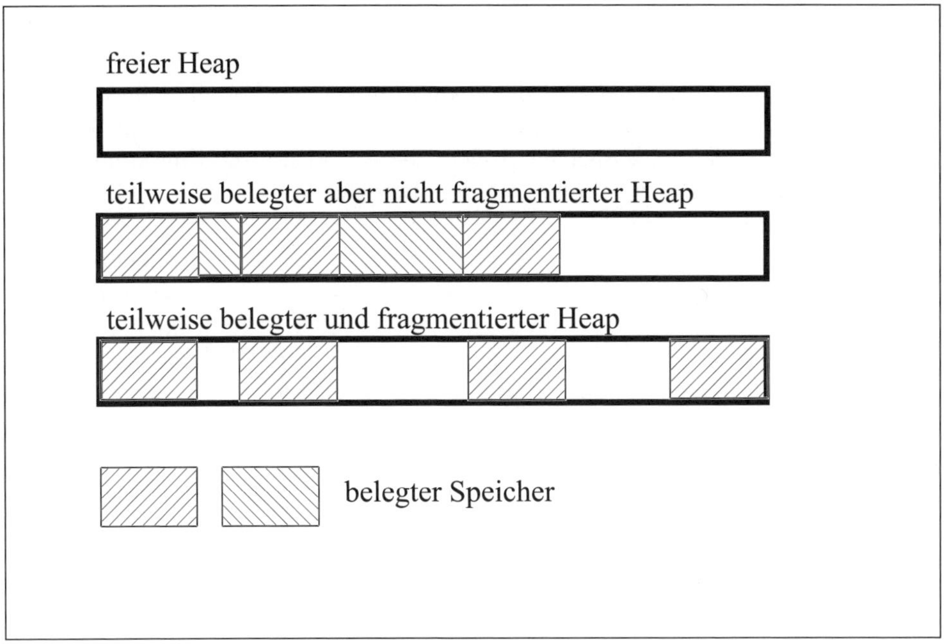

Bild 9.23: *Speicherverwaltung mit dem Heap*

cheranforderung keinen Platz mehr findet, obwohl die Summe der freien Blöcke noch reichen würde. Um diesem Problem aus dem Weg zu gehen, gibt es mehrere Möglichkeiten:

- Der Speicher muss groß genug sein, damit die maximal möglichen Anforderungen auch bei maximaler Fragmentierung erfüllt werden kann. Das ist schwer zu verwirklichen, da die maximale Fragmentierung schwer zu messen ist.
- Das System gibt (fast) alle angeforderten Speicher in einem Ruhezustand zurück, der dann auch wirklich in bestimmten Zeitabständen erreicht wird. Diese Möglichkeit ist am einfachsten zu realisieren, da viele Softwaresysteme einen Ruhezustand besitzen.
- Es wird eine Funktion implementiert, die den Speicher entweder zyklisch oder bei starker Fragmentierung aufräumt. Diese Option ist am schwierigsten zu realisieren, da auch die Referenzen (Zeiger) auf ausgeliehenen Speicher verändert werden müssen. Außerdem kann es durch das Aufräumen zu Echtzeitverletzungen kommen, da in solch einer sensiblen Phase eventuell alle Interrupte gesperrt werden müssen.

Sind alle drei Möglichkeiten nicht zu verwirklichen, so kann noch ein völlig anderer Weg eingeschlagen werden. Mit Feldern von globalen Variablen werden *Speicherpools* gebildet. Für bestimmte glatte Speichergrößen (z. B. 10 Byte, 20 Byte, 40 Byte, 60 Byte) gibt es jeweils einen Pool (***Bild 9.24***). Speicheranforderungen der Tasks werden nun auf einen passenden Pool aufgerundet und dann aus diesem bedient. Eine Fragmentierung kann hier nicht auftreten, da in einem Pool sich nur

Speicher gleicher Größe befindet und ein zurückgegebener Block immer zu einem angeforderten Block passt.

Diese Methode hat wegen der einfachen Algorithmen den Vorteil, sehr schnell zu sein. Der Speicher wird natürlich bei dieser Methode nicht so gut ausgenutzt wie bei der Methode mit variablen Speichergrößen, die Speicherausnutzung kann jedoch durch Anpassung der Pools optimiert werden. In vielen kommerziellen Betriebssystem ist diese Methode realisiert.

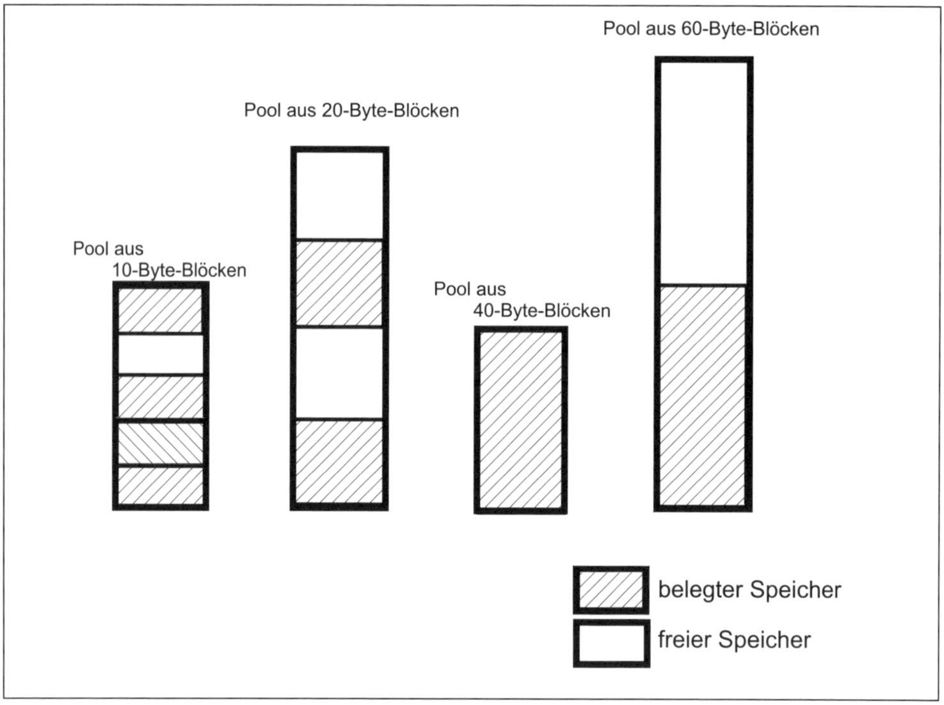

Bild 9.24: *System mit festen Speicherblöcken*

9.7.8 Systemtimer

In einem Softwaresystem gibt es vielerlei Aufgaben, die zeitgesteuert ablaufen. Die Kontrolle zeitlicher Abläufe kann direkt über Prozessortimer geschehen, deren Interrupt die gewünschten Funktionen auslösen kann. Für die vielfältigen Aufgaben sind aber in den meisten Prozessoren nicht genug Timer vorhanden. Die meisten Betriebssysteme stellen zentral unterschiedliche Funktionen zur Zeitsteuerung von Programmen zur Verfügung. Besonders für längere Zeiten (ab ca. 5 ms, abhängig von der Prozessorleistung) können diese Funktionen genutzt werden. Das Betriebssystem benutzt für seinen Systemtimer einen Timer des Mikroprozessors und leitet von diesem viele Timerfunktionen ab. Da die Ableitung einen gewissen Softwareaufwand erfordert, würde sich bei kleinen Zeiten eine hohe Systemauslastung durch die Software zur Timersteuerung ergeben. Hinzu kommt, dass je nach vorhandenem Timersystem sich auch gewisse absolute Ungenauigkeiten einschleichen. Aus diesen Gründen finden Systemtimer nur bei Timerzeiten Anwendung, wenn deren Laufzeit groß gegenüber der eingestellten Timerzeit ist. Ist das Betriebssystem auf einen Prozessor speziell zugeschnitten, ist der Systemtimer unter Umständen bereits vollständig implementiert. Dann muss nur noch die Taktfrequenz des Systems in einer Datei bekannt gegeben werden, und die Timerschnittstelle ist nutzbar. Hat man es nicht mit diesem Idealfall zu tun, sind ein paar kleine Anpassarbeiten erforderlich. Dazu schaut man in der Dokumentation des Betriebssystems nach, wie die Systemtimerfunktion heißt und in welcher Periode diese von einem Prozessortimer aufgerufen werden soll.

Der Systemtimer stellt nun folgende Funktionalitäten zur Verfügung, wobei die Funktionalitäten von Betriebssystem zu Betriebssystem variieren:

1. Starten eines Timers,
2. Stoppen eines Timers vor Ablauf,
3. Restart eines Timers, um die Timerzeit von neuem ablaufen zu lassen,
4. Aufruf einer Funktion, wenn der Timer abgelaufen ist,
5. Erzeugen einer Nachricht, wenn der Timer abgelaufen ist,
6. Auslesen der bisher verstrichenen Timerzeit.

Bietet ein Betriebssystem keine Timerfunktionen oder wird ein Betriebssystem selbst erstellt, so müssen die Systemtimerfunktionen selbst geschrieben werden. Um das Prinzip des Vervielfachens oder Multiplexens eines Prozessortimers zu demonstrieren, wird ein solches System hier kurz vereinfacht erläutert.

Ausgehend von einer gemeinsamen Zeitbasis, können die Prozessortimer über Software vervielfacht werden. Nichts anderes wird auch in kommerziellen Betriebssystemen realisiert. Der Prozessortimer arbeitet bei dieser Methode freilaufend mit einer Zeitbasis, die ein geradzahliger Teiler der abzuleitenden Zeitbasen ist. Die anderen Timer werden dann über Zählvariablen (die global definiert sind) von diesem Timer abgeleitet. Bei jedem Ablauf des Prozessortimers werden globale Zählvariablen heruntergezählt. Wird bei einer Variablen der Wert null erreicht, so gilt der der Variablen zugeordnete Timer als abgelaufen, und das zum Timer gehörende Programm muss aufgerufen werden. Die Variable eines abgelaufenen Softwaretimers wird natürlich nicht mehr heruntergezählt. Die Funktionen, die bei Prozessortimern zur Verfügung stehen, müssen bei den Softwaretimern durch Programme nachgebildet werden. Zum Starten eines Timers wird ein Programm definiert, welches die globale Variable des Timers auf den übergebenen Wert setzt. Nach ähnlichem Muster sind Programme zum Testen und Löschen von Softwaretimern denkbar.

Soll ein solcher Mechanismus definiert werden, so müssen zuerst die kleinste Zeiteinheit, die größte notwendige Zeiteinheit und die maximale Ungenauigkeit bestimmt werden. Muss beispielsweise der längste Softwaretimer 10 s laufen, der kürzeste Timer 100 ms und soll die maximale Ungenauigkeit der Timer ± 10 ms betragen, so wird der Softwaretimer wie folgt dimensioniert:

Durch die Forderung nach einer maximalen Ungenauigkeit von ±10 ms wird die Taktzeit des Prozessortimers auf 10 ms festgelegt. Eine größere Taktzeit würde die Ungenauigkeit der Timer auf über ±10 ms erhöhen, da der Prozessortimer ja kontinuierlich läuft und nicht erst durch das Starten eines Timers aktiviert wird. Der Wert 10 ms für den Prozessortimer muss über Timersteuerregister (Teiler, Vorteiler) des Prozessors eingestellt werden. Der Datentyp der Zählvariablen wird durch die längste zu realisierende Timerzeit bestimmt. Um in 10-ms-Schritten auf 10 s zu kommen, ist der Zählwert 1000 erforderlich. Als Zählvariable kommt somit nur ein Integer der Größe 2 Byte in Betracht (Gültigkeitsbereich: ± 32768 oder bei vorzeichenlosem Integer 65536; dies entspricht einer maximalen Zeit von 655 s). Ein C Programm, welches aus einem Prozessortimer mehrere Softwaretimer ableitet, kann wie in ***Beispiel 9.24*** aussehen. Das Starten der Timer geschieht über Programme, die die verschiedenen Zählvariablen auf die entsprechenden Werte setzen, also z. B. 1000 für eine Zeit von 10 s. Zu beachten ist, dass während der Manipulation der Zählvariablen der Timerinterrupt des Systems gesperrt sein muss. Das Sperren des Timerinterrupts ist nötig, damit die globale Variable nicht quasi gleichzeitig von zwei verschiedenen Stellen geändert wird. Dies könnte passieren, wenn während des

```
volatile int swtimer1=0;
volatile int swtimer2=0;

interrupt  timer(void)

{
if(swtimer1!=0)
 {
 swtimer1 ;
 }


if(swtimer2!=0)
 {
 swtimer2 ;
 }
}


void Starttimer1(int wert)
{
sperre_int(); /* Interrupte sperren */
swtimer1=wert; /* Softwaretimer setzen */
freigeben_int(); /* Interrupte freigeben */
}

void Stopptimer1(void)
{
sperre_int(); /* Interrupte sperren */
swtimer1=0; /* Softwaretimer stoppen */
freigeben_int(); /* Interrupte freigeben */
}
```

Beispiel 9.24: *Einfaches Timersystem*

Setzens des Softwaretimers der Timerinterrupt auftreten würde. Da eine C-Zeile meist mehrere Assembleranweisungen zur Folge hat, könnte der Interrupt mitten in den Assembleranweisungen zum Setzen der Timervariable auftreten. In diesem Fall könnte es zu falschen Werten in der Timervariablen kommen.

Diese einfache Methode zu Vervielfachung von Timern hat einige Nachteile:

- Die Bearbeitungszeit der Timer in der Timerroutine wächst mit der Anzahl der Timer.
- Soll ein Timer hinzugefügt werden, muss an mehreren Stellen der Programmcode geändert werden.

Eine andere Methode, die diese Nachteile nicht hat, ist das Verwalten von Timerzeiten in einer *Tabelle*. Das Setzen eines Timers erzeugt einen Eintrag in der Tabelle, in der die Ablaufzeit des Timers (bezogen auf eine Systemzeit) festgehalten wird. Zusätzlich zu der Tabelle muss natürlich noch eine Systemzeit implementiert werden, die mit den eingetragenen Timerzeiten verglichen werden kann. Sind die Timer sortiert nach ihren Ablaufzeiten eingetragen, wobei der Timer, der als erster abläuft, in der Tabelle vorn stehen muss, kann Bearbeitungszeit eingespart werden. In der Timerroutine, im Timerinterrupt, muss dann nur noch der erste Timerwert der Tabelle mit der Systemzeit verglichen werden, anstatt alle Timer auf Ablauf zu überprüfen. Ist der erste Timer nicht abgelaufen, so können (bedingt durch die Sortierung) auch die weiteren Timer nicht abgelaufen sein. Nur wenn der erste Timerwert mit der Systemzeit übereinstimmt, müssen weitere Vergleiche bis zum ersten nicht abgelaufenem Timer durchgeführt werden. Besteht hier die Anforderung, weitere Timer einzuführen, so ist es nur nötig, die Größe der Tabelle zu ändern.

9.7.9 Betriebssystem und Interrupte

Obwohl auf das Thema Interrupte schon in Abschnitt 9.3 eingegangen wurde, möchte ich einige Besonderheiten bei der Abarbeitung von Interrupten und der Nutzung von Betriebssystemfunktionen oder Betriebssystemressourcen erwähnen. Interrupte sind asynchrone Programmunterbrechungen, die jederzeit auftreten können, wenn der entsprechende Interrupt nicht gesperrt ist. Beim selbst programmierten Timersystem in ***Beispiel 9.24*** und bei der Einführung zum Thema Interrupte (Abschnitt 9.3) wurde bereits darauf hingewiesen, dass die Nutzung von Ressourcen, wie z. B. globalen Variablen, in einem Interrupt und im normalen Programmablauf Besonderheiten unterliegt. Eine Bearbeitung eines globalen Speichers auf Programmebene muss durch das Sperren des Interrupts für die Dauer der Bearbeitung abgesichert werden, der diese Variable ebenfalls bearbeiten könnte.

Die Implementierung von Betriebssystemfunktionen greift meist auf globalen Speicher zu. Betroffen sind z. B. das Speichermanagement und die Mailboxsysteme. Werden in Interrupten diese Funktionalitäten genutzt, müssen entsprechende Schutzmaßnahmen für die globalen Speicher getroffen werden. Diese Schutzmaßnahmen bestehen darin, beim Zugriff auf globalen Speicher im Betriebssystem die Interrupte zu sperren und nach dem Zugriff diese wieder freizugeben. In einigen Betriebssystemen werden dazu so genannte *Critical Sections* definiert, in denen alle Interrupte

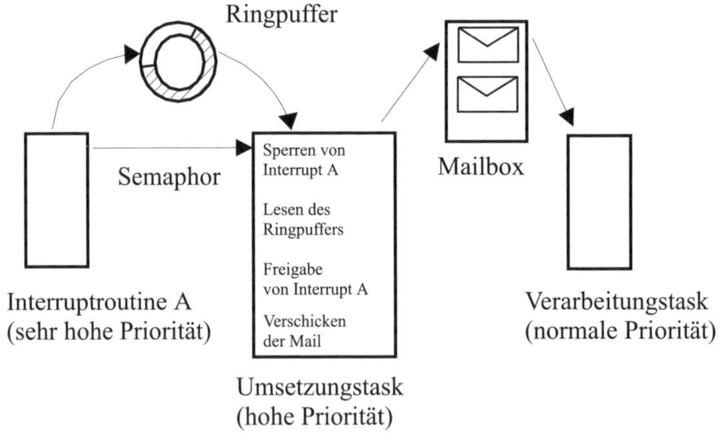

Bild 9.25: *Umsetzung von Interruptinformationen in eine Mail*

gesperrt sind. Teilweise ist es dem Anwender möglich, diese Critical Sections zu verändern und nur die Interrupte zu sperren, die Betriebssystemfunktionen benötigen. Wegen der Komplexität vieler Betriebssysteme hat diese Vorgehensweise unter Umständen lange oder sehr häufige Interruptsperrungen zur Folge. Diese Zeiten können so groß werden, dass die gestellten Echtzeitanforderungen an das System nicht mehr erfüllt werden. Deshalb stellen fast alle Betriebssysteme speziell für die Kommunikation aus Interrupten eigene, möglichst einfache Kommunikationsmöglichkeiten zur Verfügung. Auch auf die Benutzung der Speicherverwaltung des Betriebssystems wird im Interrupt meist verzichtet und stattdessen globaler Speicher in Form von globalen Variablen zur Compilierzeit allokiert. Anstatt das Mailboxsystem zu benutzen, wird auf Ringpuffermechanismen zurückgegriffen, die in Verbindung mit dem Setzten von einfachen Benachrichtigungssemaphoren eine Task mit hoher Priorität aktivieren. Diese liest bei gesperrtem Interrrupt die eingegangene Information aus dem Ringpuffer und setzt die Information in eine Nachricht für das Mailboxsystem um. Die Umsetzungstask läuft mit hoher Priorität, damit der Ringpuffer immer möglichst schnell geleert wird und nicht überläuft. Damit die hohe Priorität nicht die Performance des übrigen Systems beeinträchtigt, beschränkt sich die Umsetzungstask darauf, die Informationen aus dem Ringpuffer auszulesen und in das Mailboxsystem einzuspeisen. Die eigentliche Bearbeitung der Information findet in einer weiteren Task, der Verarbeitungstask, statt. In ***Bild 9.25*** ist das Prinzip dargestellt.

9.7.10 Hardwaretreiber

Streng genommen gehören *Hardwaretreiber* zum Betriebssystem. In der Embedded-Welt wird es natürlich kein Betriebssystem geben, das bereits alle Treiber für die selbst entwickelte Hardware enthält. Möglich sind passende Treiber, um das Timersystem des Prozessors anzusprechen, Treiber für den Onchip UART des Mikrocontrollers oder ein Treiber, um einen Flashbaustein zu programmieren. Die meisten Treiber sind jedoch selbst zu erstellen.

Das direkte Ansprechen von Hardware wurde bereits in Abschnitt 9.2 behandelt. Analog zum Konzept der abstrakten Datentypen (siehe Abschnitt 4.2) geht es bei Hardwaretreibern darum, bestimmte Funktionen über ein Softwareinterface den anderen Programmen zur Verfügung zu stellen. Anstatt an mehreren Stellen in den Tasks auf die Bits zur Steuerung der Hardware zuzugreifen, bietet der Hardwaretreiber eine definierte Schnittstelle. Der Hardwaretreiber wird also meistens als Funktion mit Parametern ausgeführt. Die oder der Übergabeparameter teilt dem Treiber mit, welche Aktion von den höheren Schichten des Programms gewünscht wird. Der Funktionsaufruf erfolgt mit symbolisch definierten Werten (z. B. Warnlampe(EIN)) und enthält die Funktionalitäten zum Ansteuern der Hardware. Zusätzlich können noch Sicherheitsfunktionen integriert werden. Bei einem Motortreiber für einen größeren Motor wäre dies eine Funktionalität, die bereits im Treiber verhindert, dass ein Motor, ohne vorher zu stoppen, die Drehrichtung wechseln kann.

Diese Vorgehensweise hält die Software übersichtlich und änderungsfreundlich. Bei Änderungen an der Hardware oder notwendigen Erweiterungen der Funktionalitäten sind nur Änderungen im Hardwaretreiber vorzunehmen. Die symbolisch definierten Befehle an den Treiber sind selbst dokumentiernd. Außerdem spart das Zusammenlegen der (auf Assemblerebene) manchmal recht aufwendigen Bit-Operationen, die zum Ansteuern von Ports erforderlich sind, Programmcode.

9.7.11 Programmüberwachung mit einem Watchdog

Der *Watchdog* ist eine wichtige Funktion eines Embedded-Systems. Trotz sorgfältiger Programmierung kann es vorkommen, dass ein System sich „aufhängt". Mögliche Ursachen sind: fehlerhafte Suchroutinen, Programme, die auf etwas warten, das nicht eintritt, Überlauf von Zählern in einer Schleife, kurzzeitige Spannungseinbrüche (brown outs) oder elektromagnetische Störungen, die den Mikroprozessor aus dem Tritt bringen. Wenn der Prozessor steht oder sich in einer fehlerhaften Schleife befindet, kann er weder Signale von außen bearbeiten noch seinen Steuerungsfunktionen nachgehen. Das System ist schwer gestört. Um solche Zustände möglichst schnell zu beenden, wird ein Watchdog (***Bild 9.26***) eingesetzt. Dieser ist nichts anderes als ein Zeitglied, welches zyklisch vom Mikroprozessor über das Schreiben auf eine bestimmte Adresse oder das Takten einer Portleitung zurückgesetzt und damit am Ablaufen gehindert wird. Ist die reguläre Programmabarbeitung des Mikroprozessors gestört, durchläuft der Mikroprozessor auch nicht mehr die Sequenz zum Rücksetzen des Watchdogs. Nach einer gewissen Zeit läuft das Zeitglied ab und aktiviert den Reseteingang des Prozessors. Der Mikroprozessor bekommt das Resetsignal und läuft nun wieder ab der Programmstartadresse los. Da zu den meisten Embedded-Systemen ein Watchdog gehört, sind in vielen Mikrocontrollern bereits Watchdogschaltungen integriert. Die in Mikrocontroller integrierten Watchdogschaltungen lassen sich meist nur durch eine bestimmte Sequenz zurücksetzen. Das Zurücksetzen durch eine Sequenz soll ein durch einen Programmfehler ausgelöstes unbeabsichtigtes Watchdogtriggern verhindern.

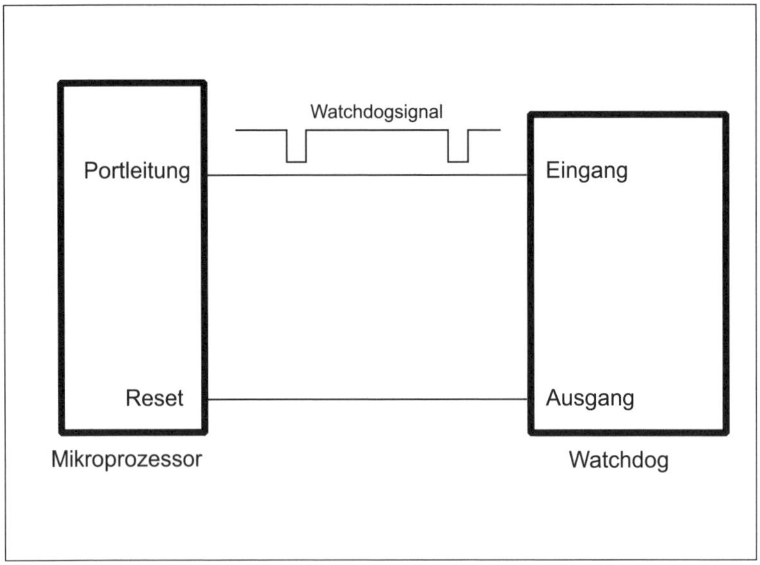

Bild 9.26: *Watchdog*

Programmtechnisch geschieht das Zurücksetzen des Watchdogs am besten bei einem non preemptiven Betriebssystem an einer Stelle, die der Mikroprozessor normalerweise zyklisch ausführt, im beschriebenen Minimal-Betriebssystem (***Beispiel 9.21, S. 126)*** z. B. der Schleifenkörper der Endlos-for-Schleife. Gibt nun eine Task des Betriebssystems die Kontrolle nicht mehr an das System zurück, so wird der Watchdog nicht mehr zurückgesetzt. Auf keinen Fall darf ein Watchdog (ohne zusätzliche Software) in einer Interrupt- oder Timerroutine zurückgesetzt werden, da z. B. bei einem Programmfehler, der das System stört, die Interrupt- und Timersysteme noch ungestört funktionieren könnten. Bei selbst aufgebauten Watchdogschaltungen, die oft aus RC-Gliedern mit wenigen aktiven Komponenten bestehen (z. B. Schmitt-Trigger-Schaltungen), kommt es oft zu ziemlich kurzen Watchdoglaufzeiten. Hier ist es manchmal notwendig, den Watchdog in einem Timerinterrupt zu triggern, um eine zuverlässige Triggerperiode zu gewährleisten. Damit nicht das oben beschriebene Problem auftritt (der Timerinterrupt funktioniert noch, aber der Rest der Software nicht mehr), ist zusätzliche Software notwendig, die z. B. einen Zähler verwaltet, der von der Anwendersoftware immer wieder auf einen definierten Wert gesetzt wird. Der Timerinterrupt dekrementiert den Zähler und triggert nur den Hardwarewatchdog, solange der Zähler noch nicht den Wert 0 erreicht hat. Mit dieser Lösung lassen sich kurze Hardware-Watchdogzeiten fast beliebig verlängern.

Bei einem preemptiven System ist das Zurücksetzen des Watchdogs schwieriger. Ein preemptives System kann eine Task unter Umständen aktiv verdrängen. Eine Task, die in einer fehlerhaften Schleife endlos hängt, bekommt Prozessorzeit zugeteilt und nach einer gewissen Zeit wieder entzogen. Die Folge der nicht terminierenden Schleife ist, dass die Systemlast zwar stark steigt, aber der Fehler selbst im Betriebssystem kein eindeutiges Kriterium zum Erkennnen des Fehlers erzeugt. Als Lösung bietet sich in solchen Systemen an, eine besondere Task für die Watchdogtriggerung zu definieren. Diese Task bekommt die geringste Priorität im System, so dass diese Task nur aktiviert wird, wenn keine andere Task Rechenzeit beansprucht. Eine Task, die in einer fehlerhaften Endlosschleife hängt, hat also automatisch zur Folge, dass die Task zur Watchdogtriggerung nicht mehr ausgeführt wird, der Watchdog abläuft und das System neu startet.

Der Watchdog stellt eine große Hilfe beim Erstellen eines zuverlässigen Systems dar. Von ihm gehen allerdings auch einige Gefahren aus, die es zu beachten gilt. Gefährlich sind Watchdogtriggerpunkte, die zeitlich nah an der Ablaufgrenze des Watchdogs liegen. Hier könnte versehentlich der Watchdog ablaufen. Auch Interruptzeiten sind zu berücksichtigen! Der Watchdog sollte mindestens mit seiner halben Ablaufzeit getriggert werden (z. B. Ablaufzeit 1 s, Triggerzeit max. 0,5 s). Auch die bei Systemen mit vielen globalen Variablen entstehende lange Laufzeit des Startupcodes ist zu berücksichtigen.

9.8 Anpassung an andere Prozessoren

In der Praxis kommt es oft vor, dass ein funktionierendes Softwaresystem auf einen neuen, auf Assemblerebene nicht kompatiblen Mikrocontroller angepasst werden soll. Die Ursachen hierfür können im Kostendruck liegen, in neuen Aufgaben, für die der bisherige Prozessor zu langsam ist, oder darin, dass die Herstellung des Prozessors eingestellt wird. Sind einige Voraussetzung erfüllt, lässt sich eine Software unter Umständen sehr schnell anpassen (z. B. in wenigen Wochen). Wichtige Vorraussetzungen dafür sind:

- Der Assembleranteil in der Software ist sehr klein.
- Die prozessorabhängigen und die in Assembler geschriebenen Codeteile befinden sich an wenigen Stellen konzentriert in der Software, z. B. in der Form von Treibern.
- Das Betriebssystem ist ein reines C-Betriebssystem oder hat nur sehr geringe Assembleranteile. Wird ein zugekauftes Betriebssystem eingesetzt, dann kann es für den neuen Prozessor vielleicht komplett fertig gekauft werden.
- Die C-Software ist auch an hardwarenahen Stellen portabel geschrieben (siehe Abschnitt 9.2).
- Compilerspezifische Schlüsselwörter wurden konsequent durch eigene Makros ersetzt und lassen sich deshalb, über bedingte Compilierung, wieder aus der Software entfernen oder durch die Schlüsselwörter des neuen Compilers ersetzen.

Software ist nur problemlos portierbar, wenn der Assembleranteil möglichst gering ist. Dies ist bedingt einerseits durch die Einarbeitungsszeit in die neue Assemblersprache, die bei einem Prozessorwechsel unter Umständen notwendig ist, und andererseits dadurch, dass die Assemblerprogramme (bei nicht kompatiblen Prozessoren) komplett neu geschrieben und getestet werden müssen. Deshalb sollte man möglichst keinen Assembler verwenden, wenn eine schnelle Portierung möglich sein soll. Die Assemblerprogrammierung sollte am besten dem Compilerhersteller überlassen werden, der dann die unvermeidbaren Assembleranteile in Form von Standardlibrary und Startupcode beisteuert.

Manchmal wird eine Portierung durch zugekaufte Betriebssysteme verhindert, welche eventuell viel Komfort bieten, der vielleicht unter Umständen gar nicht benötigt wird. Dafür enthalten diese Systeme vielleicht viel Assembler, der eine Portierung behindert und abhängig vom Betriebssystemhersteller macht. Überprüfen sie dies! Die hier vorgestellten Mini-Betriebssysteme (***Beispiel 9.21, S. 126***), basierend auf Endlosschleifen, bieten den Vorteil, dass sie in reinem C geschrieben sind und bei der Portierung keinen Aufwand erzeugen. Der Softwareentwickler muss selbst entscheiden, wo er die Priorität setzt:

- bei einer leichten Portierbarkeit und einem unkomfortablen Betriebssystem oder
- einem komfortablen System, dessen Portierungsaufwand oder -kosten (bedingt durch die Anschaffung einer Betriebssystemvariante für den neuen Prozessor) hoch sind.

Sind hardwarenahe, compilerspezifische Anweisungen oder prozessorspezifische Konstruktionen nicht zu vermeiden, ist es sinnvoll, sie an wenigen Stellen zu konzentrieren. Weiterhin ist es anzuraten, sie durch bedingte Compilierung schaltbar zu machen bzw. sie bei Bedarf an zentraler Stelle zu ersetzen. Im Abschnitt 13.11 wird an Beispielen gezeigt, wie ein C-Code für einen Mikrocontroller über Präprozessoranweisungen so geändert wird, dass er, gesteuert durch die Definition eines einzigen Compilerschalters, auch auf einem PC funktioniert und dort testbar ist. Analog zu diesen Beispielen wäre auch eine Portierung auf einen anderen Mikrocontroller vorzunehmen.

9.9 Umleiten von Ein- und Ausgaben

Will ein C-Programmierer an einem PC Ergebnisse sichtbar machen oder vom Benutzer Eingaben in Empfang nehmen, so greift er zu den Funktionen printf, scanf usw. Versteckt durch das Betriebssystem gesteuert, erscheinen die vom Programm errechneten Zahlen auf dem Bildschirm, wenn diese Funktionen verwendet werden. In einem Embedded-System sind printf-Funktionen, die automatisch Zahlen und Buchstaben auf die eingebaute Anzeige bringen können, natürlich nicht von Anfang an vorhanden.

Der Compilerhersteller kann ja auch gar nicht wissen, welche Anzeige- oder Eingabemedien in einem System Verwendung finden. Meistens wird vom Hersteller trotzdem eine printf-Funktion geliefert. Diese Funktion arbeitet vielleicht mit einem mitgeliefertem Debugger zusammen oder stellt nur einen Funktionsrumpf zur Erweiterung durch den Benutzer dar. Will man nun die Ausgabe ändern, so gibt es zwei Möglichkeiten. Aus Büchern oder noch besser vom Compilerhersteller besorgt man sich eine printf-Funktion und modifiziert sie nach den eigenen Bedürfnissen. Mit dieser Prozedur ist man natürlich auf der sicheren Seite. Mit etwas Glück kann aber auch ein einfacherer Weg gegangen werden. Viele printf-Funktionen rufen auf niedriger Ebene zur Ausgabe des einzelnen ASCII-Zeichens die Funktion putc (manchmal auch putchar) auf. Diese bringt nur ein einzelnes Zeichen ins Display und ist somit auch einfacher zu verändern. Wenn die Funktion putc neu geschrieben ist, ersetzt sie die Bibliotheksfunktion putc und wird somit automatisch von printf verwendet. Ohne an den „Innereien" der printf Funktion geändert zu haben, wurde die Ausgabe von printf auf ein anderes Ziel gelenkt. Diese Methode kann auch verwendet werden, um eine im Gerät vorhandene Testschnittstelle wie eine RS232-Schnittstelle anzusteuern und dort interne Informationen über den Zustand der Software auszugeben. Einige Debugtools stellen ebenfalls eine Schnittstelle zur Verfügung, auf der über das Schreiben auf eine bestimmte Adresse eine Anzeigefunktion innerhalb des Debugtools aktiviert wird.

Neben Ein- und Ausgaben auf Bildschirm/Display oder Tastatur ist es auch möglich, die Funktionen zum sequenziellen Speichern von Daten zu verwenden. Auf einem PC werden mit den Funktionen fopen, fprintf und fclose normalerweise Dateien bearbeitet. Die Namen der Dateien sind fast frei wählbar. Einige Namen sind jedoch für bestimmte Zwecke reserviert. So gibt z. B. (auf DOS-Rechnern) der Dateiname „prn" automatisch auf dem Drucker aus, „com1" spricht die serielle Schnittstelle an usw. Diese Ausnahmen sind ein Hinweis auf die Art des Mechanismus, der bei den Dateifunktionen verwendet wird. Diese Mechanismen können ebenso leicht für eigene Zwecke verwendet werden.

Beispiel:

Die Funktion fopen wird so geschrieben, dass sie, wenn sie mit dem Dateinamen Drucker aufgerufen wird, eine festgelegte Nummer (oder auch Filedeskriptor) zurückliefert. Mit diesem Filedeskriptor wird nun der geöffnete Ausgabekanal identifiziert. Gleichzeitig wird mit dem fopen der Drucker initialisiert und für die Ausgabe bereitgemacht. Wird jetzt ein fprintf mit dem Filedeskriptor für den Drucker aufgerufen, so landet die Ausgabe endlich wieder beim putc. Das putc wird mit dem gleichen Filedeskriptor aufgerufen. Ein selbst geschriebenes putc (oder bei weniger kompatiblen Mechanismen ein fprintf) kann nun die Ausgabe auf den Drucker bringen. Das fclose zum Schließen einer Datei kann verwendet werden, um beim Drucker einen Seitenvorschub hervorzurufen oder ihn wieder in Ruhe zu versetzen.

Bei der Verwendung dieser eleganten Methode ist jedoch zu beachten, dass manche Standardroutinen wie z. B. printf sehr viel Code enthalten. Dies kann z. B. an der Floating-Point-Unterstützung von printf liegen, die man evtl. auch ausschalten kann.

9.10 Fehlerbehandlung

In einem Embedded-System kann es, wie in jedem anderen Softwaresystem auch, zu Fehlern kommen. Wichtig ist es, Fehler von vornherein zu berücksichtigen und Gegenmaßnahmen vorzusehen. Fehler können in der Hardware begründet liegen, reine Softwarefehler sein oder ein Zusammenspiel zwischen Hard- und Softwarefehlern sein. Im Gegensatz zu Fehlern in Desktopcomputern gibt es bei Embedded-Systemen keine Toleranz gegenüber Fehlern. Ein Reboot (z. B. Ziehen und Stecken der Stromversorgung oder Entfernen und erneutes Einlegen der Batterien) ist dem

Nutzer eines softwaregesteuerten Systems nicht zuzumuten. Deshalb ist es notwendig, Fehlererkennungsmechanismen und Fehlerbehandlungsroutinen vorzusehen, die Fehler während der Laufzeit abfangen, beheben, Notmaßnahmen einleiten und aufzeichnen. Da die Software nur wenige Fehler wirklich beheben kann, bietet sich als Abhilfe ein Neustart des Systems, ein so genannter *Warmstart*, an. Ein Warmstart ist ein Neustart der Software am Einsprungspunkt des Resetvektors. Im Gegensatz dazu steht der *Kaltstart*, der beim Einschalten der Versorgungsspannung erfolgt. Um die Auswirkungen eines Warmstarts für den Benutzter eines Systems zu verringern, können die momentanen Betriebszustände und Parameter des Systems nach Überprüfung gespeichert werden, bevor der Neustart ausgeführt wird. Nach dem Neustart des Systems können die geretteten Parameter zurückgespeichert werden, und das System kann seine Arbeit in dem Zustand wieder aufnehmen, in dem der Neustart ausgelöst wurde. Man kann hier von einem *versteckten Neustart* sprechen. Die Gefahr beim versteckten Neustart ist, dass auch der Parameter, der die Fehlfunktionen ausgelöst hat, mit zurückgerettet wird. Dagegen hilft eine abgestufte Strategie, die zuerst einen versteckten Neustart auslöst und, wenn dieser nicht hilft, mit einem normalen Neustart fortfährt. Dazu ist eine Software notwendig, die über einen besonders gesicherter Zähler die Anzahl der Startversuche zählt und die notwendigen Aktionen einleitet.

Die erkennbaren möglichen Fehler zur Laufzeit des Systems kann man in verschiedene Kategorien einteilen:

- **Mathematische Überlauffehler**

  Diese liegen vor, wenn mathematische Routinen undefinierte Ergebnisse liefern würden, weil ihre Eingangsparameter unerlaubte Werte annehmen. Das typische Beispiel ist die Division durch 0. Erkannt werden können solche Fehler durch Prozessoren, die Exception-Vektoren zur Verfügung stellen. Sind diese aktiviert, werden Exceptions ausgelöst, die ähnlich wie Interrupte im Fehlerfall aufgerufen werden und vom Programmierer mit Fehlerbehandlungscode gefüllt werden sollten. Die Fehlerbehandlung kann darin bestehen, der auslösenden Routine ein zwar mathematisch falsches, dafür aber unkritisches Ergebnis zurückzuliefern und den Fehler zu protokollieren.

- **Unmögliche oder unerlaubte Betriebszustände innerhalb der Software:**

  Das sind Kombinationen von internen Softwarezuständen, die so nicht vorkommen dürfen. Beispielsweise lautet der interne Zustand der Software eines DVD-Players „DVD wird abgespielt", obwohl ein Sensor meldet: „keine DVD" eingelegt. Um solche Fehler zu erkennen, ist ein zusätzliches Softwaremodul nötig, welches Plausibilitätskontrollen der Geräteparameter durchführt. Als Abhilfe bei einem solchen Fehler bietet sich ein Neustart an.

- **Unzulässiger Wertebereich von Eingangssignalen**

  Auch Defekte in angeschlossenen Sensoren müssen abgefangen werden. Ein Beispiel wäre ein Sensor, der gleichzeitig meldet, dass ein Tor geschlossen und geöffnet ist. Erkennen lassen sich solche Fehler über eine Plausibilitätskontrolle der entsprechenden Signale, beheben nur durch die Einstellung eines sicheren

Ruhezustands (auch *Failsafe-Zustand* genannt) und die Alarmierung des Services, z. B. durch das Aktivieren einer entsprechenden Anzeige.

- **Speicherfehler**

  Speicherfehler sind Fehler, die beim Umgang mit vom Betriebssystem verwalteten und von der Anwendersoftware allokierten Speicher auftreten (siehe Abschnitt 9.7.7). Das kann Speicherknappheit oder ein wirkliches Leerlaufen des Speichers sein. Zur Überwachung des Speicherzustands bietet sich eine Kontrollroutine an, die den vorhandenen Speicher protokolliert und z. B. bei 80 % Auslastung Gegenmaßnahmen anfordert. Während man bei der Speicherknappheit noch Gegenmaßnahmen, wie die zeitweise Blockade der Eingangsschnittstellen oder das Beenden von unwichtigen Tasks und die Freigabe ihres Speichers, ausführen kann, hilft beim kompletten Leerlaufen des Speichers nur wieder ein Neustart. In einer Speicherverwaltung wird ja nicht nur Speicher angefordert, sondern auch nach der Benutzung an das System zurückgegeben. Wird nicht der gesamte Speicher zurückgegeben, sondern „vergisst" ein Programm Speicher zurückzugeben, kommt es zu Ansammlungen von belegten Speicherbereichen ohne Funktion und Referenzen darauf. Irgendwann geht dann der Speicher aus. Die „verwaisten" Speicherbereiche sind aber nicht leicht zu finden. Eine einzige Referenz durch einen Pointer auf einen Bereich reicht ja aus, um ihn zu bearbeiten und einen verwaisten Bereich von einem ordnungsgemäß benutzten zu unterscheiden. Eine Prüfroutine zu schreiben, die alle Pointer absucht und daraufhin überprüft, ob die Pointer auf einen Speicher zeigen oder nicht, wäre aufwendig und bei statischen (durch static definierten) Pointern auch unmöglich. Statische Variablen haben ja die Eigenschaft, nur innerhalb gewisser Gültigkeitsgrenzen bekannt zu sein. Eine Prüfroutine könnte also nur einfache globale Pointer überprüfen. Als Abhilfe bietet sich ein Speicher-Belastungtest im Ruhezustand eines Systems an. Hat ein System einen Ruhezustand und müssten im Normalfall in diesem Zustand auch alle Speicherbereiche frei sein, könnte eine Testroutine kurz sehr viel Speicher anfordern (bis fast an die Grenze der Ressourcen) und direkt wieder an das System zurückgegeben. Gibt es nun verwaiste Speicherbereiche, ist eine solche Anforderung nicht mehr möglich, und die obige Routine zur Behandlung von Speicherknappheit leitet einen Neustart ein.

- **Ungültige Pointer**

  Ein weiterer Fehler, der im Zusammenhang mit der Verwendung von Zeigern auftreten kann, ist das Schreiben oder Lesen von Werten über ungültige Pointer. Ein häufiger Fehler ist das Beschreiben eines Nullpointers. Eine Routine hat aufgrund einer Bedingung (z. B. String nicht gefunden) einen Nullpointer zurückgegeben. Das aufrufende Programm fängt diese Bedingung nicht ab und schreibt über den Nullpointer in den Speicher. Erkennen lässt sich dieser Fehler über eine regelmäßige Checksummenbildung über einen Bereich von ca. 20 Byte an der Adresse 0. Aber Vorsicht! Manche Mikrocontroller haben hier ihre internen Register, die sich unter Umständen dauernd verändern (z. B. Timerregister). Leistungsfähige Mikrocontroller besitzen einen Memorycontroller (siehe ***Bild 9.5, S. 81,*** links unten *Ext. Bus and XBus Logik*), mit dem man nur den Zugriff auf erlaubte Bereiche freigeben und eine Exception auslösen kann, wenn unzulässige Bereiche angesprochen werden. Als Abhilfe bietet sich meistens ein Neustart an.

- **Überlastung des Systems**

  Softwaresystem sind immer für eine bestimmte Last ausgelegt, die sie maximal bearbeiten können. Durch z. B. Defekte externer Sensoren (defekte Taste mit Wackelkontakt), durch ungewöhnliche Bedienungen (denken wir an Kinder, die den Aufzug als Spielzeug entdecken) oder auch durch ein angeschlossenes System, welches sich plötzlich anders verhält als gewohnt (ein Subsystem wurde ausgetauscht und durch ein schnelleres System ersetzt) kann es zu einer Überlastung des Softwaresystems kommen. Erkennbar ist eine solche Situation durch die Überwachung der Reaktionsfähigkeit eines Systems oder durch die Überwachung der noch im Betriebssystem zur Verfügung stehenden Ressourcen wie Rechenzeit und Speicher. Als Abhilfe bietet sich an, die Eingangsschnittstellen des Systems so lange zu blockieren, bis sich der Betriebszustand wieder normalisiert hat. Hierbei geht natürlich Information verloren, aber es wird ein drohender Absturz des Systems verhindert.

- **Endlosschleifen**

  Durch eine falsch definierte Abbruchbedingung kann es zu unerwünschten Endlosschleifen im System kommen. In kooperativen Systemen fallen Endlosschleifen schnell auf, da der Taskablauf gestört wird, da sich das System nur noch mit der Endlosschleife und evtl. anfallenden Interrupten beschäftigt. Ein vorhandener Hardware-Watchdog (siehe Abschnitt 9.7.11) wird das Problem durch einen Neustart beheben. Anders sieht es bei einem preemptiven System aus, welches Tasks an beliebiger Stelle verdrängen kann. Hier erhöht sich durch die unnötige Schleife nur die Systemlast, und die Endlosschleife bleibt unter Umständen längere Zeit unentdeckt. Die schon besprochene Abhilfe war, den Watchdog in einer Task mit der geringsten Priorität zu triggern und so doch noch einen Reset auszulösen. Einige Betriebssysteme bieten eine differenziertere Reaktionsmöglichkeit über *Watchdogfunktionen* an, mit denen sich auch einzelne Tasks überwachen lassen. Die Task muss in gewissen definierten Zeitabständen eine Funktion aufrufen, die das Betriebssystem über den geordneten Ablauf der Task informiert. Als Abhilfe im Fehlerfall bietet sich einerseits das Löschen und Neustarten der fehlerhaften Task an, andererseits kann es sinnvoll sein, das ganze System neu zu starten.

Während der Softwareentwicklung und des Softwaretests kann die assert-Anweisung helfen, versteckte Fehler zu finden. In der ANSI-Norm ist ein Makro „assert“ definiert, welches zur Laufzeitüberprüfung von bestimmten Progammvoraussetzungen dient. Holt ein Programm Speicher vom Betriebssystem, um damit Operationen auszuführen, ist die erfolgreiche Allokation von Speicher eine Voraussetzung für das Programm, damit es seine Arbeit ausführen kann. Ist eine solche Voraussetzung nicht erfüllt, kommt es zum Fehler. Da es meist zu aufwändig oder unmöglich ist, in solchen Situationen eine korrekte Fehlerbehandlung auszuführen, trotzdem aber in der Testphase der Entwickler oder Systemtester über einen solchen Fehler informiert werden sollte, gibt es in ANSI-C das Makro assert, welches in der include-Datei

„assert.h“ definiert ist Auf Desktop-Computern (wie z. B. PCs) gibt das Makro assert(*Bedingung*) eine Fehlermeldung, die den Dateinamen und die Zeilennummer der Anweisung beinhaltest, auf dem Bildschirm (auf dem stderr-Kanal) aus, wenn die in der Klammer angegebene Bedingung falsch ist. Natürlich haben die meisten Embedded-Systeme, besonders die kleineren, keine direkte Verbindung zu einem Bildschirm, um eine Fehlermeldung auszugeben. Ist aber eine Ausgabemöglichkeit über eine serielle Schnittstelle vorhanden, kann die Fehlermeldung über diese Schnittstelle weitergeleitet und auf einem angeschlossenem PC mit Terminalprogramm zur Anzeige gelangen. Da die vom Makro benutzten printf-Funktionen auf kleinen Systemen meist nicht so ohne weiteres zur Verfügung stehen (siehe Abschnitt 9.9), ist es unter Umständen sinnvoll, das Makro nach den eigenen Anforderungen und Systemgegebenheiten zu modifizieren, um Systemressourcen zu sparen. Wenn gar keine Ausgabemöglichkeiten zur Verfügung stehen, wird das assert-Makro durch eine Funktion ersetzt, auf die mit dem Debugger an der entsprechenden Bedingung (d. h. wenn die Assert-Bedinung falsch ist) ein Breakpoint gesetzt wird.

So nützlich das Makro in der Entwicklungs- und Testphase ist, in der endgültigen Software stört es nur. Ein späterer Systemanwender soll nicht durch Fehlermeldungen verwirrt werden. Deshalb lässt sich dass assert-Makro durch die Definition des Makros NDEBUG vollkommen entfernen, z. B. durch den Schalter -DNDEBUG auf Compilerebene. Das endgültige Softwarerelease ist dadurch vom Testcode befreit.

Da die Vorgehensweise hier sehr systemspezifisch ist, können nur grob Lösungswege aufgezeigt werden. Es ist jedoch wichtig, die Idee, die hinter dem assert-Makro steckt, zu verinnerlichen und sie, ggf. etwas abgewandelt, in das eigene System zu implementieren.

9.11 Steuerungssoftware

Neben den Komponenten Betriebssystem und Treibern fehlt noch die Steuerungssoftware zur Steuerung des Gerätes mit den darin enthaltenen Leistungsmerkmalen, die dem Benutzer besondere Funktionen zur Verfügung stellen und ein Gerät komfortabel machen oder es wesentlich vom Mitbewerber unterscheiden. Die Steuerungssoftware und die Leistungsmerkmale machen normalerweise den größten Anteil eines Softwaresystems aus. Meistens besteht diese Software aus einem *Dispatcher* und einem endlichen *Zustandsautomaten*, der externe Ereignisse von Sensoren verarbeitet und daraufhin Befehle an die Aktoren ausgibt (***Bild 9.27***). Unter *Sensoren* wird hier ganz allgemein alles gefasst, was in der Lage ist, Signale aus der Außenwelt zu verarbeiten. Dies können Temperatursensoren, Füllstandsmesser, aber auch Tastaturen sein. Unter *Aktoren* werden hier Motoren, Lautsprecher, aber auch Displays verstanden. Sensoren und Aktoren haben ihre eigenen Hardwaretreiber.

Der Dispatcher überprüft die Eingangsdaten auf Plausibiliät und bereitet die Daten so auf, dass sie an den Zustandsautomaten weitergegeben werden können. Kommen die Eingangsdaten von anderen Tasks z. B. per Mail an, hat der Dispatcher die Aufgabe, die Mail auf Gültigkeit zu überprüfen. Nach der Gültigkeitsprüfung wird das relevante Ereignis aus der Mail extrahiert und ggf. noch umcodiert. Umcodieren

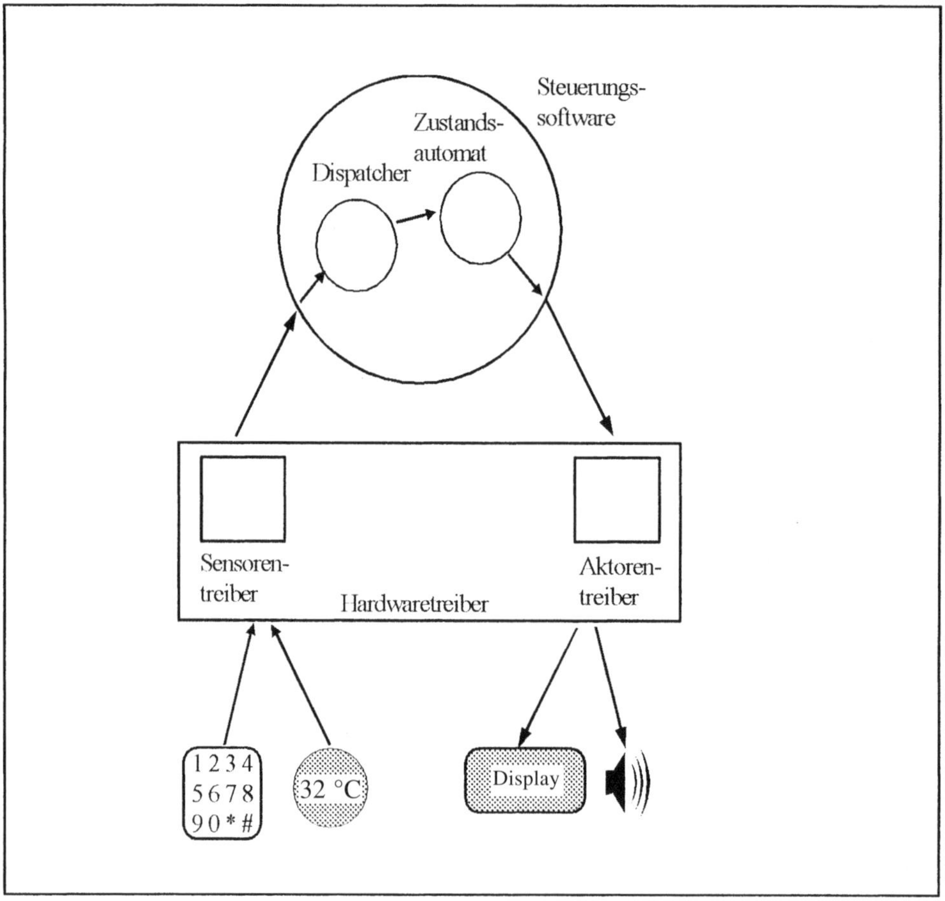

Bild 9.27: *Steuerungssoftware und Hardware*

kann bedeuten, dass die Temperaturdaten in Grad Celsius, die von einem Motor kommen, bewertet werden und, wenn diese eine bestimmte Schwelle überschreiten, in das Ereignis Übertemperatur umcodiert (normiert) werden und dieses Ereignis auf den Zustandsautomaten wirkt. Die Normierung der Eingangsdaten ist natürlich sehr implementationsabhängig. Deshalb kann hier kein allgemeiner Dispatcher gezeigt werden, jedoch werde ich im Praxisteil (Abschnitt 13.4) noch einmal darauf zurückkommen.

Die eigentliche Intelligenz der Steuerung sitzt im Zustandsautomaten. *Zustandsautomaten* sind das zentrale Element der Steuerungssoftware. Softwaresysteme müssen in einer Anwendung auf komplexe Bedingungen reagieren. Dies kann durch das Setzen einer Unmenge an Merkern, Zählern und sonstigen Gedächtnishilfen und dem Abfragen eben dieser Merker in der Software geschehen. Sehr leicht entsteht dabei so genannter Spaghetticode, der nicht mehr zu durchblicken und nicht mehr wartbar ist. Der Einsatz von Zustandsautomaten erlaubt trotz komplexer Anforderungen an den Code, die Übersichtlichkeit zu bewahren.

9.11.1 Endliche Zustandsautomaten

Endliche Zustandsautomaten besitzen eine endliche Anzahl von verschiedenen Zuständen. Sie sind in der Lage, auf Ereignisse in unterschiedlichen Zuständen unterschiedlich zu reagieren. Außerdem können gewisse Ereignisse zum Wechsel des Zustands des Automaten führen. Auch sehr komplexe Abläufe lassen sich mit Zustandsautomaten erfolgreich abbilden und durch eine Software bearbeiten. Einfache Zustandsautomaten können anschaulich grafisch dargestellt werden. In ***Bild 9.28*** ist ein vereinfachter Zustandsautomat zur Steuerung eines Wiedergabegerätes dargestellt, wie es z. B. ein CD- oder DVD-Spielers sein könnte. Im Zustand „Ruhe", der nach dem Einschalten des Gerätes durch einen Reset erreicht wird, führt das Einlegen eines Mediums in den Zustand „Medium eingelegt". In diesem Zustand kann das Medium wieder entnommen oder, was wahrscheinlicher ist, die Wiedergabe des Mediums durch das Drücken der Wiedergabetaste gestartet werden. Die Einträge an den Pfeilen zwischen den Zuständen sind nach dem Schema Ereignis/Aktion aufgebaut. Oberhalb des Strichs befindet sich das Ereignis, unterhalb die auszuführende Aktion. Den neuen Zustand kennzeichnet das Pfeilende mit der Pfeilspitze. Die Wiedergabe kann durch das Drücken der Pausentaste unterbrochen werden. Die Stopptaste beendet die Wiedergabe. Das Kennzeichnende an einem Zustandsautomaten ist seine Eigenschaft, bestimmte Ereignisse in dem einen Zustand mit Aktionen zu verknüpfen und in dem anderen zu ignorieren. Das Drücken der Wiedergabetaste im Zustand „Ruhe" hat z. B. keine Aktion zur Folge.

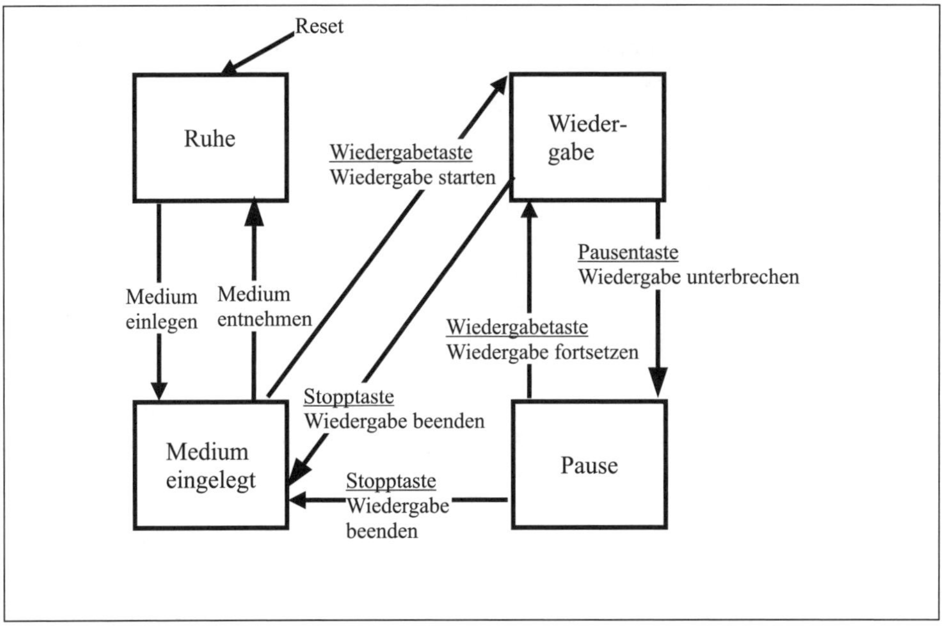

Bild 9.28: *Zuststandsdiagramm*

Tabelle 9.2: *Zustandstabelle*

Zustände/ Ereignisse	Ruhe	Medium eingelegt	Wiedergabe	Pause
Reset	Ruhe	Ruhe	Ruhe	Ruhe
Medium entnehmen	-	Ruhe	-	-
Medium einlegen	Medium eingelegt	-	-	-
Wiedergabetaste	-	Wiedergabe / Wiedergabe starten	-	Wiedergabe / Wiedergabe fortsetzen
Pausentaste	-	-	Pause / Wiedergabe unterbrechen	-
Stopptaste	-	-	Ruhe / Wiedergabe beenden	Ruhe / Wiedergabe beenden

Im Zustand „Medium eingelegt" führt sie zur Aktion „Wiedergabe starten" und zum Zustandswechsel. Die grafische Darstellung von Zustandsautomaten ist gut verständlich, wird aber bei komplexeren Automaten leicht unübersichtlich. Einen Zustandsautomaten kann man deshalb auch in einer Entscheidungstabelle oder Matrix darstellen. In der 1. Spalte der Tabelle sind Ereignisse, in der 1. Reihe die verschiedenen Zustände aufgetragen. In den Einträgen der Tabelle befinden sich der Folgezustand und die auszuführenden Aktion. In ***Tabelle 9.2*** wurde die grafische Darstellung aus ***Bild 9.28*** in eine kleine Tabelle umgewandelt. Die tabellarische Darstellung hat den Vorteil, dass nicht so leicht Ereignisse in bestimmten Zuständen vergessen werden können, da alle Kombinationen von Ereignissen und Zuständen automatisch an den Kreuzungspunkten in der Tabelle vorkommen. Die Darstellung zeigt auch, dass die häufigste Aktion „nichts" ist, gekennzeichnet durch einen Strich ohne Zustandswechsel. Eine programmtechnische Umsetzung der Zustandstabelle muss eine strenge Tabellenform vermeiden, da darunter die Effektivität der Codierung der Tabelle leiden würde. Die häufigen Einträge von „nichts" werden bei der Programmierung deshalb weggelassen. Eine verschachtelte Switch-Case-Anweisung in C stellt eine effektive Umsetzung dar. Der erste switch verzweigt mit einer case-Anweisung auf den eingestellten Zustand. In diesem case befindet sich eine weitere switch-Anweisung, die das entsprechende Ereignis auswählt. Ereignisse, die keine Reaktion verursachen sollen, werden in der switch-Anweisung nicht berücksichtigt und erzeugen auch keinen Code. Das vollständige Listing des Zustandsautomaten ist in ***Beispiel 9.25*** dargestellt. Die entprechenden Aktionen, wie „Wiedergabe starten", sind durch Dummyfunktionen symbolisiert (FktWiedergabeStarten();) die hier keinen Code enthalten. Bei einem echten Projekt müssten hier die entsprechenden Anweisungen, z. B. zum Starten einer Wiedergabe, implementiert werden.

```
#define ZUSTAND_RUHE                    0
#define ZUSTAND_MEDIUM_EINGELEGT        1
#define ZUSTAND_WIEDERGABE              2
#define ZUSTAND_PAUSE                   3

#define EREIGNIS_MEDIUM_ENTNEHMEN       0
#define EREIGNIS_MEDIUM_EINLEGEN        1
#define EREIGNIS_WIEDERGABE             2
#define EREIGNIS_PAUSE                  3
#define EREIGNIS_STOPP                  4

/* Prototypen */
void FktWiedergabeStarten(void);
void FktWiedergabeStoppen(void);
void FktWiedergabeUnterbrechen(void);
void FktWiedergabeFortsetzen(void);
unsigned int uiZustand=ZUSTAND_RUHE;

void steuerung (unsigned int uiEreignis)
{
 switch(uiZustand)    /* Zustand auswaehlen */
 {
   case ZUSTAND_RUHE:
          {
               switch (uiEreignis)
                    {
                         case EREIGNIS_MEDIUM_EINLEGEN: /* Ereignis auswaehlen */
                          {
                                /* Zustand wechseln */
                              uiZustand=ZUSTAND_MEDIUM_EINGELEGT;
                              break;
                          }
                    }
               break;
          }
   case ZUSTAND_MEDIUM_EINGELEGT:
          {
             switch (uiEreignis)
              {
                  case EREIGNIS_MEDIUM_ENTNEHMEN:        /* Ereignis auswaehlen */
                   {
                         uiZustand=ZUSTAND_RUHE;              /* Zustand wechseln */#
                         break;
                      }
                  case EREIGNIS_WIEDERGABE:        /* Ereignis auswaehlen */
                    {
                      uiZustand=ZUSTAND_WIEDERGABE;        /* Zustand wechseln */
                             FktWiedergabeStarten();     /* entsprechende Funktion ausfuehren */
                      break;
                    }
              }
              break;
          }
   case ZUSTAND_WIEDERGABE:
          {
               switch (uiEreignis)
                {
```

```
                    case EREIGNIS_PAUSE:        /* Ereignis auswaehlen */
                            {
                            uiZustand=ZUSTAND_PAUSE;  /* Zustand wechseln */
                             FktWiedergabeUnterbrechen();
                            break;
                            }
                   case EREIGNIS_STOPP:         /* Ereignis auswaehlen */
                            {
                            uiZustand=ZUSTAND_RUHE;   /* Zustand wechseln */
                            FktWiedergabeStoppen();          /*  entsprechende Funktion ausfuehren */
                            break;
            }
                    }
        break;



    case ZUSTAND_PAUSE:
        {
          switch (uiEreignis)
           {
                   case EREIGNIS_PAUSE:         /* Ereignis auswaehlen *
                              {
                              uiZustand=ZUSTAND_PAUSE;               /* Zustand wechseln */
                              FktWiedergabeFortsetzen();
                              break;
                              }
                   case EREIGNIS_STOPP:         /* Ereignis auswaehlen */
                              {
                              uiZustand=ZUSTAND_RUHE;                /* Zustand wechseln */
                              FktWiedergabeStoppen();          /* entsprechende Funktion ausfuehren
*/

                              break;
                              }
            }
          break;
        }
    }
}
void FktWiedergabeStarten(void)
{};
void FktWiedergabeStoppen(void)
{};
void FktWiedergabeUnterbrechen(void)
{};
void FktWiedergabeFortsetzen(void)
{};
```

Beispiel 9.25: *Vollständiges Listing des Zustandsautomaten*

9.11.2 Benutzeroberfläche

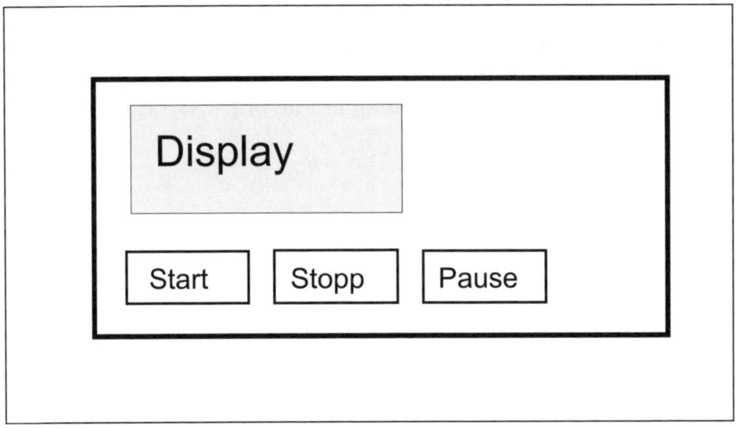

Bild 9.29: *Benutzeroberfläche des Abspielgerätes*

Bei der Entwicklung von Programmen für PCs stehen dem Programmierer umfangreiche Hilfsmittel zur Verfügung. Die Oberfläche des geplanten Programms kann mit Programmen zur Entwicklung grafischer Benutzeroberflächen geplant werden. Im Embedded-Bereich stehen diese Hilfsmittel noch nicht bzw. noch nicht preisgünstig zur Verfügung. Die Entwicklung der Oberfläche bleibt dem Programmierer überlassen.

Die *Benutzeroberfläche* des Gerätes besteht aus den Tasten Wiedergabe, Pause und Stopp und einem kleinen Display. Der Zustandsautomat zum Verarbeiten der Tastaturinformationen ist in Abschnitt 9.11.1 beschrieben. Der vereinfachte Player hat neben den Bedienelementen ein kleines Display (***Bild 9.29***), in dem Hinweise für den Benutzer angezeigt werden (siehe ***Tabelle 9.3***).

Tabelle 9.3: *Verknüpfung von Zuständen und Displayanzeigen*

Zustand	Anzeige
Ruhe	„Medium einlegen“
Medium eingelegt	
Wiedergabe	„Wiedergabe“
Pause	„Pause“

In diesem Beispiel kann der interne Zustand des Gerätes mit den Displayanzeigen verknüpft werden. Ist ein Medium eingelegt und wurde die Wiedergabetaste gedrückt, ist der Zustand des Gerätes und des Zustandsautomaten „Wiedergabe“. Dies spricht nicht nur für ein gutes Design des Softwaresystems, sondern kann auch dazu verwendet werden, Statusanzeigen wie Displayanzeigen oder LED-Anzeigen vom Zustandsautomaten abzuleiten. Soll in einem Display die Textanzeige „Wiedergabe“ stehen, wenn sich das Gerät im Zustand Wiedergabe befindet, kann diese Information direkt aus dem Zustandsautomaten gewonnen werden. Anstatt die entsprechenden Anzeigen jeweils innerhalb der Funktionsprogramme zu aktivieren, empfiehlt es sich, die Displayanzeige direkt an den Zustandsautomaten zu koppeln und bei jedem Zustandswechsel den Zustand des Automaten, natürlich in einer für den Anwender des Gerätes aufbereiteten Form, nach außen hin anzuzeigen. Der Vorteil diese Verfahrens sind die Übersichtlichkeit der Software und Synergieeffekte, die dadurch entstehen, dass sich die Logik zur Displaydarstellung nur an einer Stelle und nicht in der Software verstreut befindet.

10 Quellcode

Das Kapital einer Softwareentwicklung ist der *Quellcode* (Sourcecode). Bei größeren Entwicklungen ist nicht nur wichtig, dass eine Software funktioniert, sondern auch, dass der Quellcode der Software eine hohe Qualität aufweist. Hohe Qualität bedeutet: übersichtliche Programmstruktur, häufige Kommentare, keine Anwendung von Seiteneffekten und Verzicht auf unverständliche Spezialkonstruktionen. Deshalb sollte dem Quellcode hohe Aufmerksamkeit gewidmet werden. Neben den Hilfsmitteln auf der Tool-Ebene gibt es auch Voraussetzungen auf der menschlichen Ebene, um guten Code zu erhalten. Unter großem Zeitdruck wird meist kein vernünftiger Code produziert; motivierte Entwickler produzieren besseren Code als nicht motivierte.

Ein fertig gestellter Code sollte einem größeren Kreis von Entwicklern zugänglich gemacht werden. Dies kann in Form von so genannten *Reviews* geschehen, in denen ein Entwickler sein Projekt (vor der Implementation) und später evtl. den Code (nach der Implementation) anderen Entwicklern vorstellt. Durch solche Reviews werden durch das Besprechen im Team nicht nur Fehler aufgedeckt, sondern es wird auch das Wissen eines Entwicklers an andere weitergegeben.

Der Aufbau des Quellcodes bestimmt die Fehleranfanfälligkeit, Wartbarkeit und Erweiterbarkeit der Software mit. Es lohnt sich, den Quellcode nach einem gewissen System aufzubauen und dieses System auch bei mehreren Entwicklern, die an einem Projekt arbeiten, beizubehalten. Im Folgenden werden einige Hinweise gegeben, die helfen sollen, einen übersichtlichen und gut wartbaren Code zu erzeugen.

10.1 Module

Eine gute Software ist in mehrere Module aufgeteilt. Die *Module* entsprechen auf der Ebene der Dateiverwaltung jeweils einer Datei. Üblicherweise sollte ein Modul nur maximal zwei bis drei Seiten reinen Programmtext haben. Mit reinem Programmtext ist alles mit Ausnahme von Definitionen und Deklarationen gemeint. Die Größenangabe für eine Quellcodedatei ist hier nur als grober Anhaltspunkt gedacht. Niemand soll sinnvoll zusammengefasste Funktionen aufgrund dieser Faustregel wieder auseinander reißen. Wird ein Modul jedoch extrem groß, also z. B. 10 bis 20 Seiten Quellcode, so muss vielleicht das Konzept überdacht werden, das zu so einem Riesenmodul geführt hat.

Am Anfang eines jeden Moduls sorgt ein *Modulkopf* (***Beispiel 10.1*** und ***Beispiel 11.7, S. 189***) für eine kurze Erläuterung des Moduls. Wichtig ist hier eine wirklich

```
/*****************************************************************************
*                              Steuer.c

******************************************************************************
* Beschreibung: Funktionen zur Motorsteuerung Modell DR-90

******************************************************************************
* Änderungen                                        Wer?
* ----------------------------------------------------------------------------
* 1.1.01 Ersterstellung                             Kocherscheidt
* 2.1.01 Neue Ansteuerung für Aufnahme              Wiegelmann
* 3.3.01 Fehler bei Rücklauf beseitigt              Knapp
*/
```

Beispiel 10.1: *Modulkopf*

kurze und sinnvolle Charakterisierung der in diesem Modul zusammenfassten Programme. Ausführliche Beschreibungen werden oft nicht gelesen, zumindest aber in der Hektik des Programmiergeschäfts nicht mehr aktualisiert. Eine nähere Beschreibung der Funktionsweise kann später bei den Funktionen des Moduls erfolgen. Beispiele für solche Charakterisierungen sind:

- „Programme zur Motorsteuerung",
- „Betriebssystem",
- „Zustandsautomat",
- „Leistungsmerkmale".

Ist die Anzahl der Leistungsmerkmale nicht mehr einfach überschaubar, so teilt man die einzelnen Leistungsmerkmale auf Module auf. Hierbei entstehen dann Module mit den Namen:

- „Programme zur Wiedergabe",
- „Programme zur Aufnahme",
- „Suchprogramme".

Manchmal kann es sogar notwendig sein, zwei Module aus nur einem Leistungsmerkmal zu erzeugen. Dies ist der Fall, wenn beispielsweise aus Zeitgründen zwei Entwickler ein Leistungsmerkmal zusammen entwickeln sollen. Da eine Bearbeitung des Quellcodes ja nur auf Dateiebene möglich ist, muss pro Entwickler eine Datei vorhanden sein.

Zu der kurzen Charakterisierung des Moduls gehört auch ein Verzeichnis der Programmierer, die an den Programmen mitgewirkt haben. Praktisch an dem Modulkopf in ***Beispiel 10.1*** ist seine offene rechte Seite (es fehlen die Sterne an der rechten Seite). Das lästige Ausgleichen des Randes beim Löschen und Einfügen von Text entfällt so.

Wenn kein automatisches Tool zur Verwaltung des Quellcodes zur Verfügung steht, welches eine Änderungshistorie der verschiedenen Programmierer automatisch erstellt, sollte eine solche von Hand aufgebaut werden. Mit Hilfe einer solchen Änderungshistorie lässt sich nachvollziehen, wann welche neue Funktion oder Funktionalität in das Modul gekommen ist. Ebenso kann man ablesen, wer wann welchen Programmierfehler in dem Modul behoben hat.

10.2 Programme

In einem Modul werden meistens mehrere Programme zusammengefasst. Die Programme sollen jeweils nur eine einzige Aufgabe haben. Programme, die direkt mehrere unterschiedliche Aufgaben erledigen, sind unübersichtlich und schwer zu warten. Wenn jedoch gefordert wird, mehrere Aufgaben mit einem Programm zu erledigen, sollten die einzelnen Aufgaben spezifiziert und auf Unterprogramme ausgelagert werden, die dann wiederum vom darüber stehenden Programm nacheinander aufgerufen werden.

Diese Vorgehensweise führt zu einer *hierarchischen Programmstruktur* (siehe auch Abschnitt 12.2). Oben in der Hierarchie stehen einfache Programme, die die zu erledigenden komplizierten Aufgaben an die unten stehenden Programme delegieren. Werden beim Entwurf eines Systems zuerst die oben stehenden Programme spezifiziert und später die Programme auf den unteren Ebenen, so spricht man auch von *Top-down-Design*. Diese verbreitete Vorgehensweise lässt Strukturen entstehen, die – grafisch dargestellt – an umgedrehte Bäume erinnern. Der Stamm des Baumes wird vom einfachen Hauptmodul gebildet, die Äste und Blätter stellen die Spezialisten für die einzelnen komplexen Aufgaben dar.

Der *Name* eines Programms beschreibt am besten direkt seine Aufgabe. Namen wie WiedergabeStarten oder AufnahmeStoppen beschreiben die Funktion eines Programms besser als eine einfache Nummer (Prog4711). Trotzdem kann eine Durchnummerierung von Programmen in Ausnahmefällen sinnvoll sein, wenn z. B. ein genau beschriebenes Protokoll verwirklicht wird, dessen Aktionen ebenfalls nummeriert sind. Die Programmnamen stellen dann die von der Protokollvorschrift geforderten Reaktionen dar. Analog zu obigem Modulkopf empfiehlt sich auch für jedes größere Programm ein Programmkopf mit kurzer Aufgabenbeschreibung des Programms und eventuellen Änderungen. Zusätzlich zum Programmnamen ist, besonders wenn mehrere Module vorhanden sind, eine Modulkennung im Programmnamen sinnvoll, die auf den Ort der Definition des Programms verweist. Sinnvollerweise verwendet man am besten eine kurze Abkürzung für den Modulnamenszusatz, um den Programmnamen nicht zu sehr zu vergrößern. Ist das Programm WiedergabeStarten im Modul **St**euerun**g** definiert, wäre ein Name wie **Stg**WiedergabeStarten denkbar.

10.3 Einrückungen

Einrückungen innerhalb von Schleifen und Bedingungen erhöhen die Lesbarkeit des Programmtextes erheblich. Sie kennzeichnen eine neue Ebene des Programms. Eine solche neue Ebene kann durch eine erfüllte if-Abfrage oder innerhalb einer for-

Schleife erreicht werden. Leider gibt es für die hilfreichen Einrückungen keine Norm und in den meisten Editoren auch keinen eindeutigen Automatismus. So ist es immer noch eine Frage des persönlichen Geschmacks, ob direkt hinter einer if-Abfrage die öffnende Klammer kommt oder ob die öffnende Klammer erst in der nächsten Zeile folgt. Ebenso ist offen, wie viele Blanks eine neue Ebene kennzeichnen. Eine Möglichkeit ist folgender Einrückstil (***Beispiel 10.2***):

```
if (strcmp(buff1,buff2))
   {
   printf("Differenz gefunden:\n");
   printf("Datei 1:\n%s\n",buff1);
   printf("Datei 2:\n%s\n",buff2);
   ungleich=TRUE;
   }
```

Beispiel 10.2: *Beispiel zur Quellcodeformatierung*

- Klammern am Beginn eines Blocks und nicht direkt hinter den Anweisungen. Das gibt ein homogenes Gesamtbild. Zusammengehörige Klammernpaare können leichter gefunden werden.
- 3 Blanks pro Einrückung.

10.4 Konstanten

Wenn numerische Werte in einem Programm benutzt werden, ist es sehr sinnvoll, diese als Konstanten und nicht als Zahlenwerte zu benutzen. Aussagekräftige Namen, wie z. B. MAX_ANZAHL_PAKETE, machen ein Programm wesentlich leichter lesbar als absolute Zahlenwerte. Außerdem lassen sich die Werte einfach ändern, wenn nur an einer Stelle eine Konstante geändert werden muss und automatisch alle Zahlenwerte an allen Stellen im Programm, die die Konstante benutzen, angepasst werden. In C werden Konstanten üblicherweise über eine #define-Anweisung definiert. Konstanten, die in mehreren Modulen benutzt werden, bringt man in Headerdateien und macht sie mit der include-Anweisung verfügbar. Neben der #define-Anweisung gibt es noch die const-Anweisung, mit der sich auch Konstanten vereinbaren lassen. Die #define-Anweisung hat den Vorteil, dass man mit ihr angelegte Konstanten für alle Arten von C-Konstruktionen verwenden kann. So ist es kein Problem, Variablenfelder mit Konstanten anzulegen:

```
#define MAX_ANZAHL          5
int feld[MAX_ANZAHL];
```

Wird die Konstante MAX_ANZAHL mit const angelegt, funktioniert das Anlegen eines Feldes nicht mehr. Ebenso ist es unmöglich, globale Variablen mit durch const definierten Konstanten zu initialisieren. Lokale Variablen können wieder durch diese Konstante initialisiert werden. Diese Unterschiede rühren daher, dass der const-

Typ als eine Art schreibgeschützte Variable definiert ist. Der Compiler kann aber Variablen nicht für die obigen Operationen verwenden. Das unteschiedliche Verhalten von const und #define führt dazu, dass man am besten Konstanten mit #define definiert und nicht über const. Der Nachteil von Konstanten, die mit #define angelegt werden, ist die fehlende Typsicherheit (d. h., der Compiler überprüft die richtige Verwendung im Code), da der Präprozessor nur die durch #define definierten Zeichen in den Quellcode einsetzt. So können auch vergessene Klammern in bei einer mit #define definierten Konstante leicht falsche Ergebnisse zur Folge haben (siehe Abschnitt 3.2.7). Auch beim Arbeiten mit großen Zahlenwerten können Konstanten, die mit #define angelegt wurden, Fehler verursachen. Die Anweisung:

*#define GROSSE_KONSTANTE (28433*100)*

wird von vielen Compilern ohne Warnung in eine zu kleine Zahl umgesetzt. Das richtige Ergebnis bringt erst die eindeutige Kennzeichnung der Operanden als Long-Zahlenwerte:

*#define GROSSE_KONSTANTE (28433L*100L)*

Mit const definierte Konstanten werden normalerweise (aber nicht immer) im Lesespeicher des Embedded-Systems (also Flash-ROM oder ROM) angelegt. Einige Compiler haben die Eigenschaft, diese Konstanten als (zwar schreibgeschützte) Variablen im RAM zu platzieren. Bei der Programmierung mancher sicherheitsrelevanter Anwendungen ist die Verwendung von #define-Konstanten wegen der oben erwähnten Risiken nicht zulässig. Vor der Entscheidung const oder #define sollten diese Punkte geklärt sein.

Typische Anwendungen von Konstanten sind:

- Anlegen von Bitmasken zum Ausblenden redundanter Informationen innerhalb einer Bitstruktur,
- Schleifenzähler,
- Abtesten von Minimal- oder Maximalwerten,
- Codierung von Meldungen,
- Definieren von Signalen und Nachrichten,
- Implementation von Protokollen.

10.5 Codegröße und Komplexität

Für Komplexitätsabschätzungen oder Fehlerwahrscheinlichkeiten wird oft die Codegröße benötigt. Unter Codegröße kann man nun zweierlei Dinge verstehen: erstens die Größe des Programmcodes im Programmspeicher und zweitens die Anzahl der Anweisungen im C-Code. Die Größe im Programmspeicher lässt sich sehr einfach z. B. aus einem Linkerlisting ablesen, welches der Linker bei Angabe eines bestimmten Befehls bzw. Switches erstellt. Für Komplexitätsabschätzungen ist diese Zahl jedoch nicht aussagefähig, da aus dem gleichen Quellcode durch unterschiedliche Einstellungen des Compilers oder durch verschiedene Compiler unterschiedlich viel Programmcode entstehen kann. Soll also grob die Komplexität des Quellcodes abgeschätzt werden, so müssen auch die C-Anweisungen im Quellcode gezählt werden. Kommentare, so wichtig sie zum Verständnis eines Programms sind, gehören nicht zu den C-Anweisungen. Da eine Anweisung in C mit einem Semikolon endet, können also die Semikolons in einem C-Text gezählt werden, um einen Anhaltspunkt für die Komplexität oder Größe der Software zu erhalten. Toleriert man den (normalerweise geringen) Fehler, der durch in Kommentaren vorkommende Semikolons entsteht, so kann das verbreitete Programm „grep" helfen. In ***Beispiel 10.3*** ist ein Aufruf von „grep" dargestellt, um die Datei depotwin.c auf die Anzahl der Semikolons zu untersuchen. Die Ausgabe „724 lines match" entspricht der Anzahl der Semikolons im C-Text und sagt aus, dass die Datei ca. 724 Anweisungen enthält. Die hier beschriebene einfache Codeanalyse liefert sehr grobe Richtwerte, die aber eine brauchbare Aussage über die Codegröße liefern. Für weitere Analysen, die Aussagen über die Komplexität der Software liefern, sind andere Hilfsmittel erforderlich.

```
grep c ";" depotwin.c

        Ausgabe:

File DEPOTWIN.C:
724 lines match
```

Beispiel 10.3: *Einfache Codeanalyse mit grep*

Früher waren diese Hilfsmittel sehr teuer. Mittlerweile gibt es diese nützlichen Werkzeuge bereits auf Freeware-Basis unter der GNU-Lizenz. Ich möchte hier die CCCC-Software vorstellen. Die etwas sperrige Abkürzung steht für C und C++ Code Counter. Counter ist jedoch stark untertrieben, denn der Quellcode wird umfassend analysiert. Das Ergebnis wird in einer HTML-Datei ausgegeben und informiert ausführlich über den Aufbau und die Komplexität des Quellcodes. Nach der Installation (das Programm befindet sich ebenfalls auf der beigefügten CD-ROM) wird ein einzelnes Modul über den Aufruf von cccc mit dem entsprechenden Dateinamen als Parameter analysiert. Wenn es gewünscht ist, mehrere Dateien zu analysieren, ist es möglich die Dateinamen als weitere Parameter anzugeben. Platzhalter wie z. B. *.c und *.h können auch verwendet werden. Nach dem Aufruf von cccc erhält man das Ergebnis in einem Unterverzeichnis mit dem Namen .cccc. In diesem Verzeichnis findet man die Datei cccc.html, die die Ergebnisse der Analyse enthält. Bei der Analyse von C-Software finden sich alle Ergebnisse unter dem Eintrag anonymous, da es in C keine Klassen gibt. Bei objektorientiert geschriebener C++ Software, wären die Ergebnisse den einzelnen Klassen zugeordnet. Es werden im Wesentlichen die folgenden Analysen durchgeführt:

- Anzahl der Codezeilen,
- Komplexität nach McCabe,

- Anzahl der Kommentarzeilen,
- Verhältnis von Code zu Kommentarzeilen sowie
- Verhältnis der Komplexität zu Kommentarzeilen.

Bei der Anzahl der Codezeilen werden alle nicht leeren Zeilen im Code gezählt, die keine Kommentarzeilen sind. Diese Zählweise unterscheidet sich vom Zählen der Anweisungen, wie es in ***Beispiel 10.3*** durchgeführt wurde. Dadurch, dass auch #define-Anweisungen und enum-Aufzählungstypen mitgezählt werden, erhält man prinzipiell eine höhere Codezeilenanzahl als bei der reinen Zählung von C-Anweisungen.

Metric	Tag	Overall	Per Function
Lines of Code	LOC	20	******
McCabe's Cyclomatic Number	MVG	3	******
Lines of Comment	COM	8	********
LOC/COM	L_C	2.500	
MVG/COM	M_C	------	
Weighted Methods per Class (weighting = unity)	WMC1	2	
Weighted Methods per Class (weighting = visible)	WMCv	0	
Depth of Inheritance Tree	DIT	0	
Number of Children	NOC	0	
Coupling between objects	CBO	0	
Information Flow measure (inclusive)	IF4	0	********
Information Flow measure (visible)	IF4v	0	********
Information Flow measure (concrete)	IF4c	0	********

Definitions and Declarations

Description	LOC	MVG	COM	L_C	M_C
No module extents have been identified for this module					

Functions

Function prototype	LOC	MVG	COM	L_C	M_C
VarTest(void) definition vartest.c:3	15	2	7	------	------
VarTestA(void) definition vartest.c:34	5	1	1	------	------

Bild 10.1: *Ergebnis der Analyse mit cccc*

Bei der McCabe-Komplexität handelt es sich um ein Maß der Softwarekomplexität, welches die Kontrollflüsse innerhalb eines Programms misst und die Anzahl der unabhängigen Pfade angibt. CCCC arbeitet mit der näherungsweisen McCabe-Formel, die die Anzahl der unabhängigen Pfade über die Zählung der Entscheidungen in einer Software ermittelt. Als Entscheidungen, die die Komplexität erhöhen, gelten Anweisungen wie if, while, for, switch, break, && und ||. Vereinfacht ausgedrückt, erzeugt ein Programm, welches nur aus der Anhäufung von linearen Anweisungen besteht, eine geringe Komplexität, vielfache Verwendung von Kontrollstrukturen wie if-, while-, do-Anweisungen jedoch eine hohe Komplexität.

Ein Ausschnitt aus der Analyse eines sehr einfachen Moduls findet sich im Bild 10.1. In der oberen Hälfte befindet sich eine Tabelle mit den Gesamtmesswerten des Moduls. Die Gesamtkomplexität des Moduls ist hier mit 3 angegeben, d. h., dass sich im gesamten Modul 3 Entscheidungspfade befinden. In der unteren Tabelle unter der Überschrift „Functions“ sind die Komplexitäten auf die einzelnen Funktionen heruntergebrochen. Die erste Funktion „VarTest“ beinhaltet zwei Entscheidungswege, z. B. eine if-Abfrage. Bei der zweiten Funktion handelt es sich um eine Funktion, die keine Entscheidungen enthält, sondern nur einen linearen Programmfluss. Dies ist z. B. eine einfache Abfolge von Anweisungen ohne Entscheidungen wie if usw. Hier wird auch eine kleine Schwäche der McCabe-Analyse deutlich. Egal, wieviele Anweisungen das Programm enthält, die McCabe-Komplexität bleibt gleich 1 solange nicht Entscheidungs-Anweisungen benutzt werden. Selbst wenn das Programm über mehrere Seiten geht und somit schon lange nicht mehr wartbar ist, kann eine niedrige McCabe-Komplexität berechnet werden. So ist es ratsam neben der McCabe-Komplexität auch gleichzeitig immer ein Auge auf die anderen Werte, wie Anzahl der Codezeilen zu haben.

Tabelle 10.1: *Ungefähre Richtwerte zur McCabe-Komplexität*

McCabe Komplexität	Bewertung
1 bis 11	Einfaches, leicht zu testendes Programm, mit geringem Risiko
11 bis 20	Komplexeres Programm mit erträglichem Risiko
21 bis 50	Komplexes Programm mit hohem Risiko
Über 50	Gefährlich komplexes Programm mit hohem Risiko

So gibt die McCabe-Komplexität ein gutes Maß für den Testaufwand einer Software an, da sie ja eine Aussage über die Anzahl der zu testenden Entscheidungen macht. Sie macht aber keine genaue Aussage über die Les- und Wartbarkeit einer Software. Hier kann sie nur als Anhaltspunkt dienen. Als grobe Faustregel gelten die Werte aus der ***Tabelle 10.1***. Das Original des Quellcodes sollte aber zu den reinen Messwerten immer hinzugezogen werden, um die Ergebnisse stichprobenartig zu überprüfen.

Erscheint die Komplexität eines Programms als zu hoch, kann sie mit verschiedenen Methoden verringert werden. Eine effektive Methode ist die Auslagerung von funktionalen Bereichen in Unterprogramme. Die komplexe Funktionalität, z. B. das Analysieren einer Nachricht, wird in eine entsprechend benannte Funktion ausgelagert. Die Unterfunktion wird dann aus der bereinigten Funktion aufgerufen. Die Folge dieser Maßnahme ist ein Absinken der Komplexität in der ursprünglichen Funktion. Der positive Effekt dieser Maßnahme ist, dass universelle Programme, die eine Vielzahl von Aufgaben erledigen, verschwinden und durch mehrere spezialisierte Programme ersetzt werden. Aus einem Programm mit einer hohen McCabe-Komplexität werden so mehrere Programme mit jeweils geringeren Komplexitäten. Die Komplexität von Programmen wächst auch stark an, wenn in einer Software viele Entscheidungen durch if-else-Abfragen, die evtl. sogar ineinanander verschachtelt sind, getroffen werden. Sinnvoll ist es, diese Abfragen durch andere Strukturen, z. B. case-Anweisungen, zu ersetzen (siehe auch Abschnitt 10.6).

Die Anzahl von Kommentarzeilen gehört wieder zu den einfach zu erhebenden Maßen. Sie gibt an, wieviel Kommentarzeilen sich in einer Funktion befinden. Dieses Maß ist alleine nicht sehr aussagekräftig, da es ja auch auf die Komplexität und die Länge einer Funktion ankommt, um die Notwendigkeit von Kommentaren einzuschätzen. Wichtiger als die reine Anzahl von Kommentaren ist das Verhältnis, der Codezeilen zu den Kommentarzeilen (in der Software als L_C bezeichnet) und das Verhältins McCabe-Komplexität zu Kommentarzeilen (als M_C bezeichet). Hier lässt sich feststellen, ob die Programme ausreichend dokumentiert sind und ob komplexe Programme auch genügend Kommentare enthalten.

Das Thema Softwaremetriken und das hier vorgestellte Werkzeug cccc kann man nicht von heute auf morgen einsetzen. Es ist wichtig, hier langfristig Erfahrungen zu sammeln, da die ausgegebenen Ergebnisse alle relativ und nicht absolut zu bewerten sind. Ein Programm mit der Komplexität 21 ist z. B. nicht automatisch zu komplex und ein Programm mit der Komplexität 20 nicht immer in Ordnung. Die Ergebnisse müssen umsichtig analysiert und ggf. im Team besprochen werden.

10.6 Effektives und wartungsfreundliches Programmieren in C

Herrscht bei Projekten Mangel an Programm- oder Datenspeicher oder ist die Ausführungszeit von Programmen zu langsam und wird den Anforderungen nicht mehr gerecht, wird oft nach Wegen gesucht, um möglichst so C zu schreiben, dass der entstehende Assemblercode möglichst effektiv ist und wenig Redundanz enthält. In der Praxis kommt es häufig vor, dass eine Routine einfach zu langsam läuft oder ein Modul einfach zu „fett“ ist, d. h. zu viel Speicherplatz benötigt. Deshalb möchte ich hier ein paar Tipps geben.

Variablen optimieren

In einem Softwareprojekt gibt es unzählige von Variablen für Zählschleifen oder die temporäre Speicherung von ganzzahligen Daten. Für viele Variablen reicht ein Wertebereich von 0 bis 255 oder von –128 bis +127 aus. Der Programmierer hat hier gewisse Freiheitsgrade und kann sich auf die Belange des Prozessors einstellen.

1. Für 8-Bit-Prozessoren gilt, möglichst den kleinsten Variablentyp zu verwenden, d. h. möglichst den Datentyp char als Repräsentation für ein Byte.
2. Bei 16-Bit-Prozessoren kann es code-günstiger sein, wenn Integer-Variablen zur Anwendung kommen.
3. Alle vorzeichenlosen Variablen sollten auch mit dem Schlüsselwort „unsigned“ versehen werden, da der Compiler dann Code für die Vorzeichenbehandlung einsparen kann.
4. Möglichst sollten lokale Variablen verwendet werden, da diese nur zum Zeitpunkt ihrer Benutzung lokal auf dem Stack angelegt werden. Das RAM wird dadurch effektiver genutzt, da nicht alle Variablen zur gleichen Zeit benötigt werden.

5. Entscheidungsvariablen (boolesche Variablen) können als echte Bit-Variablen angelegt werden, wenn der Compiler eine Erweiterung des ANSI-C anbietet, um solche Variablen anzulegen. RAM wird hier auf jeden Fall gespart, allerdings kann es bei einigen Prozessoren zu einem Mehraufwand an Code kommen, wenn der jeweilige Prozessor keine speziellen Befehle zur Manipulation von Bits bietet und die Bitvariable mühsam aus einem Byte gewinnen muss.

Switch-Case-Anweisung verwenden

Bei der Abfrage von Bedingungen kann das Ergebnis über verschieden If-Abfragen ermittelt werden. Vorteilhafter ist es, die Switch-Case-Anweisung immer dann zu benutzen, wenn dies möglich ist. Diese Anweisung wird von den Compilern besonders effektiv in Assemblercode umgesetzt. Außerdem ist diese Konstruktion auch im C-Code besser zu lesen.

Häufige Wiederholungen von Anweisungen zu Funktionen zusammenfassen

Obwohl diese Tipp sehr nahe liegend ist, findet man immer wieder im Code an verschiedenen Stellen die gleichen Anweisungen. Teilweise liegt das an den modernen und bequemen Editoren, mit denen man sich ein Programm mal eben „zusammenkopieren“ kann, manchmal auch an bequemen Programmierern oder an beidem. Die Folge sind lange, codeaufwendige und unübersichtliche Programme, die schwer zu warten sind. Besser ist es, gemeinsame Funktionalitäten zu Unterprogrammen oder Funktionen zusammenzufassen. Das Schreiben von Unterfunktionen ist natürlich aufwendiger für den Programmierer, erzeugt aber einen effektiveren und übersichtlicheren Code.

Standardbibliothekeken verwenden

In den Standardbibliotheken (siehe Abschnitt 3.5) gibt es viele nützliche Funktionen. Teilweise sind sie sogar in Assembler programmiert und so optimal an den Prozessor angepasst. In den Bibliotheken finden sich Programme zum Kopieren von Speicherbereichen, Umwandeln von Strings, Aneinanderreihen von Strings, Suchen in Strings und Kopieren von Strings. Warnen möchte ich nur vor den Funktionen „printf“ und „sprintf“. Sie sind sehr mächtig und benötigen unter Umständen entsprechend viel Speicherplatz.

Neben den Tipps zur effizienten Programmierung noch einige Hinweise, die helfen sollen, leicht lesbaren und wartungsfreundlichen Code zu schreiben:

Keine Definitionen von Variablen oder Programmen in H-Dateien

Immer wieder sieht man C-Code, in dem sich abenteuerlichste Konstruktionen befinden. Schuld daran ist teilweise der wenig intelligente Präprozessor von C, der als simple Textverarbeitung wenig Beschränkungen besitzt. Es ist möglich, in H-Dateien Programme zu schreiben oder Variablen zu definieren und diese dann in C-Dateien über „include“ einzufügen. Der Compiler findet nach der Bearbeitung des Präprozessors eine ordnungsgemäße C-Datei vor und compiliert diese ohne Warnungen und Fehler. Hier gilt es, die Sprache C sinnvoll zu nutzen. Schnittstellendefinitionen wie extern-Deklarationen, global benutzte Datenstrukturdeklarationen und Prototypen gehören in die H-Dateien, alles andere in C-Dateien!

Funktionen nur mit einem return

Weit verbreitet sind Funktionen, die mehrere return-Anweisungen haben. In ***Beispiel 10.4*** ist eine Funktion dargestellt, in dem die case-Anweisungen einer switch-Funktionalität mit return beendet werden. Solche Programme sind unübersichtlich und für andere Programmierer, die sich in ein solches Projekt einarbeiten sollen, schwer zu durchschauen. Schwierigkeiten bereiten solche Funktionen auch beim Debugging des Codes. Bei der Funktion im ***Beispiel 10.4*** ist es nicht problemlos möglich, auf den Aussprung der Funktion einen Breakpoint mit einem Debugger zu setzen. Es sind für die Erforschung des Verhaltens der Funktion 4 Breakpoints nötig. Als Alternative zu mehreren returns bietet es sich an, die Funktionswerte in einer Variablen zu speichern und den berechneten Funktionswert **am Ende** der Funktion zurückgegeben. Die auf ein return umgestellte Funktion in ***Beispiel 10.5*** ist zwar etwas länger, dafür aber übersichtlicher und auch leichter zu debuggen. Welche Funktion mehr Code benötigt, hängt vom Compiler ab. Viele Compiler optimieren so weit, dass beide Funktionen gleich viel Code im Speicher benötigen.

```
int retfunktionSchlecht(char Entscheidung)
{
  switch (Entscheidung)
   {
    case 0:
          return(10);
    case 1:
          return(20);
    case 2:
          return(60);
   }
return 0;
}
```

Beispiel 10.4: *Programm mit mehreren return-Anweisungen*

```
int retfunktionGut(char Entscheidung)
{
  int iretvalue=0;
  switch (Entscheidung)
   {
    case 0:
          iretvalue=10;
          break;
    case 1:
          iretvalue=20;
          break;
    case 2:
          iretvalue=60;
          break;
   }
 return(iretvalue);
}
```

Beispiel 10.5: *Programm mit einer return-Anweisung*

Sparsame Verwendung von break und continue

Die Anweisungen break und continue führen bei häufiger Verwendung ebenfalls zu unübersichtlichen Programmen, da sie den normalen Programmablauf unterbrechen. Diese Anweisungen stellen (ähnlich wie return) versteckte Sprunganweisungen dar. Häufige Sprunganweisungen führen zu unübersichtlichen Programmen und sollten darum nur selten oder besser nie verwendet werden. Auch hier gilt wieder, dass ein Programm mit solchen „Sprunganweisungen" schwerer zu durchschauen und auch schwerer zu debuggen ist. Wie bei allen Regeln gibt es aber auch hier eine Ausnahme: die Switch-Case-Anweisung. Jeder case-Zweig sollte normalerweise mit einem break abgeschlossen wird. Ein fehlendes break führt zum „Durchfallen" in den nächsten case-Zweig.

11 Tools und Entwicklungsumgebung

Zur Softwareentwicklung gehört auch eine Plattform, auf der die Entwicklung stattfindet. Bei der Entwicklung von PC-Programmen wird meistens auf ein und demselben PC entwickelt, editiert, das Debugging durchgeführt und das entwickelte Programm getestet. Wird jedoch Software für Embedded-Systeme geschrieben, so muss für die Erstellung und Pflege des Codes eine eigene Entwicklungsumgebung vorhanden sein. Mittlerweile wird als Entwicklungsplattform für Embedded-Systeme fast ausschließlich der PC mit dem Betriebssystem Windows verwendet. Tools wie Compiler und Linker, insbesondere die Tools der GNU-Familie, stehen auch für Linux zur Verfügung. Bisher wird aber Linux noch nicht von vielen kommerziellen Toolherstellern unterstützt.

Das Minimal-Entwicklungssystem besteht aus einem Computer, einem Drucker und dem Zielsystem (Targetsystem), für das Software entwickelt wird. In den meisten Fällen ist auch noch ein Programmiergerät für Flash-ROMs oder die kaum noch benutzten EPROMs notwendig. Flash-ROMs sind nicht flüchtige Speicher, die benutzt werden, um den Programmcode des Systems aufzunehmen. EPROMs sind programmierbare, mit UV-Licht löschbare Nur-Lese-Speicher, die ebenfalls als Programmspeicher in der Zielhardware eingesetzt werden. Der Computer sollte dringend eine Backupmöglichkeit besitzen, um die erstellte Arbeit vor einem Defekt der Festplatte oder versehentlichem Löschen zu schützen.

Der Einzelplatz ist nun konfiguriert. Arbeiten mehrere Programmierer an einem Projekt, so müssen mehrere Computer miteinander vernetzt werden. Ebenso muss eine Möglichkeit vorhanden sein, die bearbeiteten Dateien zentral zu sichern, d. h. ein Backup von diesen Daten zu machen. Die Daten sollten täglich gesichert und an einem sicheren Ort, entfernt vom Rechner, aufbewahrt werden. Die Sicherung findet am besten nachts statt, da der Sicherungsvorgang die Performance des Entwicklungssystems oft stark verringert.

11.1 Organisation der Daten auf dem Entwicklungssystem

Bevor die Softwareentwicklung beginnen kann, ist noch ein Konzept nötig, wie die Daten auf dem Entwicklungssystem abgelegt werden, d. h. wie die Verzeichnisstruktur auf dem System auszusehen hat. Im Folgenden werden einige Möglichkeiten zur Organisation der Daten auf dem Entwicklungssystem erarbeitet. Grundsätzlich gibt es verschiedene Situationen, die jeweils unterschiedliche Verzeichnisstrukturen sinnvoll machen.

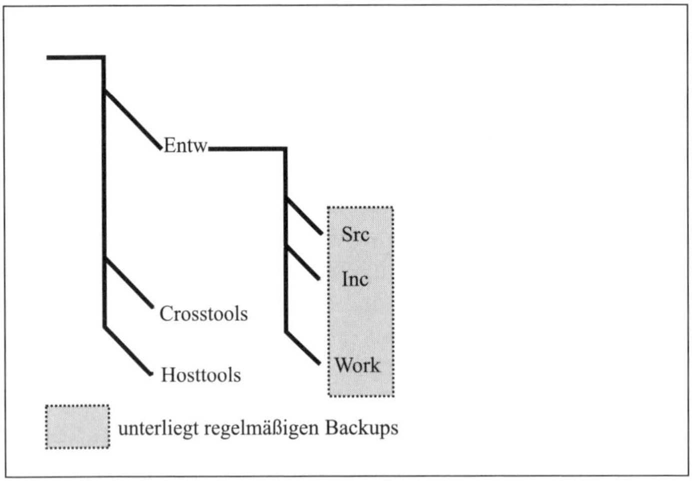

Bild 11.1: *Verzeichnisstruktur für einen Entwickler*

Im einfachsten Fall entwickelt eine Person die Software. Die eigentliche Entwicklung findet hier unter dem entw-Verzeichnis statt. Das src-Verzeichnis ist für C-Dateien und das inc-Verzeichnis für include-Dateien vorbehalten, die einen einigermaßen stabilen Stand erreicht haben. Mit ihnen sollte jederzeit eine funktionsfähige Software verfügbar sein. Es handelt sich hier um das so genannte *Sandkastenprinzip*. Der Entwickler arbeitet in einem Sandkasten, in dem er einen vorhandenen stabilen Stand nicht gefährden kann. Soll jetzt an einem Modul weiterentwickelt werden, so kopiert man einfach alle c- und h-Dateien aus den Verzeichnissen in das Workverzeichnis. Mit einem Tool aus dem Betriebssystem des Entwicklungssystems (bei Windows über den Explorer oder auf der Kommandozeileneben mit attrib, bei Unix/Linux chmod) werden nun alle Dateien (.c, .h), bis auf diejenigen, die bearbeitet werden sollen, mit einem Schreibschutz versehen. Jetzt kann auf dem work-Verzeichnis compiliert und geändert werden. Nach dem Abschluss der Entwicklung werden die geänderten Dateien in das src- bzw. inc-Verzeichnis zurückkopiert. So ist sichergestellt, dass jederzeit auf dem src-Verzeichnis eine (wenn auch nicht brandneue, dafür aber lauffähige) Software erzeugt werden kann. Die Bereiche der Verzeichnisstruktur, die einem regelmäßigen Backup unterliegen sollen, sind durch den grauen Kasten gekennzeichnet (***Bild 11.1***).

Im Verzeichnis Crosstools befinden sich Compiler, Debugger, Linker usw., um die Software für das Zielsystem zu erzeugen. Im Verzeichnis Hosttools können solche Dinge wie Editor, Compiler für das Hostsystem (System, auf dem die Entwicklung gemacht wird) und Syntaxchecker sein.

Bei mehreren Entwicklern müssen nicht nur die einzelnen Entwickler eigene Bereiche bekommen, in denen sie ihre Entwicklung durchführen können. Da das Sand-

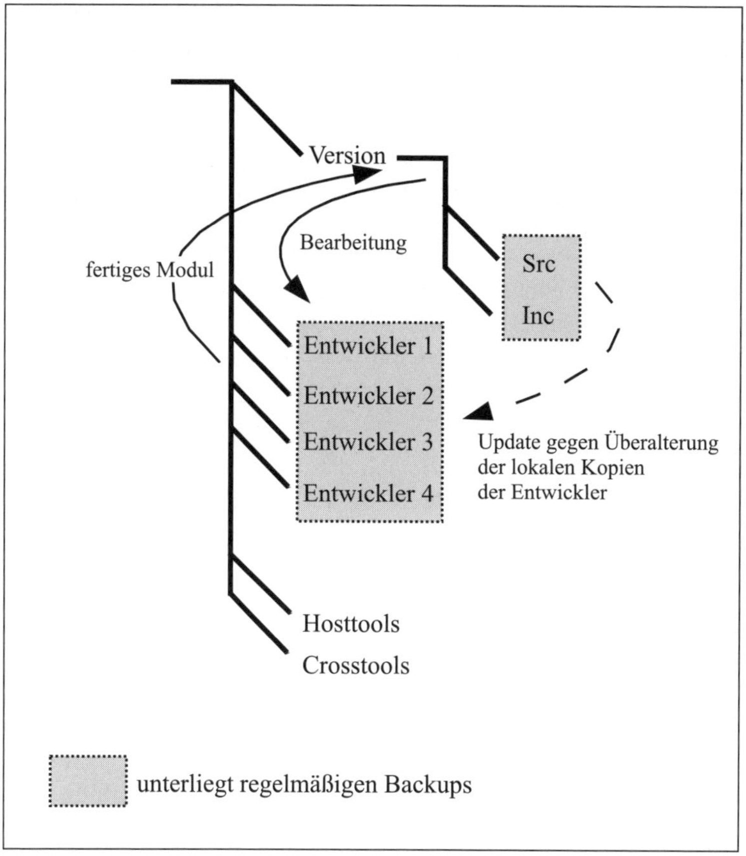

Bild 11.2: *Verzeichnisstruktur für mehrere Entwickler*

kastenprinzip auch hier verfolgt wird, ist es sinnvoll, ein von den verschiedenen Entwicklerverzeichnissen getrenntes Verzeichnis anzulegen, auf das jedoch alle Entwickler Zugriff haben. Diese Verzeichnis wird *Versionsverzeichnis* genannt und beherbergt die Dateien, an denen im Moment nicht entwickelt wird. Die einzelnen Entwickler haben je ein Verzeichnis, unter dem sie arbeiten. Die Entwicklungsprojektumgebung (in Form von Programmen von anderen Entwicklern) wird über das Versionsverzeichnis zur Verfügung gestellt. Von diesem Verzeichnis kopieren sich die Entwickler alle Dateien. Die Dateien, die weiterentwickelt werden sollen, können nun bearbeitet werden. Nach der Bearbeitung stellt der Entwickler nur die bearbeiteten Dateien zurück auf das Versionsverzeichnis. In regelmäßigen Abständen muss sich ein Entwickler aber auch neue Dateien vom Versionsverzeichnis holen, damit sein Stand nicht veraltet und seine lokale Umgebung noch ein realistisches Abbild des Gesamtprojekts darstellt.

Bild 11.2 zeigt den beschriebenen Ablauf. Der Entwickler1 holt sich von dem Versionsverzeichnis alle Dateien in das Verzeichnis „Entwickler 1" hinein. Dies geschieht, um eine Überalterung seiner Arbeitskopie zu vermeiden. Nach der Bearbeitung ausgewählter Dateien und abschließendem Test stellt er nur die geänderten Dateien zurück. Die übrigen Dateien auf dem Verzeichnis „Entwickler 1", die nicht verändert wurden, können gelöscht werden. Die anderen Entwickler verfahren analog.

An dieser Stelle taucht jedoch ein Problem auf. Bearbeiten zwei oder mehrere Entwickler die gleichen Dateien zur gleichen Zeit, wird nicht verhindert, dass die Änderungen des Entwicklers, der seine Datei zuerst zurückgestellt hat, verloren gehen. Der letzte Entwickler, der seine Datei auf das Versionsverzeichnis zurückstellt, überschreibt alle vorhergehenden Änderungen. Um das zu vermeiden, ist ein Programm erforderlich, das den Zugriff auf die C-Dateien regelt und das ungewollte Überschreiben von Dateien verhindert. Diese Dienstleistung erledigt unter anderem ein so genanntes Versionskontrollsystem, auf das später eingegangen wird (siehe Abschnitt 11.4)

Bei sehr großen Projekten kann grundsätzlich auch die oben beschriebene Struktur verwendet werden. Sie hat jedoch den Nachteil, dass sich alle Quellcodes in den Verzeichnissen der Benutzer befinden und kleine Änderungen unter Umständen dazu führen, dass viele Dateien neu compiliert werden und somit Wartezeiten auftreten. Um diesen Nachteil zu umgehen, kann man anstatt mit den Quellcodes auch mit den compilierten Objekten arbeiten. Dann wird allerdings ein Tool benötigt, welches die richtigen Objekte heraussucht (die sich bei den Entwicklern ja aus eigenen Objekten und Versionsobjekten zusammensetzen) und diese dann dem Linker übergibt.

11.2 Editoren zur Erstellung des Quellcodes

Der eigentliche Quelltext wird mit einem Editor erstellt. *Editoren* sind Programme, die eingegebenen Quelltext als reinen ASCII-Code abspeichern. Die ASCII-Dateien bilden die Module und werden später vom Compiler weiterverarbeitet. Ein guter Editor sollte direkt die Sprache C unterstützen. Das bedeutet, dass einige Funktionen neben der reinen Texteingabe implementiert sein sollten. Eine wichtige Funktion ist das syntaxabhängige Einfärben des Quelltextes bei bestimmten Operatoren, Kommentaren und Schlüsselwörtern. Hierdurch wird der C-Code übersichtlich, und Tippfehler, wie vergessene Klammern oder nicht abgeschlossene Kommentare oder Strings, fallen sofort auf. Eine weitere Unterstützung ist das automatische Einrücken, wenn ein neuer Block beginnt. Außerdem können Klammerebenen schon bei der Eingabe des Textes überprüft werden. Zu jeder geöffneten Klammer muss eine geschlossene Klammer gehören. Außerdem gibt es Editoren, die sogar potenzielle Syntaxfehler bemerken und diese noch während der Programmeingabe hervorheben.

Die Eingabe von C-Code über grafische Elemente wie *Struktogramme* hat sich nicht durchgesetzt (***Bild 11.3***), kann aber für C-Anfänger nützlich sein. Ein Struktogramm ist eine grafische Darstellungsweise eines Programms, die einen Programmablauf mit verschiedenen anschaulichen Symbolen beschreibt. In Struktogrammen wird direkt das strukturierte Programmieren unterstützt. Für solche Befehle wie z. B. das verrufene goto fehlt einfach das Symbol. Besonders schwierige Verschachtelungen innerhalb eines Programms lassen sich mit einem Struktogrammeditor übersichtlich darstellen bzw. überhaupt erst einigermaßen einfach eingeben. Das unbeliebte und mühsame Abzählen von Klammerebenen ist bei einem Struktogrammeditor unnötig. Tiefe Verschachtelungen finden in Bereichen, in die bei Bedarf hineingezoomt wird, ihre Entsprechung.

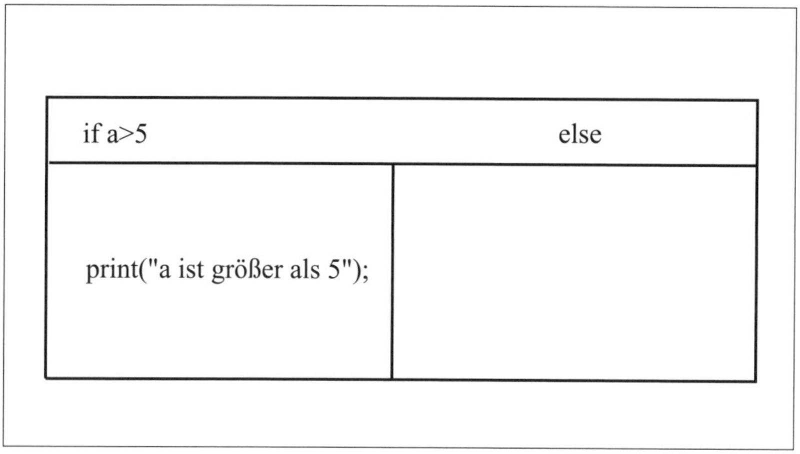

Bild 11.3: *If-Abfrage im Struktogramm*

Der Grund dafür, dass sich grafische Hilfen bisher nicht durchgesetzt haben, liegt vermutlich darin, dass die Texteditoren immer komfortabler geworden sind. Hinzu kommt die Homogenität der Darstellung, denn ein grafischer Editor für die Quelltexteingabe wird meistens nicht von Debug- und anderen Testtools unterstützt, obwohl es hier immer wieder Versuche von diversen Herstellern gibt. Da es für die Programmierung in C also immer noch unerlässlich ist, C zu können, ist es für den Programmierer keine große Umstellung, auch direkt den C-Quelltext einzugeben.

Komfortable Programmiereditoren sind aber weit mehr als reine Texteingabeprogramme, die Klammern finden und die C-Syntax unterstützen. Die Definition von Makros erlaubt immer wiederkehrende Texteingaben wie z. B. #define, /* */ und #include zu automatisieren. Außerdem sind komfortable Such- und Vergleichsfunktionen verfügbar. Die Navigation im C-Code unterstützen eingebaute Filter, die z. B. nur die Funktionsdefinitionen sichtbar machen. In ***Bild 11.4*** ist ein Editorfenster des Editors „Codewright" zu sehen, in dem auf der linken Seite nur die Funktionsdefinitionen sichtbar und die restlichen Codezeilen ausgeblendet sind. Auf der rechten Seite ist der Sourcecode in der Normaldarstellung zu sehen.

Natürlich schlägt sich ein solcher Komfort, wie das selektive Ausblenden von Quellcode im Preis und in der Komplexität eines Editors nieder. Dagegen abzuwägen sind die Vorteile, die durch schnellere Navigation im Sourcecode oder Tippzeitenersparnis durch Makros entstehen.

Bild 11.4: *Darstellung des Sourcecodes im Editor*

11.3 Syntaxchecks und statische Analyse

Unter *statischer Analyse* versteht man die Überprüfung auf Warnungen und Fehler und eventuelle weitere Tests am Sourcecode, ohne diesen Code ablaufen zu lassen. Im Gegensatz zu Fehlern, die während der Laufzeit auftreten und mühsam mit dem Debugger gesucht werden müssen, macht die statische Analyse auf potenzielle Fehler schon vor dem ersten Programmlauf aufmerksam.

Ein guter Code sollte also frei von Warnungen und Fehlermeldungen des Compilers sein. Aus diesem Grund sollte ein C-Code mit mindestens zwei verschiedenen Programmen syntaktisch geprüft werden: z. B. zuerst mit einem gut getesteten Syntaxcheckprogramm, wie dem Freewareprogramm SPLINT, und danach mit dem C-Compiler für das Zielsystem. Der zweifache Check ist notwendig, da sich die Tools der Hersteller von Cross-Compilern oft in einem viel weniger ausgereiften Zustand befinden als vielfach erprobte Standardprogramme. Neben der reinen Syntaxcheckfunktion bietet SPLINT auch noch einen Zusatznutzen. Will man kein zusätzliches Tool zum Syntaxcheck verwenden, leisten die Compiler der Firmen Borland, Microsoft, Symantec allein schon aufgrund ihrer weiten Verbreitung gute Dienste. Aber auch diese Compiler bemerken nicht jede Unstimmigkeit im Quellcode.

Das ***Beispiel 11.1*** zeigt eine solche Unstimmigkeit. Hier geht es um die Verwendung von static bei der Deklaration und Definition von Funktionen. Wird ein Prototyp einer Funktion als static deklariert, bei der Funktionsdefinition das Wort static aber

```
#include "stdio.h"
static void test1(void);
void test1 (void)
{
 printf("test");
}
```

Beispiel 11.1: *Ungereimtheit im C-Code*

vergessen, so gehen manche Compiler ohne Warnung über diese Ungereimtheit hinweg. Andere Compiler hingegen finden hier einen Fehler. Auch die Fehlermeldungen und Warnungsstufen von verschiedenen Compilerversionen des gleichen Herstellers können sich unterscheiden. Es liegt also nahe, die Übersetzung des Codes von seiner statischen Analyse zu trennen und die Analyse des Codes einem anderen Programm als die Übersetzung zu übertragen.

Deshalb ist es schon zu empfehlen, eine Syntaxprüfung zusätzlich zur Übersetzung des Codes durchzuführen. Es muss ja nicht vor jeder Übersetzung der Code überprüft werden, sondern es reichen wenige Überprüfungen aus. Gute Zeitpunkte für einen solchen Syntaxcheck wären eine Überprüfung nach der ersten fehlerfreien Übersetzung des Codes und danach wieder, bevor der Code den Sandkasten des Entwicklers verlässt und in das Versionsverzeichnis (Abschnitt 11.1) für lauffähige Softwarestände überstellt wird. Als Syntaxcheckprogramm eignet sich das Freewaretool SPLINT. SPLINT ist der Nachfolger des Programms LCLINT. Der Autor der Software musste sein Programm umbenennen, um Probleme mit einem kommerziellen Produkt zu vermeiden. Programme, die die alleinige Aufgabe haben, die Syntax und die potenziellen Probleme im Code zu entdecken, sind naturgemäß sehr kritisch. Lässt man diese Programme auf einen fertigen Code los, ohne sie entsprechend zu konfigurieren, kann es sein, dass einen die Vielzahl von Warnungen und Fehlern schnell entmutigt. Wie z. B. bei einer Textverarbeitungssoftware ist es unerlässlich, SPLINT für den eigenen Sourcecode zu konfigurieren.

Nach der Installation des kommandozeilenorientierten Programms SPLINT durch Entpacken des Zip-Archivs müssen die nachfolgenden Umgebungsvariablen im System gesetzt werden. Aus dem Installationsverzeichnis wird nun die Versionsnummer des Programms entfernt, damit die Pfadangaben kürzer und übersichtlicher werden. Das Installationsverzeichnis heißt nun nur noch splint. Bei der Installation auf dem Laufwerk C und der Beibehaltung der im Archiv gespeicherten Verzeichnisstruktur sähe das so aus:

```
set LARCH_PATH=C:\SPLINT\lib
set LCLIMPORTDIR=C:\SPLINT\imports
set CPATH=<Hier eigenen Include Pfad eintragen>
```

Die Variable CPATH muss nun noch mit dem Include-Pfad des eigenen Projekts versehen werden. Der Aufruf des Programms, welches noch ohne eine grafische Oberfläche daherkommt (wobei der Suchpfad vorher z. B. auf C:\SPLINT\bin gesetzt wird), bringt nun bei den meisten Programmen eine Unmenge an Fehlermeldungen. Dies ist die Obermenge an möglichen zu erzeugenden Fehlern. Sinnvoll ist es, diese Fehlermeldungen über Kommandozeilenschalter den eigenen Bedürfnissen oder eventuellen Vorgaben anzupassen. Besonders bei kleinen Embedded-Systemen wird der Datentyp char, der eigentlich für Zeichen vorgesehen ist, als arithmetische Variable (z. B. char nzaehler=4;) und somit als vorzeichenloser Integer mit einem Wertebereich von 0 bis 255 benutzt. Standardmäßig meldet SPLINT hier einen Fehler, denn es wäre korrekter, für Zähl- und Rechenanwendungen hier einen Integer zu benutzen. Dieses würde aber den benötigten Speicherplatz schnell verdoppeln und wäre wenig effektiv, da viele Zähler sich nur im einstelligen Dezimalbereich bewegen. Der SPLINT-Schalter +charint beseitigt die Warnung zur Benutzung von Integern.

Neu erstellter C-Code, der gründlich untersucht werden muss, sollte mit einer möglichst starken Einstellung oder mit individuell angepassten Schaltern von lc-lint bearbeitet werden. Für einen schnellen Check gibt es den Schalter -weak, der besonders für bereits vorhandene Software Anwendung findet.

Das Programm SPLINT ist aber nicht nur ein reiner Syntaxchecker, sondern bietet noch weitere Möglichkeiten. Mit SPLINT können die teilweise dürftigen C-Sprachmittel über spezielle Kommentare erweitert werden. Selbst definierte abstrakte Datentypen können überwacht, globale Variablen vor unbeabsichtigter Veränderung geschützt und die ordnungsgemäße Verwaltung von Freispeicher überprüft werden. Die Überwachung und Steuerung von SPLINT geschieht mit Hilfe von speziellen Kommentaren, die hinter den C-Befehlen folgen. Wichtig ist es, darauf zu achten, dass das Format der SPLINT-Kommentare genau eingehalten wird. Leicht modifizierte Kommentare werden nicht erkannt. Die SPLINT-Einstellung -checks aktiviert die SPLINT-Erweiterungen. Die Überwachung der Benutzung von globalen Variablen wird hier demonstriert, die anderen Schutzkonzepte funktionieren ähnlich. In ***Beispiel 11.2*** sind zwei globale Variablen definiert. Die Funktion *Main* darf über den Steuerkommentar bestimmt, nur die Variable *Erlaubt* verändern. Die Veränderung der Variablen *Verboten* führt zu einer Fehlermeldung des Programms SPLINT. Hiermit lassen sich, bei konsequenter Verwendung von SPLINT, in C ähnliche Schutzkonzepte wie in C++ benutzen. Der C-Code wird um einiges sicherer, die Binärcodeerzeugung des Compilers nicht beeinflusst.

Wie beschrieben, sollte ein C-Code möglichst keine Warnungen enthalten. Bei einigen Warnungen des Compilers ist eine Beseitigung nicht nur empfehlenswert, sondern sie sollten **unbedingt** Beachtung finden und die Ursache dringend beseitigt werden. Die folgenden Warnungen sind nicht auf die leichte Schulter zu nehmen. Alle einigermaßen ANSI-konformen Compiler bringen u. a. diese wichtigen Warnungen:

- Funktionsprototyp fehlt,
- verdächtige Konvertierung von Zeigern,
- nicht portable Konvertierung von Zeigern,
- Variable oder Pointer wird (möglicherweise) vor dem Initialisieren benutzt.

```
static int Erlaubt;
static int Verboten;

// char ch;

int main (void)
/*@modifies Erlaubt @*/

{
  Erlaubt=13;
  Verboten=10;
  return 0;
}
```

Die Ausgabe (Aufruf: SPLINT main.c +checks) von SPLINT zu diesem Programm lautet:

```
Splint 3.0.1.6 --- 11 Feb 2002

er.c: (in function main)
er.c(11,3): Undocumented modification of Verboten: Verboten = 10
  An externally-visible object is modified by a function, but not listed in its
  modifies clause. (Use -mods to inhibit warning)

Finished checking --- 1 code warning
```

Beispiel 11.2: *Nachgerüstetes Schutzkonzept für globale Variablen mit lclint*

Zur Warnung „Funktionsprototyp fehlt" ein Beispiel: Wenn ein Funktionsaufruf erfolgt, ohne dass ein Prototyp vorhanden ist, gibt der Compiler bei C nur eine Warnung aus und nimmt als Standardwert des Rückgabeparameters der Funktion den Typ int an. Dies hat mit der ANSI-Norm zu tun, die Kompatibilität zum alten „Kernigham-und-Richie-C" vorschreibt. Bei diesem Vorläufer zu ANSI-C gab es nun mal keine Prototypen. Ist nun die Funktion von einem anderen Rückgabetyp als int, so kann es zu schweren Fehlern während der Programmlaufzeit kommen. Die Funktion wird dann auf der einen Seite beim Aufruf wie eine Integer-Funktion behandelt. Sie ist aber tatsächlich beispielsweise eine Funktion ohne Rückgabeparameter.

Ebenso kann es bei der Konvertierung von Zeigern zu Warnungen kommen. Eine Konvertierung eines char-Pointers zu einem Integerpointer wurde bereits oben besprochen. Das gleiche Problem entsteht jedoch, wenn z. B. ein Zeiger auf eine Variable des Datentyps „float" einem Zeiger des Typs „integer" zugewiesen wird. Bei dieser Zuweisung handelt es sich eigentlich immer um einen Programmierfehler, da der Typ des Zeigers ja die Größe der Variablen bestimmt, auf den er zeigt. Hat ein Zeiger einmal auf einen float-Speicherbereich gezeigt, macht es normalerweise keinen Sinn, den Wert des Zeigers einem Integer-Zeiger zuzuweisen und damit weiterzuarbeiten.

Zeiger bekommen ja normalerweise Adressen von Variablen zugewiesen. Aus einer Variable wird über den Adressoperator & eine gültige Adresse gewonnen. Vergisst der Programmierer den Adressoperator vor der Variablen, so wirft der Compiler ebenfalls eine Warnung aus. Bei der moderneren Programmiersprache C++ wird an dieser Stelle nicht mehr eine Warnung ausgegeben, sondern ein echter Fehler.

Das letzte der oben angeführten Beispiele für wichtige Compilermeldungen – die nicht initialisierte Variable – ist auch gleichzeitig eine sehr schlimme Fehlerquelle. Da lokale Variablen auf dem Stapel angelegt werden, ist ihr Inhalt auch rein zufällig, wenn sie nicht explizit initialisiert werden. Es ist schon fatal, wenn Zählvariablen nicht initialisiert werden und somit zufällige und wahrscheinlich sehr große Werte annehmen. Absolut katastrophal ist es jedoch, wenn Zeiger zufällige Werte haben und über die Zeiger dann zufällige Werte im Speicher adressiert werden.

Ideal ist es, wenn der Quellcode nach der Übersetzung keine Warnungen aufweist. Jedoch lässt sich dieses Ideal besonders bei zugekaufter oder eigener maschinennaher Software nicht immer erreichen. Weist also eine Software Warnungen auf, so sollte man sich mit den einzelnen Warnungen beschäftigen. Sind die Warnungen als nicht relevant eingestuft, so muss die Anzahl der Warnungen im Auge behalten werden, damit sich bei Softwareänderungen nicht neue Warnungen einschleichen.

Leider können auch nicht relevante Warnungen manchmal zu Problemen führen. Hierzu ein Beispiel: Aufzählungslisten werden in C durch Komma voneinander getrennt. Hinter dem letzten Element einer Liste steht nun kein Komma, da ja hinter diesem keine weiteren Elemente mehr folgen. Werden diese Listen häufiger verändert, ist es praktisch, auch hinter dem letzten Element ein Komma stehen zu lassen, da dann die Liste über Kopieren und Modifizieren der letzten Zeile leichter zu erweitern ist. Beim Compilieren geben einige Compiler nun meistens brav eine Warnung aus, dass das letzte Komma in der Liste ignoriert wurde. Bis jetzt ist alles in Ordnung. Leider gibt es aber andere Compiler, die bei einer solchen Liste eine Fehlermeldung ausgeben und das Compilieren einstellen, da sie hinter einem Komma immer noch einen weiteren Parameter erwarten. Wenn ein solcher kritischer Compiler verwendet wird, müssen die gesamten Listen, die mit einem Komma enden, angepasst werden. Analog zu diesem Beispiel gibt es bestimmt noch weitere „leichte" Warnungen, die ein Compilieren auf einem anderen, kritischeren Compiler unmöglich machen.

11.4 Sourcecodeverwaltung

Bei der im Abschnitt 11.1 beschriebenen Struktur traten bereits die ersten Anforderungen an ein Verwaltungsprogramm für Quellcodes auf. Arbeiten mehrere Entwickler an einem Projekt, so muss das gleichzeitige Arbeiten von mehreren Programmierern an einer Datei verhindert bzw. koordiniert werden. Ohne Kontrolle der Dateien führen gleichzeitige Bearbeitungen zum Verlust der Änderungen desjenigen, der die Datei zuerst geändert hat. Das lässt sich durch gegenseitige Absprachen verhindern, besser und effektiver ist es jedoch, diese Kommunikation zu automatisieren und ein *Sourcecodekontrollsystem* damit zu beauftragen, die verschiedenen Änderungen zu synchronisieren und diese Änderungen sogar noch zu dokumentieren.

Sourcecodekontrollsysteme sorgen dafür, dass es zu keinen Kollisionen bei der Änderung von Dateien kommt. Zusätzlich werden die Softwarestände archiviert, und Änderungen des Codes können wieder rückgängig gemacht werden. Hinzu kommt der automatische Aufbau von Änderungshistorien mit Namen, Uhrzeit und Datum. Besondere Softwarestände, wie Prototypen oder Seriensoftware, können mit Etiketten gekennzeichnet und so später wieder reproduziert werden, obwohl mittlerweile ein neuer Softwarestand in Bearbeitung ist.

Prinzipiell gibt es zwei Arten von Systemen zur Sourcecodeverwaltung: Systeme, die verhindern, dass eine Datei von zwei oder mehr Personen geändert wird, und Systeme, die zwar gleichzeitige Änderungen zulassen, diese aber nach der Bearbeitung (halb) automatisch abgleichen. Das erstgenannte Sourcecodekontrollsystem funktioniert etwa wie eine Leihbibliothek. Dateien müssen vor der Bearbeitung vom Programmierer ausgeliehen werden. Nach dem Ausleihen ist kein änderungsfähiger Stand mehr vorhanden. Den restlichen Benutzern des System steht nur noch eine Datei zur Verfügung, die nur gelesen, aber nicht mehr geschrieben (verändert) werden kann. So werden Kollisionen vermieden, die zum Verlust von Änderungen bei gleichzeitigem Bearbeiten der gleichen Datei entstehen können. Zu diesem System gehört aber auch, dass registriert wird, bei wem sich eine Datei im Moment in Bearbeitung befindet. Versucht nun ein weiterer Programmierer, diese Datei zu bekommen, so erhält er einen Hinweis darauf, wer die entsprechende Datei gerade in Bearbeitung hat.

Beim zweiten Verfahren werden Kopien der Dateien an alle am Projekt beteiligten Programmierer gegeben. Diese ändern nun beliebig an den Dateien. Bei der Rückgabe der Dateien nach der Bearbeitung werden durch Vergleiche die Änderungen aller Entwickler in den Originalquellcode eingebaut.

Beim Zurückgeben einer Datei an das System wird vom Programmierer ein Änderungskommentar abgefragt, der in die C-Datei als Kommentar aufgenommen werden kann. Diese Kommentare dokumentieren die Änderungen an einer Datei während ihres Lebenslaufs.

Zusätzlich besteht bei den meisten *Versionskontrollsystemen* die Möglichkeit, die Änderungen an einer Datei festzuhalten und alte Versionen einer Datei jederzeit zu reproduzieren.

Problematisch wird es, wenn von einer Software mehrere Versionen gefordert werden, die jeweils nur geringfügige Änderungen aufweisen. Die Softwareversionen spalten sich dann von einer Urversion in mehrere Unterversionen auf. Grafisch dargestellt, erhält man eine Art Softwareversionsbaum (***Bild 11.5***). Sollen neue, fehlerbereinigte Versionen erzeugt werden, so müssen die gefundenen Fehler in allen Versionen beseitigt werden. Hierfür bietet die Sourcecodeverwaltung nur begrenzte Unterstützung. Die Änderungen müssen grundsätzlich per Hand in der Software nachgetragen werden, denn nur ein Mensch kann entscheiden, welche Nebeneffekte eine Fehlerbehebung für eine Software hat.

Normalerweise ist die Sourcecodeverwaltung so organisiert, dass die Dateien, die an das System zurückgehen, damit der Allgemeinheit (also dem Programmierteam)

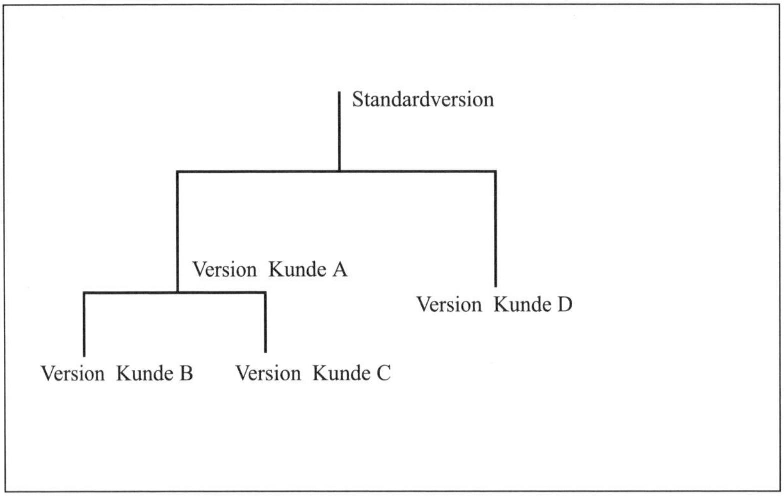

Bild 11.5: *Softwareversionsbaum*

zugänglich gemacht werden. Um das Team nicht zu behindern und die gemeinsame Arbeit optimal voranzutreiben, sollten Dateien immer nach dem vollständigen Softwaretest dem System übergeben werden. Es macht keinen Sinn, z. B. Dateien jeden Freitag oder nach jedem Arbeitstag an die Sourcecodeverwalung zu übergeben. Mit fehlerhaften Dateien, die sich unter Umständen noch nicht einmal compilieren lassen, behindert man die anderen Softwareentwickler des Teams. Vor der Rückgabe bzw. Übergabe einer Datei an die Sourcecodeverwaltung gehört ein ausführlicher Test.

11.4.1 Sourcecodeverwaltung mit RCS

```
C:\source>ci axis.c
RCS/axis.c <-- axis.c
enter description, terminated with single '.' or end of file:
NOTE: This is NOT the log message!
>> Modul zur Achsenberechnung
>> .
initial revision: 1.1
done
```

Beispiel 11.3: *Erstes Einchecken eines Moduls*

Das *RCS* ist ein zuverlässiges Sourcecodeverwaltungsprogramm. RCS bedeutet **R**evision **C**ontrol **S**ystem. Es wird von der Free Software Foundation unter bestimmten Bedingungen bereitgestellt. RCS läuft auf Linux-, Unix und Windows-Rechnern kommandozeilenorientiert. Es basiert auf der Philosophie, dass eine Datei nur von einem Entwickler gleichzeitig geändert werden kann. Eine Datei wird vom RCS ausgeliehen und nach der Bearbeitung geändert wieder zurückgegeben. Das RCS wird hauptsächlich über die beiden Kommandos ci (checkin / Einchecken) und co (checkout / Auschecken) benutzt. Damit RCS arbeiten kann, benötigt es (bei der

Verwendung von Windows) unter seinem Arbeitsverzeichnis ein weiteres Verzeichnis mit dem Namen RCS. Dies muss vom Anwender angelegt werden. Unter diesem Verzeichnis legt RCS seine interne Datenbank ab, wobei für jede Quellcodedatei eine eigene Datenbasis (d. h. Datei) entsteht.

```
C:\source>co -l axis.c
RCS/axis.c --> axis.c
revision 1.1 (locked)
done
```

Beispiel 11.4: *Ausschecken eines Moduls*

Eine vorhandene Quelldatei wird mit dem ci-Kommando unter Angabe des Dateinamens der Kontrolle des RCS übergeben. Beim Einchecken fragt das Programm nach einer Kurzbeschreibung des Moduls. Diese Kurzbeschreibung wird, wie auch die Änderungsbeschreibungen, mit einem Punkt als erstes Zeichen der Zeile abgeschlossen. Danach legt RCS eine RCS-Datei in einem speziellem Format an und löscht die Originaldatei. Im ***Beispiel 11.3*** wird die Datei axis.c dem RCS-System übergeben. Da die Datei nach dem Einchecken gelöscht wird, liegt nun kein compilierfähiger Code mehr vor. Es ist jedoch jederzeit möglich, aus dem RCS-Archiv die aktuellste Version wieder zu generieren. Dazu dient das Kommando co (checkout). Wird nur der Dateiname beim Auschecken der Datei angegeben, so wird eine Kopie des letzten Standes erzeugt. Diese Kopie kann nun zum Compilieren der Datei, zur Fehlersuche oder zu Dokumentationszwecken verwendet werden. Man sollte sie aber nicht verändern. Das fällt allerdings auch schwer, da RCS diese Datei mit einem Schreibschutz versehen hat. Natürlich kann man solch einen Schreibschutz beseitigen, jedoch ist das nicht die normale Vorgehensweise. Soll eine Datei verändert bzw. erweitert werden, so ist sie unter Verwendung des Kommandos co und des Schalters -l (***Beispiel 11.4***) aus dem RCS auszuchecken. Dieser Schalter bewirkt, dass die Datei von anderen Benutzern nicht mehr ausgeliehen werden kann und dass die ausgecheckte Datei keinen Schreibschutz hat. Das nachträgliche Auschecken anderer Benutzer verweigert RCS und gibt den Namen des Benutzers an, der diese Datei gerade in Bearbeitung hat. Nach der Änderung an dem Modul wird die Datei wie oben wieder eingecheckt (***Beispiel 11.5***). Das RCS fragt diesmal jedoch nicht eine Modulkurzbeschreibung ab, sondern den Änderungskommentar (im Sprachgebrauch des RCS: die Logmessage). Wird diese System konsequent benutzt, so lassen sich Änderungen genau zurückverfolgen.

```
C:\source>ci axis.c
RCS/axis.c <-- axis.c
new revision: 1.2; previous revision: 1.1
enter log message, terminated with single '.' or end of file:
>> Erweiterung der Skalierung
>> .
done
```

Beispiel 11.5: *Einchecken einer geänderten Datei*

Mit Hilfe einer *Labelfunktion* ist es möglich, allen Dateien in ihrer momentan aktuellen Version einen elektronischen Aufkleber aufzudrücken. Die markierte Version lässt sich nun unter Angabe des Namens ansprechen. Selbst alte Softwareversionen können mit dieser Funktion wieder generiert werden.

Softwareänderungen, der Status der Module und die Kommentare der ändernden Programmierer können über das Kommando rlog eingesehen werden. In den zu verwaltenden Dateien können Schlüsselwörter eingegeben werden, die dann von RCS mit aktuellen Daten ergänzt werden. So wird das RCS-Schlüsselwort $Header$ zu einem einfachen Programmkopf ergänzt, der Dateiname, Datum und Ersteller der Datei enthält. Das RCS-Schlüsselwort Log sammelt die beim checkin (ci) angegebenen Änderungskommentare und führt sie in der Datei nacheinander auf. ***Beispiel 11.6*** zeigt einen automatisch erzeugten Programmkopf mit einigen Änderungskommentaren, Datum und Versionsnummer.

```
/* $Header: timer.c 1.3 2002/03/29 05:01:01 wi Exp $ */

 * Revision 1.3  2002/04/29  05:01:01  wi
 * Timerverwaltung erweitert
 *
 * Revision 1.2  2001/06/29  08:00:02 ca
 * Fehler bei Timerablauf beseitigt
 *
 * Revision 1.1  1995/10/13  04:59:11 kn
 * Initial revision
 * */
```

Beispiel 11.6: *Automatisch über RCS erstellter Modulkopf*

In der Versionsverwaltung bleiben auch die alten Versionen einer Datei erhalten. Hat sich eine Änderung nicht bewährt oder sollen die Unterschiede zwischen verschiedenen Versionen untersucht werden, ist es notwendig, die alten Dateien wieder aus dem System zurückzuholen. Der Schalter -r direkt (d. h. ohne Blank), gefolgt von der durch RCS vergebenen Versionsnummer, holt eine Datei in der gewünschten Version aus der internen Datenbank. Ist die Version nun ausgecheckt, kann es trotzdem schwierig werden, die Unterschiede zwischen zwei Dateien zu erkennen, da sich in einer Datei mehrere und schwer zur entdeckende Änderungen befinden können. Um die Dateien nicht mühselig zeilenweise vergleichen zu müssen, ist es wünschenswert, ein Werkzeug zu haben, welches Änderungen automatisch erkennt und diese anzeigt. Ein solches Werkzeug ist im Toolset von RCS vorhanden und nennt sich „diff". Das diff-Programm ist zwar nicht besonders komfortabel, erfüllt aber seinen Zweck zuverlässig. Die Benutzung und die Ausgabe von diff soll hier kurz an einem Beispiel erläutert werden. Links im ***Beispiel 11.7*** befindet sich die alte Version der Datei. Rechts ist die fehlerbereinigte und in ihrer Funktionalität erweitertete Datei. Die beiden Dateien unterscheiden sich an zwei Stellen, die in der neuen Version hervorgehoben sind. Liegen diese beiden Dateien vor, die z. B. in ihren verschiedenen Versionen aus dem RCS ausgecheckt worden sind, kann das diff-Programm die Unterschiede darstellen.

Alte Version

```
void test (int a)
{
  switch (a)
  {
    case 0:
      printf("A gleich 1);
      break;
    case 1:
      printf("A gleich 1);
      break;
  }
}
```

Neue Version

```
void test (int a)
{
  switch (a)
  {
    case 0:
      printf("A gleich 0);
      break;
    case 1:
      printf("A gleich 1);
      break;
    case 2:
      printf("A gleich 2);
      break;
  }
}
```

Beispiel 11.7: *Zwei verschiedene Versionen einer Datei*

Der Aufruf des Programms mit den beiden Dateien in der Form diff alt.c neu.c erzeugt die Ausgabe in ***Beispiel 11.8***.

```
6c6
<       printf("A gleich 1);
---
>       printf("A gleich 0);
11c11,13
<
---
>     case 2:
>       printf("A gleich 2);
>       break;
```

Beispiel 11.8: *Ergebnis des diff-Programms*

In der Standardbetriebsart von diff ohne besondere Parameter zeigt dieses nur die Änderungen an den Dateien an. Gleiche Zeilen gibt das Programm nicht aus. Die erste Datei wird mit dem Kleinerzeichen (<), die zweite Datei mit dem Größerzeichen (>) gekenzeichnet. Der Trennungsstrich — trennt die jeweiligen Unterschiede. Zwischen den Trennungsstrichen sind die Dateien gleich. Die Zahlen vor den Unterschieden geben Auskunft über die Zeilennummern, an denen die Änderungen beginnen. In der Ausgabe ist leicht zu erkennen, dass die erste Änderung eine Änderung aufgrund einer Fehlerbehebung ist, die zweite Änderung ist eine Ergänzung der zweiten Datei und in der ersten Datei noch nicht vorhanden. Alternativ zu dieser Darstellung ist noch ein zweites Format vorhanden, welches über den Schalter -c aktiviert wird. In dieser Darstellung (***Beispiel 11.9***) erscheinen zusätzlich zu den Änderungen noch einige Zeilen des Änderungskontextes. Dies hat den Vorteil, dass die Änderungen leichter zu finden sind. Der Nachteil hingegen ist, dass mehr Zeilen ausgegeben werden und die Darstellung Änderungen und gleiche Zeilen enthält. Diese Darstellung beansprucht wesentlich mehr Platz. Die Unterschiede in

```
*** testd.c          Sat Sep 15 12:17:24 2001
--- teste.c          Sat Sep 15 10:49:26 2001
***************
*** 3,13 ****
    switch (a)
    {
       case 0:
!        printf("A gleich 1);
         break;
       case 1:
         printf("A gleich 1);
         break;
!
!   }
  }

--- 3,16 ----
    switch (a)
    {
       case 0:
!        printf("A gleich 0);
         break;
       case 1:
         printf("A gleich 1);
         break;
!      case 2:
!        printf("A gleich 2);
!        break;
!   }
!
  }
```

Beispiel 11.9: *Alternatives diff-Format*

den Dateien sind durch das Zeichen ! markiert. Über das Kommando rcsdiff können 2 verschiedene Versionen direkt über die Angabe der Versionsnummer verglichen werden. Der Aufruf, um die Version der Datei test.c in der Revision 1.1 und 1.3 zu vergleichen, lautet rcsdiff -r1.1 -r1.3 test.c. Die weitere Syntax ist analog zu diff.

Mehr Funktionalitäten können über verschiedene andere Kommandos genutzt werden. Das Kommando RCS wird zu „Wartungszwecken" an der RCS-Datenbank benutzt. RCS besitzt viele Funktionen, ich zähle nur die wichtigsten auf. Es können für bestimmte Revisionen symbolische Namen vergeben werden. Hat eine Software einen bestimmten Entwicklungsstand erreicht, besteht oft der Wunsch, diesen Stand über RCS zu archivieren. Die Dateien, aus denen das Projekt besteht, haben aber einen unterschiedlichen Revisionsstand, weil sie im Laufe der Zeit unterschiedlich oft verändert wurden. Über das RCS-Kommando kann nun allen Dateien in der aktuellen Version ein symbolischer Name zugeordnet werden (z. B. ERSTER_PRO TOTYP). Über diesen Namen kann der Stand dann zu einem späteren Zeitpunkt wieder zurückgeholt werden, um Fehler zu reproduzieren, die sich im aktuellen Stand nicht mehr erzeugen lassen. Über RCS ist es auch möglich, Zugriffslisten zu verwalten, um Dateien nur von bestimmten Personen änderbar zu machen.

Das rcslog-Kommando ermöglicht es, die Änderungshistorie einer Datei darzustellen. Die Änderungskommentare und die Personen, die die Datei geändert haben, werden aufgelistet.

Ein wichtiger Vorteil des RCS ist seine Transparenz für den Anwender. Transparenz bedeutet, dass der Quellcode für das System verfügbar ist und angepasst werden kann. Das System arbeitet auf einfacher Dateibasis und nimmt keine Änderungen am Betriebssystem des Rechners vor. Außerdem ist zu bedenken, dass das System sehr verbreitet und somit auch gut getestet ist. Es gibt natürlich noch andere Quellcodeverwaltungssysteme, die auf den ersten Blick eine größere Funktionalität und einen höheren Komfort als das RCS bieten. Es ist jedoch zu bedenken, dass ein Mehr an Funktionalität und Komfort oft auch eine größere Komplexität des Systems zur Folge hat. Das RCS bietet einen guten Kompromiss zwischen Leistungsfähigkeit und Einfachheit des Systems. Bei Projekten mit mehreren Entwicklern kann es störend sein, dass RCS nur einem Entwickler erlaubt, zu einer Zeit die Datei zu ändern. Ein weiterer Nachteil von RCS ist die Beschränkung des Systems auf die Dateiebene. Teilweise bestehen Projekte aus mehreren Unterverzeichnissen, die nicht mit verwaltet werden können.

11.4.2 Komfortable Sourcecodeverwaltung mit CVS

Die Abkürzung CVS bedeutet **C**oncurrent **V**ersions **S**ystem, was so viel heißt wie paralleles Versionssystem. Neben großen Unterschieden hat das CVS bei der Verwendung von Schlüsselwörtern einiges mit dem RCS gemeinsam. Alle unter RCS beschriebenen Schlüsselwörter können auch unter CVS benutzt werden und haben die gleiche Bedeutung. Das Log Kommando in einer C-Datei baut also, genau wie bei RCS, eine Änderungshistorie auf. Die Ausführungen und Beispiele bezüglich der Schlüsselwörter aus dem Abschnitt 11.4.1 haben also weiterhin Gültigkeit.

CVS hat gegenüber RCS einige Besonderheiten und ermöglicht im Team ein schnelleres und effektiveres Arbeiten. Das erste Einchecken von Dateien erfolgt nicht wie bei RCS auf Dateiebene, sondern ganze Verzeichnisse und Unterstrukturen werden verwaltet. Das RCS verriegelt eine von einem Programmierer ausgecheckte Datei gegenüber den Zugriffen anderer Programmierer. Bei der Programmierung im Team ist diese Vorgehensweise etwas problematisch. Entwickler A baut z. B. ein umfangreiches Leistungsmerkmal in eine Datei ein und hat sie dafür seit einem Monat über RCS ausgeliehen. Entwickler B implementiert ein anderes Leistungsmerkmal und will nun an der gleichen Datei kleine Änderungen vornehmen. Da der Entwickler A die Datei aber bereits ausgeliehen hat, ist eine Änderung durch den Entwickler B so lange nicht möglich bis dieser die Datei wieder an das RCS-System zurückgegeben hat. Entwickler B hat jetzt zwei Möglichkeiten:

1. Er wartet so lange, bis A mit seiner Entwicklung fertig ist. Dieser theoretisch ideale Weg ist in der Praxis aufgrund des Termindrucks meistens nicht gangbar.
2. Er ändert an einer Kopie der Datei, die nicht dem RCS unterliegt, und baut darin seine Änderungen ein. Wenn A die Datei zurückgegeben hat, leiht sich B die Datei aus und fügt seine Änderungen Stück für Stück in die neue Datei ein

zweites Mal ein. Hier kann B zwar erst einmal weiterarbeiten, muss aber trotzdem mit dem endgültigen Abschluss seiner Arbeit auf A warten. Dieser Weg ist zeitaufwändig und führt zu Mehrarbeit, ist aber trotzdem die in der Praxis bei RCS am häufigsten angewendete Methode.

Einen Ausweg aus der Problematik der gleichzeitigen Bearbeitung von Dateien bietet CVS. Es geht von dem Grundgedanken aus, dass auch bei der gleichzeitigen Bearbeitung von Dateien selten auch die gleichen Zeilen einer Datei geändert werden. Dieser Ansatz ist praxisnah, da Entwickler an einem Projekt unterschiedliche Aufgaben haben und somit nur selten genau die gleichen Stellen einer Datei bearbeiten wollen. CVS lässt das Bearbeiten von Dateien ohne Einschränkungen zu. Dateien können also auch gleichzeitig von verschiedenen Entwicklern bearbeitet werden. Der unter RCS beschriebene Auscheckvorgang für einzelne Dateien entfällt. Es wird nur noch von CVS eine Arbeitskopie mit allen Dateien für den Programmierer erstellt, die beliebig verändert werden kann. Das Einchecken ist jedoch weiterhin vorhanden. Beim Einchecken einer Datei werden ein Abgleich mit der im CVS vorhandenen Datei ausgeführt und alle Änderungen an der Datei automatisch eingearbeitet. Ändern nun zwei Entwickler an einem Stand einer Datei, wird die Änderung des ersten Entwicklers automatisch übernommen. Die Änderungen des zweiten Entwicklers werden ebenfalls so weit wie möglich automatisch in das System übernommen. Problematisch wird es nur noch, wenn die Änderungen gleiche Zeilen in einer Sourcecodedatei betreffen. Beispielsweise setzt Entwickler A einen Zähler von 2 auf 5, der Entwickler B diesen aber von 2 auf 9. Da das CVS-System nur mit Dateivergleichen arbeitet, können solche Änderungen nicht automatisch übernommen werden. Hier ist nun doch wieder die menschliche Intelligenz gefragt. Die benannte Stelle wird von CVS als „Konflikt“ markiert, und der Entwickler B muss diesen Konflikt von Hand lösen.

CVS gibt es für verschiedene Betriebssysteme, wie MAC-OS, Unix, Linux und Windows. Die nachfolgenden Beispiele beziehen sich auf das Betriebssystem Windows, da es zur Zeit noch das am meisten verbreitete System ist. CVS kann nicht nur Quellcode auf Dateiebene mit Hilfe einer lokalen Datenbank verwalten, es ist auch möglich, einen CVS-Server einzurichten, auf den mit Passwort und Login zugegriffen wird. Um die Erläuterungen nicht zu umfangreich werden zu lassen, beschränke ich mich hier auf das Anlegen einer lokalen Datenbank, die auf dem lokalen Rechner liegt.

Zum Einrichten von CVS wird wie bei RCS ein eigenes Verzeichnis benötigt, das die Datenbank für den Quellcode enthält. Im Unterschied zu RCS kann das Datenbankverzeichnis beliebig benannt werden. Der erste Schritt für die Benutzung von CVS ist also, ein Verzeichnis anzulegen:

mkdir cvsdaten

Danach wird das Verzeichnis mit den notwendigen Grundstrukturen initialisiert. Dies geschieht über das CVS-Init-Kommando. Der Parameter :local: führt dazu, dass eine lokale Datenbank initialisiert wird. Alle nachfolgenden Beispiele finden auf Laufwerk D statt.

cvs -d :local:\cvsdaten init

Nach der Anlage der kompletten Datenbank soll jetzt die erste Datei der Verwaltung von CVS übergeben werden. CVS arbeitet auf Verzeichnis- und nicht auf Dateibasis. Alle Dateien, die in einem Verzeichnis stehen, werden von CVS der Verwaltung unterworfen. Bevor man Quelldateien importiert, ist zuerst das Verzeichnis von allen unnötigen Dateien zu säubern. In diesem Beispiel steht nur eine Datei mit dem Namen „test.c“ im Verzeichnis „d:\work“. In dem zu importierenden Verzeichnis wird das Kommando

cvs -d :local:d:\cvsdaten import -m „Anlegen des Projekts“ work wi start

ausgeführt. Als Parameter werden dem CVS-Kommando folgende Werte übergeben:

-d :local:d:\cvsdaten:	Das Verzeichnis, in dem sich das Repository befindet.
import:	Befehl zum Importieren eines Verzeichnisses.
-m „Anlegen des Projekts“:	1. Lognachricht zum Anlegen.
work:	Name des Projekts, der später benötigt wird, um mit diesem Projekt zu arbeiten. Der Projektname ist auch der Name des ausgecheckten Verzeichnisses.
wi start:	Zwei Labels, die später nur noch in Spezialfällen benötigt werden.

Lautet das Ergebnis des Kommandos wie unten, hat das Anlegen des Projekts funktioniert.

N work/TEST.C
No conflicts created by this import

Die Ausgabe bedeutet, dass CVS die Datei „test.c“ im Verzeichnis „work“ neu (das bedeutet „N“) hinzugefügt hat. Das work-Verzeichnis kann gelöscht oder umbenannt werden, da alle Dateien und das Verzeichnis als Projekt „work“ in CVS übernommen wurden.

Mit dem checkout-Kommando:

cvs -d :local:d:\cvsdaten checkout work

kann die bisherige Verzeichnisstruktur wieder erzeugt werden. Zusätzlich wird in dem Arbeitsverzeichnis (hier work) ein Unterverzeichnis CVS angelegt, in dem sich Steuerinformationen zur Verwaltung befinden. An diesem Verzeichnis sollte nichts geändert werden.

Die Ausgabe von CVS nach dem korrekten Ausführen der Funktion lautet:

CVS.EXE checkout: Updating work
U work/TEST.C

Das Verzeichnis stellt nun die Arbeitskopie für den Entwickler dar und kann editiert werden. In CVS kann man sich jederzeit über die eingebauten Änderungen informieren. Dabei ist es nicht nötig, sich mit Pfadangaben oder Dateinamen zu belasten. CVS hat alle wichtigen Informationen bereits in einer Datei gespeichert, die sich im CVS-Unterverzeichnis befindet. Die Eingabe des Kommandos „cvs diff“ zeigt alle geänderten Dateien mit ihren Änderungen an. Das Ausgabeformat ist analog zum Format, das in Abschnitt 11.4.1 beschrieben wurde. Der Schalter -c kann auch hier verwendet werden, um den Kontext der Änderungen anzeigen zu lassen. Ist die Entwicklung fertig oder soll sie anderen Entwicklern zur Verfügung gestellt werden, wird die Datei an das CVS zurückgegeben. Dieser Vorgang heißt bei CVS *commit* und das zugehörige Kommando cvs commit. Ohne die Angabe eines Dateinamens werden alle geänderten Dateien erkannt und an die CVS-Datenbank übergeben. CVS startet einen Editor, in den Änderungskommentare eingegeben werden können und auch sollten. Der Autorenname wird von CVS aus den Systemeinstellungen übernommen. Bei Windows ist das der momentan verwendete Benutzername. Abgesehen vom Komfortgewinn, erinnert der Ablauf bis jetzt an RCS. Im Unterschied zu RCS fällt der Ausleihmechanismus weg; stattdessen wird dem Programmierer das ganze Arbeitsverzeichnis zur Verfügung gestellt. Dadurch ist es jetzt möglich, dass eine Datei von zwei Programmierern gleichzeitig geändert werden kann. Nach der Änderung kann der Programmierer, der seine Datei zuerst zurückgeben will, die Datei ohne Problem über *commit* zurückstellen. Der (zeitlich) zweite Programmierer erhält bei seinem *commit* aber eine Fehlermeldung, die ihn darauf hinweist, dass ein anderer Anwender diese Datei vor ihm an CVS übergeben hat und er etwas unternehmen soll, um dieses Problem zu beheben. Im ***Beispiel 11.10*** wurde versucht, die Datei „test.c“ zurückzugeben, die aber schon anderweitig bearbeitet wurde. CVS arbeitet nun erst weiter, wenn die Datei „test.c“ auf den im CVS vorgehaltenen richtigen Stand gebracht wird. Dies lässt sich über das Update-Kommando (Kommando: cvs update) bewerkstelligen. Das Kommando bringt alle Dateien auf den in der Datenbank vorgehaltenen Stand. Zu allen Dateien gehören auch die geänderten Dateien, die vom Programmierer bearbeitet wurden. CVS besitzt hierfür einen intelligenten Mischmechanismus, der die Dateien abgleicht. Der Abgleich erzeugt eine Datei, in der die Änderungen des anderen Entwicklers zusammen mit den eigenen Änderungen stehen. Diese Strategie aktualisiert die meisten Änderungen automatisch, kann aber nicht zu einem Erfolg führen, wenn Änderungen an der gleichen Stelle in einer Datei durchgeführt worden sind. Führt das automatische Zusammenführen (im CVS-Sprachgebrauch *merge* genannt) nicht zum Erfolg, entsteht ein Konflikt. Ein Update mit einem resultierenden Konflikt findet sich in ***Beispiel 11.11***. Ein Konflikt entsteht, wenn z. B. der erste Programmierer eine Variable von 10 auf 5 setzt, der andere Programmierer diese aber auf 0. CVS kann hier nicht automatisch wissen, welche Änderung in der endgültigen C-Datei vorhanden sein soll. Der Konflikt kann nur manuell vom Programmierer gelöst werden. Um den Konflikt zu lösen, öffnet man

```
D:\work>cvs commit
CVS.EXE commit: Examining .
CVS.EXE commit: Up-to-date check failed for `TEST.C'
CVS.EXE [commit aborted]: correct above errors first!
```

Beispiel 11.10: *CVS commit mit einem Problem*

```
D:\work>cvs update
CVS.EXE update: Updating .
RCS file: d:\cvsdaten/work/TEST.C,v
retrieving revision 1.2
retrieving revision 1.3
Merging differences between 1.2 and 1.3 into TEST.C
rcsmerge: warning: conflicts during merge
CVS.EXE update: conflicts found in TEST.C
C TEST.C
```

Beispiel 11.11: *CVS update meldet einen Konflikt*

die Datei mit dem Editor. CVS hat nun in der Datei an der Konfliktstelle beide Änderungen eingefügt und diese mit der Kennung von diff versehen, die schon aus dem Abschnitt 11.4.1 bekannt sind. Im ***Beispiel 11.12*** ist der Konflikt dargestellt. In der Funktion InitCounter wird in der vom zweiten Programmierer geänderten Datei die Variable i auf 5 gesetzt. In der zuerst zurückgegebenen Datei wurde die Variable auf den Wert 0 initialisiert. Die mit <<<<<<< und >>>>>>> markierten Zeilen weisen nicht nur auf den Konflikt hin, sie verhindern auch eine versehentliche Rückgabe der Datei, solange der Konflikt nicht behoben wurde, da CVS keine Dateien annimmt, die diese Kennungen enthält. Der Mensch muss jetzt entscheiden, welche Änderung von den beiden die gültige sein soll. Diese baut er in die C-Datei ein, löscht die Änderungsmarkierungen und kann diese Datei nun CVS übergeben (commit).

```
void InitCounter(void)
{
<<<<<<< TEST.C
i=5;
=======
i=0;
>>>>>>> 1.3
}
```

Beispiel 11.12: *Konflikt in der C-Datei (Auszug)*

Analog zu RCS können alle Schlüsselwörter für den Quelltext (Log, $Header$) beibehalten werden. Ähnlich wie bei RCS sind auch die verschiedenen Dienste angelegt. Das Kommando „cvs log" erstellt eine Änderungshistorie. Zugriffskontrolllisten können über „cvs admin -a" angelegt werden. Eine lokale Arbeitskopie wird mit dem Kommando „cvs release" gelöscht. Analog zu RCS ist es in CVS möglich, mit dem Kommando „cvs tag" symbolische Namen zu vergeben. Wie bei RCS wird damit ein bestimmter Stand gesichert und kann bei Bedarf zu einem späteren Zeitpunkt wieder zurückgeholt werden. Um nachträglich Dateien zu dem Projekt hinzuzufügen, wird „cvs add" und danach der zugehörige Dateiname angegeben. Nach dem Hinzufügen der Datei schließt ein commit den Vorgang ab und stellt die Datei den anderen Entwicklern zur Verfügung.

Auch für einen weiteren, in der Praxis häufig vorkommenden Fall bietet CVS eine Lösung. Ein Kunde bezieht eine Softwareversion und entdeckt darin einen Fehler. Meistens möchte man dem Kunden die ihm ausgelieferte Version und die Behebung des gemeldeten Fehlers als Update liefern. Die gerade in der Entwicklung befindliche Version kann aber oft nicht herausgegeben werden, da die Gefahr von neuen Fehlern in dieser Version bestünde und unter Umständen die Dokumentation des Gerätes, bedingt durch neue Leistungsmerkmale und geänderte Bedienprozeduren, ebenfalls erneuert werden müsste. Da man in CVS die ausgelieferte Version sinnvollerweise mit einem symbolischen Namen (z. B. Prototyp) versehen hätte, könnte die Version ohne Probleme zurückgespeichert werden. Um die notwendigen Änderungen in CVS zu hinterlegen, ist es aber notwendig, in CVS einen Branch anzulegen. Ein Branch mit dem Namen Prototyp_Bugfix für die Version mit dem symbolischen Namen PROTOTYP erzeugt das cvs-Kommando:

cvs rtag -b -r Prototyp Prototyp_Bugfix work

Beim Anlegen eines Branches wird nicht der einzelne Dateiname, sondern der Name des zu bearbeitenden Projekts angegeben (hier work).

Die Fehlerbehebung kann beginnen, nachdem der Branch in das Arbeitsverzeichnis kopiert wurde.

cvs checkout -r Prototyp_Bugfix work

Nach dem checkout-Kommando steht nun nicht mehr die ursprüngliche Version 1.5 der Datei test.c im Arbeitsverzeichnis, sondern die alte Version, die mit dem Branch „Prototyp_Bugfix“ versehen wurde. An dieser Datei kann nun wie gewohnt die Fehlerbehebung eingebaut werden.

Danach wird diese Änderung dem CVS-System übergeben und mit cvs commit work wieder eingecheckt. Der Branch Prototyp_Bugfix enthält nun nur die Fehlerbehebung und sonst nur den Code der Version Prototyp. In der Praxis ist es sinnvoll, diesen erzeugten Zweig so schnell wie möglich absterben zu lassen und nicht mehr weiterzuentwickeln. Denn so sinnvoll ein Branch in diesem Zusammenhang ist, so schnell werden lange weitergeführte Zweige unübersichtlich.

Um eine Übersicht der Versionen der Datei anzuzeigen (***Beispiel 11.13***), genügt die Eingabe des Status-Kommandos:

cvs status -v test.c

Das Updaten der Datei bringt nun automatisch immer den Branch Prototyp_Bugfix (branch: 1.3.2) auf das aktuelle Verzeichnis. Das liegt am so genannten sticky tag (klebriges Etikett). Klebrigkeit bedeutet, dass der Branch so lange aus der Datenbank geholt wird, bis explizit die Klebrigkeit zurückgesetzt wird. Um wieder am (neuen, aktuellen) Hauptzweig der Software zu arbeiten, ist das Kommando

cvs update -A

nötig. Der Schalter -A beseitigt die Klebrigkeit und erzeugt ein update mit den aktuellen Quellen. Der erneute Aufruf von

```
===================================================================
File: test.c        Status: Up-to-date

  Working revision:   1.3.2.1 Fri Dec 21 16:27:32 2001
  Repository revision: 1.3.2.1 d:\cvsdaten/work/test.c,v
  Sticky Tag:         Prototyp_Bugfix (branch: 1.3.2)
  Sticky Date:        (none)
  Sticky Options:     (none)

  Existing Tags:
     Prototyp_Bugfix           (branch: 1.3.2)
     Muster                    (revision: 1.5)
     Prototyp                  (revision: 1.3)
     start                     (revision: 1.1.1.1)
     wi                        (branch: 1.1.1)
```

Beispiel 11.13: *Ausgabe der CVS-Statusinformation*

cvs status -v test.c

informiert darüber, dass keine sticky-Optionen mehr vorhanden sind.

Häufig kommt es nun vor, dass der Entwickler die Fehlerbehebung auch in die gerade aktuelle Programmversion einfließen lassen möchte. Dazu müsste er sich seine Änderungen an der alten Version merken und diese Änderungen in die aktuelle Version einbauen. Hierfür besitzt CVS eine Funktion. Ein „cvs update -j" unter Angabe der alten geänderten Version überführt die in der alten Version vorgenommenen Änderungen in die neue Version. Die manuelle Arbeit beschränkt sich nur darauf, eventuelle Konflikte zu beseitigen. Das vollständige Kommando lautet:

cvs update -j Prototyp_Bugfix

Mit etwas Glück gibt es keine Konflikte, und die Fehlerbehebungen sind ohne Mehrarbeit in die neue Version übernommen worden. Auch wenn Konflikte auftreten, sind diese in den meisten Fällen schnell durch manuelles Editieren der entsprechenden Datei behoben.

Die Arbeitsweise von CVS führt besonders in Teams zu einem schnelleren Entwicklungszyklus. Das Warten auf das Zurückstellen von Dateien anderer Entwickler, nur um eigene Änderungen einbauen zu können, entfällt. Zusätzlich ist der zeitraubende Abgleich von Dateien, die unter RCS nicht zurückgegeben werden konnten, nicht mehr notwendig. Ein Anwender, der die Rückgabe einer Datei schlicht vergisst und dann in Urlaub fährt, hält den Entwicklungsprozess nicht auf. Falls ein Team die parallele Arbeitsweise von CVS für problematisch hält oder ein Entwickler den kompletten Umbau einer Datei plant, so dass ein automatischer Abgleich keinen Sinn mehr macht, da zu viele Konflikte entstehen würden, kann CVS auch (wie RCS) mit Reservierungen von Dateien arbeiten. Statt update und commit wird dann „cvs ci“ und „cvs co“ benutzt. Andere Programmierer können eine durch co reservierte Datei nicht ebenfalls ausleihen.

Obwohl CVS die Möglichkeit bietet, Dateien von anderen Programmierern zu ändern, ist es empfehlenswert, bei der Änderung von fremden Dateien den Autor der Datei zu informieren und die geplanten Änderungen zu besprechen. Alles in allem bietet CVS so viele Vorteile, dass eine Verwendung unbedingt empfohlen wird.

Der Funktionsumfang von CVS konnte in diesem Abschnitt nur angerissen werden, da er gewaltig ist. Weitere Informationen können in [3] und [4] nachgelesen werden.

11.4.3 WinCVS – das CVS mit grafischer Oberfläche

Der größte Nachteil des im vorangegangenen Abschnitt beschriebenen CVS-Systems ist seine spartanische Bedienung über die Kommandozeile. Mehrere Projekte, die CVS eine grafische Oberfläche geben, existieren. Die beste mir bekannte und wohl auch verbreitetste Portierung ist WinCVS. Das Programm bietet den vollen Funktionsumfang des CVS, verknüpft mit den Vorteilen der grafischen Oberfläche. WinCVS ist wie RCS und CVS kostenlos. ***Bild 11.6*** zeigt die Oberfläche von WinCVS. Alle oben beschriebenen Leistungsmerkmale sind bequem zugänglich. Es empfiehlt sich nach der Installation von WinCVS das Softwarepaket Python zu

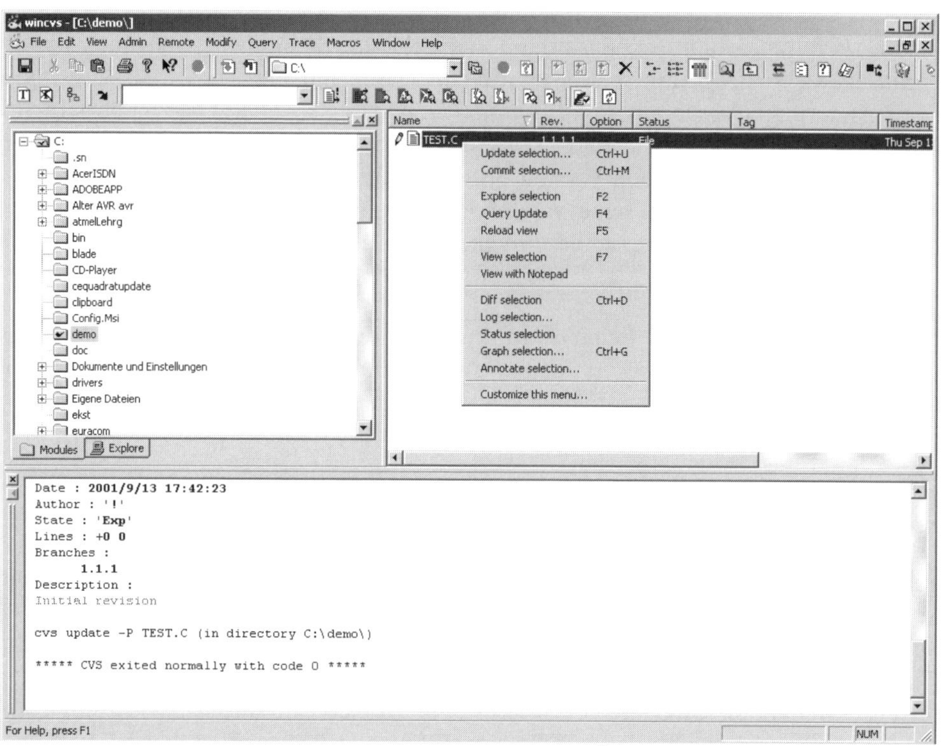

Bild 11.6: *Die grafische Oberfläche von WinCVS mit Kontextmenü*

installieren, um die volle Funktionalität von WinCVS nutzen zu können. Nach der Installation ist es notwendig, WinCVS einzurichten. Zuerst muss dem Programm mitgeteilt werden, an welcher Stelle sich die Datenbank des Quellcodes befindet. Die Datenbank kann lokal auf dem Rechner liegen oder auf einem entfernten Server. Um das Beispiel einfach zu halten, wird die Datenbank auch hier wieder lokal benutzt.

Die Schritte zum Anlegen einer CVS-Datenbank sind genauso wie bei der kommandozeilen-orientierten Version. Im Menüpunkt „Admin Preferences" ist der Pfad zur CVS-Datenbank einzugeben. Ist die Datenbank nicht vorhanden, kann sie über den Menüpunkt Create, Create new repository erzeugt werden. Analog zur obigen Vorgehensweise ist es möglich, vorhandene C-Dateien (über den Menüpunkt Create, import Module) zu importieren. Nach dem Import ist WinCVS mit den gewohnten Funktionalitäten einsatzbereit.

Nach dem Wechseln in das Sourceverzeichnis kann auch mit einer bereits vorhandenen Datenbank gearbeitet werden. Die Funktionalitäten zum Ausschecken eines Moduls, zum „commit", zu Logdateien oder zum Update sind genauso, wie beim Umgang mit der Kommandozeilen-Version von CVS beschrieben. Besonder anschaulich kann die Historie eines Moduls mit der grafischen Version von CVS dargestellt werden. Über den Menüpunkt „Query, Graph selection" bekommt man einen Softwareversionsbaum mit der Einzeichnung der symbolischen Namen und Branches (***Bild 11.7***) dargestellt. Aus der Abbildung kann man die Entwicklung der

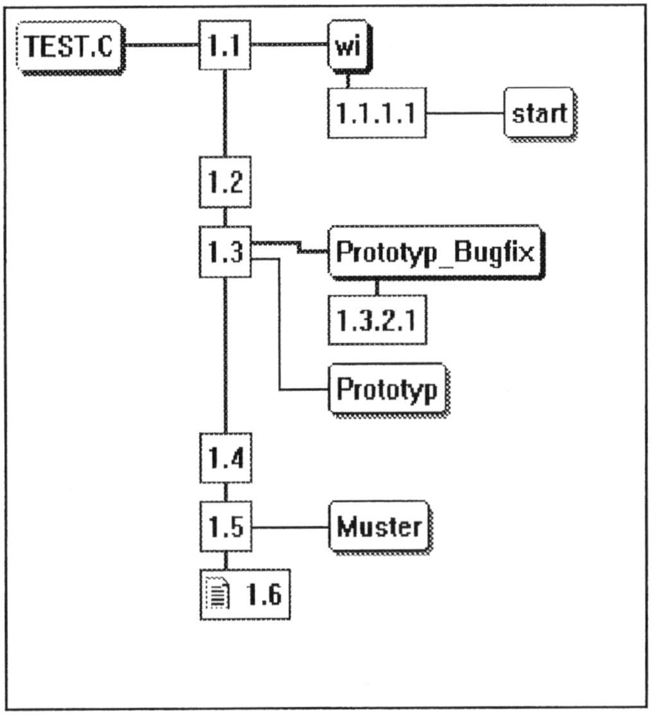

Bild 11.7: *Grafische Darstellung der Dateientwicklung*

Datei leicht herauslesen. Die C-Datei „Test.c“ existiert in den Versionen 1.1 bis 1.5. Den Versionen 1.1.1.1, 1.3 und 1.5 sind jeweils die symbolischen Namen „start“, „Prototyp“ und „Muster“ zugeordnet. Die im Moment aktuelle C-Version ist die Nummer 1.5. Es existiert ein Branch mit der Bezeichnung „Prototyp_Bugfix“, unter dem eine Änderung mit der Versionsnummer 1.3.2.1 vorgenommen wurde.

Eine nette Sache sind die Ansichtsfilter für die Verzeichnisansicht. Die Icons für die Dateifilter befinden sich in der zweiten Iconreihe von oben, beginnend hinter dem Eingabefeld. Es ist hier möglich, alle geänderten Dateien einzublenden, alle Dateien mit Konflikten, alle Nicht-CVS-Dateien auszublenden usw. Außerdem lässt sich mit dem Pfeil-Icon die Verzeichnistrennung aufheben. Es werden dann alle unter dem Hauptverzeichnis von CVS vorhandenen CVS-Dateien angezeigt, unabhängig davon, in welchem Unterverzeichnis sich diese befinden. Diese Funktion kann bei großen Projekten einige Rechenzeit in Anspruch nehmen.

WinCVS lässt sich über externe Programme erweitern. Wem die textorientierte Diff-Ausgabe von WinCVS nicht gefällt, kann ein externes fensterorientiertes Vergleichsprogramm nachrüsten. Als kostenloses komfortables Vergleichsprogramm bietet sich hier die Software WinMerge an, die sich ebenfalls auf der beiliegenden CD-ROM befindet. Diese Software ermöglicht einen Vergleich von C-Dateien mit Syntax-Kolorierung. Nach der Installation der Software, welche nur aus dem Auspacken der Zip-Datei besteht, kann WinCVS unter dem Menüpunkt Admin, Preferences, WinCVS in ein externes Diff-Programm eingetragen werden. Wird nun beim Vergleich der Eintrag „Use external Diff“ mit einem Haken markiert, werden das Diff-Programm gestartet und die beiden zu vergleichenden Dateien automatisch an das Diff-Programm übergeben. Hier lassen sich die Unterschiede zwischen den Dateien nebeneinander betrachten. Die beiden Fenster mit den notwendigen Änderungen sind in ***Bild 11.8*** dargestellt.

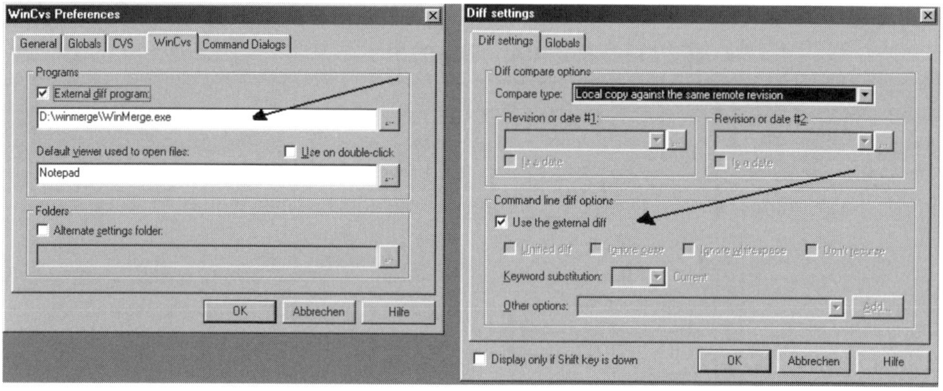

Bild 11.8: *Änderungen in WinCVS, um ein externes Diff-Programm zu benutzen*

WinCVS hat allerdings auch ein paar Eigenheiten, auf die ich noch kurz hinweisen möchte, da die Erforschung dieser Eigenheiten viel Zeit kosten kann. Unter Umständen kann das Starten von WinCVS oder auch Verzeichnisoperationen, wie das Anklicken von Verzeichnissen, unakzeptabel lange dauern. WinCVS hat die Eigenheit, alle Verzeichnisstrukturen (**auch den Windowspapierkorb!**) inklusive aller C- und H-Dateien der eingestellten Partition einzulesen. Befinden sich auf der Platte sehr viele C- und H-Dateien, kann das Startzeiten von 10 min und mehr zur Folge haben. Selbst wenn die C- und H-Dateien nicht WinCVS unterliegen, kommt es zu dem Verhalten. Die reine Anwesenheit des Sourcecodes reicht aus. Da sich die Oberfläche des Programms nicht ändert, bekommt man den Eindruck, das Programm sei abgestürzt. Als Abhilfe bietet es sich an, die entsprechenden C- und H-Dateien auf eine andere Partition zu verschieben oder sie in Zip-Archiven unterzubringen. Eine Fehlbedienung von CVS ist es, eine Datei, die nach einem Update viele Konflikte enthält, einfach zu löschen und sie durch die eigene erstellte Datei zu ersetzen. Gibt man diese Datei zurück, hat man den automatischen Abgleich von CVS umgangen, und die zwischenzeitlich vorgenommenen Änderungen der Teamkollegen gehen verloren.

Mit diesem kurzen Einblick in die komfortable grafische Softwareversionsverwaltung möchte ich diesen Abschnitt abschließen. Der Leser ist aufgefordert, das Programm zur weiteren Erforschung seiner Möglichkeiten selbst auszuprobieren und die Onlinedokumentation zu Rate zu ziehen.

11.5 Fehlersuche

Ist ein Programm nun endlich compiliert und gelinkt, so enthält es leider fast immer Fehler. Zur Fehlersuche gibt es mehrere Möglichkeiten. Die einfachste und nicht unbedingt zu verachtende besteht darin, sich über sein Programm noch einmal ausführlich Gedanken zu machen. Hierzu sind natürlich keine zusätzlichen Tools nötig. Da die Fehlersuche jedoch meistens kompliziert ist, gibt es zum Glück noch andere Möglichkeiten.

Das *Debugging* soll Programmfehler bzw. vom Programmierer nicht oder falsch erkannte Bedingungen sichtbar machen. Debugging ist eine gezielte Fehlerursachenforschung, in der der Zusammenhang zwischen aufgetretenen Fehlern, wirkenden Randbedingungen und Programmcode klargestellt wird. Das Debugging besteht hauptsächlich aus dem Anhalten eines laufenden Systems an einer bestimmten Stelle eines Programms. Die Variablen, die für den Programmablauf entscheidend sind, werden nun ausgewertet. Danach wird das Programm schrittweise (d. h. C-Codezeilenweise) bis zum Auftreten des Fehlers weiter ausgeführt. Einfache Fehler lassen sich nun eingrenzen. Bei schwierigeren Fehlern müssen evtl. komplizierte Vorkehrungen getroffen werden, um einen Fehler zu entdecken. In Ausnahmefällen kann es sogar notwendig sein, den Assemblercode des Programms zu untersuchen. Für das Debugging stehen verschiedene Werkzeuge und Hilfsmittel zur Verfügung, die je nach Fehlerklasse eingesetzt werden.

Um mit quellcodeorientieren Tools (Debbuger, Emulator oder Monitor) das Debugging durchzuführen, müssen Informationen über den Quellcode als Zusatzinformation zum Binärcode abgelegt werden. Diese Zusatzinformation wird beim Laden in das entsprechende Debug-Tool aufbereitet und ermöglicht das Debugging des

Quellcodes. Bei größeren Entwicklungen kann die für das Debugging notwendige Quellcodeinformation einen erheblichen Teil der Ressourcen Speicherplatz auf dem Entwicklungssystem und Bearbeitungszeit des Debuggers verschlingen. In einer fortgeschrittenen Entwicklung befinden sich jedoch nur vielleicht 10 % der Module tatsächlich in Bearbeitung. 90 % der vorhandenen Module sind mehr oder weniger stabil. Um die erwähnten Ressourcen Speicherplatz und Ladezeit einzusparen, könnten nur die 10 % der Module mit Quellcodeinformationen versehen werden, die sich gerade in Bearbeitung befinden. Übertragen auf die obige Verzeichnisstruktur für mittlere und große Projekte heißt das, dass nur die Dateien mit Debuginformationen versehen werden, die sich bei den einzelnen Programmierern in Bearbeitung befinden. Die anderen stabilen Module haben diese Informationen nicht. Das Vorhandensein der Informationen lässt sich beim Compilieren durch einen Compilerswitch einstellen.

Neben den hier vorgestellten Möglichkeiten können selbst gebaute Testtools eine große Arbeitserleichterung sein. Einfach, aber sehr nützlich, ist die Möglichkeit, Informationen über den Zustand der Software über eine Schnittstelle auszugeben. Als Ausgabefunktion bietet sich ein modifiziertes printf an. Über eine Schnittstelle, die möglichst schnell sein muss, damit das Echtzeitverhalten der Software nur wenig beeinflusst wird, lassen sich wichtige Informationen, z. B. Ereignisse, Zustände oder Datenströme, ausgeben. Das Ausgabemedium kann ein einfaches Terminal oder ein PC mit Analysesoftware sein. Die ausgegebenen Daten lassen sich für Laufzeitanalysen oder sogar zum automatischen Softwaretest verwenden.

11.5.1 Hosttest

Bereits an anderer Stelle wurde empfohlen, eine gute C-Entwicklungsumgebung für das Entwicklungssystem selbst zur Verfügung zur haben. Zu den angebotenen Entwicklungsumgebungen gehört meist auch ein guter Debugger. Beachtet man die Regel, nur reinen ANSI-Code zu programmieren, was sich auch aus Gründen der Portierbarkeit empfiehlt, ist es möglich, ein ursprünglich für den Embedded-Bereich geschriebenes Programm auf dem Entwicklungssystem zu compilieren und auch zu debuggen. Weitere Voraussetzung sind die automatische Anpassung von compilerspezififischen Schlüsselwörtern oder Assemblerfunktionen durch Makros (praktische Beispiele auch in der Fallstudie in Abschnitt 13.11) und ein Betriebssystem, welches auch auf dem Hostsystem läuft oder von dem es eine Variante gibt, die auf dem Hostsystem ablauffähig ist. Die Anpassung von compilerspezifischen Schlüsselwörtern erfolgt am einfachsten über bedingt gesetzte, durch #define definierte Makros. Greifen wir das ***Beispiel 9.19, S. 115*** auf, in dem ein compilerspezifisches Schlüsselwortes „backup" einen Datensatz durch die Initialisierung des Startupcodes ausnimmt. Ein Compiler auf dem Hostsystem kennt natürlich dieses Schlüsselwort nicht. Die Umdefinition des Schlüsselwortes „backup" als Makro zu einem leeren Makro sorgt dafür, dass das Schlüsselwort im vom Compiler bearbeiteten Text nicht mehr vorhanden ist und lässt den Hostcompiler den Quellcode trotz des compilerabhängigen Schlüsselwortes „backup" compilieren. Die Umdefinition ist abhängig von dem Makro HOSTCOMPILER. Dieses Makro wird auf Kommandozeilenebene bei Aufruf des Compilers definiert. Die Definition von Makros beim Aufruf des Compilers unterstützen fast alle Compiler durch den Switch -D, dem ohne Blank der zu definierende Makroname folgen muss (Beipiel cc -DHOSTCOMPILER main.c). Damit wird das Makro HOSTCOMPILER definiert, welches die Definition von backup steuert. Beim Compilieren mit dem Compiler für das Embedded-System darf das Makro nicht definiert sein, da dieser Compiler das Schlüsselwort benötigt.

```
#ifdef HOSTCOMPILER
#define backup          /* Hier wird das compilerspezifische Schlüsselwort zu einem Makro
                           ohne Inhalt, welches sich mit jedem Compiler compilieren lässt */
#endif

#define PERMANENT backup

PERMANENT int Einnahmen;
```

Beispiel 11.14: *Das compilerabhängige Schlüsselwort „backup“ wird umdefiniert*

Tests auf dem Hostsystem lohnen sich nur für Module, die auch unabhängig von der Hardware funktionieren können. Schreibt man einen reinen Hardwaretreiber in C, ist es meist zu aufwendig, die gesamten Funktionalitäten des Bausteins in einer Debugsoftware nachzubilden und diese gegen die selbst geschriebene Software zu testen. Sinn macht es aber, die Logik eines Softwaresystems mit vorgegebenen Stimuli zu testen. Ein Kandidat für einen solchen Test ist z. B. die Steuerungsoftware (Zustandsautomat und Dispatcher) aus Abschnitt 9.11.1. Die einzelnen Ereignisse, die zu Zustandswechseln und Funktionsaufrufen führen, lassen sich relativ einfach durch eine zusätzliche Debugsoftware erzeugen. Damit das System auf einem Hostrechner laufen kann, ist neben der portablen Programmierung und einer Debugsoftware ein portables Betriebssystem nötig, das auf dem Hostsystem und auf dem Embedded-System läuft.

Die selbst zu schreibende Debugsoftware liest nun z. B. aus einer Datei die vom System zu verarbeitenden Ereignisse aus und speist sie in das Kommunikationssystem des Betriebssystems, z. B. als Mail, ein. Nach der Einspeisung der Stimuli muss das Programm eine Reaktion der zu testenden Software abwarten und diese anzeigen und evtl. in einer Datei speichern. Danach kann das nächste Ereignis aus der Datei gelesen und in das System eingespeist werden. Um einen Einblick in die Systemreaktionen zu erhalten, ist es zusätzlich noch sinnvoll, wenn die durch das System gehenden Nachrichten in einer für den Anwender lesbaren Form in einer Datei (der Logdatei gespeichert werden. Hierzu muss unter Umständen das Betriebssystem geändert werden, da eine solche Funktionalität normalerweise nicht vorhanden ist. In ***Bild 11.9*** ist die prinzipielle Funktionsweise dargestellt. Sinnvoll ist es, die aus der Datei gelesenen Stimuli auch in die Logdatei zu schreiben, damit die Systemreaktionen zum einzelnen Stimulus zugeordnet werden können.

Durch das Schreiben von Simulationsprogrammen kann das zu testende Programm wie in seiner echten Umgebung mit Parametern „gefüttert“ werden. Viele logische Fehler können so gefunden werden. Bei PC-Umgebungen bieten sich die Entwicklungssysteme der Firmen Borland (Borland C oder C++), Microsoft (Visual C++) oder das freie Entwicklungssystem lccwin32 an.

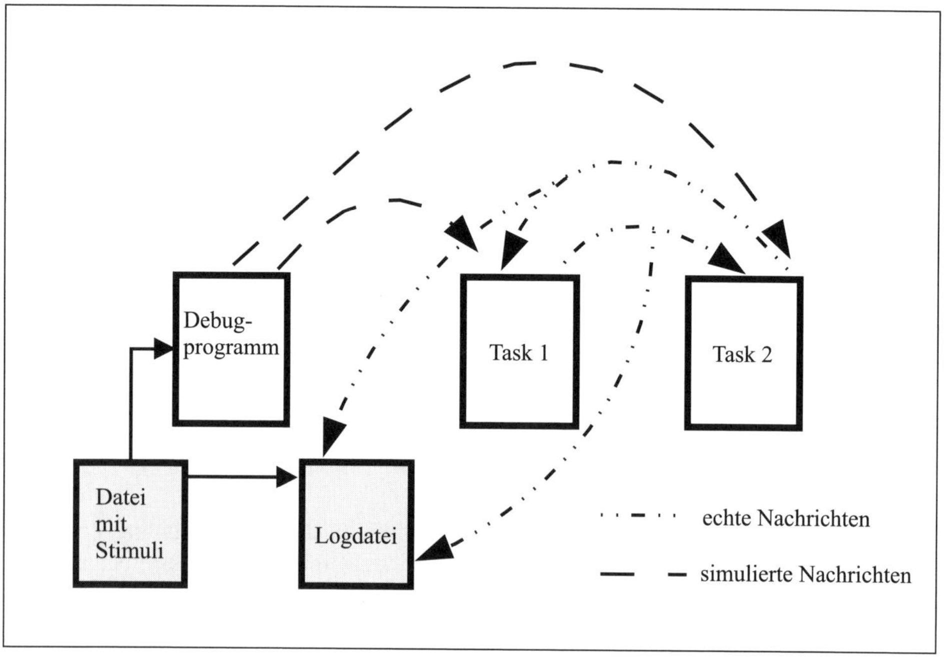

Bild 11.9: *Kommunkiation in der Hostumgebung*

Eine Variante des Hosttests ist der *Simulator*. Das C-Programm kann unverändert, d. h. mit Assembleranweisungen für das Zielsystem, in einen Simulator geladen werden. Wie der Name schon andeutet, läuft das Programm auf dem Hostcomputer in einem simulierten Prozessor. Abgesehen von gewissen Umweltereignissen und Echtzeitbedingungen (Simulatoren sind oft recht langsam), kann hier besonders das Zusammenspiel von Assembler und C-Programmen getestet werden. Da ein Simulator oft zum Lieferumfang des Compilers gehört, steht ein billiges Tool zum Testen zur Verfügung. Wenn der Simulator eine Makrosprache besitzt, können gewisse Testabläufe automatisiert werden. Über Makros lassen sich durch Manipulation der simulierten Prozessorregister vielleicht sogar Interrupte simulieren. Mit dem Simulator lassen sich logische Programmfehler, bedingt Fehler in Treibern und Fehler bei der Codeerzeugung des Compilers finden.

11.5.2 Debug-Monitore für das Zielsystem

Alle Fehler in einem Programm werden sich wahrscheinlich mit dem Hosttest und dem Simulator allein nicht finden lassen. Oft stellt die echte Umwelt ganz andere Anforderungen an das System, als der Entwickler zuerst dachte. Die höhere Komplexität der Umweltanforderungen und die zeitlichen Bedingungen lassen sich beim Simulator- oder Hosttest nicht vollständig simulieren.

Eine einfache und besonders preiswerte Lösung zum Testen der Software innerhalb des echten Systems sind so genannte ***Debug-Monitore***. Das sind zusätzliche Programme, die unabhängig vom entwickelten Programm existieren. Sie werden von den Herstellern der Compiler für das Mikroprozessorsystem mitgeliefert oder sind optional zu erwerben. Bei gleichwertigen Leistungsdaten der Compiler ist die Verfügbarkeit eines Monitors ein wichtiges Kaufargument, wenn es darum geht, die notwendigen Hardwareinvestitionen niedrig zuhalten.

Wenn ein Monitorprogramm verwendet wird, muss das eigentliche Anwenderprogramm in einen Speicher geladen werden, der lesbar und schreibbar ist, d. h. in einen RAM (***Bild 11.10***). Das Monitorprogramm lädt über eine Schnittstelle das vom Anwender erzeugte Programm. Wenn keine besonderen Hardwarevorkehrungen in der Zielhardware oder im Prozessor getroffen wurden (evtl. Debugmodus des Prozessors), muss das Anwenderprogramm aber modifiziert werden, um in den Monitorspeicher geladen zu werden. Ein Anwenderprogramm, welches in einem Monitorprogramm laufen soll, muss zumindest seine Interruptvektoren an einer anderen Stelle als normal haben, da das Monitorprogramm diese Interruptvektoren bereits für eigene Zwecke belegt. In der Beschreibung des Monitorprogramms wird für die Anwendervektoren ein gewisser Adressbereich ausgewiesen. In diesen Adressen müssen dann die Anwendervektoren in der gleichen Art und Weise wie im Originalprogramm (d. h. in der späteren ROM-Version) stehen.

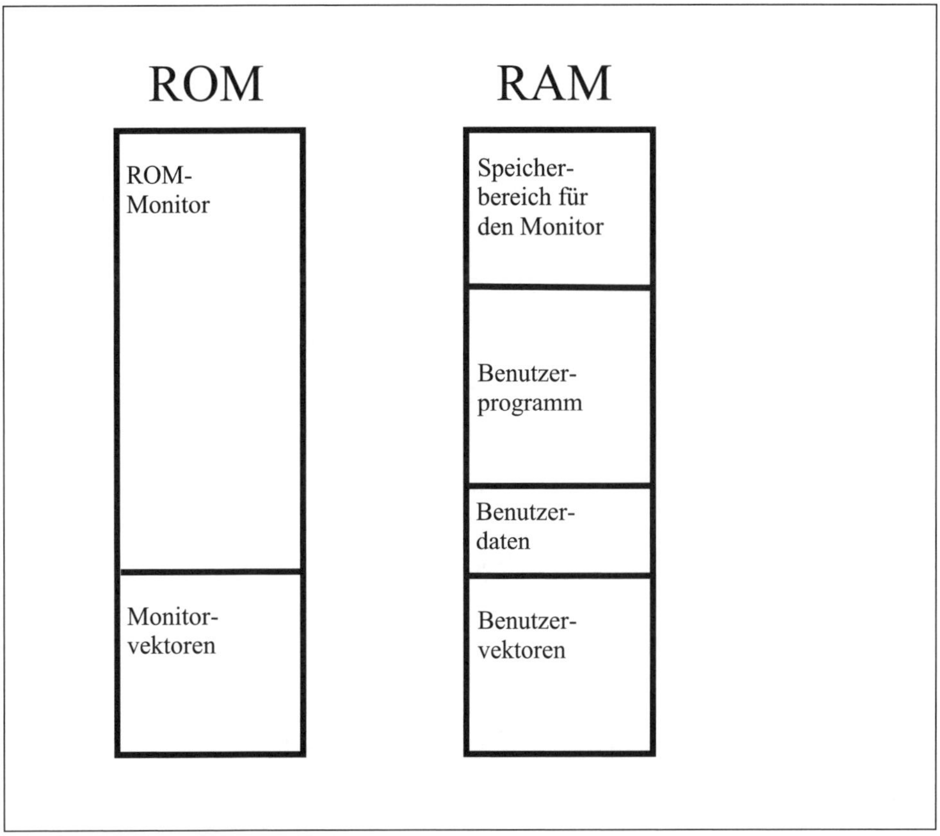

Bild 11.10: *Speicheraufteilung bei einem Monitor*

Um das Debugging bei einer Software durchzuführen, muss der Anwender mit dem Monitorprogramm kommunizieren, um ihm Befehle zu erteilen. Die Kommunikation geschieht meistens über eine serielle Schnittstelle, die das Hostsystem mit dem Monitorprogramm und der Zielhardware verbindet. Das Monitorprogramm benutzt entweder eine freie serielle Schnittstelle des Prozessors oder einen Schnittstellenbaustein, der über Steuerwörter des Datenbusses auf bestimmten Adressen angesprochen wird. Auf dem Hostsystem ist ebenfalls ein Programm zur Kommunikation mit dem Monitor vorhanden, welches die Ein- und Ausgabe über die Schnittstelle realisiert und eine Benutzeroberfäche mit einem gewissen Komfort zur Bedienung des Monitors zur Verfügung stellt. Folgende Funktionen kann eine Monitorsoftware zur Verfügung stellen:

- Anzeigen der Inhalte von bestimmten Speicherbereichen,
- Setzen von Breakpoints,
- Anzeigen und Verändern von Variablen,
- Laden von Anwendersoftware.

Diese Funktionalitäten decken den größten Teil des Debugbedarfs in der Programmentwicklung. Es gibt jedoch auch einige Einschränkungen. Programme, die im Fehlerfall wild Speicherbereiche vollschreiben, können Monitorspeicher und Programmspeicher verändern und damit das Debugging unmöglich machen. Echtzeitbedingungen können durch den Monitor verletzt werden (z. B. durch die Umleitung der Benutzervektoren). Das kontinuierliche Anzeigen von Variablen (auch Tracing oder Monitoring genannt) ist nicht möglich.

Breakpoints (Programmhaltepunkte) werden im Speicher über eine besondere, auch bei Emulatoren verwendete Technik realisiert. An die Stelle, an der ein Breakpoint gesetzt werden soll, wird eine spezielle Anweisung (break-Anweisung) eingefügt, die die Programmausführung unterbricht. Die ursprüngliche Anweisung des Originalprogramms wird in einem Speicherbereich des Monitorprogramms gerettet. Kommt der Prozessor bei der Programmausführung an eine break-Anweisung, so stoppt er unverzüglich die Programmausführung. Mit der Unterbrechung des Programms wird ein Interrupt ausgelöst, der das Monitorprogramm aufruft. Im Monitorprogramm wird nun angezeigt, dass der Breakpoint erreicht ist. Außerdem setzt das Monitorprogramm wieder den ursprünglichen Code an die Stelle der break-Anweisung. Der Benutzer des Monitorprogramms kann nun Datenbereiche des Programms untersuchen, um einen Fehler zu finden oder das Programm schrittweise weiter ausführen.

11.5.3 Emulator

Ein *Emulator* ist ein fast immer relativ teures, dafür aber auch sehr komfortables Gerät für das Debugging von Software. Grundsätzlich können zwei verschiedene Arten von Emulatoren unterschieden werden: der klassische Emulator, der den Prozessor in der Zielhardware ersetzt, und der JTAG-Emulator, der über ein JTAG-Interface Verbindung mit dem in der Zielhardware sitzenden Originalprozessor aufnimmt.

Ein klassischer Emulator besteht aus 2 Hauptkomponenten: dem Emulatorboard und der so genannten Probe. Die *Probe* ist ein Ersatz für den in der Hardware normalerweise tätigen Mikroprozessor. Sie besteht u. a. aus einem (meist sehr aufwändigen) Stecker, der statt des Mikroprozessors in die Hardware gesteckt wird. Hinter dem Stecker befindet sich eine Platine, deren Kabel in den eigentlichen Emulator münden. Auf der Platine befindet sich oft der zu emulierende Prozessor, der in einen Debugmodus versetzt wird. Von dieser Platine führt ein dickes Kabel in den eigentlichen Emulator, der die Debugmöglichkeiten und eine Schnittstelle (parallel, seriell, USB, LAN) zur Verfügung stellt, um die programmierte Software in den Emulator zu laden. Bei Prozessoren, die keinen Debugmodus haben, sitzt eine Spezialversion des zu emulierenden Prozessors im Emulator. Bei der Spezialversion handelt es sich um einen so genannten Bondout-Chip, der neben den standardmäßigen Pins noch viele weitere interne Signale für das Debugging zur Verfügung stellt. Bei der Kontaktierung der Prozessors gibt es verschiedene Möglichkeiten. Früher war die Kontaktierung einfach. Der Prozessor wurde gesockelt montiert. Zum Debugging entfernte man den gesockelten Prozessor, und in den Sockel steckte man den Spezialstecker des Emulators. Aufgrund der kleineren Bauformen kann diese Methode nur noch selten Anwendung finden. Eine andere Möglichkeit ist der Einbau von speziellen Steckern auf der Platine, die durch den Emulator kontaktiert werden. Diese Möglichkeit benötigt zusätzlichen Platz auf der Platine. Ist hierfür nicht genug Platz vorhanden, kann ein so genannter „Press-on-Adapter" weiterhelfen. Grundsätzlich ist diese Möglichkeit **nicht empfehlenswert**, da die Adapter teuer, **sehr empfindlich** und nach meinen Erfahrungen nicht besonders zuverlässig sind. Der Kontakt wird über winzige Goldkontakte, die auf den Prozessorpins liegen, hergestellt. Den notwendigen Anpressdruck erzeugt eine auf den Prozessor aufgeklebte Schraubverbindung. Ist die Verbindung einmal hergestellt, empfiehlt es sich, diese möglichst nicht mehr zu lösen. Der Vorteil des Austauschs des Prozessors oder der Kontaktierung über den Emulator besteht darin, dass dem Emulator alle Signale des Prozessors zur Verfügung stehen. Deshalb kann eine *Tracefunktion* im Emulator leicht realisiert werden und bedeutet keinen zusätzlichen Verdrahtungsaufwand, da alle interessanten Signale, wie Adressbus und Datenbus, am Prozessor zur Verfügung stehen. Eine Tracefunktion bedeutet, dass in Echtzeit, ohne den Prozessor und das Laufzeitverhalten zu beeinflussen, die am Adress- und Datenbus aufgetretenen Adressen dargestellt werden können. Es handelt sich um eine Art Logikanalysator (siehe Abschnitt 11.5.4), der zusätzlich aber auch eine Verbindung zum C-Sourcecode besitzt. Die analysierten Adressen werden mit ihren Referenzen zum Code oder zu Variablennamen dargestellt. Damit sind einige Fragen und Probleme, die beim Debugging auftreten, leicht zu klären:

- Was passierte vor dem Programmabsturz?
- Was passierte vor dem Reset und welches Programm löste ihn aus?
- Wann werden bestimmte Programmteile durchlaufen und wie lange dauert der Durchlauf?
- Wie sieht die Kommunikation zu einem Baustein aus, der über den Adress- und Datenbus an den Prozessor angeschlossen ist.

Zusätzlich bildet eine Tracemöglichkeit eine dem späteren Anwender nicht zugängliche, sehr schnelle Schnittstelle, über die interne Programmdaten ausgegeben werden können. Das könnten z. B. von der Software verarbeitete Ereignisse, interne Zustände, Fehlercodes und Stackauslastungen sein, die auf bestimmten unbenutzten Testadressen ausgegeben werden.

Das gerade Geschilderte lässt bereits die grundsätzlichen Probleme von klassischen Emulatoren erkennen. Da die Prozessoren immer mehr Pins haben und die Bauformen immer winziger und damit die Kontaktierungsprobleme größer werden, wurde ein völlig anderer Weg des Emulatorbaus beschritten. Eine Debugeinheit befindet sich auf jedem Standardprozessor, und über die JTAG-Schnittstelle steuert der Emulator die Debugeinheit auf dem Chip. Die *JTAG-Schnittstelle* wurde ursprünglich zum internen Testen von komplexen Bausteinen bei der Produktion eingesetzt oder zum externen Testen von Verdrahtungen auf der Platine bei der Verarbeitung des Bausteins. Sie besteht aus fünf Leitungen (TCK: Test Clock, TMS: Test Mode Select, TDI: Test Data Input, TDO: Test Data Output, TRST: Test Reset), von denen drei (TCK, TDI, TDO) ein serielles Interface zu einer Testeinheit auf dem Chip bilden. Die JTAG-Leitungen enden in einem TAP-Controller (Test Access Port), der die Test- und Debuggingfunktionen für den Mikrocontroller enthält. Für die Softwareentwicklung sind hier nur die Debuggingfunktionen interessant. Die auf dem Prozessor befindliche Debug Einheit, wird über die JTAG-Schnittstelle mit einem externen Emulator verbunden. Die fünf Leitungen sind die einzigen Verbindungen, die zusätzlich auf der Platine vorgesehen werden müssen. Zum Testen werden die JTAG-Leitungen über einen Stecker abgegriffen, der im Originalgerät später nicht mehr bestückt wird. Steckfassungen oder komplizierte Kontaktierungen sind nicht mehr nötig. Das Debugging über die JTAG-Schnittstelle ist vom Debugging mit einem extern kontaktierten Emulator kaum zu unterscheiden. Es kann jedoch zu Ungenaugigkeiten bei Zeitmessungen kommen, die wohl in der seriellen Übertragungsart begründet liegen. JTAG-Emulatoren werden wohl langfristig die klassischen Emulatoren verdrängen. Zum einen wegen der schwierigen Kontaktierung der immer kleiner werdenden Chips und zum anderen, weil die Chiphersteller den Aufwand für die speziellen Bondout-Chips scheuen, die nur für die klassischen Emulatoren produziert werden müssen.

Zusätzlicher Aufwand muss für eine Tracefunktionalität betrieben werden. Durch das JTAG-Interface steht kein Zugriff auf den Daten- oder Adressbus zur Verfügung. Soll, mit oder ohne Emulatorunterstützung, die Tracefunktionalität zur Verfügung stehen, müssen Daten- und Adressbus zugänglich sein. Dies geschieht über zusätzliche Verbindungen, die z. B. über optionale Stecker auf der Zielplatine vorgesehen werden. Ob man sich nun für einen separaten Logikanalysator oder einen Zusatz zum Emulator entscheidet, muss von Fall zu Fall abgewogen werden. Ein Logikanalysator ist universeller einsetzbar, der Emuatorzusatz bietet die Verbindung der aufgezeichneten Adressen mit dem Quellcode.

In ***Bild 11.11*** sind 4 verschiedene Emulatoren zu sehen. Rechts ein klassischer Emulator für den 80C32-Prozessor der Firma Hitex. Die Probe mit dem Stecksockel zur Kontaktierung der Zielhardware ist deutlich zu erkennen. Die Verbindung zum

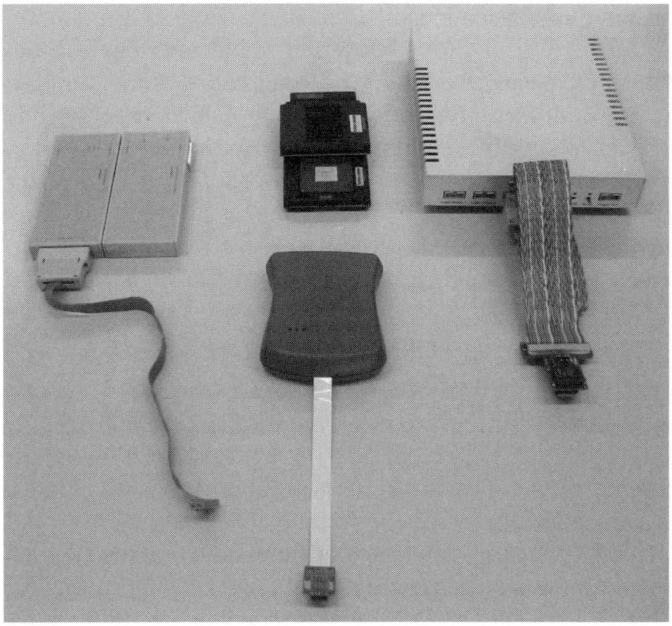

Bild 11.11: *Vier verschiedene Emulatoren*

Entwicklungsrechner erfolgt über die serielle Schnittstelle oder optional über eine Zusatzkarte. Hinten in der Mitte ein Emulator (ebenfalls von Hitex) für den 161O-Prozessor von Infineon. Die Kontaktierung des Prozessors erfolgt über Stecker an der Geräteunterseite oder über einen von unten aufzusteckenden „Press-on-Adapter". Die PC-Verbindung erfolgt ebenfalls über eine Zusatzkarte. Vorn links ist ein JTAG-Emulator von Lauterbach zu sehen. Der Emulator ist für den ARM-Prozessor, kann aber durch das Auswechseln des angebrachten Zusatzmoduls (vorn im Stecker) auch für andere Prozessoren eingesetzt werden. Der kleine Stecker, der aus dem Zusatzmodul kommt, wird mit der in der Zielhardware vorbereiteten JTAG-Schnittstelle verbunden. Der Emulator kann je nach Ausführung über die parallele Schnittstelle oder eine Ethernet-Schnittstelle mit einem PC verbunden werden. In der Mitte befindet sich ein JTAG-Emulator für die Atmel-Mega-Serie. Die Verbindung des Emulators zum PC geschieht über eine serielle Schnittstelle. Von allen mechanischen Lösungen ist die JTAG-Lösung zur Kontaktierung der Zielhardware auch sichtbar die eleganteste.

Der Vorgang des Debuggings stellt sich im Allgemeinen nun wie folgt dar:

Die Software wird mit Debuginformationen compiliert und gelinkt. Die erstellte Software lädt man nun in den Emulator. Sie wird über einen Emulatorbefehl so gestartet, als wenn in der Originalhardware ein Reset aufgetreten wäre. Jetzt läuft die Software normal ab. Auch das Gerät, dessen Software getestet werden soll, arbeitet normal. Es können alle Bedienungen vorgenommen werden. Der Softwareentwickler hat jedoch nun die Möglichkeit, in den Programmablauf einzugreifen. Über die Debuggersoftware, die mit dem Emulator, dem Ausgabeformat und den

Debuginformationen des Compilers zusammenarbeiten muss, kann er Programmhaltepunkte (Breakpoints) setzen, Variablen und Register verändern, Zugriffe auf Ports des Prozessors kontrollieren usw. Bei komfortablen Emulatorausführungen können auch ganze Sequenzen mit Zeitinformationen aufgezeichnet (tracing) und Breakpoints mit Bedingungen verknüpft (conditional breakpoints) werden. Außerdem besteht die Möglichkeit, Speicherbereiche vor unerlaubtem Zugriff zu schützen. Der Benutzer des Emulators erhält einen Hinweis (wenn z. B. aufgrund eines „wilden" Zeigers) die Software versucht, auf das ROM schreibend zuzugreifen. Außerdem ist es bei manchen Emulatoren möglich, Informationen darüber zu erhalten, welche Teile der Software durchlaufen wurden und welche nicht. Diese Information ist hilfreich, um eine Aussage über die Vollständigkeit eines Softwaretests zu erhalten.

Anhand des einfachen JTAG-Emulators JTAG-ICE (***Bild 11.11***, Mitte vorn) für den Prozessor ATmega 323 von Atmel soll die grob geschilderte allgemeine Arbeitsweise eines Emulators kurz konkretisiert werden, da im industriellen Einsatz der Emulator zum Handwerkszeug gehört. Der Emulator wird über die JTAG-Schnittstelle mit dem Prozessor verbunden. Eine serielle Schnittstelle verbindet ihn mit dem PC. Neben der klassischen Debugfunktion kann der Emulator zusätzlich den im Prozessor integrierten Flash-Programmspeicher programmieren. Die Oberfläche für den Emulator, das AVR-Studio, wird auf dem PC gestartet. Zuerst ist der Programmcode einschließlich der Debuginformationen über das AVR-Studio in den Emulator zu laden. Der C-Code für diese Demonstration ist mit dem GNU-Compiler erzeugt worden und liegt im ELF-Format vor. Dieses Format wird von der Emulatorsoftware nicht korrekt unterstützt und muss mit einem Zusatzprogramm (elfcoff) in das COFF-Format konvertiert werden (siehe hierzu auch Abschnitt 13.11). Nach dem Laden der Coff-Datei hält der Emulator den Prozessor im Reset, bis der Benutzer den Befehl zum Starten des Programms gibt. Um einen evtl. Fehler einzugrenzen, kann der Programmierer **vor** dem Starten des Programms an den entsprechenden Stellen im Programm Haltepunkte (Breakpoints) setzen. In ***Bild 11.12*** wurde ein Breakpoint zu Beginn der Timerinterruptroutine (SIGNAL(SIG_OVERFLOW1)) bei der if-Abfrage gesetzt. Die Ausführung des Programms stoppt, wenn das Programm an den Breakpoint kommt. Der Programmierer kann nun Variablen im Watchfenster (***Bild 11.12***, links unten) überprüfen und über einen Mausklick bei Bedarf verändern. Das I/O-Fenster (Mitte) zeigt die interne Peripherie (Timer, Ports, Interruptregister) des Controllers an. Hier ist auch das gesetzte Interruptbit des Timers 1 zu sehen. Die Debugmöglichkeiten werden ergänzt durch Fenster mit den Prozessorregistern, dem Sourcecode und einem Dumpfenster auf einen Bereich des Speichers. Eine sehr nützliche Funktion dieses Emulators, die man auch bei vielen anderen, aber **nicht bei allen** Emulatoren findet, ist ein erweiterter Haltepunkt. Dieser ermöglicht es, auf die Veränderung einer bestimmten Speicherstelle oder einer Variablen einen Haltepunkt zu setzen. Über einen falsch stehenden Pointer in C oder das Überschreiben von Arraygrenzen kann es bei unvorsichtiger Programmierung dazu kommen, dass eine Variable sporadisch ihren Sollwert ändert und einen falschen Wert annimmt. Gesucht wird dann die Stelle im Code, die die unzulässige Variablenveränderung vornimmt. Bietet der Emulator die Möglichkeit, auf eine Variablenveränderung einen Breakpoint zu setzen, ist es leicht möglich diesen Fehler zu finden. Beim

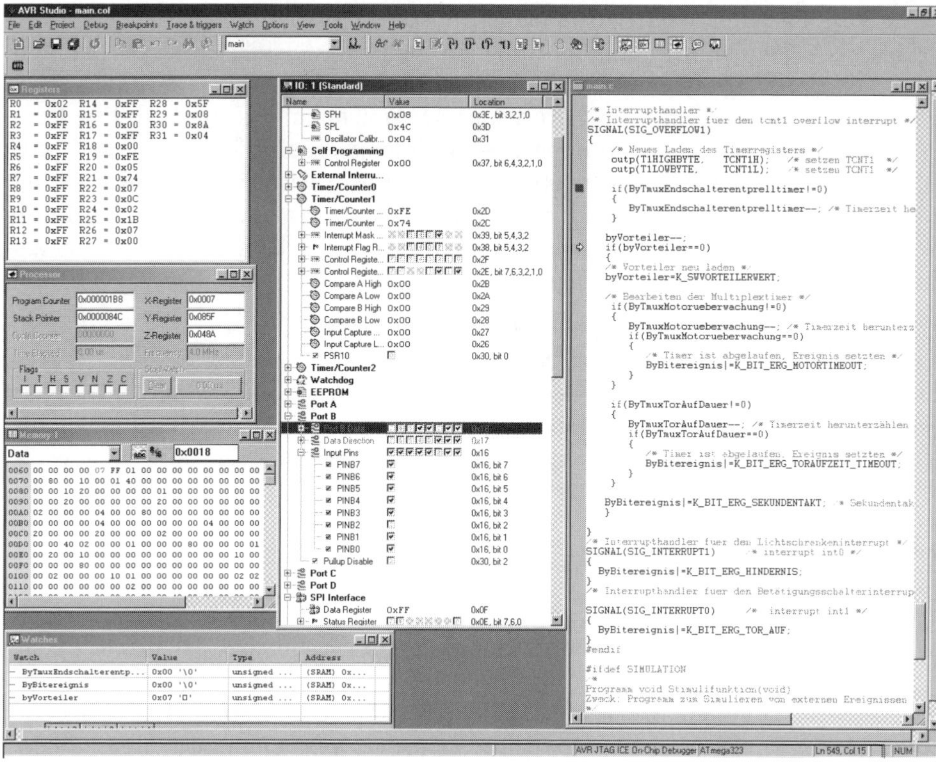

Bild 11.12: *Oberfläche des Emulators JTAG-ICE von Atmel*

schreibenden Variablenzugriff stoppt der Emulator, und der Fehler ist schnell eingegrenzt. Bietet ein Emulator diese Funktion nicht, ist bei diesen Fehlerarten eine langwierige Suche nötig. Bei der Auswahl eines Emulators ist diese Funktion ein **wichtiges** Leistungsmerkmal.

Typisch für den hier vorgestellten JTAG-Emulator ist die fehlende Tracemöglichkeit. Die Gründe dafür wurden bereits oben erläutert.

Der Emulator bietet neben den Möglichkeiten zur Fehlersuche aber auch erweiterte Softwaretestmöglichkeiten. Eine Anwendung ist z. B. der Test von nur teilweise implementierten Programmen, die aufgrund fehlender Programmteile momentan noch nicht aufgerufen werden. Hier bietet der Emulator die Möglichkeit, durch die Manipulation des Befehlszählers (auch Programmcounter oder abgekürzt PC) des Prozessors diese Funktionen oder Teile davon auszuprobieren, indem der Befehlszähler auf die zu testenden Programmteile gesetzt wird. Ebenso können Variablen auf Werte gesetzt werden, die im normalen Betrieb der Software nicht vorkommen. So kann die Fehlertoleranz der Software gegenüber extremen Bedingungen (Ausfall von Messwertgebern, falsche Extremwerte oder andere Hardwaredefekte) geprüft werden.

Mit einem Emulator lassen sich fast alle Softwarefehler finden, ohne in den meisten Fällen das Echtzeitverhalten eines Systems zu verändern. Streng genommen stellt aber auch das Erreichen eines Breakpoints eine Verletzung des Echtzeitverhaltens eines Systems dar. Erwartet also eine am Prozessor angeschlossene Schaltung ein zyklisches Signal, so wird dieses ausbleiben, wenn die Ausführung des Programms wegen eines Breakpoints unterbrochen wird. Deshalb empfiehlt es sich, bei einem Betrieb mit Emulator einen evtl. vorhandenen Watchdog abzuschalten. Problematisch sind auch Prozessoren, die mit Co-Prozessoren arbeiten. Die Co-Prozessoren laufen unter Umständen weiter, obwohl der sie ansteuernde Hauptprozessor auf einen Haltepunkt gelaufen ist. Der Haltepunkt wird zwar noch unter realistischen Bedingungen erreicht. Lässt man den Prozessor aber danach weiterlaufen, kommt es unter Umständen zu einem falschen Systemverhalten.

Außerdem versagt der Emulator bei sehr hardwarenahen Fehlern, z. B. Fehlverhalten beim Zusammenbrechen der Stromversorgung, da besonders die klassischen Emulatoren selbst meistens so viel Strom über die Prozessorpins liefern, dass die Hardware sich bei Stromausfall anders verhält als ohne Emulator. Bei Emulatoren, die sich über die Spannungsversorgung der Zielhardware mit Energie versorgen, ist die zusätzliche Stromaufnahme mit einzukalkulieren.

11.5.4 Logikanalysatoren

Monitoren und Emulatoren haben Einfluss auf das Echtzeitverhalten eines Systems; es wurde auch die physikalische Rückwirkung des Emulators auf die Schaltung besprochen. Zu den fast rückwirkungsfreien Tools zur Fehlersuche gehört der *Logikanalysator*. Er bekommt neuerdings wieder eine größere Bedeutung in der Softwareentwicklung, da durch die angesprochene steigende Verbreitung der JTAG-Emulatoren eine Emulatortracemöglichkeit fehlt.

Der Logikanalysator ist meist direkt an den Adress- und Datenleitungen eines Mikroprozessors angeschlossen und zeichnet die auf dem Adressbus auftretenden Adressen und die zugehörigen Daten auf. Die Eingabe einer Triggeradresse oder das Auftreten eines bestimmten Ereignisses startet die Aufzeichnung der Daten. Bei Adress- und Datenbusses im Multiplexbetrieb, muss der Logikanalysator entsprechend konfiguriert werden, damit er die Signale des Adress- und Datenbus trennen kann. Zur Analyse des Programms kann mit den Programmadressen gearbeitet werden. Es können jedoch auch an unbenutzten Adressen Daten ausgegeben werden, die Aufschluss über die internen Abläufe im Programm geben. Eine weitere Anwendung besteht darin, die Kommunikation zwischen Prozessor und angeschlossenen Peripheriebausteinen zu untersuchen. Der Logikanalysator ist oft auch die einzige Möglichkeit, sehr genaue Zeitmessungen an einem Programm vorzunehmen, da er mit einer genauen und hoch auflösenden Zeiteinheit ausgestattet ist.

Nachteilig ist, dass beim Logikanalysator meistens die Verbindung zu den C-Programmzeilen fehlt. Das macht die Fehlersuche mühselig. In ***Bild 11.13*** ist ein Beispiel für eine Messung mit einem Logikanalysator dargestellt. Es sind nur die ersten 7 Ereignisse der Messung zu sehen. Die gesamte Messung umfasst – je nach Ausbaustufe des Gerätes – bis zu mehrere hunderttausend Ereignisse.

Die erste Spalte nummeriert die Ereignisse der Aufzeichnung (Trace) nach dem Triggerereignis einfach nacheinander durch. In der zweiten Spalte finden sich die

-----------TRACE LIST----------TRACE COMPLETE---------

LABEL	ADRESS	DATA	TIME	
	[HEX]	[HEX]	[REL]	
START				
+01	C006	E4	0	µS
+02	C007	8A	10	µS
+03	C008	4F	22	µS
+04	C009	E3	30	µS
+05	E34F	C0	45	µS
+06	E350	28	60	µS
+07	E351	80	75	µS

Bild 11.13: *Aufzeichnung mit einem Logikanalysator*

während des Traces aufgetretenen Adressen und in der dritten Spalte die auf dem Datenbus aufgetretenen Daten. Die letzte, vierte Spalte zeigt den zeitlichen Ablauf der Ereignisse in Mikrosekunden. In der obersten Reihe findet sich der momentane Status des Gerätes:

TRACE COMPLETE bedeutet: die Messung ist abgeschlossen

TRACE LIST ist die momentan gewählte Darstellungsform

Neben der tabellarischen Darstellung können Logikanalysatoren den Signalverlauf der einzelnen Leitungen auch grafisch darstellen und so den Zusammenhang zwischen den Signalen verdeutlichen. Logikanalysatoren gibt es als separate Geräte, als Erweiterungskarten für PCs und als Zusatz für Emulatoren. Werden sie als Zusatz für einen Emulator verwendet, hat das den Vorteil, dass die Symboldatenbank des Sourcecodes zur Verfügung steht und die Aufzeichnung mit Symbolinformationen versehen werden kann.

11.6 Weg der Software in den Programmspeicher des Mikrocontrollers

Nach den ersten Tests und dem Debugging ist der Zeitpunkt gekommen, den erzeugten Code in ein Speichermedium, z. B. ein Flash-ROM zu übertragen. Hierzu gibt es Flash-ROM-Programmiergeräte, die die vom Linker erzeugten Daten meist über die parallele Druckerschnittstelle in das Flash-ROM übertragen. *Programmiergeräte* können die Daten verarbeiten, wenn sie in einem unterstützten Format vorliegen. Die meisten Programmiergeräte unterstützen mindestens das Intel-Hex- und das Motorola-S-Record-Format (siehe Kapitel 6).

Um das Funktionprinzip zu erläutern, habe ich hier das Programmiergerät Galep-4 der Firma Conitec Datensysteme (siehe auch Kapitel 15) herausgegriffen, da es gute Funktionalität bei einem attraktiven Preis bietet. Die Arbeitsprinzipien der Programmiergeräte ähneln sich stark. Die Programmiereinrichtung (umgangssprachlich auch als Brenner oder Prommer bezeichnet) besteht aus 2 Komponenten: einem Steuerprogramm mit einer Benutzeroberfläche, welches auf einem PC läuft, und dem eigentlichen Programmiergerät, welches über eine Schnittstelle an den PC angeschlossen wird. In das Programmiergerät wird, evtl. über einen Adapter, der zu programmierende Speicher- oder Prozessorbaustein gesteckt. Um die Bausteine nicht zu beschädigen, finden so genannte Null-Kraft-Fassungen Anwendung, in die ein Bauteil ohne Kraftaufwand eingeführt werden kann. Erst danach wird die Fassung verriegelt und der elektrische Kontakt sichergestellt. In ***Bild 15.1 (S. 288)*** finden sich zwei Programmiergeräte mit Null-Kraft-Fassungen. Die Anschlussschnittstelle des Programmiergerätes zum PC ist meist eine parallele Schnittstelle, da die Übertragungsgeschwindigkeit des USB-Standards 1.0 nicht ausreichend ist. Serielle Schnittstellen findet man nicht mehr, da die Übertragungszeiten, bedingt durch die großen Speicherbausteine und Programmpakete, zu lang wurden. Das Steuerprogramm stellt, neben diversen Einstellungsmöglichkeiten, einen Puffer zur Verfügung, in den die zu programmierenden Daten geladen werden können. Über einen, auch von anderen Programmen bekannten Auswahldialog kann eine Datei in diesen Puffer geladen werden. Die Datei muss in einem, dem Programm bekannten Format vorliegen wie z. B. Intel-Hex und Motorola-S-Record.

Beim Laden in einen Speicherbaustein gibt es aber noch einige Dinge zu beachten. Je nachdem wie die Hardware aufgebaut ist, kommt der Programmcode nicht unbedingt an der Adresse 0 zu liegen. Die Speicheraufteilung im Abschnitt 9.1.2 ist ein Beispiel für ein solches System. Die Gründe liegen in Bedingungen, die teilweise durch die verwendete Hardware vorgegeben werden. Ein Grund kann sein, dass ein Mikrocontroller seine Interruptvektoren am Ende des adressierbaren Speichers benötigt. Da zumindest der Reset-Vektor zwingend im Programmspeicher liegen muss, ist man gezwungen, das Flash-ROM an das Ende des adressierbaren Bereichs zu legen. Bei einem System mit einem Adressbereich von 128 KByte und einem Flash-ROM mit einer Größe von 64 KByte (z. B. AMD28F512) liegt z. B. das Flash-ROM an der Adresse 10000 hex bis zur Adresse 1FFFF hex. Die vom Linker erzeugte Datei wird auch die Startadresse 10000 hex aufweisen. Da ein Flash-ROM im Programmiergerät an der Adresse 0 beginnt, ist es eine Möglichkeit, dem Programmiergerät vor dem Laden der Datei einen Offset mitzuteilen, der dann beim Laden von den in der Datei angegeben Adressen abgezogen wird. Dieser Offset bezieht sich nur auf die Adressen, die in der Datei als Zieladressen für den Code angegeben sind. Nicht von einer Umrechnung betroffen sind die im Programm angegebenen Referenzen (wie z. B. Adressen für den Programmaufruf oder Adressen von Konstanten), da diese ja zur Laufzeit des Prozessors ausgewertet werden. Für den Prozessor befindet sich der Code aber wieder an der ursprünglichen Adresse (hier ab 10000 hex), da in der Hardware dort das Flash-ROM beginnt. Ein Screenshot der Software für das Gerät Galep-4, mit Dialog zum Einstellen der Loadadresse und dem Programmierpuffer im Hintergrund, ist in dem ***Bild 11.14*** zu sehen. Im Feld „LoadOffset" ist der beschriebene Offset eingetragen worden. Zur Einstellung des Adressenoffsets bietet diese Software auch noch eine andere Option. Dazu wird die Datei ohne einen Offset in den Puffer geladen und steht dann natürlich an der „falschen" Adresse 10000 hex. Nun kann bei den Bausteinparametern angegeben

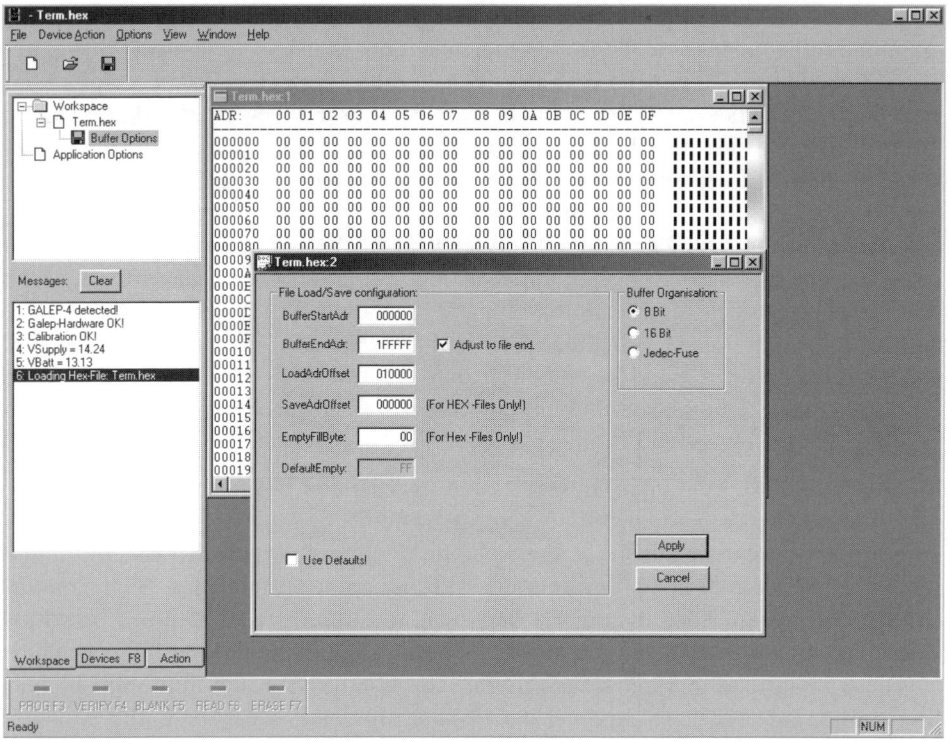

Bild 11.14: *Screenshot vom Galep-4-Programm*

werden, dass die Programmierung an der Pufferadresse 10000 hex starten und an der Adresse 1FFFF hex enden soll.

Eventuell ist es auch möglich, die Basisadresse des Bausteins bereits vom Linker auf 0 legen zu lassen. Das hat den Vorteil, dass beim Programmieren der Bausteine mit den Standardeinstellungen gearbeitet werden kann. Ein Erforschen der Linkeroptionen und der Einstellmöglichkeiten des Programmiergerätes sind zu empfehlen.

Flash-ROM-Bausteine gibt es als Varianten mit 8 oder 16 Bit breitem Datenbus. Mikrocontroller haben einen 8, 16 oder 32 Bit breiten Datenbus. Der einfachste Fall ist, einen 8-Bit-Datenspeicher an einem 8-Bit-Mikrocontroller zu betreiben. Ebenso ist es möglich, zwei Speicherbausteine mit einem 8 Bit breiten Datenbus an einen 16-Bit-Mikrocontroller mit einem 16 Bit breiten Datenbus anzuschließen. Die Adressleitungen der beiden Speicherbausteine werden nun parallel an das System angeschlossen und bilden so einen Speicher, der einen 16 Bit breiten Bus hat. Bei der Programmierung der Bausteine muss nun der geladene Code auf die beiden Speicherbausteine aufgeteilt werden. Die geraden Adressen im Speicher müssen in den ersten Baustein, die ungeraden Adressen in den zweiten Baustein. Dieser Modus wird von den Programmiergeräten unterstützt. Analog ist bei der Ankopplung von 8-Bit-Bausteinen an 32-Bit-Mikrocontroller zu verfahren. Dazu wären dann 4 Speicherbausteine nötig.

Befindet sich die Software nun endlich an der richtigen Stelle im Puffer des Programmiergerätes, müssen die Daten noch in den Baustein gelangen. Heute gebräuchlich sind die so genannten Flash-ROMs, die elektrisch gelöscht werden können. Dazu kann über das Programm ein Befehl abgesetzt werden, der den Baustein löscht. Teilweise sind zum Löschen der Bausteine Spannungen von 12 V oder mehr nötig. Nach dem Löschen sind alle Datenbits im Speicher auf 1 gesetzt. Jetzt kann der Programmiervorgang beginnen. Nach dem Programmiervorgang erfolgt noch eine Überprüfung der Daten durch Vergleich (auch Verify genannt) mit den Solldaten. Ist dieser Vorgang erfolgreich, so ist der Programmiervorgang beendet, und der Baustein kann in die Schaltung eingesetzt werden. Der Vollständigkeit halber möchte ich noch die so genannten EPROM-Bausteine erwähnen, die heute aber kaum noch zu finden sind. Bei ihnen erfolgt der Löschvorgang durch eine starke UV-Lichtquelle, die den Speicherchip durch ein Fenster aus Quarzglas im Baustein bestrahlt. Eine elektrische Löschung ist bei EPROMs nicht möglich.

Bedingt durch die modernen, immer kleiner werdenden Bauformen der Prozessoren und Speicher ist es manchmal nicht mehr oder nur noch schwer möglich, die zu programmierenden Bausteine der Schaltung zu entnehmen. Die Bauteile müssen in der Zielhardware programmiert werden. Man spricht hier auch von *Incircuit-Programmierung*. Diese Art der Programmierung verzichtet auf die Entnahme des Bauteils und programmiert das Bauteil über eine definierte Schnittstelle. Diese Schnittstelle kann eine serielle Schnittstelle sein, die durch ein kleines Ladeprogramm, welches schon bei der Produktion des Prozessors in den Speicher des Prozessors gelegt wurde, bedient wird. Das Ladeprogramm wird z. B. über das Anlegen bestimmter festgelegter Spannungen an bestimmten Prozessorpins aktiviert. Ein anderer Weg kann ein Adapter zwischen dem Programmiergerät und der zu programmierenden Schaltung sein. Als Programmierschnittstelle wird dann meist eine spezielle serielle Schnittstelle verwendet, so dass nur wenige Adern nötig sind, um die Daten zu übertragen. Ein solcher Weg, allerdings mit einer einfachen Schaltung anstatt eines Programmiergerätes, wurde in der Fallstudie im Abschnitt 13.10 gewählt.

11.7 Softwaretest

Bedingt durch die Komplexität der Aufgaben, die eine Software bewältigt, enthält Software naturgemäß Fehler. Viele Fehler bleiben dem Anwender der Software verborgen, einige führen zu weniger schlimmen Fehlfunktionen, die leicht behoben werden können oder nicht auffallen. Im Embedded-Bereich besteht jedoch ein sehr hoher Anspruch bezüglich der Fehlerfreiheit eines Systems. Ein Faxgerät, das sonst einwandfrei funktioniert, aber alle 30 Stunden abstürzt und nur durch einen Neustart (Stecker ziehen und stecken) wiederbelebt werden kann, landet mit Sicherheit noch in der Garantiezeit wieder beim Verkäufer.

Um diesen hohen Anforderungen bezüglich weniger Fehler gerecht zu werden, sind umfangreiche Tests von Embedded-Softwaresystemen erforderlich. Softwaretests unterteilen sich grundsätzlich in zwei Kategorieren: Whitebox- und Blackbox-Tests.

Unter *Whitebox-Tests* sind Tests zu verstehen, die aufgrund der Quellcodestruktur auf bestimmte Fehlermöglichkeiten schließen. Whitebox-Tests sind meistens die Tests, die der Entwickler eines Programms selbst durchführt. Aufgrund von z. B. Suchroutinen, die im Quellcode sichtbar sind, erzeugt der Tester eine Situation, die dazu führt, dass die Suche erfolglos verläuft. Liegen Systemreaktionen (z. B. Hängen des Systems) aufgrund dieser Situation im nicht mehr tolerierbaren Bereich, so ist ein Fehler aufgetreten. Das Ziel eines Whitebox-Tests ist auch, möglichst jede Codezeile des Programms mindestens einmal zu durchlaufen. Man spricht hier von einer *Abdeckungsanalyse*. Einige Debugwerkzeuge unterstützen eine Abdeckungsanalyse, indem sie sich jede Codezeile merken, die ausgeführt wurde. Bei der Auswertung des Tests können die Codezeilen hervorgehoben werden, die noch nicht ausgeführt wurden. Dieser Test ist sehr mühselig, und nur die wenigsten Projekte sind in allen Ausführungspfaden mit allen Kombinationen getestet. Teilweise ist es schwierig, alle Pfade zu durchlaufen. Das betrifft besonders die Programmteile, die sich mit dem Abfangen von Fehlerfällen beschäftigen. So muss vielleicht die Kommunikation mit einem an das zu testende System angeschlossenen Baustein gezielt gestört werden, um die Fehlerbehandlung in einem solchen Fall zu testen.

Der *Blackbox-Test* findet nach dem Whitebox-Test an einem Zeitpunkt statt, an dem sich das System in einem einigermaßen stabilen Endzustand befindet. Er findet ohne Einblick in den Sourcecode statt und ist ein sehr wichtiger Tests. Für den Blackbox-Test werden die Weiterentwicklungen von Leistungsmerkmalen beendet, und nur noch Codeänderungen zur Fehlerbehebung sind erlaubt. Eine Testgruppe (idealerweise nicht die Softwareentwickler) testet das System in der Form, wie es später der Anwender vorfindet. Der Blackbox-Test testet gründlicher, da die meisten Entwickler nur die Sicht auf das System testen, mit der sie das System auch entwickelt haben. Die Testgruppe testet das System dagegen entweder gegen die Systemspezifikation oder idealerweise gegen eine Bedienungsanleitung. Wichtig ist es auch, den Dauerbetrieb zu testen, Hochlast- und Überlastzustände des Systems zu erzeugen und das richtige Verhalten in solchen Situationen sicherzustellen. Das System wird auch mit allen optional erhältlichen Zusätzen getestet und nicht nur in der Standardversion (z. B. voller Speicherausbau). Durch kombinierte Aktivierung von Leistungsmerkmalen wird eine gegenseitige Beeinflussung derselben ausgeschlossen. Die von der Testgruppe gefundenen Fehler werden katalogisiert und dann an die Entwickler weitergemeldet. Diese erzeugen einen neuen Softwarestand, in dem die gemeldeten Fehler behoben, aber auch möglichst keine neuen Fehler hinzugekommen sind. Dieser Softwarestand wird erneut getestet, behobene Fehler werden im Fehlerkatalog als bearbeitet gekennzeichnet. Nach einiger Zeit sollte die Zahl der gemeldeten Fehler pro Zeiteinheit sinken. Die Folge sind immer weniger bekannte Fehler und immer weniger so genannte „Bad Fixes". So bezeichnet man neue Fehler, die aufgrund von Fehlerbehebungen auftauchen. Die Katalogisierung der gemeldeten Fehler soll sicherstellen, dass die Anzahl der bekannten Fehler mit der Zeit abnimmt und die Zahl der neu entdeckten Fehler sinkt. Ziel des Blackbox-Tests ist es, einen Softwarestand zu bekommen, in dem keine gravierenden Fehler mehr gefunden werden können. Die Zahl der offenen Fehler würde sich idealerweise langsam der Null annähern. Durch Designfehler beim Entwurf der Software kann es aber dazu kommen, dass sich dieser Zustand nicht einstellt und die Fehler nicht gegen 0 gehen. Es tauchen entweder immer neue Fehler auf, oder es tauchen Fehler auf, die sich nur durch ein umfangreiches Sofware-Redesign beheben lassen. Designfehler zu verhindern, ist der Zweck des Systemdesigns mit seinen verschiedenen Methoden. Dem Systemdesign ist das Kapitel 12 gewidmet.

11.8 Softwaredokumentation

Die Dokumentation von Software wird oft stiefmütterlich behandelt. Der Grund hierfür ist, dass die Dokumentation oft als unproduktiv angesehen wird, da sie ja keinen laufenden Code erzeugt. Außerdem wird sie vielfach als redundant angesehen, da sich ja ein Teil der Dokumentation bereits in der Form von Kommentaren im Quellcode der Software befindet, oder wenn die Dokumentation im Voraus erstellt wird, in diversen Textdokumenten.

Softwaredokumentation wird aber benötigt um,

- das gewählte Softwarekonzept auf einem Review darzustellen,
- die Einarbeitung von neuen Kollegen zu ermöglichen,
- nach einiger Zeit Abstand wieder in das alte Projekt hineinzukommen, da es erweitert werden soll oder da Fehler beseitigt werden sollen, und um
- einem Auftraggeber eine Darstellung der Softwarestruktur zu geben, ohne den gesamten Quellcode aus der Hand zu geben. Oft ist ein gewisses Maß an Software-Dokumentation Pflicht, um einen Auftrag abgenommen zu bekommen

Das größte Problem bei der Software-Dokumentation ist die bereits erwähnte Redundanz. Der Softwareentwickler ist selten davon zu begeistern, seitenlange Quellcodedateien zu durchforschen um Variablen und Funktionen zu sammeln und die Kommentare aus dem Code in die Dokumentation zu kopieren. Um dieses Problem zu lösen, gibt es zwei verschiedene Ansätze, den *Dokumentations-* und den *Quellcodeansatz*.

Der *Dokumentationsansatz* wird von einigen CASE-Tools (siehe Abschnitt 12.5) verwendet, die versprechen, aus einer Dokumentation Quellcode zu erstellen. Oft besteht dieser Quellcode aber dann nur aus Funktionsköpfen, die dann doch noch vom Programmierer in der Quellcodedatei mit Logik versehen werden müssen. Schon arbeitet der Programmierer wieder an zwei unterschiedlichen Dokumenten, was dazu führen wird, dass über kurz oder lang die Dokumentation und der Quellcode auseinander laufen werden. Teilweise ist auch die Rücktransformation des geänderten Quellcodes in die Dokumentation problematisch oder nicht implementiert, so dass das Auseinanderlaufen früher oder später schon vorgegeben ist.

Der *Quellcodeansatz* erscheint mir hingegen vielversprechender. Zu ändernder Dokumententyp ist dabei ausschließlich der Quelltext. Die Dokumentation wird aus diesem extrahiert. Der Vorteil dieser Methode gegenüber dem Dokumentationsansatz liegt auf der Hand. Es entstehen keine Redundanzen, da die für die Dokumentation vorgesehenen Texte auch als Progammkommentare benutzt werden. Bei Änderungen in der Software, wie z. B. Fehlerbehebungen und Umstrukturierungen, werden die Programmkommentare normalerweise angepasst und somit automatisch auch in der Dokumentation geändert. Für den Quellcodeansatz gibt es kostenlose Werkzeuge. Der Nachteil dieser Methode ist, dass er nicht, im Gegensatz zum Dokumentationsansatz, die Planungsphase miteinbezieht. Er dient nur zur reinen Dokumentation eines separat entworfenen Softwaresystems. Der Programmplanung habe ich das Kapitel 12 gewidmet.

Tabelle 11.1: *Wichtige doxygen Konfigurationseinträge*

Eintrag in der Konfigurationsdatei	Bedeutung	Beispieleintrag
PROJECT_NAME	Name des Projekts, mehrere Wörter werden in Anführungsstrichen eingetragen.	Torsteurerung oder „Software zum Steuern eines elektrischen Tors“
OUTPUT_DIRECTORY	Absoluter oder relativer Pfad, in dem die Dokumentation erzeugt werden soll	C:\projekt\doku oder ..\doku
OUTPUT_LANGUAGE	Bestimmt die Sprache der Dokumentation	Normalerweise GERMAN, bei Bedarf ENGLISH oder andere verfügbare Sprachen
EXTRACT_ALL	Erzeugt eine Auflistung aller Makrodefinitionen, Typdefinitionen, Funktionen und der globalen Variablen, auch wenn es noch keine speziellen doxygen Kommentare im Quelltext gibt. Bei C++ auch der Klassen.	YES, insbesondere um noch nicht ausführlich dokumentierte Quelltexte zu untersuchen.
INPUT	Verzeichnis oder einzelne Namen von Dateien. Mehrere Einträge werden durch Leerzeichen getrennt.	main.c treiber.c db.c für einzelne Dateien oder C:\projekt\Verzeichnis für ganze Verzeichnisse
GENERATE_HTML	Eintrag, ob eine verlinkte HTML-Dokumentation erzeugt werden soll.	YES, das ist auch der defaultwert.
GENERATE_RTF	Hier lässt sich steuern, ob eine rtf Dokumentation erzeugt werden soll. Da sich diese Dokumentation so schön in Word oder andere Textverarbeitungssoftware einbinden lässt, setze ich den Schalter immer von NO auf YES.	YES
SOURCE_BROWSER	Dokumentation wird mit dem Quelltext verbunden. Nützlich für Codereviews.	NO (YES bei Codereviews)
REFERENCED_BY_ RELATION	Führt alle Stellen auf, an denen eine Variable oder Funktion benutzt wird	NO (YES bei Codereviews)
REFERENCES_ RELATION	Führt alle Funktionen auf, von denen eine Variable oder Funktion benutzt wird	NO (YES bei Codereviews)
DOT_PATH	Pfad zum Dot Programmpaktet	c:/Programme/graphviz/bin/
HAVE_DOT	Schalter ob Dot vorhanden ist	YES
CALL_GRAPH	Anzeigen einer Aufrufhierarchie	YES

Ich möchte hier nun die Anwendung des Quellcodeansatzes mit der auf der CD-ROM befindlichen Software *doxygen* vorstellen. Bei doxygen handelt es sich um ein ursprünglich kommandozeilenorientiertes Werkzeug, welches bei einem unglücklichen Einstieg in das Programm ziemlich abschreckend wirken kann. Mein Ziel ist es, den Leser mit diesem Werkzeug vertraut zu machen und es ihm zu ermöglichen, es effektiv einzusetzen. Nach der Installation der Software, die übrigens den Suchpfad (Path-Variable) des Systems um einen Eintrag verlängert, ist die Software über die Kommandozeile anzusprechen. Bevor man mit ihr arbeiten kann, benötigt sie eine Steuerdatei, die ihr Auskunft über die im Projekt enthaltenen Dateien und die Art der Dokumentation gibt. Die Konfigurationsdatei ist ziemlich umfangreich und es wäre viel Arbeit diese komplett selbst zu erstellen. Deshalb erstellt man am besten über den Aufruf von:

doxygen -g Dateiname.txt

eine Musterkonfigurationsdatei. Diese editiert man mit dem auf der CD befindlichen credit. In der Konfigurationsdatei sind nun die in der ***Tabelle 11.1*** beschriebenen Einträge vorzunehmen, alle anderen Einträge können vorerst unverändert gelassen werden.

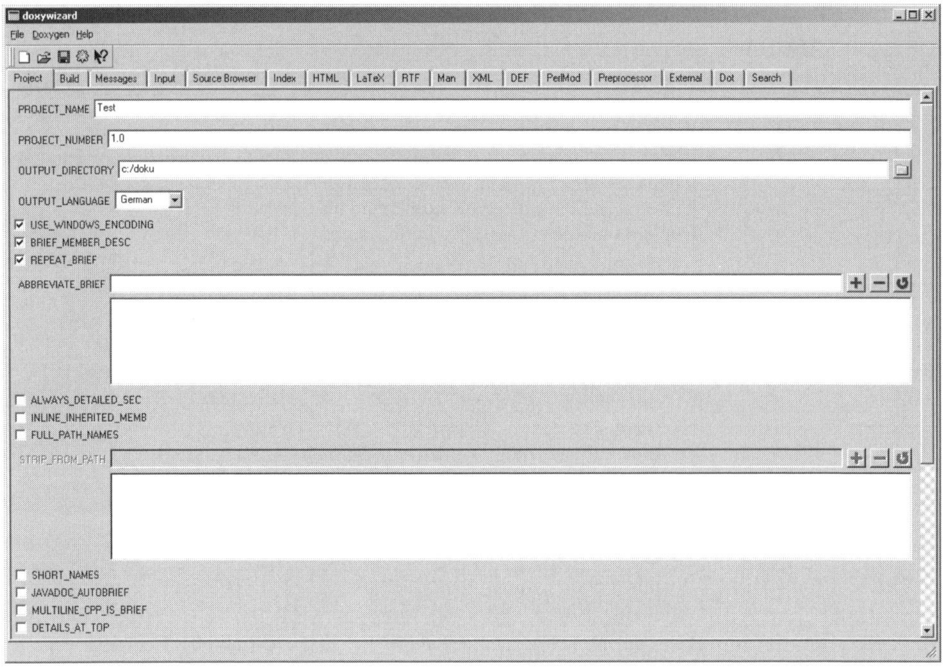

Bild 11.15: *Doxywizard*

Neben dieser manuellen Option der Konfiguration, bietet das Programm *Doxywizard* eine grafische Möglichkeit zur Erstellung oder nachträglichen Bearbeitung von Konfigurationsdateien. Über den Menüpunkt Load lassen sich alte Dateien einladen und verändern. Durch den Menüpunkt „New“ in Verbindung mit „Save as“ ist es möglich, komplett neue Dateien zu erstellen. Mit der erstellten Konfigurationsdatei lässt sich doxygen auch über den Menüeintrag „Doxygen Run“ über die grafische Oberfläche starten. Es ist nicht mehr notwendig, auf die Kommandoebene zu wechseln.

Hat man eine *Doxygen*-Konfigurationsdatei erstellt, lassen sich für C- und C++-Dateien automatisch Dokumentationen erstellen. Im angegebenen Dokumentationsverzeichnis entsteht, je nach Einstellung, ein Unterverzeichnis html. Öffnet man die Datei index.html mit einem Browser, öffnet sich die Hauptseite der Dokumentation. Dort erscheint nach der Auswahl des Links „Auflistung der Dateien“ eine Liste der verarbeiteten Module. Die aufgelisteten Module sind wieder als Links aufgeführt, die dann die Dokumentation der Module aufzeigen.

Nachdem die Einstiegshürde der Konfiguration genommen ist, können wir nun zur eigentlichen Anwendung kommen. Diese besteht darin, spezielle Kommentare innerhalb der Software in eine Dokumentation umzuwandeln.

Doxygen verfügt über eine eigene Intelligenz, mit der die in der Software verwendeten Komponenten nach ihren Typen aufgeteilt werden. So erfolgt eine automatische Aufteilung nach Makrodefinitionen, Typendefinitionen, Funktionen und Variablen (bei C++ auch nach Klassen). Zusätzlich zu der automatischen Aufteilung erhält der Softwareentwickler die Möglichkeit eigene Doxygen-spezifische Kommentare in den Quellcode einzubauen. Die Kommentare bestehen aus erweiterten C- bzw. C++-Kommentaren die zusätzlich mit einem Stern, einem Ausrufungszeichen oder bei C++ mit einem Schrägstrich gekennzeichnet sind (siehe ***Tabelle 11.2***).“

Tabelle 11.2: *Verschiedene Kennungen für Doxygen-Kommentare*

Doxygen-Kommentare
/*! Hier ist ein Kommentar */
/** Hier ist ein Kommentar */
/// /// Hier ist ein Kommentar ///

Innerhalb dieser Kommentare lassen sich nun die entsprechenden Erläuterungen der Software unterbringen. Das zusätzliche Ausrufungszeichen fällt beim Lesen des Quelltextes kaum auf und ohne Doxygen, werden die Kommentare wie normale C-Kommentare verwendet. Im ***Beispiel 11.15*** ist eine kommentierte C-Funktion zur Berechnung einer Stückzahl pro Stunde dargestellt. Bei der Kommentierung ist darauf zu achten, dass normalerweise die Doxygen-Kommentare vor den C-Anweisungen stehen. Der Kommentar für das Makro K_SEKUNDEN_PRO_STUNDE steht also eine Zeile vor dem Makro, ebenso der Kommentar zur globalen Variablen RegistierteStueckProStunde. Will man dieses Verhalten verändern, kann das über das Zeichen „<“ erreicht werden, welches dann direkt hinter dem Doxygen-Kommentar stehen muss (also z. B. /*!< Kommentar */).

Nun folgt die Erläuterung des Programms StueckzahlBerechnen. Dahinter fällt das Doxygen-Schlüsselwort \author auf. Dies wird in der erstellten Dokumentation zum Eintrag Author expandiert. Der Eintrag dahinter wird als Name interpretiert. Mit dem \param Eintrag werden die Erläuterungen für die Programmparameter markiert. Nach dem Parameternamen folgt die Beschreibung der Funktion des Parameters. Die Zeichenfolge \return kennzeichnet den Rückgabeparameter. Hier wurde als Beschreibung „Keine“ eingetragen.

```
#/*! Konstante für die Anzahl von Sekunden in einer Stunde */

#define K_SEKUNDEN_PRO_STUNDE (60*60)

/*! Speicher für erfasste Stückzahl pro Stunde */
unsigned int RegistierteStueckProStunde;

/*! Programm zur Berechnung der Stueckzahl pro Stunde.
   \author Jörg Wiegelmann
   \param RegistrierteStck Gezählte Stücke
   \param MessIntervall Dauer der Zählung
   \return Keine

Dieses Programm wird aufgerufen:
 -# nach dem Füllen eines Behälters
 -# Regelmäßig alle 2 Stunden
*/
void StueckzahlBerechnen(unsigned int RegistrierteStck,unsigned int MessIntervall )
{
  RegistierteStueckProStunde=RegistrierteStck*(K_SEKUNDEN_PRO_STUNDE/MessIntervall)
  SetStueckZahlProStunde(RegistierteStueckProStunde);
  ResetMessintervall();
}
```

Beispiel 11.15: *Quellcode mit Doxygen Kommentaren*

Als nächstes folgt eine nummerierte Liste, die die Gründe des Programmaufrufs dokumentieren soll. Durch den Eintrag -# wird doxygen veranlasst, in der Dokumentation diese Liste aufzubauen. Jedes -# wird in eine automatisch fortlaufende Nummer expandiert. Es ergibt sich eine Liste, die von einer mit einer Textverarbeitung erstellten, nicht zu unterscheiden ist. Die HTML-Ausgabe von Doxygen ist in ***Bild 11.16*** zu sehen. Einige Einträge auf der HTML-Seite sind als Hyperlinks ausgeführt, so dass man schnell zu weiteren Informationen gelangen kann.

Es wurde mit wenig Aufwand eine aussagekräftige Dokumentation erzeugt, die den Vorteil hat auch beim Debuggen oder bei der Interpretation des Quellcodes direkt zur Verfügung zu stehen. Außerdem lässt sie sich bei notwendigen Quellcodeänderungen, z. B. aufgrund von Fehlerbehebungen, schnell nachziehen.

Mit Doxygen lassen sich schnell aussagekräftige Dokumentationen erstellen. Für unterschiedliche Anwendungen ist es möglich, mit Hilfe von Konfigurationsschaltern die Dokumentationstiefe auf die Anwendung zuzuschneiden. Der Kunde, der über die Softwarestruktur informiert werden soll, erhält eine Dokumentation, in der es keinen Quellcode und keine Verweise auf diesen gibt. Dies wird erreicht, indem der Schalter SOURCE_BROWSER in der Konfigurationsdatei auf NO gesetzt wird. Für interne Reviews im Team wird dieser Schalter auf YES gesetzt und in Verbindung mit den beiden Schaltern REFERENCED_BY_RELATION =YES und REFERENCES_RELATION=YES werden alle Stellen an denen eine Variable, Konstante oder Funktion benutzt wird und von denen es benutzt wird, aufgeführt.

Grafische Darstellungen von Doxygen sind nur möglich, wenn das Graphviz-Paket installiert ist. Sind die Konfigurationsschalter für die Grafik (HAVE_DOT, CALL_GRAPH) und der Pfad (zu Dot) gesetzt, lassen sich Aufruf- und Include-Hierarchie automatisch erstellen. Das Ergebnis für die Testdatei ist in ***Bild 11.16*** unten zu sehen. Ein Aufrufgraph der Software der Fallstudie aus dem Kapitel 13 findet sich im ***Bild 11.17***.

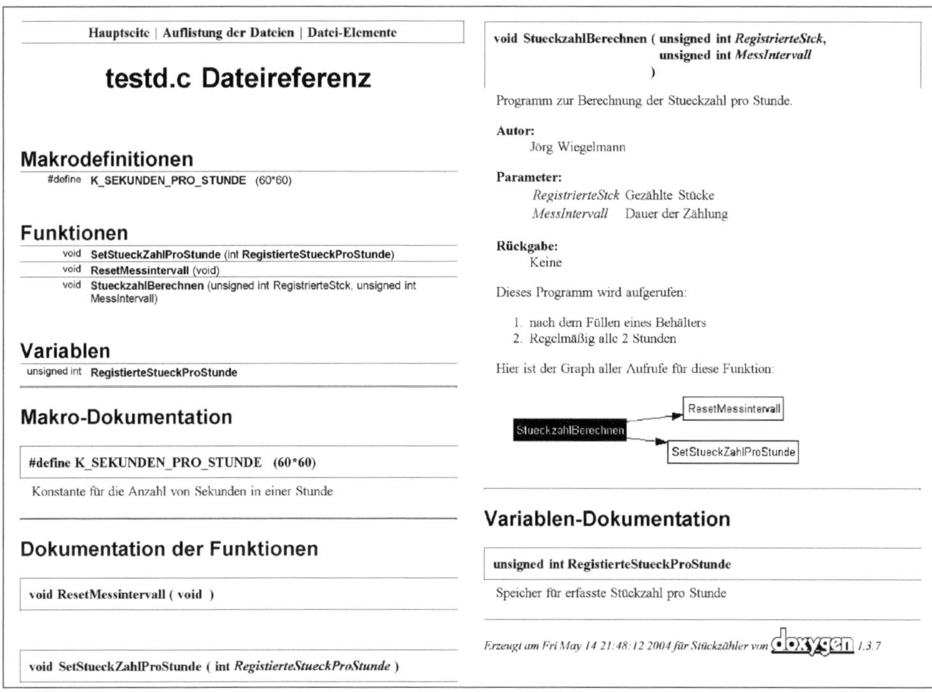

Hauptseite | Auflistung der Dateien | Datei-Elemente

testd.c Dateireferenz

Makrodefinitionen

#define K_SEKUNDEN_PRO_STUNDE (60*60)

Funktionen

void SetStueckZahlProStunde (int RegistierteStueckProStunde)
void ResetMessintervall (void)
void StueckzahlBerechnen (unsigned int RegistrierteStck, unsigned int MessIntervall)

Variablen

unsigned int RegistierteStueckProStunde

Makro-Dokumentation

#define K_SEKUNDEN_PRO_STUNDE (60*60)

Konstante für die Anzahl von Sekunden in einer Stunde

Dokumentation der Funktionen

void ResetMessintervall (void)

void SetStueckZahlProStunde (int *RegistierteStueckProStunde*)

void StueckzahlBerechnen (unsigned int *RegistrierteStck*,
unsigned int *MessIntervall*
)

Programm zur Berechnung der Stueckzahl pro Stunde.

Autor:
Jörg Wiegelmann

Parameter:
RegistrierteStck Gezählte Stücke
MessIntervall Dauer der Zählung

Rückgabe:
Keine

Dieses Programm wird aufgerufen:

1. nach dem Füllen eines Behälters
2. Regelmäßig alle 2 Stunden

Hier ist der Graph aller Aufrufe für diese Funktion:

Variablen-Dokumentation

unsigned int RegistierteStueckProStunde

Speicher für erfasste Stückzahl pro Stunde

Erzeugt am Fri May 14 21:48:12 2004 für Stückzähler von doxygen 1.3.7

Bild 11.16: *Automatisch erstellte Programmdokumentation als HTML-Doppelseite*

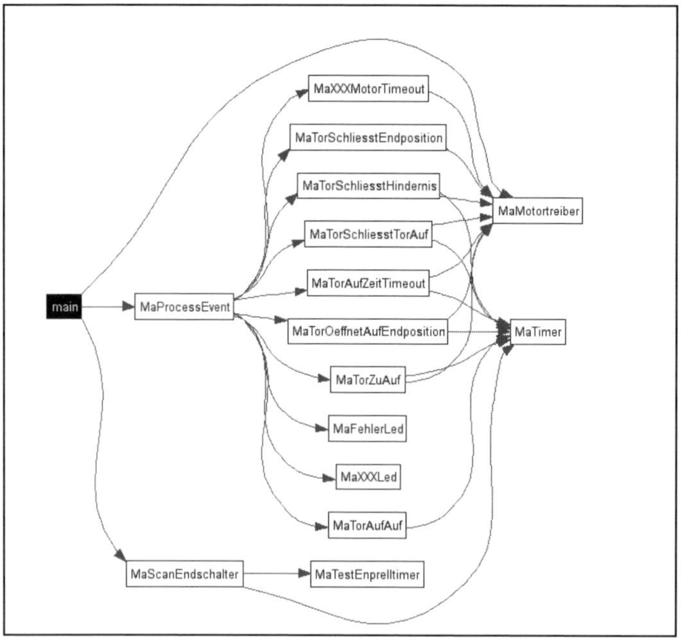

Bild 11.17: *Aufrufgraph der Software aus Kapitel 13*

12 Systemdesign

Nachdem nun alle wichtigen Komponenten zur Softwareentwicklung besprochen wurden, gilt es, diese Komponenten zusammenzufügen und daraus ein System zu erstellen. Dazu sind Methoden nötig, die aus einer Systemidee ein funktionierendes Softwaresystem erstellen. Hierzu gibt es verschiedene Ansätze, und zwar die älteren funktionalen Ansätze und neuere objektorientierte Möglichkeiten. Nachfolgend wird eine Auswahl von funktionierenden Ansätzen mit Vor- und Nachteilen dargestellt. Alle Methoden haben ihre guten und schlechten Seiten. Die von mir bevorzugte Methode ist das *Top-down-Design*, ergänzt um die guten Ansätze der anderen Methoden.

Bei der schon traditionellen Methode von *Yourdon* und *de Marco* [5] wird vor dem Programmieren ein Modell der Software erstellt, um die Datenflüsse in einer Software herauszuarbeiten. Dieses Modell wird dann (relativ umständlich) in eine Beschreibung auf funktionaler Ebene umgesetzt, die dann direkt die einzelnen Programme der Software beschreibt.

Der *objekorientierte Ansatz* hat sich bis jetzt im Bereich der Embedded-Systeme noch nicht weit verbreitet. Dafür gibt es wahrscheinlich viele Gründe. Zuerst wäre die Programmiersprache zu nennen. Da C von sich aus keine objektorientierten Sprachmittel unterstützt, ist die Verwendung eines objektorientierten Systemdesigns problematisch. Dinge wie Vererbung oder Klassenstrukturen können in C nur nachgebildet, aber nicht direkt programmiert werden. Hinzu kommt, dass bei der Verwendung von objektorientierten Sprachen wie C++ bei gleicher Funktionalität immer mehr Assemblercode erzeugt wird und eine längere Ausführungszeit entsteht als bei der Verwendung einer prozeduralen Programmiersprache wie C. Da Speicherplatz und Geschwindigkeit (ein schneller Prozessor verbraucht mehr Leistung) im Embedded-Bereich nach wie vor teuer sind, ist das ein wichtiges Gegenargument. Dies führt dazu, dass sich weder die objektorientierten Designmethoden wie UML noch die Sprache C++ noch der Embedded-C++-Standard bisher richtig durchgesetzt haben. Was nicht ist, kann aber noch werden. Der Umstieg von Assembler auf C ist schließlich auch irgendwann gekommen. Deshalb werde ich im Abschnitt 14.2 auf die objektorientierten Erweiterungen kurz eingehen.

12.1 Strukturierte Analyse und strukturiertes Design

Die *strukturierte Analyse* [6] beginnt damit, ein Modell der Systemabläufe zu modellieren. Es entsteht ein Bild des Systems mit seinen Schnittstellen zur Außenwelt und deren Datenflüssen in das System hinein und aus dem System heraus. Das

System selbst wird als ein einziger Prozess dargestellt. Dieses Bild heißt *Kontextdiagramm* und stellt alle notwendigen Ein- und Ausgangssignale dar. In ***Bild 12.1*** ist ein Kontextdiagramm für z. B. einen CD-Spieler dargestellt. Die Schnittstellen zur Außenwelt können auch andere Softwaresysteme sein, die entweder schon fertig sind oder von einem anderen Team oder Subunternehmer erstellt werden. In unserem Beispiel sind auf der linken Seite die Eingänge, die die Software zu bearbeiten hat, und auf der rechten Seite die Ausgänge, die die Software steuert, zu sehen. Die Schnittstellen im Kontextdiagramm werden als *Terminatoren* bezeichnet. Die nächsten Arbeitsschritte bestehen in einer weiteren Verfeinerung (***Bild 12.2***) des Modells. Der Prozess „Gerät steuern" wird in weitere Unterprozesse aufgebrochen. Alle Datenflüsse, die auf der oberen Ebene, hier im Kontextdiagramm, mit dem Prozess kommunizieren, müssen sich im untergeordneten Diagramm als Eingangs- und Ausgangsdatenflüsse wiederfinden. Zwischen den Prozessen bestehen weitere Datenflüsse, die sich bei einer weiteren Verfeinerung auf der nächstuntergeordneten Ebene wiederfinden.

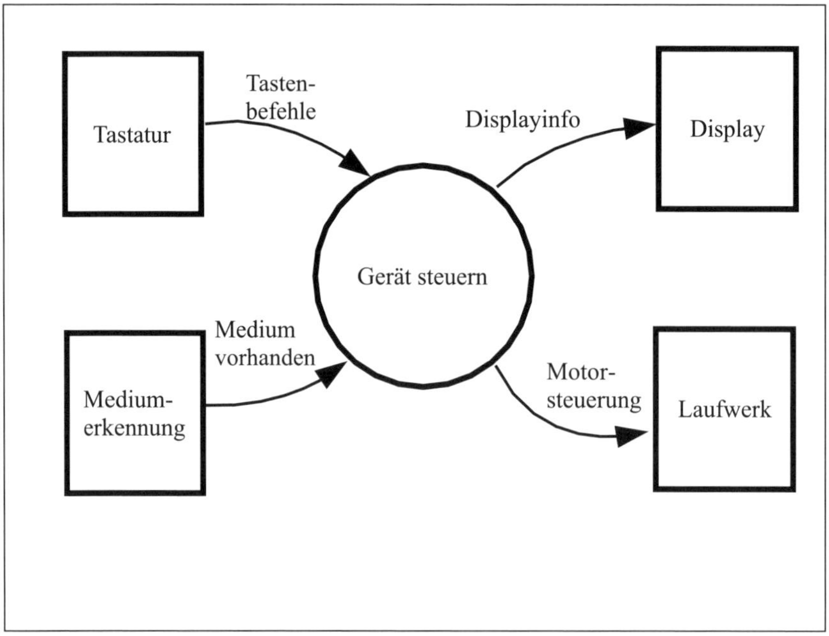

Bild 12.1: *Kontextdiagramm*

Diese Verfeinerung geht über mehrere Stufen, bis schließlich so einfache Prozesse erreicht sind, die nicht weiter aufgespalten werden können. Diese einfachen Prozesse werden dann mit einer Pseudosprache beschrieben. Diese Beschreibung nennt sich *Prozessspezifikation*. Es werden jedoch nicht nur die Prozesse aufgespalten und beschrieben, auch die Datenflüsse des Systems werden immer weiter verfeinert. Die Verfeinerung endet auch hier, wenn keine weiteren Beschreibungen mehr möglich sind, mit einer Beschreibung auf Textbasis.

Ist die Analyse eines Systems bis hierhin fertig, so kann noch lange nicht programmiert werden. Als weitere Verfeinerung des Systems gibt es die *Echtzeiterweiterung* der Analyse. Hiermit werden Aussagen über den zeitlichen Ablauf des analysierten Systems gemacht, d. h. die zeitliche Abfolge der Prozesse festgelegt. Wird der Prozess „Autofahren“ beschrieben, ist es selbstverständlich, dass der Prozess „Hindernisse erkennen“ vor dem Prozess „Lenken“ oder der Prozess „Bremsen“ vor „Aussteigen“ aktiviert werden muss.

Die Echtzeiterweiterung besteht aus einer Tabelle, in der eingetragen ist, aus welchem Anlass ein Prozess gestartet wird und in welcher Reihenfolge die Prozesse ablaufen.

Ist ein Modell fertig gestellt, so lassen sich aus ihm einige Dinge herauslesen. Die Verwendung eines Datums in verschiedenen Prozessen kann gesucht werden. Weiter können die Bestandteile, aus denen sich ein Datum zusammensetzt, aufgeschlüsselt werden. Die Ausgangs- und Eingangsparameter eines Prozesses können analysiert werden. Der zeitliche Ablauf des Modells ist festgelegt.

Nach diesen Schritten, die – je nach Komplexität des Modells – bereits einige Zeit in Anspruch genommen haben, existiert nur ein mehr oder weniger vollständiges Modell der Abläufe in der Software. Es ist noch keine Zeile programmiert und noch keine Aussagen über die Modulaufteilung getroffen worden.

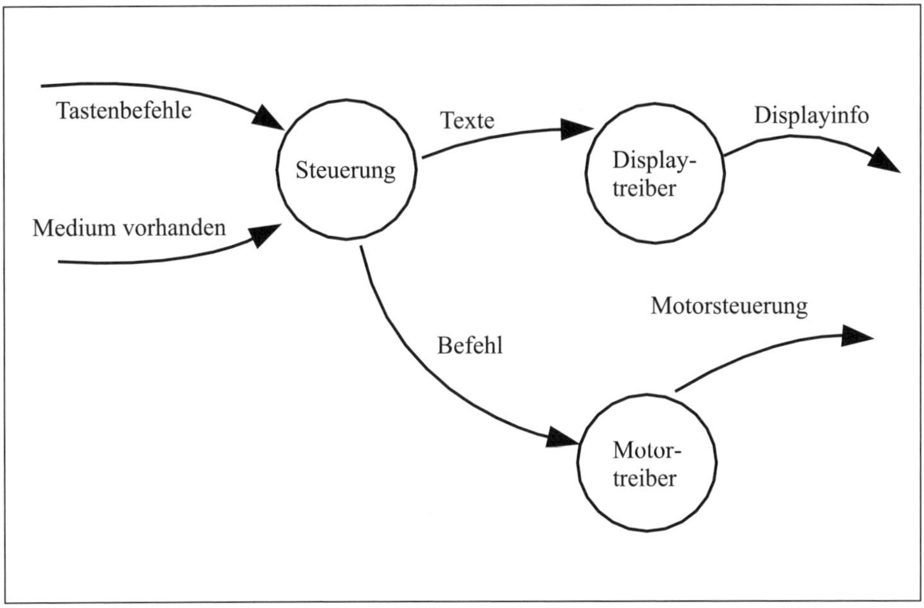

Bild 12.2: *Verfeinerung des Prozesses „Gerät steuern“ aus dem Kontextdiagramm*

In der zweiten Stufe, dem *strukturierten Design*, wird nun das eigentliche System gestaltet. Das Modell der Analyse wird nach einem zentralen Prozess durchsucht, der sich als so genannter „Boss“ des Systems eignet. Die einzelnen Prozesse werden in Programme umgesetzt, die nicht mehr Datenflüsse austauschen, sondern sich hierarchisch untereinander aufrufen. Das Modell des Systems wird in ein Softwaresystem umgesetzt. Als Boss des Systems, der im strukturieren Design an der Spitze der Aufrufhierarchie steht, eignet sich ein Prozess, in den möglichst viele Datenflüsse hinein- und herausgehen. In unserem Beispiel wäre die „Steuerung" der Boss des Systems. Hierarchisch werden von dieser Funktion alle untergebenen Programme aufgerufen.

An die Stelle der Prozessspezifikationen treten nun Funktionsbeschreibungen der Programme. Statt Funktionsbeschreibungen kann auch direkt C-Quellcode entstehen. Mit dem strukturieren Design ist nun eine baumähnliche Struktur (***Bild 12.3***) entstanden, die ein Abbild der Funktionsweise darstellt und ein Navigieren in der Software möglich macht. Im Unterschied zu der strukturierten Analyse werden die einzelnen Funktionseinheiten nicht weiter aufgespalten. Jedes Kästchen entspricht einer C-Funktion. Es spricht jedoch nichts dagegen, weitere Funktionen, die keine Entsprechung in der strukturierten Analyse haben, dem Design hinzuzufügen (z. B. die Funktion Tastatur_entprellen). Die Übergabe- und Rückgabeparameter der Funktion werden im Design ebenfalls eingetragen. Parameter, die Daten enthalten, werden mit einem Pfeil mit einem nicht ausgefüllten Kreis am Ende gekennzeichnet. Daten, die einen Status (bzw. ein Flag) darstellen, werden durch einen ausgefüllten Kreis gekennzeichnet. In ***Bild 12.3*** wird die Unterscheidung zwischen der Funktion „Tastatur_entprellen" und den Daten „Tastaturwert" und dem Flag „Info_gueltig" deutlich. Die Aufrufreihenfolge ist in dem Diagramm noch nicht festgelegt worden. Es ist aber üblich, die Module von links nach rechts in ihrer Aufrufreihenfolge

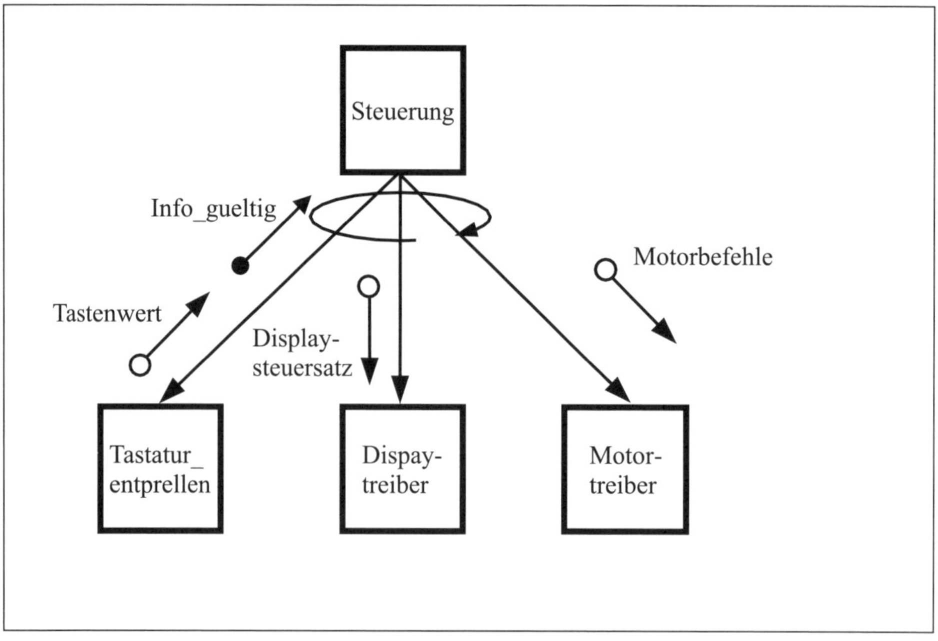

Bild 12.3: *Strukturiertes Design*

anzuordnen. Wiederholte Aufrufe können mit einem ellipsenförmigen Pfeil dargestellt werden. In unserem Beispiel ruft die „Steuerung“ die Funktionen „Tastatur_entprellen“, „Displaytreiber“ und „Motortreiber“ zyklisch auf. Die Struktur des Softwaresystems ist nun geklärt. Jetzt kann mit der Programmierung der einzelnen Funktionen begonnen werden. Die Funktion „Steuerung“ wird als zentrales Element einen Zustandsautomaten (Abschnitt 9.11.1) enthalten. Die anderen Funktionen werden entsprechend den Hardwareanforderungen aufgebaut.

Ed Yourdon, einer der Miterfinder der strukturierten Analyse, hat sich mittlerweile von der Methode abgewandt und sie als zu kompliziert eingestuft [7]. Die Trennung zwischen der Analyse und dem Design wird als *Strukturbruch* bezeichnet.

Vorteile:

- Infolge zweistufiger Vorgehensweise geringe Wahrscheinlichkeit, dass sich grundlegende Designfehler einschleichen,
- Unterstützung dieser formalisierten Methode durch die meisten CASE-Tools.

Nachteile:

- umständliche und komplizierte Methode,
- Bruch zwischen der Analyse und dem Design.

12.2 Top-down- und Bottom-up-Design

Diese Methodik [8] macht keine vorherige Analyse der Datenflüsse erforderlich. Bei der *Top-down-Design-Methode* begibt man sich sofort auf die Suche nach dem zentralen Programm im System. Beginnend mit dem gefundenen zentralen Programm, wird das System weiter verfeinert. Nach der ersten groben Aufteilung des Systems erfolgt ein Verifikationsschritt, in dem festgestellt wird, ob das System die Anforderungen erfüllt und ob es sinnvoll aufgeteilt ist. Ist der Verifikationsschritt nicht erfolgreich, müssen Änderungen am System vorgenommen werden, bis der Verifikationsschritt erfolgreich abgeschlossen wird. Der Verifikationsschritt kann z. B. darin bestehen, auf einem Blatt Papier alle Anforderungen an das zukünftige System durchzuspielen. Erfüllt das Design alle Anforderungen, ist dieser Verifikationsschritt abgeschlossen. Danach kann das System auf der nächsten Stufe verfeinert werden. Eine erneute Verifikation stellt die Korrektheit des Systems sicher. Die Verfeinerung des Systems hat erst ein Ende, wenn die untersten Stufen nicht weiter zu verfeinern sind, sondern stattdessen direkt in C-Code formuliert werden. Mit dem Top-down-Design lassen sich *hierarchische Systeme* erstellen. Die meisten Systeme sind hierarchisch und somit für die Top-down-Methode geeignet. Durch den Verzicht auf eine Datenflussanalyse umgeht man auch den geschilderten Nachteil des Strukturbruchs und damit die lästige Übertragung der Analyse in das Design. Durch das Fortschreiten von oben nach unten werden alle Schnittstellen frühzeitig definiert. Die Einführung von Dummyfunktionen für niedrige, noch nicht implementierte Ebenen erleichtert das Systemdesign. Durch den Verzicht auf niedrige Ebenen kann schnell ein vorzeigbarer Prototyp entstehen, der dem Kunden einen Eindruck der

Funktionalität vermittelt. Obwohl die Vorgehensweise zur Erstellung des Systems komplett anders ist als die Methode der strukturierten Analyse mit nachfolgendem strukturiertem Design, sieht das fertige System schließlich ähnlich aus wie in ***Bild 12.3***. Durch das Weglassen der Datenflussanalyse ist das System von vornherein nicht so klar, wie es durch die Vorarbeit der Datenflussanalyse bei der strukturierten Analyse ist. Dadurch sind unter Umständen mehrere Iterationsschritte notwendig, bis das endgültige System steht. Hat man Schwierigkeiten, zentrale Komponenten, wie z. B. das Hauptprogramm, zu finden kann eine kurze Analyse der Datenflüsse mit der strukturierten Analyse helfen.

Wie bereits erwähnt, lässt sich der größte Teil der Embedded-Systeme durch das hierarchische Top-down-Design bewältigen. Nur bei sehr hardwarenaher Software, die sich nicht hierarchisch aufbauen lässt, versagt diese Methode. Ein Beispiel wäre eine reine Bausteintreibersoftware, wie eine Umsetzung von einer Schnittstelle auf eine andere. Hier stehen die Signale im Mittelpunkt, die von der Schnittstelle geliefert werden bzw. an eine Schnittstelle geliefert werden sollen. Ein Beispiel hierfür wäre eine Decodierung des über einen Empfänger gelieferten DCF77-Zeitsignals und die Ausgabe der decodierten Uhrzeit auf einer seriellen Schnittstelle. An dieser Stelle würde man den *Bottom-up-Ansatz* wählen, der mit den untersten Ebenen beginnt und sich nach oben hin weiter vorarbeitet. Zuerst würde man sich mit der Decodierung des Signals an der DCF77-Schnittstelle befassen, danach mit der Weitergabe der decodierten Information an die serielle Schnittstelle. Zuletzt käme der Übergabemechanismus an die Reihe, verbunden mit einer Funktion, die die anderen notwendigen Algorithmen aufruft.

Das Top-down-Design ist das Verfahren, welches sich in der Praxis bis jetzt am meisten bewährt hat.

Vorteile:

- leicht zu erlernende, praxisorientierte und einfache Methode,
- grafisch leicht darzustellender Ansatz und einfache Umsetzung durch reine Zeichenprogramme,
- kein Strukturbruch und kein unnötiger Formalismus.

Nachteil:

- Durch die fehlende Analyse der Datenflüsse sind unter Umständen bis zum optimalen Modell mehrere Iterationsschritte nötig.

12.3 Extreme Programming

Bei *extreme Programming* (XP) [9] steht allein der Code im Mittelpunkt. Statt Anforderungsanalysen aufzustellen oder die Softwarestruktur zu planen, geht es bei XP allein um das Wesentliche: den Code. Um aber nicht im Chaos zu versinken, gibt es auch hier einige Regeln. Der Kunde soll eng in den Entwicklungsprozess mit einbezogen sein und nimmt nach kleinen Entwicklungsschritten immer wieder die Software ab. Die zu implementierenden Leistungsmerkmale werden schnell an sich evtl. ändernde Anforderungen angepasst. Im Gegensatz zu anderen Verfahren wird nicht am Anfang der Entwicklung versucht, alle Anforderungen zu erfassen und das System komplett planerisch zu erfassen. Durch automatisierte Test, die immer wieder laufen gelassen werden, wird der Entwicklungsvorgang überwacht und der einmal erreichte Stand gesichert. Teamarbeit verteilt das Know-how im Team. Die gute Zusammenarbeit steht im Mittelpunkt des Entwicklungsprozesses.

Im Einzelnen hat XP die folgenden Entwicklungszyklen. Zuerst werden die Anforderungen an das System aufgestellt. Die gesammelten Anforderungen werden in einer *Metapher* dargestellt. Die Metapher stellt eine grobe Beschreibung des Systems dar. Eine Metapher könnte lauten: Es soll eine Personenwaage mit einer digitalen Anzeige erstellt werden, die zusätzlich noch den Körperfettanteil misst. Diese bewusst grob gehaltene Beschreibung wird im Laufe des Entwicklungsprozesses stufenweise verbessert. Eine Kundenforderung, die nach dem Ausprobieren eines Prototyps gestellt wird, könnte lauten dass ein Speicher für die Daten von 4 verschiedenen Personen implementiert werden soll. Da diese Anforderungen teilweise nach dem Start der Implementation kommen können, könnte es passieren, dass sie sich nicht nahtlos in das System integrieren lassen und größere Umbauarbeiten oder ein Redesign erforderlich werden. Wenn die Anforderungen nicht klar sind, sollen durch so genannte *Archtitekturspikes* die Anforderungen klargestellt werden. Die *Spikes* sind kleine Minimalprogramme, die nicht für den endgültigen Gebrauch programmiert werden, sondern nur die Anforderungen an das System klarstellen sollen. Weitere Anforderungen entstehen in Planspielen, die zusammen mit dem Kunden abgehalten werden. Sind die ersten Anforderungen aufgestellt, wird ein *Releaseplanning* erstellt, in dem die Versionen mit dem geplanten Leistungsumfang zusammengestellt werden. Nach der Releaseplanung erfolgt der Startschuss für die Programmierung des Systems. Parallel zur Programmierung werden Testfälle geschrieben, die die erzeugte Software automatisch testen. Die Leistungsmerkmale werden in einem Team zu 2 Personen implementiert, wobei sich erfahrene und junge Softwareentwickler ergänzen sollen. Nach jeder Implementation eines Leistungsmerkmals oder nach jeder Fehlerbehebung werden alle Testfälle durchlaufen und dadurch das erreichte Arbeitsergebnis gesichert. Das Ziel ist, dass immer alle Tests (auch die alten Tests) bestanden werden. Durch das kontinuierliche automatische Testen erfolgt eine Absicherung der einmal funktionierenden Programmteile. Zu jedem neuen Leistungsmerkmal, das implementiert wird, gehören auch wieder neue Testfälle, die dieses Leistungsmerkmal testen. Die Testfälle sollen vom Programmierer und vom Kunden erstellt werden, und zwar bevor das Leistungsmerkmal implementiert wird. Ist ein neuer Releasestand erreicht, wird er vom Kunden überprüft, und eventuelle Änderungen, Fehler und auch neue Anforderungen werden an die Entwickler gegeben. Die gemeldeten Änderungen fließen in ein neues Release, welches wieder alle Testfälle bestehen muss und danach an den Kunden geht. Der Kunde soll jedes Release durch einen Abnahmetest verifizieren. Nach mehreren Iterationen ist das Produkt fertig gestellt und wird beim Kunden eingesetzt. Eine weitere tragende Idee des XP beim Programmieren ist, einfache Programme zu schreiben. Der Quellcode „gehört" allen Entwicklern, kein Entwickler hat reservierte Module, an denen nur er ändert. Da alle Entwickler alles ändern können, sollen sich möglichst einfache Lösungen durchsetzen. Der Programmcode ist ständigen Änderungen unterworfen. Fehler sollen durch diese starken Änderungen nicht entstehen können, da regelmäßige Testläufe mit den erstellten Testfällen die Programmänderungen überprüfen. Dieses Vorgehen stellt einen evolutionären Ablauf dar, der das Ziel hat, dass sich die beste und einfachste Lösung durchsetzt.

Bildhafte Methoden, wie z. B. die beschriebenen Analysemethoden, können, müssen aber nicht verwendet werden. Der Einsatz von Versionsverwaltungssystemen wie RCS und CVS wird nicht vorgeschrieben.

Im Gegensatz zu den klassischen Methoden bietet XP den Vorteil, dass die Entwicklungsergebnisse über einen *automatischen Test* abgesichert werden. Den Ansatz, von vornherein überhaupt nicht erst zu versuchen, alle Anforderung an ein System zu erfassen, halte ich für problematisch, da es zu Missverständnissen zwischen Kunden und Programmierern kommen kann und eine Kundenforderung zum Ende der Entwicklung das Systemdesign auf den Kopf stellt. Es besteht die Gefahr, dass ein schlechtes Systemdesign zu spät erkannt wird. Manche Entwickler reagieren außerdem empfindlich darauf, wenn ein anderer Entwickler ihren Code umschreibt, nur weil er meint, eine bessere Lösung gefunden zu haben. Nebenbei kann man mit dieser Methode auch neue Fehler einbauen, die der automatische Test übersieht, da dieser ja auch nicht alle Fehlermöglichkeiten testen kann. Der automatische Test ist ein weiterer Kritikpunkt an XP. Es ist ein Unterschied, ob eine Maschine (oder vielleicht nur eine Simulation) ein Gerät immer gleich testet, oder ob ein Anwender vor dem Gerät sitzt und Tests ausführt. Im Embedded-Bereich ist der automatische Test zusätzlich problematisch, da ein automatisches Testsystem sehr aufwendig ist.

Es stellen sich einige Fragen:

Wie sollen z. B. die Displayausgaben kontrolliert werden? Über eine Kamera des automatischen Testers, die einen Abgleich mit einer gespeichterten Sollausgabe vornimmt oder über eine Testschnittstelle, auf der die Displayausgaben umgeleitet und von der Testmaschine überprüft werden? Ersteres ist realitätsnäher, aber sehr aufwändig, Letzteres einfacher, dafür entspricht das Vorgehen nicht vollkommen dem späteren Einsatz. Obwohl das Display eine falsche Ausgabe bringt, können die umgeleiteteten Ausgaben immer noch richtig sein.

Wie verhindert man versehentliche Synchronitäten zwischen dem Tester und dem zu testendem Gerät? Durch das Warten des Testautomaten auf eine Anzeige am Gerät, bevor der nächste Test startet, wird vielleicht eine Taste immer an einer bestimmten Stelle im Programmablauf des Testlings betätigt.

Wie wird die Langzeitstabilität einer Software getestet? Ein automatischer Testlauf ist vielleicht kürzer als das Auftreten von Langzeitproblemen, welche erst nach einigen Stunden auftreten.

Die Idee eines automatischen Tests zur begleitenden Qualitätsicherung ist mit Sicherheit sinnvoll, kann aber regelmäßige manuelle Tests nicht ersetzen.

XP bezieht den Kunden bei der Systementwicklung stark mit ein. Bei Embedded-Systemen ist jedoch oft kein einzelner Kunde vorhanden. Die fertigen Geräte werden unter Umständen auf dem Massenmarkt verkauft. Hier müssen dann eigene Kollegen die Rolle des Kunden übernehmen. Eigene Kollegen haben aber vielleicht ein zu großes Wissen über das System und betriebsbedingte Scheuklappen auf.

XP hat unter Berücksichtigung der vorgenannten Probleme einige gute Ansätze: automatische Tests, Einbeziehung des Kunden, Erstellung möglichst einfacher Funktionen und Betonung der Teamarbeit. Letztendlich werden Kombinationen aus den verschiedenen Stilrichtungen beim Systemdesign den Erfolg bringen.

Vorteil:

- Sicherstellung der Softwarequalität durch automatisierte Tests.

Nachteile:

- Designfehler werden unter Umständen erst spät erkannt. Ein schlechtes Design lässt sich nicht zu einem guten Design testen.
- Es wird wenig Wert auf eine gute Softwarestruktur gelegt, z. B. auf die spätere Erweiterbarkeit des Systems.
- Auf grafische Darstellungen wird wenig Wert gelegt, diese sind aber oft die einzige Möglichkeit, eine Softwarestruktur darzustellen.

12.4 Objektorientiertes Design

Das objektorientierte Design beginnt oft mit der Aufstellung von *Anwendungsfällen,* den so genannten *Use Cases*. Ein Use Case ist z. B. der Anwendungsfall: „Person legt Medium in ein Abspielgerät ein". Die gesammelten „Use Cases" ergeben ein möglichst komplettes Bild der Anforderungen an ein System. Gleichartige Anforderungen werden zusammengefasst und helfen die *Klassen* eines Systems zu modellieren. Gleichartige Klassen können über die *Vererbung* Klassenhierarchien bilden. Werden z. B. verkettete Listen für die Verwaltung der Medieninformationen und zur Steuerung der Wiedergabe benutzt, würde man ein Klasse „verkettete Liste" erstellen. Die Funktionen (oder nach dem objektorientierten Sprachgebrauch: die Methoden) zur Verwaltung der verketteten Liste würden über Vererbung an die Klassen „Wiedergabe" und „Mediumverwaltung" weitergegeben. Die Klassen werden zur Bildung von Objekten benutzt, die im System eine gewisse Lebensdauer haben und das System steuern.

Den Einblick in das objektorientierte Design möchte ich hier schon abschließen. Dies hat den Grund, dass C eine prozedurale Sprache ist und keine objektorientierten Sprachmittel zur Verfügung stellt. Natürlich kann objektorientiertes Verhalten auch in C in gewisser Weise nachgebildet werden. Im Abschnitt 14.2 werde ich noch einen Ausblick auf die objektorientierte Programmierung (auch mit den Mitteln von C) geben. Eine Einführung in die objektorientierte Methode UML findet sich in „Jetzt lerne ich UML" [10].

Vorteile:

- neue Methode, die von vielen Case-Tools unterstützt wird,

– standardisierte Methode (UML).

Nacheile:

– keine direkte Umsetzung in C-Code (Vorsicht bei Case-Tools, die eine automatische Umsetzung versprechen; prüfen Sie, ob der erzeugt C-Code noch lesbar ist),
– keine strenge Vorgehensweise für das Systemdesign.

12.5 Case-Tools

Die Methoden der strukturierten Analyse und des strukturierten Designs sind neben den objektorientierten Erweiterungen in vielen Case-Tools implementiert. Der Vorteil der Case-Tools liegt darin, die Arbeit übersichtlicher, leichter verständlich und auch leichter handhabbar zu machen als reine Zeichnungen auf Papier oder in elektronischer Form. Leider hat sich bei den Case-Tools noch kein einheitliches Format bei der Datenspeicherung durchgesetzt, so dass Projekte beim Wechsel des Case-Tools entweder verloren gehen oder (eventuell sogar manuell) konvertiert werden müssen.

Bei den Case-Tools handelt es sich nicht um reine Zeichenprogramme, sondern in diesen Tools sind die Designmethoden und Vorgehensweisen verwirklicht. In der strukturierten Analysephase genügt ein Doppelklick auf einen Prozess, um das dazugehörige Unterdiagramm zu öffnen. Spezielle Editoren erleichtern das Beschreiben von Prozessen und Datenflüssen mit ihren Komponenten. Zusätzlich kann ein Syntaxcheck über das Modell ausgeführt werden, der über Fehler im Modell Auskunft gibt. Solch ein Fehler wäre z. B., wenn ein Datenfluss auf der oberen Ebene zwar in einen Prozess hineingeht, aber im dazugehörigen Diagramm des Prozesses nicht verwendet wird. Ebenso wird das Fehlen von Prozessbeschreibungen und Datenflussbeschreibungen angezeigt.

Bei der Überführung der Analyse in ein Design gibt es von den Case-Tools Hilfestellung auf unterschiedliche Art und Weise:

1. Case-Tools erstellen aus der strukturierten Analyse einen Designvorschlag. Dies geschieht in der Form, dass die Prozesse im strukturierten Design als Funktionen dargestellt werden. Außerdem wird die Funktion mit den meisten Verbindungen zum Boss des Systems gemacht, steht im Design also an der Spitze. Das Problem dieser Methode ist, dass der Vorschlag des Case-Tools überprüft und evtl. umgestellt werden muss, so dass man unter Umständen durch die Automatisierung nur einen kleinen Vorteil hat.
2. Das Case-Tool unterstützt den Anwender beim Übergang von der strukturierten Analyse zum Design. Hier wird vom Case-Tool kein Design vorgegeben. Stattdessen kann der Anwender die Funktionen in den selbst erstellten Designdiagrammen mit den Prozessen aus der Analyse verbinden. Dies verhindert, dass die Diagramme des Designs und der Analyse auseinander laufen.

Case-Tools können auch für Top-down- und Bottom-up-Designs eingesetzt werden. Hier fällt dann die Analysephase weg, und der Systemdesigner startet sofort mit dem strukturierten Design.

Die oben genannten Designmethoden (strukturierte Analyse, strukturiertes Design und UML) sind von vielen Case-Tool-Herstellern in Software umgesetzt worden. Deshalb sind sie etwas ausführlicher beschrieben worden. Die Diagramme existieren nicht nur als Zeichnungen. Die Bezeichnungen der Datenflüsse und Module werden in Datenbanken verwaltet und auf Konsistenz überprüft. Eine Suche nach bestimmten Daten oder die Aufschlüsselung eines Datums nach Komponenten kann komfortabel durchgeführt werden. Genau hier liegt jedoch auch mein Kritikpunkt dieser Tools. Unter Umständen wird viel Arbeit in ein Modell gesteckt, um Schreib- und Syntaxfehler aus dem Modell herauszuholen, ohne etwas an der Funktionalität der Software oder am Design der Module zu verändern. Das Case-Tool kann leicht zum Selbstzweck werden. Außerdem ist es auch sehr aufwendig, eine wirklich komplexe Software vollständig in einem Case-Tool zu entwickeln. Die einzelnen Softwareteile müssen mit ihren Schnittstellen genau spezifiziert werden. Viele Anwender von Case-Tools zerlegen ihr System in kleine Komponenten und bearbeiten nur diese Komponenten mit den Case-Tools. Es gibt dann kein Modell für das gesamte System. Hinzu kommt, dass bei evtl. auftretenden Fehlern nicht nur die Fehler im Quelltext beseitigt werden müssen. Zusätzlich müssen noch Rückwirkungen auf das Design oder die Analyse eingearbeitet werden. Im teilweise hektischen Tagesgeschäft unterbleibt dies oft. Wird das Modell jedoch nicht kontinuierlich mit der sich entwickelnden Software gepflegt, so hat es zwar seinen Zweck erfüllt, ein funktionierendes System zu erzeugen. Der zweite wichtige Zweck, die Softwaredokumentation, geht dann aber schnell verloren. Zum Vorwärtsweg, aus der Analyse Code zu erstellen, gehörte eigentlich noch ein Rückwärtsweg, um Softwareänderungen nach Fehlerbehebungen in das Design einzupflegen. Die wenigsten Hersteller unterstützen diesen Weg.

Wenn aber Analyse und Design mit Hilfe des Case-Tools gewissenhaft erstellt und weiter gepflegt werden, so steht eine vollständige Dokumentation der Software zur Verfügung. Ist die Methode einmal verstanden, reicht für kleinere Projekte ein einfaches Zeichenprogramm. Bei größeren Projekten ist zu überlegen, ob ein Case-Tool Vorteile bringt. Der Preis der Software ist mit dem erwarteten Nutzen abzuwägen. Wenn ein Case-Tool in die engere Wahl gezogen wird, ist ein Test dieses Werkzeugs vor dem Kauf unbedingt zu empfehlen.

13 Fallstudie

Nachdem die einzelnen Komponenten zur Softwareerstellung – Compiler, Linker, Library, Make, Quellcode-Tools, Editoren und Simulatoren – besprochen wurden, soll nun eine Fallstudie folgen, in der die geschilderten Methoden und Werkzeuge Anwendung finden. Dieser Praxisteil soll die Kenntnisse ordnen helfen und die Theorie auflockern. In den vorangegangenen Kapiteln wurden alle Beispiele allgemein gehalten, da es nahezu unendlich viele verschiedene Prozessortypen mit den dazugehörigen Tools gibt. Dem Leser nutzt es wenig, wenn ein Tool oder ein Prozessor eines Herstellers bis in das Detail erklärt wird, er aber aus verschiedenen Gründen eine ganz andere Tool- und Prozessorauswahl getroffen hat. Bei der hier geplanten Fallstudie kann man natürlich eine solche Vorgehensweise nicht durchhalten. Es muss alles konkretisiert werden. Bei der Auswahl der Komponenten habe ich mich von folgenden Kriterien leiten lassen:

Die Komponenten sollen möglichst weit verbreitet, einfach zu beschaffen, möglichst preiswert oder kostenlos und trotzdem leistungsfähig sein. Außerdem ist die hier vorgestellte Fallstudie einfach gehalten, da nur die Prinzipien des Systemdesigns und der Softwareentwicklung und keine seitenlangen Codelistings gezeigt werden sollen. Das einfache Beispiel hat, im Gegensatz zum in der Literatur viel zitierten Geldautomaten, den Vorteil, dass man dieses Beispiel komplett beschreiben und konkretisieren kann. Es handelt es sich um ein vollständiges Projekt, das in sich abgeschlossen ist und auch funktioniert. Aus reinen Platzgründen wurden ab und zu Kleinigkeiten, die für das Verständnis nicht unbedingt nötig sind, weggelassen. Der vollständige lauffähige Sourcecode befindet sich aber auf der beigefügten CD-ROM. Die Fallstudie kann auf mehrere Arten zur Vertiefung des Stoffs beitragen:

- Sie kann als reines „Leseobjekt“ dienen und so die bisher beschriebenen Kenntnisse vertiefen.
- Das Projekt kann mit zwei verschiedenen Simulatoren am PC durchgespielt werden.
- Es ist aber zusätzlich möglich, die einfache Hardware aufzubauen und so praxisorientiert ein kleines Projekt zu entwickeln.

13.1 Anforderungen an das System

Zuerst muss eine genaue Beschreibung der Anforderungen an ein System erstellt werden. Idealerweise liegt diese Form eines *Pflichtenhefts* bereits vor. Zur Thematik der Pflichtenhefterstellung finden sich ausführliche Darstellungen im „Lehrbuch der Softwaretechnik" [11]. Meistens ist es jedoch Aufgabe der Entwicklung, dieses oder zumindest eine Systembeschreibung mit einer Beschreibung der erforderlichen Funktionen zu erstellen. Danach muss man sich Gedanken über die *Benutzeroberfläche* des Systems machen. Unter der Benutzeroberfläche versteht man eine Beschreibung, wie dem Benutzer die einzelnen Funktionen des Systems zugänglich gemacht werden sollen. Nun kann das eigentliche Systemdesign erfolgen, indem verschiedene Funktionsgruppen in der Software gebildet werden.

Um das Prinzip zu verdeutlichen, soll hier eine einfache Torsteuerung entworfen werden. Alle mechanischen und elektromechanischen Komponenten werden als vorhanden vorausgesetzt. Es geht nur darum, Prozessorausgänge entsprechend der Motorsteuerung zu betätigen und für dieses System die Software zu erstellen. Es handelt sich hier um ein reines Demonstrationssystem. Dies schließt auch jegliche Haftung für Fehlfunktionen (z. B. zerquetschte Autos oder Haustiere) aus!

Für die Fallstudie sei folgende Beschreibung der gewünschten Funktionalität gegeben:

Das Rolltor wird über einen Elektromotor angetrieben, der für jede Laufrichtung eine Steuerleitung besitzt. Es ist für oben und unten ein Endanschlagschalter vorhanden, der den Motor nach Erreichen der Endposition stoppen soll. Die Torendposition wird dem System über zwei Endschalter am oberen und unteren Ende des Torbereichs gemeldet. Der Tormotor wird über zwei Ausgänge des Mikrocontrollers gesteuert. Ein Ausgang betätigt den Motor in Aufwärtsrichtung, der andere Ausgang in Abwärtsrichtung. Zur Bedienung durch den Benutzer ist ein Taster vorhanden. Nach Betätigung des Tasters wird das Tor für 5 s geöffnet, nach Ablauf der Zeit wieder geschlossen. Beim Herunterfahren wird das Tor durch eine Lichtschranke gesichert. Spätestens 100 ms nach der Unterbrechung der Lichtschranke muss der Motor gestoppt und das Tor wieder für 5 s geöffnet werden. Außerdem ist es möglich, das Herunterfahren durch die Betätigung des Schalters zu unterbrechen, das Tor wieder zu öffnen und es für eine erneute Zeit von 5 s wieder offen zu halten. Wird während der Öffnungszeit der Schalter betätigt, so wird die Öffnungszeit erneut auf 5 s gesetzt. Das Tor benötigt ca. 8 s zum Öffnen und Schließen. Wenn nach dem Start des Antriebs in die Zu- oder Auf-Richtung nicht nach 10 s ein Endschalter erreicht wird, wird der Antrieb abgeschaltet und das System geht in einen Fehlerzustand über, in dem keine externen Ereignisse mehr angenommen werden sollen. Es reagiert jetzt so lange nicht auf die Tasterbetätigung, bis das System aus- und wieder eingeschaltet wurde (Reset). Dieser Fehlerzustand wird durch das Dauerleuchten der Kontroll-LED angezeigt. In allen normalen Betriebszuständen blinkt die LED.

Das Tor und die angebrachten Einrichtungen sind in ***Bild 13.1*** skizziert.

Damit der Leser das Projekt leicht nachvollziehen kann, sollen die Ausgaben für die Entwicklungsumgebung möglichst gering gehalten werden. Für die Entwicklungsumgebungen anderer Prozessoren gehen übrigens leicht einige tausend Euro über den Tisch.

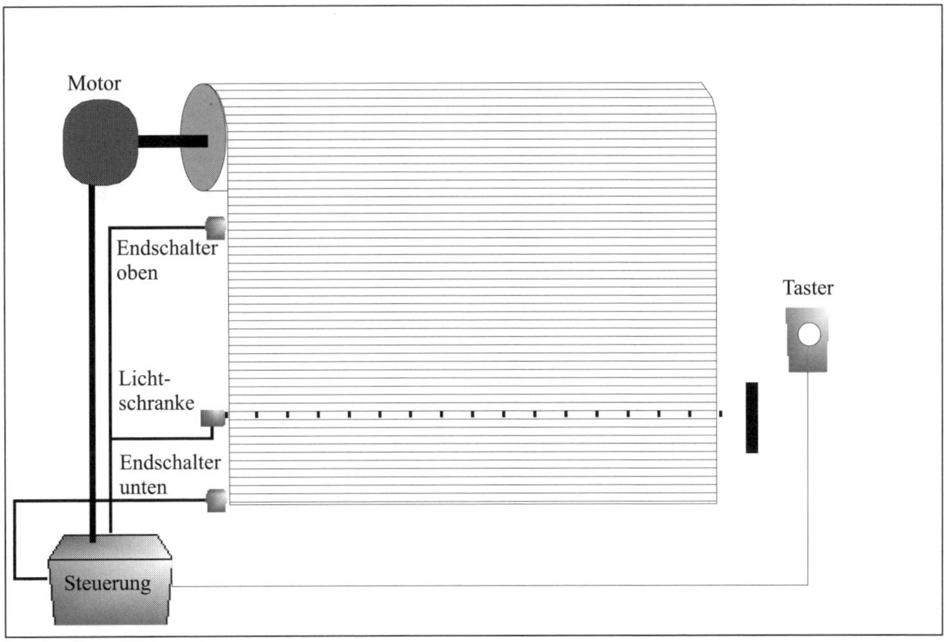

Bild 13.1: *Skizze des Rolltors*

Zuerst werden jetzt die einzelnen Komponenten des Softwaresystems erfasst. Es werden benötigt:

1. Betriebssystem,
2. Motortreiber,
3. Treiberkomponenten für Endschalter,Taster und Lichtschranke,
4. Steuerungslogik.

Neben dem Betriebssystem besteht das Softwaresystem aus Treibern für die verschiedenen Eingangs- und Ausgangssignale und der eigentlichen Steuerungslogik. Als *Treiber* werden alle Softwarekomponenten bezeichnet, die sich entweder mit dem Erkennen von Eingangssignalen befassen oder für die angeschlossene Hardware Ausgangssignale erzeugen. Die *Steuerungslogik* bekommt von den Treibern entsprechende Signale und verarbeitet diese weiter. Die Steuerungslogik erzeugt aufgrund ihrer internen Berechnungen Ausgangssignale, die vom Motortreiber in die entsprechenden Signale für den Motor (bzw. die vorgeschalteten Relais) umgesetzt werden. Im vorliegenden Beispiel ist der Motortreiber ein einfaches Programm,

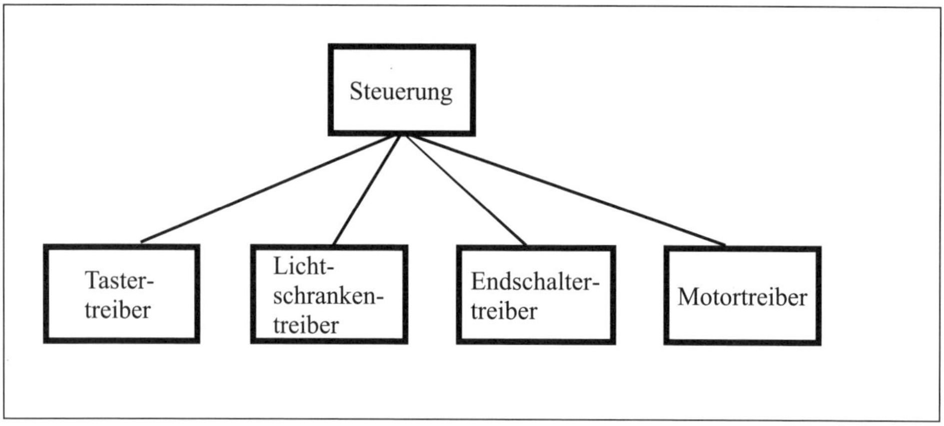

Bild 13.2: *Top-down-Design der Steuerungssoftware*

welches den entsprechenden Port setzt, der wiederum über eine Verstärkerstufe die Relais zur Motorbetätigung ansteuert.

Um aus den aufgezählten Komponenten ein System zu designen, wird das Top-down-Design angewendet. Die Steuerungslogik befindet sich an der Spitze der Systemhierarchie. Die Steuerungslogik erhält die Eingangssignale von den Modulen Endschalter, Taster- und Lichtschrankentreiber. Die Befehle von der Steuerungslogik werden über den Motortreiber in elektrische Signale zur Ansteuerung des Motors umgewandelt. Die Steuerungslogik besteht hauptsächlich aus einem einfachen endlichen Zustandsautomaten. Als Top-down-Design dargestellt, ergibt sich ***Bild 13.2***. Obwohl in der Aufzählung der Systemkomponenten das Betriebssystem vorkam, findet es sich nicht in der grafischen Darstellung des Top-down-Design wieder. Die Dienstleistungen des Betriebssystems, wie Timerverwaltung, Kommunikation und Verteilung der Rechenzeit auf die einzelnen Systemkomponenten, finden sich üblicherweise nicht im Systemdesign wieder, da sie keinen Einfluss auf das Design des Systems haben. Die Anforderungen an das Betriebssystem ergeben sich aus dem Systemdesign, sind aber keine Komponente in der grafischen Darstellung. Anforderungen, die sich aus dem Systemdesign ergeben können, sind z. B., dass das Betriebssystem hochgenaue Timer zu Verfügung stellen muss, dass bei der Kommunikation zwischen den Tasks große Datenmengen bewegt werden müssen oder dass ein preemptives Scheduling unterstützt werden muss.

Da die Aufgabe in einem kleinen Rahmen liegt und die Kosten für das System gering gehalten werden sollen, wurde als Mikrocontroller der Single-Chip-Prozessor AT90S2313 von Atmel gewählt. Der Prozessor enthält alle benötigten Systemkomponenten, wie Flash-ROM, RAM, Timer und Interruptlogik. Der Mikrocontroller selbst ist sehr preiswert (ca. 5 €), und die benötigte Entwicklungsumgebung ist als GNU-Software kostenlos zu beziehen. Mit ein wenig Geschick und einem Lötkolben ist es möglich, ein Programmiergerät für den Prozessor zu bauen, das an den parallelen Druckerport eines PC angeschlossen wird (Kosten ca. 5 €).

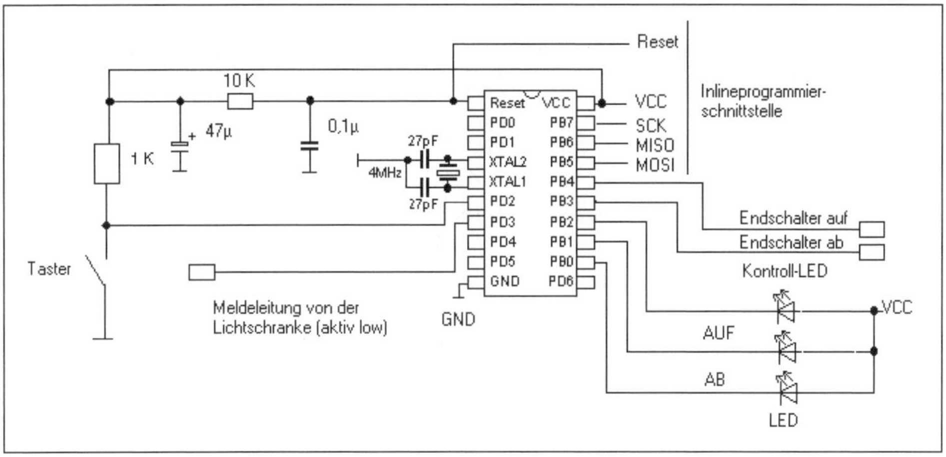

***Bild 13.3:** Prozessorsystem der Torsteuerung*

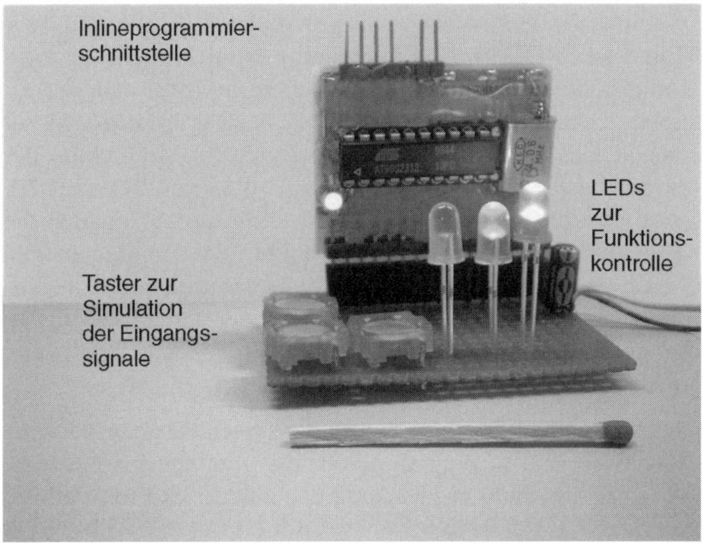

***Bild 13.4:** Experimentalaufbau des Prozessorsystems*

Der AT90S2313 stellt 2 Interrupteingänge zur Verfügung, die für die Eingänge Taster und Lichtschranke verwendet werden. Die Auswertung der Endschaltereingänge erfolgt über Scannen (oder Polling) durch Software (siehe Abschnitt 9.4). Die Ausgänge des Systems werden über die Prozessorports realisiert. Jeweils ein Prozessorport wird für die Signale Auf, Ab und die Fehleranzeige über die LED benötigt. Der Schaltplan des Prozessorsystems ist in ***Bild 13.3*** dargestellt. Auf die „Starkstromtechnik" und die Umsetzung der Lichtschranke wurde verzichtet, da es ja hier nur um die Softwaretechnik des Systems gehen soll. Die Lichtschranke liefert einen low-aktiven Ausgang, der direkt an den Interrupteingang des Prozessors angeschlossen wird und den hier ein Taster simuliert. Die Demonstrationsschaltung wird mit 5 V betrieben. Aufgrund der geringen Komplexität ist es nicht nötig, eine Platine zu ätzen. Ein einfacher Aufbau auf einer Lochrasterplatine (***Bild 13.4***) reicht aus. An den beiden Prozessorausgängen für die Motorsteuerung sind LEDs angeschlossen, um die Funktion des Systems optisch zu kontrollieren. Der direkte Anschluss von LEDs ist ohne Vorwiderstände möglich, da die Prozessorausgänge eine eingebaute 20-mA-Stromquelle haben. Taster bilden nicht nur den Betätigungseingang, sondern auch die Eingänge für die Endschalter und die Lichtschranke nach. Auf die als Incircuit-Programmierschnittstelle bezeichneten Anschlüsse SCK, MISO und MOSI wird in Abschnitt 13.10 eingegangen. Möchte jemand die Schaltung auch sofort nachbauen, sollte dieser Abschnitt vorher gelesen werden.

13.2 Kurze Einführung in den Mikrocontroller AVR AT90S2313

Um die hier gestellten Anforderungen zu erfüllen, passt der Mikrocontroller AT90S2313 ideal. Die gesamte Peripherie des Mikrocontrollers (Blockschaltbild in ***Bild 13.5***, das Bild stammt aus dem AVR-Prozessorhandbuch [12]) einschließlich RAM, Flash-ROM und EEPROM für die Speicherung von Werten, die auch noch nach einem Spannungsausfall erhalten bleiben sollen, befindet sich auf einem Chip. Der RAM-Speicher hat die Größe von 128 Byte. Das Flash-ROM zur Aufnahme des Programmcodes hat eine Größe von 2048 Byte. Der Mikrocontroller hat eine Harvardarchitektur. Dies bedeutet, dass der Daten- und der Adressspeicher voneinander getrennt sind. Es handelt sich um einen RISC-Prozessor, der die meisten Assemblerbefehle in einem Taktzyklus abarbeitet. Zu der eingebauten Peripherie gehört auch noch eine Timereinheit, die zwei Timer mit einem einstellbaren Vorteiler zur Verfügung stellt. Der erste ist ein Timer mit einem 8-Bit-Zähler, der dadurch nur relativ geringe Laufzeiten realisieren kann. Der zweite Timer ist ein 16-Bit-Timer, dessen Laufzeiten entsprechend länger sind.

Der Interruptcontroller des Mikrocontrollers bietet zwei Interrupteingänge. Als zusätzliche Schnittstelle zur Außenwelt sind 15 programmierbare Portleitungen vorhanden, die sich wahlweise als Ausgang, als einfacher Eingang und als Eingang mit Pull-up-Widerstand programmieren lassen. Der eingebaute Watchdog kann auf Wunsch das System überwachen. Eine UART-Schnittstelle kann zur Kommunikation mit anderen Systemen oder für die Ausgabe von Debuginformationen verwendet werden. Die Leistungsaufnahme des Mikrocontrollers lässt sich über 2 verschieden Stromsparmodi verringern. Als Einführung soll das schon reichen. Für weitere Einzelheiten gibt es das AVR-Prozessorhandbuch [12]; unbedingt notwendige Einzelheiten, wie z. B. die Programmierung des Prozessortimers, werden später im Text behandelt.

Der Vorteil von C macht sich schon hier bemerkbar. Wollte man den Mikrocontroller in Assembler programmieren, wäre es jetzt nötig, auf die Einzelheiten der Prozessorarchitektur einzugehen, wie die Registeranordnung, Assemblerbefehle und die Adressierungsarten. Bei der C-Programmierung ist das (wenn der Compiler fehlerfrei arbeitet) normalerweise nicht notwendig.

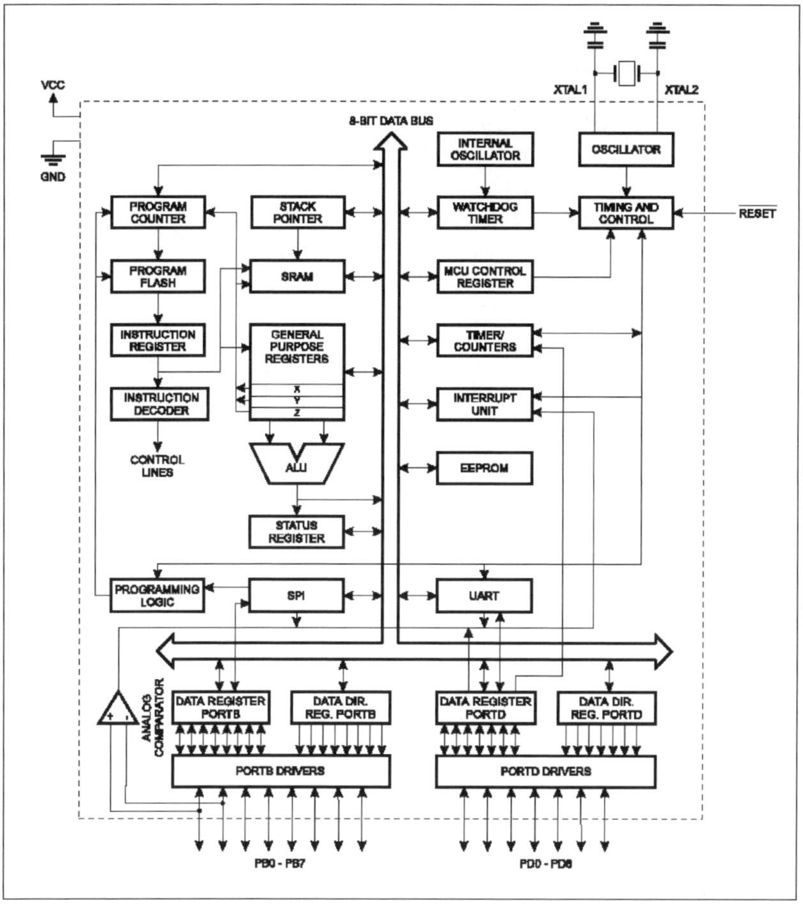

Bild 13.5: *Blockschaltbild des AT90S2313*

13.3 Aufbau der Datei, Initialisierung, Betriebssystem und Kommunikation

Die Anforderungen an das System sind sehr unkritisch und bewusst einfach gehalten. Schließlich wird nachfolgend das System vollständig erläutert, und zu viele Details komplizieren die Software schnell. Obwohl der Codeumfang der Software mit weit über 600 Zeilen nicht gerade gering ist, befindet sich die gesamte Software in einer einzelnen Datei. Dies hat den Grund, dass die Software dadurch hier leichter darstellbar ist und die Erläuterung nicht noch durch Querverweise auf andere Dateien kompliziert wird. In der Praxis wäre es aber sinnvoll, eine solche Software auf mindestens drei Module zu verteilen. Denkbar wäre eine Trennung der Systemsoftware, wie Betriebssystem und Hardwaretreiber, von den Programmen, die zur funktionalen Logik und damit zur Steuerung des Systems gehören. Programme zur Simulation der Software auf dem PC würden ebenfalls in ein eigenes Modul geschrieben.

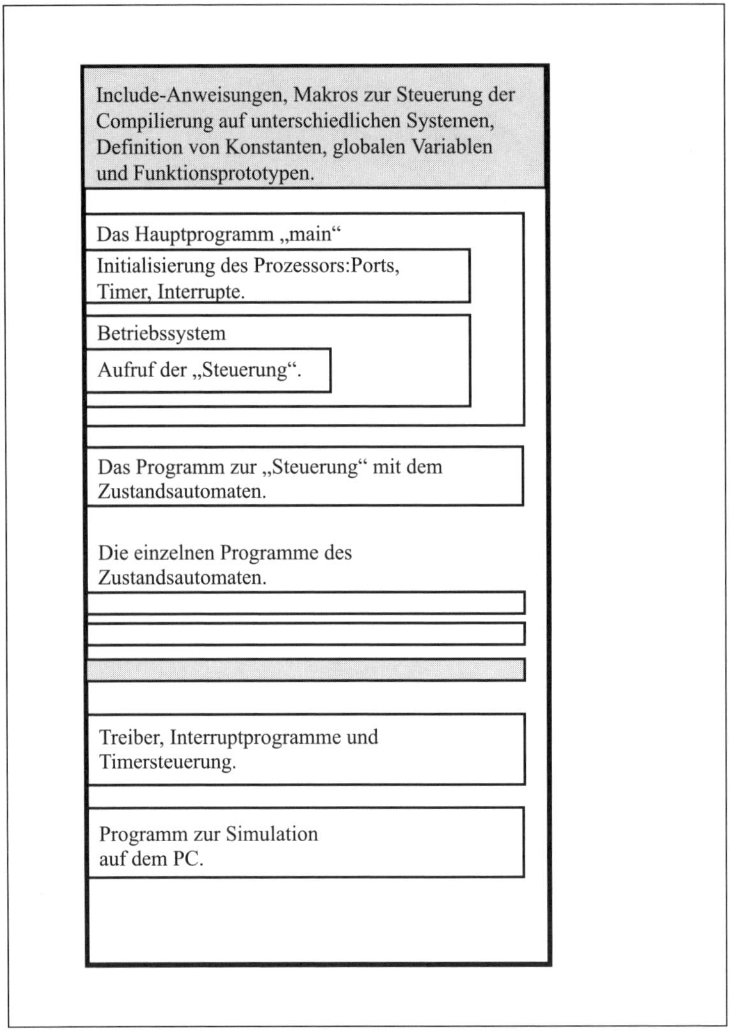

Bild 13.6: *Aufbau der Datei main.c*

Damit sich der Leser nicht im Quellcode verliert, soll anhand von ***Bild 13.6*** der Aufbau der Datei dargestellt werden. Der Aufbau der Grafik erinnert grob an ein Struktogramm. Die Verschachtelungsstruktur des Quelltextes ist durch ineinander verschachtelte Rechtecke symbolisiert. Die grau unterlegten Rechtecke werden aus Platzgründen nicht näher erläutert.

Der grundsätzliche Aufbau der Datei stellt ein gutes Muster für eigene Projekte dar. Vorn in der Datei finden sich die grundsätzlichen Dinge, wie include-Anweisungen zum Einfügen von Dateien, Deklarationen, Makros, Variablen und Konstanten. Danach kommt das Hauptprogramm „main“ mit den Initialisierungen, dem Betriebssystem und dem Aufruf des Steuerungsprogramms. Hiernach folgt das Steuerungsprogramm mit der Realisierung eines endlichen Zustandsautomaten. Die kleinen

Programme, die vom Zustandsautomaten aufgerufen werden, folgen nun. Am Ende der Datei befinden sich die Treiberprogramme, die Interruptroutinen und das Simulationsprogramm zur Simulation der Software auf dem PC.

Die geforderte Reaktionszeit auf eine Lichtschrankenunterbrechung von 100 ms stellt softwaretechnisch eine kleine Ewigkeit dar. Auch die Kommunikationsanforderungen an das System sind unkritisch. Auf Speicherschutz, komfortables Mailboxsystem und preemptives System kann aus diesen Gründen verzichtet werden.

Als Minimal-Betriebssystem bietet sich hier die einfachste Form, die Endlosschleife aus Abschnitt 9.7, an. Einige Tasks werden als Funktionsaufrufe in das System eingefügt. Andere Tasks treten nicht als solche in Erscheinung, sondern sind als Interruptroutinen in das System eingebunden. Das Prinzip der Endlosschleife und die Einbindung der Tasks wurden bereits in ***Beispiel 9.20 (S. 118)*** dargestellt.

Die Tasks sollen untereinander kommunizieren. Da nicht die Notwendigkeit besteht, umfangreiche Nachrichten zu verschicken und zu speichern, fällt die Wahl ebenfalls auf eine einfache Kommunikationsform, den gemeinsamen Speicher (oder engl. shared memory), der in Abschnitt 9.7.6 kurz Erwähnung fand. Die Kommunikation und die Auswertung der Informationen innerhalb des gemeinsamen Speichers kann vereinfacht werden, wenn für die verschiedenen Informationen jeweils eigene Bits definiert werden. Ist die Anzahl der benötigten Bits gering, z. B. kleiner als 9, reicht für die Kommunikation 1 Byte als gemeinsamer Speicher aus. Bis zu 32 Bit finden in einem long unsigned int Platz. Um zu sehen, welche Größe für den gemeinsamen Speicher notwendig ist, besteht die erste Aufgabe darin, die verschiedenen Informationen, die im System ausgetauscht werden, festzulegen. Die einzelnen möglichen Meldungen sind in ***Tabelle 13.1*** definiert.

Tabelle 13.1: *Auflistung der Ereignisse im System*

Bedeutung	Konstante	Wert
Tastenbetätigung	K_BIT_ERG_TOR_AUF	0x01
Hindernis erkannt	K_BIT_ERG_HINDERNIS	0x02
Endposition erreicht	K_BIT_ERG_ENDPOSITION_ERREICHT	0x04
Motorüberwachung	K_BIT_ERG_MOTORTIMEOUT	0x08
Toraufzeit abgelaufen	K_BIT_ERG_TORAUFZEIT_TIMEOUT	0x10
Sekundentakt f. LED	K_BIT_ERG_SEKUNDENTAKT	0x20

Da nur 6 verschieden Ereignisse auftreten können, ist 1 Byte zur Kommunikation ausreichend. Die Ereignisse sind bereits in der im Programm verwendeten C-Notation dargestellt. Das Präfix K_BIT_ERG setzt sich aus den folgenden Komponenten zusammen: K steht für eine Konstante, BIT zeigt an, dass es sich um ein einzelnes Bit handelt, und ERG steht für ein Ereignis. Die Komponenten werden statt mit einem Leerzeichen (da es in C hier nicht erlaubt ist) mit einem Unterstrich getrennt. Da es sich um ein Präprozessormakro handelt, ist Großschreibung gewählt worden. Die einzelnen Nachrichtenbits haben den Wert 0x01 für das erste Bit, 0x02 für das zweite Bit und 0x20 für das sechste Bit. Die Nachricht „Tastenbetätigung" wird generiert, wenn der Taster zur Toröffnung betätigt wurde. „Hindernis erkannt" ist gesetzt, wenn die Lichtschranke ein Hindernis meldet. „Endposition erreicht" kennzeichnet das Erreichen der oberen oder unteren Endposition. Obwohl es zwei Endschalter gibt, reicht ein Ereignis. Die Oder-Funktion der beiden Endschalter wird per Software im Mikrocontroller durchgeführt. „Motorüberwachung“ ist ein von einem Timer erzeugtes Ereignis, welches anzeigt, dass die Endschalter nicht innerhalb der Überwachungszeit angesprochen haben. Das Ablaufen der Auf-Zeit des Tors zeigt das Bit „Torzeit abgelaufen“ an. Das letzte Ereignis ist ein Sekundentakt, der das Blinken der LED steuert.

Im Folgenden werden die wichtigsten Auszüge aus dem C-Code erläutert. Die Besprechung erfolgt bis auf wenige Ausnahmen von oben nach unten und beginnt mit dem Betriebssystem, gefolgt von der Steuerung und schließt mit den Treiberfunktionen und Interruptserviceroutinen. Zum Schluss erfolgt eine Erweiterung des Codes, um den Programmablauf auf einem PC simulieren zu können.

Bevor das System aber starten kann, müssen die verschiedenen Hardwarekomponenten des Systems entsprechend den Vorgaben initialisiert sein. Das vom Startupcode des GNU-Compilers aufgerufenene Programm ist hier „main“. Der Aufruf von „main“ als Programmstart ist bei verschiedenen Compilern üblich, aber nicht zwingend. Im Startup sind selten auch andere C-Startpunkte eingetragen. Im ***Beispiel 13.1*** ist die Initialisierungsequenz dargestellt. Die einzelnen Zeilen sind nummeriert, um auf sie im Text besser eingehen zu können. Die Nummerierung ist nicht Bestandteil des C-Programms, sondern dient ausschließlich der Orientierung! Die im Programm verwendeten Konstanten und Prototypendefinitionen konnten aus Platzgründen nicht alle aufgeführt werden. Das lauffähige Beispiel befindet sich jedoch auf der CD-ROM.

```
118  int main (void)
119  {
120      /* Init der Hardware */
121      /* LED und Motortreiberpins von Port B als Ausgang  */
122    outp(1<<K_BPORT_MOTOR_AUF|1<<K_BPORT_MOTOR_AB|1<<K_BPORT_LED,DDRB);
123     /* Pullup Widerstände fuer Inputport B einschalten */
124     outp(K_PULLUP_EIN,PORTB);
125     /* Pullup Widerstände fuer Inputport D einschalten */
126    outp(1<<K_DPORT_SCHALTER_TOR_AUF|1<<K_DPORT_LICHTSCHRANKE,PORTD);
127    outp(T1HIGHBYTE,   TCNT1H);  /* setzen TCNT1  */
128    outp(T1LOWBYTE,    TCNT1L);  /* setzen TCNT1  */
129    outp(K_VORTEILERTIMER1024,   TCCR1B); /* Vorteiler cpu clock/1024 */
130    outp((1<<TOIE1), TIMSK);     /* enable TCNT1 overflow */
131    outp((1<<ISC01)|(1<<ISC11),  MCUCR); /* Fallende Flanke an den Interrupt-
132                                             eingängen löst Interrupt aus */
133    outp((1<<INT0)|(1<<INT1), GIMSK); /* enable int0, int1           */
134    sei();              /* enable interrupts */
135
136   MaMotortreiber(K_STOPP);  /* Befehl an Motortreiber */
```

Beispiel 13.1: *Systeminitialisierung*

Im ***Beispiel 13.1***, Zeile 122, wird mit Hilfe der Funktion „outp“, die in Assembler geschrieben ist und zur GNU-AVR-Distribution dazugehört, das Datenrichtungsregister DDRB für den Port B des Prozessors für die Ausgänge Motorsteuerung (K_BPORT_MOTOR_AUF,K_BPORT_MOTOR_AB) und die LED-Anzeige (K_BPORT_LED) auf Ausgang gesetzt. Die Bit-Schiebeoperation nach links (1<<) ist nötig, da die Ports mit ihren tatsächlichen Werten definiert sind (Bit 7 hat den Wert 7) und mit diesem Wert die 1 auf die richtige Stelle geschoben wird (1 siebenmal nach links verschoben, ist eine 40 hex). Eine andere Möglichkeit, die auch oft Verwendung findet, ist die Definition von Bitwerten mit ihren echten **hexadezimalen** Werten, also z. B. Bit 0 (dem niedrigstwertigen Bit) als 1, Bit 1 als 2, Bit 3 als 4, Bit 4 als 8, Bit 5 als 10 usw. In den Zeilen 124-126 werden die im Mikrocontroller integrierten Pull-up-Widerstände aktiviert, damit die Eingänge des Prozessors immer einen definierten Pegel haben. Wichtig ist es, die Register nicht mit absoluten Zahlenwerten zu beschreiben, sondern Konstanten zu verwenden. Dies führt zu einer leichteren Lesbarkeit des Programms, da aussagekräftige Namen einen Dokumentationscharakter haben und außerdem ein Programm leichter änderbar machen. Anstatt bei einer Verlegung des Portpins für „Motor auf" das gesamte Programm nach der Verwendung eines gewissen Hexwertes abzusuchen, kann einfach der Wert der Konstante K_BPORT_MOTOR_AUF verändert werden.

In den Zeilen 127-129 geschieht die Inbetriebnahme des eingebauten Timers und des Vorteilers für den Timer. Der Timer soll im 100-ms-Takt laufen.

Nach der Einstellung des Timerinterrupts (Zeile 130, Aktivieren des Timerinterrupts) und der Interruptlevel (Zeile 131, fallende Flanken) für die Eingänge beginnt der Lebenszyklus des Systems mit der globalen Freigabe aller Interrupte (Zeile 134). Bei der hier benutzten Funktion sei() handelt es sich ebenfalls um eine zur GNU-Distribution gehörenden Funktion, hinter der ein Assemblerprogramm steckt, welches das globale Interrupt-Enable-Bit im Prozessorstatusregister setzt. Danach folgt in der Zeile 136 der erste Aufruf eines Gerätetreibers, um die Motorsteuerung in einen definierten und sicheren Zustand zu bringen. Der Aufruf erfolgt mit dem symbolisch definierten Makro (als Konstante verwendet) K_STOPP. Der Wert der vorher definierten Konstante ist hier 2.

Wir haben bis jetzt zwei compilerspezifische Erweiterungen kennen gelernt, die nicht ANSI-konform sind: outp() und sei(). Bei der Initialisierung handelt es sich bei jedem Prozessor und Compiler um einen sehr spezifischen hardwarenahen und compilerabhängigen Teil. Es ist deshalb sinnvoll, die Prozessorinitialisierungen im Sourcecode entweder so wie hier wie an einer Stelle zu konzentrieren oder diese in eine eigene Initialisierungsfunktion zu verlagern.

Der nächste Schritt im Programmablauf ist die Implementation des Endlosschleifenbetriebssystems (***Beispiel 13.2***) und des bitorientierten Kommunikationssystems. Nach der Definition der Endlosscheife (als for-Schleife, Zeile 138) befindet sich der Aufruf einer Funktion (MaScanEndschalter, Zeile 141), die das Scannen der Endschalter erledigen soll. Das Scannen (oder Polling) des Ports für die Endschalter ist nötig, da nicht genug Interrupteingänge am Prozessor zur Verfügung stehen. Bei jedem Durchlauf durch die for-Schleife wird die Funktion aufgerufen und fragt den aktuellen Stand der Eingangsports für die Endschalter ab.

Übrigens ergibt sich die Namensgebung der im Programm definierten Funktionen aus den ersten beiden Buchstaben des Modulnamens (hier main, also ma), in dem die Funktion definiert wird, und einem Kürzel für die Tätigkeit der Funktion. Die Verwendung eines Teils des Dateinamens zur Namensbildung verhindert Mehrdeutigkeiten innerhalb des Softwaresystems (Funktionen mit gleichen Namen könnten in mehreren Modulen definiert werden) und helfen, das Modul zu einer Funktion schnell zu finden.

```
138   for(;;)
139    {
140
141      MaScanEndschalter(); /* Endschalter scannen */
142      while(ByBitereignis)    /* Test auf Aufrufkriterium */
143      {
144        MaProcessEvent();
145      }
146    }
147  }
```

Beispiel 13.2: *Endlosschleife und Scannen des Endschalters*

Als nächstes wird die Funktion MaProcessEvent ausgeführt, solange sich ein Wert ungleich 0 in der Variablen ByBitereignis (Zeile 142) befindet. Diese Bytevariable ist der Kommunikationsspeicher des Systems und beinhaltet die in Tabelle 13.1 definierten Bitereignisse. Da diese Ereignisse teilweise durch Interrupte gesetzt werden, ist es **unbedingt** nötig, diese Variable bei der Definition mit dem Zusatz „volatile" zu versehen. Fehlt dieser Zusatz, so optimiert der Compiler bei der Abfrage der Variablen. Das würde dazu führen, dass eine Kommunikation aus den Interrupten mit dieser Variablen nicht möglich wäre und der Prozessor unabhängig von den im Interrupt gesetzten Bits endlos durch die (optimierte) while-Schleife läuft.

13.4 Systemsteuerung

In der Funktion MaProcessEvent befindet sich die eigentliche Steuerung des Systems, auf die wir jetzt eingehen wollen. Die nachfolgenden Klammern in den Zeilen 145, 146 und 147 schließen die while-Schleife, die for-Schleife und schließlich das main-Programm.

Bei dem Programm MaProcessEvent (***Beispiel 13.3***) handelt es sich um die zentrale Steuerung des Systems. Bevor die Ereignisse zur Verarbeitung in die Zustandsmaschine gelangen, müssen sie aufbereitet werden. Zuerst sind jedoch alle Interrupte (cli(), Zeile 164) zu sperren, da hier eine Variable verändert wird, die auch im Interrupt geschrieben werden kann. Bei der Funktion cli() handelt es sich wie bei der Funktion sei() um eine compilerspezifische Erweiterung.

```
152 /*
153 Programm MaProcessEvent(void)
155 Zweck: Zentrale Steuerung durch Zustandsmaschine
156 */
157 void MaProcessEvent(void)
158 {
159  BYTE byEreignis=K_BIT_ERG_NULL;
160  BYTE byZaehler;
161  BYTE bySpeicher;
162  /* Umkodierung der Bitnachrichten in ein Ereignis zur
163     Verarbeitung in der Zustandsmaschine ==> Díspatcher */
164  cli(); /* Zum Schutz vor Veränderung des Benachrichtigungsbytes im Interrupt,
165          werden alle Interrupte gesperrt */
166  /* Da der Ereignisspeicher nur ein Byte gross ist, wird
167     er nur gefüllt, solange er tatsächlich leer ist */
168  /* Scannen des Bytes auf gesetzte Bits */
169  byZaehler=0;
170   do
171    {
172    bySpeicher=1<<(byZaehler); /* Maske zum erkennen von Bits erzeugen */
173    if((bySpeicher&ByBitereignis)!=0)
174    {
175      /* Gesetztes Bit ist erkannt, Ereignis extrahieren */
176      byEreignis=bySpeicher;
177      /* Verarbeitetes Bit löschen */
178      ByBitereignis&=~bySpeicher;
179    }
180    byZaehler++;
181   }while (
182          (byZaehler<(sizeof(ByBitereignis)*8))&&
183          (byEreignis==K_BIT_ERG_NULL)
184          );
185
186   sei(); /* Die Bearbeitung ist beendet,
187           die Interrupte werden wieder zugelassen */
```

Beispiel 13.3: *Die zentrale Steuerung*

Die Zustandsmaschine arbeitet alle Ereignisse sequenziell ab. Die Ereignisse liegen aber parallel im Speicher ByBitereignis vor, da z. B. der Interrupt für das Öffnen des Tors und der Lichtschrankeinterrupt quasi gleichzeitig kommen können. Die Ereignisse müssen also parallel-seriell gewandelt werden. Dies geschieht in der do-while-Schleife (Zeile 170-184). Die in Zeile 172 erzeugte Bitmaske, die aus einem Bit besteht, das mit jedem Schleifendurchlauf um eine Stelle nach links verschoben wird, tastet den Ereignisspeicher schrittweise ab (Zeile 173). Ist ein Bit im Ereignisspeicher gesetzt, erfolgt eine Übertragung in den seriellen Speicher (byEreignis), der nur ein Ereignis aufnehmen soll. Die Abbruchbedingung der while-Schleife (Zeile 183) ist erfüllt. Vor dem Verlassen der Schleife wird das bearbeitete Ereignis aus dem Ereignisspeicher ausgetragen, damit keine Mehrfachbearbeitung stattfindet. Weitere gesetzte Ereignisse gehen nicht verloren, sondern ihre Bearbeitung erfolgt zu einem späteren Zeitpunkt. Das einzelne Ereignis steht im Speicher byEreignis.

Die Interruptbearbeitung ist nach dem Ausführen der Funktion sei() in Zeile 186 wieder freigegeben.

Bedingt durch die hier gewählte primitive Kommunikation über gesetzte Bits in einem Byte, war hier eine Parallel-Seriell-Wandlung nötig (die parallel ankommenden Ereignisse im Byte werden seriell umgesetzt). Der Grund für die Notwendigkeit dieser Wandlung liegt darin, dass ein Zustandsautomat, der schließlich auf eine switch-case-Anweisungskombination herausläuft, nur ein Ereignis auf einmal verarbeiten kann. Bei komplexeren Betriebssystemen sind die Serialisierung von Ereignissen und die geordnete Zustellung an die übrige Software eine Hauptaufgabe des Betriebssystems und wären auch von diesem übernommen worden. Trotzdem ist der hier dargestellte Ablauf typisch für die Weiterverarbeitung eingehender Nachrichten. Auch die Nachrichten von Tasks in komplexeren Betriebssystemen müssen zuerst aufbereitet und überprüft werden, bevor eine Weiterverarbeitung stattfinden kann. Der Programmteil, der sich mit der Aufbereitung von Nachrichten und ihrer Weiterverteilung innerhalb des Moduls beschäftig, nennt sich *Dispatcher*.

Die Verarbeitung des Ereignisses im Zustandsautomaten kann jetzt endlich beginnen (siehe auch Abschnitt 9.11.1). Bevor der Zustandsautomat programmiert werden kann, sind noch einige theoretische Vorarbeiten zu leisten. Die Torsteuerung bildet die realen und relevanten Zustände des Tors in der Software ab. Dadurch ist es möglich, auf die verschiedenen Ereignisse der Außenwelt in jedem Zustand des Tors unterschiedlich zu reagieren. Als Anfangsbedingung wird das Tor als geschlossen angenommen. Die Zustände und Ereignisse lassen sich in einer Tabelle darstellen. Aus Platzgründen wurde die Tabelle in mehrere Untertabellen (***Tabelle 13.2***, ***Tabelle 13.3***, ***Tabelle 13.4***) aufgeteilt. Die Benennungen der Zustände und Ereignisse und die Namen der Aktionen entsprechen den im Programm verwendeten Namen.

Es ergeben die folgenden die Zustände:

K_ZUST_TOR_ZU
Mit der Bedeutung: Das Tor ist geschlossen.

K_ZUST_FEHLER
Bedeutet: Ein Fehler ist aufgetreten, das Tor ist in einem undefinierten Zustand. Der Antrieb wurde abgeschaltet. Die Leuchtdiode zeigt den Fehlerzustand durch Dauerleuchten an.

K_ZUST_TOR_OEFFNET
Dieser Zustand wird während des Vorgangs der Toröffnung eingestellt.

K_ZUST_TOR_AUF
Das Tor ist geöffnet.

K_ZUST_TOR_SCHLIESST
Das Tor schließt sich. Eine Unterbrechung der Lichtschranke führt zur erneuten Toröffnung.

In den folgenden Zustandstabellen befindet sich zu jedem Ereignis ein kurzer Kommentar, z. B. im Zustand K_ZUST_TOR_ZU beim Ereignis K_BIT_ERG_TOR_AUF der Kommentar „Tor öffnen". Oft findet man bei der tabellarischen Darstellung von Zustandsautomaten zusätzlich zu den aufgerufenen Programmen auch die Zustandswechsel des Automaten. Auf diese Darstellung wurde verzichtet, da es ein Programm gibt, welches den Folgezustand abhängig von weiteren Bedingungen einstellt.

Tabelle 13.2: *Zustands- und Ergeignistabelle Teil 1*

Zustand / Ereignis	K_ZUST_TOR_ZU	K_ZUST_FEHLER
K_BIT_ERG_TOR_AUF	Tor öffnen; MaTorZuAuf	-
K_BIT_ERG_HINDERNIS	-	-
K_BIT_ERG_ENDPOSITION_ERREICHT	-	-
K_BIT_ERG_MOTORTIMEOUT	-	-
K_BIT_ERG_TORAUFZEIT_TIMEOUT	-	-
K_BIT_ERG_SEKUNDENTAKT	LED blinkt; MaXXXLed	LED an; MaFehlerLed

Tabelle 13.3: *Zustands- und Ergeignistabelle Teil 2*

Zustand / Ereignis	K_ZUST_TOR_OEFFNET	K_ZUST_TOR_AUF
K_BIT_ERG_TOR_AUF	-	Torzeit verlängern; MaTorAufAuf
K_BIT_ERG_HINDERNIS	-	-
K_BIT_ERG_ENDPOSITION_ERREICHT	Tor anhalten; MaTorOeffnetAufEndposition	-
K_BIT_ERG_MOTORTIMEOUT	Fehler,Tor anhalten; MaXXXMotorTimeout	-
K_BIT_ERG_TORAUFZEIT_TIMEOUT		Tor wieder schließen; MaTorAufZeitTimeout
K_BIT_ERG_SEKUNDENTAKT	LED blinkt; MaXXXLed	LED blinkt; MaXXXLed

Tabelle 13.4: *Zustands- und Ergeignistabelle Teil 3*

Zustand / Ereignis	K_ZUST_TOR_SCHLIESST
K_BIT_ERG_TOR_AUF	Tor erneut öffnen; MaTorSchliesstTorAuf();
K_BIT_ERG_HINDERNIS	Tor erneut öffnen, da Hindernis erkannt; MaTorSchliesstHindernis
K_BIT_ERG_ENDPOSITION_ERREICHT	-
K_BIT_ERG_MOTORTIMEOUT	-
K_BIT_ERG_TORAUFZEIT_TIMEOUT	Fehler,Tor anhalten; MaXXXMotorTimeout
K_BIT_ERG_SEKUNDENTAKT	LED blinkt; MaXXXLed

Der Kommentar dient der Dokumentation des Verhaltens der Software. Nach dem Kommentar folgt ein Semikolon, und das aufzurufende Programm wird eingetragen, hier „MaTorZuAuf". Der Programmname setzt sich aus der Modulkennung „Ma", einem Kürzel für den Zustand „TorZu" und dem Kürzel für das Ereignis „Auf"zusammen. Kann ein Programm in mehreren Zuständen Anwendung finden, wird als Zustandskürzel „XXX" verwendet (Beispiel: MaXXXLed).

Nachdem jetzt die Reaktion des Systems in der Tabelle festgelegt ist, kann mit der Implementation des Zustandsautomaten ***Beispiel 13.4*** begonnen werden. Eine globale Variable byZustand speichert den momentanen Systemzustand. Durch eine case-Abfrage werden zuerst die Zustände (Zeile 197, Zeile 209, Zeile 226 usw.) und danach die Ereignisse (Zeile 200, Zeile 204) unterschieden. Das Prinzip ist recht einfach. Im Zustand K_ZUST_TOR_ZU erfolgt beim Ereignis K_BIT_ERG_TOR_AUF der Aufruf der Funktion MaTorZuAuf. Das nächste relevante Ereignis in diesem Zustand ist der K_BIT_ERG_SEKUNDENTAKT, der die Funktion MaXXXLed aktiviert. Der nächste Zustand ist K_ZUST_TOR_OEFFNET, die relevanten Ereignisse sind K_BIT_ERG_MOTORTIMEOUT, K_BIT_ERG_ENDPOSITION_ ERREICHT und K_BIT_ERG_SEKUNDENTAKT. Analog zum obigen Zustand erfolgt beim Eintritt des entsprechenden Ereignisses der Aufruf der im case-Zweig angegeben Funktionen.

Auf die Darstellung der Ausprogrammierung der Zustände K_ZUST_FEHLER, K_ZUST_TOR_SCHLIESST wurde hier aus Platzgründen verzichtet, da das Prinzip immer das gleiche bleibt. Dies ist auch der wesentliche Vorteil von Zustandsautomaten. Ein komplexes Systemverhalten wird durch viele einzelne Programme erreicht, die in ihrem Aufbau ähnlich und alle relativ einfach aufgebaut sind. Auf der CD-ROM befindet sich der vollständige C-Code.

13.5 Steuerungsprogramme

In den einzelnen Steuerungsprogrammen, die innerhalb des Zustandsautomaten aufgerufen werden, befindet sich die Intelligenz des Systems. Diese Programme sind dafür verantwortlich, die Befehle an die Treiberprogramme abzusetzen und die Folgezustände des Systems einzustellen. Auszugsweise sind hier (***Beispiel 13.5***) die beiden Programme MaTorZuAuf und MaTorOeffnetAufEndposition aufgelistet. Das Programm MaTorZuAuf startet zuerst den Timer zur Überwachung der Motorsteuerung (Zeile 297). Dieser Timer läuft ab, wenn nicht nach einer definierten Zeit der Endanschlagschalter erreicht wird, und dient dazu, eine Überlastung des Motors zu vermeiden und andere Fehler zu erkennen. Als Nächstes geht ein Befehl an den Motortreiber, den Motor in Aufwärtsrichtung anzuschalten. Als neuer Zustand wird der Zustand K_ZUST_TOR_OEFFNET in die globale Variable byZustand geladen. Damit wird ein neuer Zustand im System eingestellt. Erreicht der Motor im Zustand K_ZUST_TOR_OEFFNET die Endposition, so erfolgt der Aufruf des Programms MaTorOeffnetAufEndposition. Hier wird der Motorüberwachungstimer (Zeile 309) wieder gestoppt, an den Motortreiber geht der Befehl K_STOPP, und der Timer für die Realisierung der Toraufzeit wird gestartet. Zum Schluss des Programms erfolgt die Einstellung des neuen Zustands K_ZUST_TOR_AUF.

```
/* Das Ereignis liegt nun als Byte vor und
   wird in der Zustandsmaschine weiterbearbeitet */

  switch (byZustand)
  {
   case K_ZUST_TOR_ZU:
            switch (byEreignis)
            {
                     case K_BIT_ERG_TOR_AUF:
                     MaTorZuAuf();
                     break;

                     case K_BIT_ERG_SEKUNDENTAKT:
                     MaXXXLed();
                     break;
            }
            break;
     case K_ZUST_TOR_OEFFNET:
            switch (byEreignis)
            {
                     case K_BIT_ERG_MOTORTIMEOUT:
                     MaXXXMotorTimeout();
                     break;

                     case K_BIT_ERG_ENDPOSITION_ERREICHT:
                     MaTorOeffnetAufEndposition();
                     break;

                     case K_BIT_ERG_SEKUNDENTAKT:
                     MaXXXLed();
                     break;
            }
            break;

     case K_ZUST_TOR_AUF:
            switch (byEreignis)
            {
                     case K_BIT_ERG_TOR_AUF:
                     MaTorAufAuf();
                     break;

                     case K_BIT_ERG_TORAUFZEIT_TIMEOUT:
                     MaTorAufZeitTimeout();
                     break;

                     case K_BIT_ERG_SEKUNDENTAKT:
                     MaXXXLed();
                     break;

            }
            break;

..........................
}
```

Beispiel 13.4: *Der Zustandsautomat*

```
290 /*
291 Programm MaTorZuAuf(void)
292 Zweck: Toröffnung
293 */
294
295 void     MaTorZuAuf(void)
296 {
297   MaTimer(K_ANTRIEBSTIMER,K_TIMER_EIN); /* Motorueberwachungstimer start */
298   MaMotortreiber(K_AUFWAERTS); /* Befehl an Motortreiber */
299   byZustand=K_ZUST_TOR_OEFFNET; /* Folgezustand einstellen */
300 }
301
302 /*
303 Programm MaTorOeffnetAufEndposition(void)
304 Zweck: Stoppen des Tors an der Enposition
305 */
306
307 void     MaTorOeffnetAufEndposition(void)
308 {
309   MaTimer(K_ANTRIEBSTIMER,K_TIMER_AUS);   /* Motorueberwachungstimer start */
310   MaMotortreiber(K_STOPP);  /* Befehl an Motortreiber */
311   MaTimer(K_TORTIMER,K_TIMER_EIN); /* Timer für Dauer der Toraufzeit start */
312   byZustand=K_ZUST_TOR_AUF;  /* Folgezustand einstellen */
313 }
... ................................
391 /*
392 Programm MaXXXLed(void)
393 Zweck: Normaler Betrieb, LED blinkt
394 */
395 void MaXXXLed(void)
396 {
397    static BYTE byLed = 1;  /* Variable fuer den Blinkzustand */
398    BYTE byport=inp(PORTB); /*Aktuellen Wert lesen */
399    if(byLed)
400    {
401      byport|=1<<K_BPORT_LED;
402    }
403    else
404    {
405      byport&=~(1<<K_BPORT_LED);
406    }
407    outp(byport,PORTB);
408    byLed=!byLed; /* Ledvariable invertieren */
409 }
```

Beispiel 13.5: *Steuerungsprogramme*

Das Timersystem erzeugt ca. jede Sekunde das Ereignis K_BIT_ERG_SEKUNDENTAKT. Dieses Ereignis ruft in fast allen Zuständen, außer dem Fehlerzustand K_ZUST_FEHLER, das Programm MaXXXLed auf. Dieses Programm verändert nicht den Systemzustand, sondern hat eine eigene statische Variable, die den Zustand der Leuchtdiode steuert. Beim ersten Aufruf des Programms wird die Variable angelegt und mit 1 initialisiert. Außerdem liest das Programm in Zeile 398 den aktuellen Portzustand ein und speichert ihn in einem Abbild.

Aufgrund des Vergleichs in der if-Abfrage (byLed=1) schaltet das Programm die Leuchtdiode beim ersten Aufruf im Abbild aus (Zeile 401). Der neue Zustand der Leuchtdiode wird erst mit der outp-Operation in Zeile 407 wieder geschrieben. Es ist nötig, den Zustand des Ports in einer Variablen zwischenzuspeichern, da der AVR-Prozessor keine direkten logischen Operationen auf seine Ports erlaubt. Zum Schluss des Programms wird die Zustandsvariable byLed logisch invertiert und so die Blinkfunktion bei den nächsten Aufrufen realisiert. Da im Fehlerzustand die Leuchtdiode nicht blinken soll, wird in diesem Zustand ein Programm gewählt, welches auf die zyklische Timernachricht nicht dynamisch reagiert, sondern die Leuchtdiode dauernd anschaltet.

```
/*
Programm MaTorAufZeitTimeout(void)
Zweck: Tor nach Aufzeit schliessen
*/

void MaTorAufZeitTimeout(void)
{
  /* Test ob Hindernis die Lichtschranke blockiert */

  if(inp(PIND)&(1<<K_DPORT_LICHTSCHRANKE))
  {
   /* Kein Hindernis, abwaerts */
   MaMotortreiber(K_ABWAERTS);    /* Befehl an Motortreiber */
   MaTimer(K_ANTRIEBSTIMER,K_TIMER_EIN); /* Motorueberwachungstimer start */
   byZustand=K_ZUST_TOR_SCHLIESST; /* Folgezustand einstellen */
  }
  else
  {
  /* Hindernis, nicht abwaerts sondern stattdessen Aufzeit verlängern */
  MaTimer(K_TORTIMER,K_TIMER_EIN);
  }
}
```

Beispiel 13.6: *Steuerungsprogramme*

Zum Abschluss des Abschnitts Steuerprogramme möchte ich noch ein Programm vorstellen, welches nicht nur auf Ereignisse reagiert, sondern selbst eine weitere Bedingung abfragt und abhängig von der Bedingung zwei unterschiedliche Zustände einstellt. Es handelt sich um das Programm MaTorAufZeitTimeout (***Beispiel 13.6***), welches bei offenem Tor, nach Ablauf der Toraufzeit aufgerufen wird. Dieses Programm fährt das Tor normalerweise einfach zu. Wenn während des Auffahrens oder während der Auf-Zeit des Tors ein Hindernis die Lichtschranke dauernd blockiert, erzeugt dieser Vorgang ein Ereignis (K_BIT_ERG_HINDERNIS). Dieses Ereignis ist in diesen Zuständen (K_ZUST_TOR_OEFFNET und K_ZUST_TOR_AUF) aber nicht relevant. In den entsprechenden Zuständen führt das Ereignis zu keiner Reaktion, wie man auch aus der Zustandstabelle ***Tabelle 13.3*** ersehen kann. Die Information „Lichtschranke blockiert" ist noch nicht im Softwaresystem gespeichert. Deshalb muss vor dem Zufahren des Tors nachgeschaut werden, ob nicht ein Hindernis die

Lichtschranke blockiert. Dies geschieht in der if-Abfrage in Zeile 343. Der als Interrupteingang definierte Port-Pin kann auch direkt abgefragt werden. Ist ein Hindernis vorhanden, was in der if-Abfrage zu einer 0 führt, wird die Timerzeit für das Tor neu gestartet, und das Tor bleibt offen. Andernfalls fährt das Tor zu, und der Zustand K_ZUST_TOR_SCHLIESST wird eingestellt. Es ist zu beachten, dass im Positivfall der Inhalt der if-Abfrage nicht 1 ist, sondern dass er sich aus der Bitoperation ergibt und den Wert K_DPORT_LICHTSCHRANKE hat!

13.6 Treiberroutinen

```
/*
Programm MaMotortreiber(BYTE byBefehl)
Zweck: Entsprechend dem übergebenen Befehl wird die Motorendstufe angesteuert
*/
void   MaMotortreiber(BYTE byBefehl) /* Befehl an Motortreiber */
{
  BYTE byport=inp(PORTB); /*Aktuellen Wert lesen */
  /* Motoren beide ausschalten */
  byport|=(1<<K_BPORT_MOTOR_AUF|1<<K_BPORT_MOTOR_AB);
  switch (byBefehl)
  {

      case K_ABWAERTS:
      /* Portpins AB auf 0 */
      byport&=~(1<<K_BPORT_MOTOR_AB);
      break;

      case K_AUFWAERTS:
      /* Portpin AUF auf 0 */
      byport&=~(1<<K_BPORT_MOTOR_AUF);
      break;

   }
  outp(K_PULLUP_EIN|byport,PORTB); /* Port schalten */
}

/*
Programm MaScanEndschalter(void)
Zweck: Einlesen der Endschalterzustände
*/
void   MaScanEndschalter(void)
{
  BYTE byport=inp(PINB); /*Aktuellen Wert lesen */

  if(
       ((byport&(1<<K_BPORT_ENDSCHALTER_AUF))==0)||
       ((byport&(1<<K_BPORT_ENDSCHALTER_AB))==0)
    )
    {
      /* Endschalter wurde betätigt */
      if(MaTestEnprelltimer()==0) /* Ist Signal entprellt ? */
      {
       ByBitereignis|=K_BIT_ERG_ENDPOSITION_ERREICHT;
      }
      /* Timer fuer Entprellung starten */
      MaTimer(K_ENTPRELLTIMER,K_TIMER_EIN);
    }
}
```

***Beispiel 13.7:** Gerätetreiber*

Gerätetreiber stellen die Schnittstellen zu der Hardware dar. In unserem Beispiel sind zwei Gerätetreiber vorhanden: der Treiber für die Ausgangssignale der Motorsteuerung und ein Treiber für die Eingangssignale, die von den Endschaltern kommen (***Beispiel 13.7***). Der Motortreiber MaMotortreiber bekommt als Übergabeparameter den auszuführenden Befehl übergeben. Die Befehle sind als Konstanten mit unterschiedlichen Werten definiert. Wie im Programm MaXXXLed wird zuerst der aktuelle Portzustand eingelesen, damit die Werte der anderen Portpins nicht beeinflusst werden. Aus Sicherheitsgründen erfolgt nun zuerst ein Ausschalten der Portpins für die Abwärts- und die Aufwärtsrichtung (Zeile 435) im Abbild des Ports. Entsprechend dem übergebenen Befehl erfolgt nun eine Aktivierung der entsprechenden Richtung. Zum Schluss muss der kalkulierte Zustand in die Ausgangsports übertragen werden. Wenn ein ungültiger Befehlswert oder der Befehl K_STOPP im Motortreiber ankommt, erfolgt durch die Anweisung in Zeile 435 eine Abschaltung beider Ausgangspins.

Im Endschaltertreiber MaScanEndschalter werden zuerst die Signale der beiden Endschalter über eine Oder-Funktion (Zeile 462 und 463) zusammengefasst. Ist einer der beiden Endschalterports betätigt worden, wird das Ereignis K_BIT_ERG_ ENDPOSITION_ERREICHT erzeugt. Wichtig ist, das Ereignis nur zu erzeugen, wenn eine Betätigung erfolgt ist, und nicht dauernd, also solange einer der beiden Endschalter betätigt wird. Hierzu ist eine Flankenerkennung oder auch Differenziation des Signals notwendig. Diese Flankenerkennung wird durch einen Entprelltimer erreicht, der die Aufgabe hat, das Signal zu differenzieren. Das Signal wird nur erzeugt, wenn der Entprelltimer nicht läuft, also den Wert 0 hat (Zeile 467). Gestartet wird der Timer, solange einer der beiden Endschalter aktiv ist. Für eine festgelegte Zeit (die Laufzeit des Entprelltimers) darf also keiner der beiden Schalter aktiv sein, wenn eine Betätigung erkannt werden soll. Der Entprelltimer beseitigt außerdem Kontaktprellen, welches bei mechanischen Schaltern normalerweise vorkommt.

13.7 Hardwareinterrupte in der Praxis

Als wichtige Komponente des Systems zur Torsteuerung fehlen noch die Hardwareinterrupte. Im Abschnitt 9.3 habe ich erläutert, dass eine häufig verwendete Methode zum Kennzeichnen von Interruptroutinen das Schlüsselwort interrupt ist. Dies ist nach wie vor richtig. Es gibt jedoch Ausnahmen. Beim GNU-Compiler sind zwei verschiedene interrupt-steuernde Schlüsselwörter vorhanden: das Schlüsselwort INTERRUPT und das Schlüsselwort SIGNAL. Das Schlüsselwort signal entspricht dem normalen Interruptverhalten des Prozessors, der während der Interruptausführung alle Interrupte sperrt. Das Schlüsselwort interrupt hingegen erzeugt als ersten Befehl des Interrupts auf Assemblerebene (d. h. in C nicht sichtbar) einen Assemblerbefehl zum Freigeben aller Interrupte. Interrupte können so durch andere Interrupte unterbrochen werden. Da diese Funktionalität hier nicht notwendig ist, wird ein Interrupt durch das Schlüsselwort SIGNAL gekennzeichnet. Als Parameter bekommt SIGNAL die systemspezifischen Konstanten SIG_INTERRUPT0 (bei Interrupt 0) und SIG_INTERRUPT1 (bei Interrupt 1) übergeben, die den Interrupt kennzeichnen. Die Konstanten SIG_INTERRUPT1 sind in den GNU-System-Includedateien definiert und sorgen in Zusammenarbeit mit dem Schlüsselwort SIGNAL dafür, dass die Interruptvektortabelle richtig aufgebaut wird. Die Interruptroutinen selbst bestehen nur aus den Anweisungen zum Setzen der entsprechenden Ereignisse. Auf eine Entprellung des Signals (jeder mechanische Kontakt erzeugt Mehrfachbetätigungen, so genanntes Prellen) zum Öffnen des Tors wurde verzichtet, da die Erzeugung von mehrfachen Toröffnungsanforderungen nicht zu Fehlern führt. Ebenso sind die Signale der Lichtschranke bezüglich des Kontaktprellens unkritisch; auch hier ist keine Entprellung nötig, da bereits die erste Signalflanke zu einem Ereignis führt (***Beispiel 13.8***).

```
/* Interrupthandler fuer den Lichtschrankeninterrupt */
SIGNAL(SIG_INTERRUPT1)    /* interrupt int0 */
{
  ByBitereignis|=K_BIT_ERG_HINDERNIS;
}
/* Interrupthandler fuer den Betätigungsschalterinterrupt*/

SIGNAL(SIG_INTERRUPT0)    /* interrupt int1 */
{
  ByBitereignis|=K_BIT_ERG_TOR_AUF;
}
```

Beispiel 13.8: *Interruptroutinen für den Schalter- und Lichtschrankeninterrupt*

13.8 Timersystem

An verschiedenen Stellen in der bisher beschriebenen Software wurden 3 unterschiedliche *Timer* benötigt. In der ***Tabelle 13.5*** findet sich eine Aufstellung der notwendigen Timer.

Tabelle 13.5: *Übersicht über die verwendeten Timer*

Timerbeschreibung	Konstante	Timerzeit ms	Ereignis
Toröffnungsdauer	K_TORTIMER	5000	K_BIT_ERG_TORAUFZEIT_TIMEOUT
Überwachung des Antriebs	K_ANTRIEBSTIMER	10000	K_BIT_ERG_MOTORTIMEOUT
Entprellung und Flankenerkennung der Endschalter	K_ENTPRELLTIMER	500	
Zyklischer Sekundentimer	K_SWVORTEILERWERT	1000	K_BIT_ERG_SEKUNDENTAKT

Es fällt auf, dass 4 unterschiedliche Timer benötigt werden, der AVR-Prozessor jedoch nur 2 eingebaute Hardwaretimer besitzt. Es ist nahe liegend, einen Systemtimer zu implementieren, der periodisch abläuft, und alle anderen Timer mit der in Abschnitt 9.7.8 beschriebenen Methode per Software davon abzuleiten. Die Timer-

```
/*
Programm MaTimer(BYTE byTimername,BYTE byZustand)
Zweck: Hilfsfunktion zum Starten und Stoppen von Timern
*/
void MaTimer(BYTE byTimername,BYTE byZustand)
{

  cli(); /* Zum Schutz vor Veränderung der Timervariablen im Interrupt,
         werden alle Interrupte gesperrt */
  switch (byTimername)
  {
    case K_TORTIMER:
     if(byZustand==K_TIMER_EIN)
     {
       ByTmuxTorAufDauer=K_TORAUFZEIT;  /* Timerzeit setzen */
     }
     else
     {
      ByTmuxTorAufDauer=0;
     }
     break;
    case K_ANTRIEBSTIMER:
     if(byZustand==K_TIMER_EIN)
     {
       ByTmuxMotorueberwachung=K_UEBERWACHUNGSZEIT;   /* Timerzeit setzen */
     }
     else
     {
      ByTmuxMotorueberwachung=0;
     }
     break;
    case K_ENTPRELLTIMER:
     if(byZustand==K_TIMER_EIN)
     {
       ByTmuxEndschalterentprelltimer=K_ENTPRELLTIMERWERT;   /* Timerzeit setzen */
     }
     else
     {
      ByTmuxEndschalterentprelltimer=0;
     }

     break;
  }
   sei(); /* Die Bearbeitung ist beendet,
              die Interrupte werden wieder zugelassen */
}

/*
Programm MaTestEnprelltimer(void)
Zweck: Hilfsfunktion zum Abfragen des Timerwertes
*/
BYTE    MaTestEnprelltimer(void)
{
  return ByTmuxEndschalterentprelltimer;
}
```

Beispiel 13.9: *Verwaltung der Timer*

zeiten lassen sich in zwei Gruppen aufteilen: in einen schnell ablaufenden Timer und 3 langsam laufende Timer. Um die Laufzeit des Systemtimers festzulegen, wird zuerst ein geeignetes kleinstes gemeinsames Vielfaches gesucht. Eine geeignete Zeit für den Systemtimer ist 100 ms. Die gewünschten Timerzeiten lassen sich von diesem Timer leicht ableiten. Um eine Timerzeit von 100 ms zu erreichen, müssen der Vorteiler des AVR-Timers und das Timerregister mit richtigen Werten geladen werden.

Der Prozessor läuft mit einer Taktfrequenz von 4,06 MHz. Ein auf einen Vorteilerfaktor (***Beispiel 13.1***, Zeile 129) von 1024 eingestellter Vorteiler speist in den Timer eine Frequenz von 3964,8 Hz ein. Der AVR-Timer löst einen Interrupt beim Overflow des vorwärts zählenden Timers aus. Das heißt, dass der Timerinterrupt beim Übergang von FFFF hex auf 0000 einen Interrupt erzeugt. Bei einer Taktfrequenz von 3964,8 Hz wird der Timer alle 252,2 µs um einen Wert hochgezählt. Um damit einen Timeroverflow nach 100 ms zu erreichen, ist ein Wert von minus 396 (0 – 396) im Timerregister erforderlich. Als Hexadezimalzahl ergibt sich eine FE74, mit der das Timerregister geladen wird. Da der AVR-Mikrocontroller keinen Autoreloadtimer besitzt, der den einmal geladenen Timerwert bei einem Overflow automatisch immer wieder in das Register lädt, muss der errechnete Timerwert bei der Initialisierung (***Beispiel 13.1***, Zeile 127-128) und beim Overflow des Timers (***Beispiel 13.10***, Zeilen 541+542) erneut in das Register geladen werden. Da zwischen dem Überlauf des Timers und dem Laden des Registers eine gewisse Zeit vergeht, handelt man sich hierdurch eine gewisse Ungenaugikeit des Timers ein. Diese kann hier aber vernachlässigt werden. Eine Möglichkeit, die Timergenaugikeit etwas zu verbessern, ist, im Interrupt zuerst die Timerregister zu lesen und die schon abgelaufene Zeit zu dem Wert, der neu geladen werden soll, zu addieren.

Bei dem Programm im ***Beispiel 13.10*** handelt es sich ebenfalls um eine Interruptroutine, die aufgerufen wird, wenn das Timerregister überläuft. Beginnend mit dem schon aus den Hardwareinterrupten bekannten Schlüsselwort SIGNAL, werden auch die Timerinterrupte gekennzeichnet. Als Parameter bekommt SIGNAL die systemspezifische Konstante SIG_OVERFLOW1, die den Interrupt (bzw. seine Nummer) kennzeichnet. Um die beiden geforderten Timertypen (schneller und langsamer Timer) zu realisieren, wurde ein Vorteiler eingeführt, der innerhalb der Timerroutine einen Sekundentakt realisiert. Dies hat den Vorteil, dass die langen Timerzeiten wie 5000 ms nicht durch einen Integer realisiert werden müssen und somit die Verwendung des Datentyps char (hier ersetzt durch BYTE) Speicherplatz und Rechenzeit spart. Der Vorteiler wird mit jedem Timerinterrupt dekrementiert (Zeile 549) und beim Erreichen von 0 wieder mit seinem neuen Wert (100 dezimal) geladen. Der Entprelltimer mit der Laufzeit im Millisekundenbereich befindet sich außerhalb des Vorteilers, alle anderen Timer mit ihrer Laufzeit im Sekundentakt innerhalb des Vorteilers. Bei jedem Ablauf des Vorteilers erzeugt dieser das Ereignis K_BIT_ERG_SEKUNDENTAKT (Zeile 576), welches für die Steuerung der Leuchtdiode verwendet wird. Die Interruptroutine ist so aufgebaut, dass alle Timer, die einen Wert ungleich 0 haben, so lange dekrementiert werden, bis sie den Wert 0 erreichen. Beim Erreichen der 0 gilt der Timer als abgelaufen. Beim Ablauf der Timer ByTmuxMotorueberwachung und ByTmuxTorAufDauer werden die Ereignisse K_BIT_ERG_

MOTORTIMEOUT (Zeile 562) und K_BIT_ERG_TORAUFZEIT_TIMEOUT (Zeile 572) erzeugt. Alle im Timerinterrupt erzeugten Ereignisse werden über das Betriebssystem und die Systemsteuerung (Zustandsautomat) ausgewertet.

Zusätzlich zur Timerinteruptroutine sind Programme zum Setzen, Löschen und Testen der einzelnen Timer nötig. Diese Progamme sind sehr einfach aufgebaut und bestehen im Wesentlichen aus einer *Kapselung* der Timervariablen und dem wichtigen **Sperren der Interrupte** vor deren Veränderung. Um es noch einmal zu erwähnen: Würden die Interrupte in den Programmen zur Bearbeitung der Timervariablen nicht gesperrt, muss mit schwer zu reproduzierenden Fehlern gerechnet werden, da

```
537  /* Interrupthandler fuer den tcnt1 overflow interrupt */
538  SIGNAL(SIG_OVERFLOW1)
539  {
540    /* Neues Laden des Timerregisters */
541    outp(T1HIGHBYTE,  TCNT1H);  /* setzen TCNT1  */
542    outp(T1LOWBYTE,   TCNT1L);  /* setzen TCNT1  */
543
544    if(ByTmuxEndschalterentprelltimer!=0)
545    {
546      ByTmuxEndschalterentprelltimer--; /* Timerzeit herunterzählen */
547    }
548
549   byVorteiler--;
550   if(byVorteiler==0)
551   {
552   /* Vorteiler neu laden */
553   byVorteiler=K_SWVORTEILERWERT;
554
555   /* Bearbeiten der Multiplextimer */
556    if(ByTmuxMotorueberwachung!=0)
557    {
558      ByTmuxMotorueberwachung--; /* Timerzeit herunterzählen */
559      if(ByTmuxMotorueberwachung==0)
560      {
561        /* Timer ist abgelaufen, Ereignis setzten */
562        ByBitereignis|=K_BIT_ERG_MOTORTIMEOUT;
563      }
564    }
565
566    if(ByTmuxTorAufDauer!=0)
567    {
568      ByTmuxTorAufDauer--; /* Timerzeit herunterzählen */
569      if(ByTmuxTorAufDauer==0)
570      {
571        /* Timer ist abgelaufen, Ereignis setzten */
572        ByBitereignis|=K_BIT_ERG_TORAUFZEIT_TIMEOUT;
573      }
574    }
575
576   ByBitereignis|=K_BIT_ERG_SEKUNDENTAKT; /* Sekundentakt setzen */
577   }
578
579  }
```

***Beispiel 13.10:** Handler für den Timerinterrupt*

die Variablen von zwei Stellen quasi gleichzeitig verändert werden könnten. Schwer zu reproduzieren sind die Fehler deswegen, weil die Wahrscheinlichkeit für eine gleichzeitige Veränderung sehr gering, aber nicht gleich 0 ist.

Das Programm MaTimer (***Beispiel 13.9***) bekommt den Timernamen und den gewünschten Zustand des Timers übergeben. Über die Switch-Case-Anweisung erfolgt die Auswertung des Timernamens. Die Anweisungen in der if-Abfrage setzen oder löschen die Timer. Das kleine Programm MaTestEnprelltimer (Zeile 527) liefert den entsprechen Timerwert zurück.

13.9 AVR-GNU-Werkzeuge

Der GNU-Compiler hat seine Wurzeln in der Linux-Welt. Die meisten Beschreibungen und Anleitungen beziehen sich auf Linux. Für die immer noch weiter verbreitete Windows-Welt gibt es Portierungen des Compilers. Der hier verwendete GNU-Compiler für den AVR ist eine Portierung von *Eric Weddington*. Das im Moment aktuelle Paket kann unter http://sourceforge.net/projects/winavr geladen werden. Die hier verwendete Version ist auf der beigefügten CD-ROM enthalten. WinAvr ist nicht nur ein Compiler. Es handelt sich hier um ein sorgsam zusammengestelltes Softwarepaket bestehend aus Compiler, Linker, Simulator, Emulatorschnittstelle und einem nützlichen Editor für die Quellcodeerstellung. Die einzelnen Komponenten werden im Folgenden nacheinander vorgestellt.

Installation:

Auf der CD-ROM befindet sich die Setup-Datei WinAVR-20030913-bin-install.exe. Nach der Installation und dem obligatorischen Neustart des Rechners kann in einer DOS-Box der Compiler aufgerufen werden. Neben dem Ablegen der Programme in verschiedenen Verzeichnissen unter dem Hauptverzeichnis Winavr, werden noch die notwendigen Libraries für die verschiedenen Prozessortypen erzeugt. Hat die Installation funktioniert und steht damit der Compiler zur Verfügung, kann die erste Testdatei mit dem Aufruf „avr-gcc Datei.c" (wobei Datei.c der Name einer C-Datei sein muss) compiliert werden. Als Datei sollte hier eine prozessorunabhängige Datei gewählt werden, da keine Schalter zum Einstellen eines Prozessortyps gesetzt wurden. Nach dem Compiliervorgang wird implizit die Datei gelinkt und es entsteht ein ausführbares Programm mit dem Namen a.out. Das Programm ist jedoch nicht direkt für den Prozessor verwendbar, da es im falschen Format vorliegt. Hat es so weit funktioniert, soll nun das besprochene Demoprojekt compiliert werden. Aufgrund der notwendigen vielfältigen Einstellungen und der in Kapitel 8 besprochenen möglichen Veralterung von erzeugten Compilaten sollen auch die Übersetzung und der Linkvorgang des Demoprojekts mit einer Make-Datei gesteuert werden.

Der Compiler bekommt einige Optionsschalter auf der Kommandozeilenebene übergeben. Die Kommandozeile zum Übersetzen des Sourcecodes, ohne automatisch den Linkvorgang auszulösen, lautet:

avr-gcc -c -g -O3 -Wall -Wstrict-prototypes -mmcu=at90s2313 main.c -o main.o

Die hier verwendeten Switche sollen kurz erläutert werden (***Tabelle 13.6***, ***Tabelle 13.7***).

Tabelle 13.6: *AVR-GNU-Compileroptionen und Bedeutung*

Switch	Bedeutung
-c	Dieser Schalter verhindert einen automatischen, anschließenden Linkvorgang. Der Schalter ist nötig, wenn mehrere Objekte zusammengelinkt werden sollen und somit als einzelne Objekte vorliegen müssen. Dieser Switch wird bei vielen Compilern verwendet.
-g	Dieser Switch erzeugt Debugginginformationen.
-O	Die Einstellungen für die Art und Weise der Codeoptimierung steuert dieser Schalter. Möglich sind Werte von 1-3 und s. 1 ist die schwächste Optimierung, 3 die stärkste. Der Parameter s optimiert auf Programmgröße anstatt auf Geschwindigkeit und entspricht der Einstellung 2.
-Wall	Alle unterstützten Warnungen werden beim Compilieren angezeigt.
-Wstrict-prototypes	Überprüfung der Prototypen
-mmcu=at90s2313	Einstellung des CPU-Typs

Nach dem Compilerlauf muss der Code vom Linker bearbeitet werden. Der Linker wird ebenfalls mit einigen Parametern aufgerufen:

avr-gcc main.o -Map=main.map,--cref -mmcu=at90s2313 -o main.elf

Tabelle 13.7: *GNU-AVR-Linkeroptionen und Bedeutung*

Switch	Bedeutung
-mmcu=at90s2313	Angabe des CPU-Typs
-Wl,-Map=.map,--cref	Erzeugt eine ausführliche Auflistung, der Variablen und des Codes mit ihren Adressen
-o main.elf	Bestimmung des Dateinamens des Linkergebnisses, hier main.elf

Das Ergebnis des Linkvorgangs liegt im Standardausgangsformat des Linkers, im elf-Format, vor. ELF bedeutet Executable and Linking Format. Das Format wurde von SUN entwickelt und ist in der Linux-, Unix- und Solaris-Welt weit verbreitet. Programmiergeräte und andere Programme verstehen dieses Format jedoch nicht direkt. Verarbeitbare Formate sind z. B. das weit verbreitete Intel-Hex-Format. Als Übersetzer zwischen den beiden Formaten wird das Programm avr-objcopy verwendet, welches sich zusammen mit Compiler und Linker im Binärverzeichnis (bin) des Softwarepaketes befindet. Der Aufruf von:

avr-objcopy -O ihex main.elf main.rom

übersetzt den „unverdaulichen“ elf-Code in das verarbeitbare Intelhex-Format. In der Praxis kommt es schon einmal vor, dass das Ausgabeformat des Linkers nicht mit dem Format übereinstimmt, welches von vorhandenen Werkzeugen akzeptiert wird. Dann hilft ein Programm wie z. B. avr-objcopy weiter oder die Einstellungen des Linkers müssen dahin gehend verändert werden, dass er das gewünschte Format produziert. Das Programm avr-objcopy kann durchaus auch für andere Projekte, für andere Prozessoren und mit anderen Compilern eingesetzt werden, wenn es nötig ist, Formate zu konvertieren.

Die hier vorgestellten notwendigen Compiler- und Linkeraufrufe lassen sich am besten über eine Make-Datei verwalten, die nach dem im Kapitel 8 vorgestellten Muster aufgebaut wurde. Bevor die in Beispiel 13.11 dargestellte Make-Datei in

```
# AVR-Make
# Sourcedateien:
# Includedateien: -
Modul1 = main

Target = main
CC = avr-gcc
Linker  =  $(CC)
BIN    = avr-objcopy
LIBDIR = $(AVR)/avr/lib
INCDIR = .
CP       = copy

###### Den verwendeten Controller angeben (at90s8515, at90s8535, attiny22, atmega603...)
MCU = at90s2313

###### Das Ausgabeformat fuer den Linker festlegen:  srec, ihex oder binary
FORMAT = ihex

###### compiler flags
# CFLAGS           = -g -O3 -Wall -Wstrict-prototypes  -mmcu=$(MCU)
CFLAGS             =  -g -O3 -Wall -Wstrict-prototypes  -mmcu=$(MCU)

###### linker flags
LDFLAGS = -mmcu=$(MCU)

all:        $(Target).elf $(Target).rom $(Target).eep

debug:  $(Target).elf $(Target).cof

%o : %c
            $(CC) -c $(CFLAGS) -I$(INCDIR) $< -o $@

#create bin (ihex, srec) file from elf output file
$(Target).rom: $(Target).elf
            $(BIN) -O $(FORMAT) $(Target).elf $(Target).rom

%elf:      $(Modul1).o
            $(Linker) $(Modul1).o $(LDFLAGS)  -o $(Target).elf

%eep:   %elf
            $(BIN) -j .eeprom --set-section-flags=.eeprom="alloc,load" -O $(FORMAT) $< $@


depend:
            $(CC) $(CFLAGS) -M $(Modul1).c > depend.d

clean:
            rm *.o

include depend.d
```

Beispiel 13.11: *Make-Datei für das Beispielprojekt*

Betrieb genommen werden kann, ist zuerst eine Abhängigkeitsdatei über das Ziel depend zu erzeugen (Aufruf: make depend).

13.10 Ausführung und Laden des Codes

Um das erzeugte Programm im Intel-Hex-Format in den Programmspeicher des AVR-Prozessors zu bekommen, gibt es zwei Möglichkeiten: die Verwendung eines kommerziellen universellen Programmiergerätes für Mikroprozessoren (wie z. B. Galep-4, siehe Kapitel 15) oder eine selbst gebaute, auf den Prozessortyp abgestimmte Hardware, die, an den Druckerport angeschlossen, über eine Software das Programm in den Prozessor überträgt. Der Prozessor Atmel AT90S2313 stellt eine spezielle serielle Programmierschnittstelle zur Verfügung, die es unter gewissen Umständen ermöglicht, den Mikrocontroller sogar in der Anwendungsschaltung zu programmieren. Die serielle Programmierschnittstelle des Controllers wurde in ***Bild 13.3 (S. 241)*** herausgeführt, um die praktische In-circuit-Programmierung zu verwenden. Diese hat den Vorteil, dass der Controller in der Schaltung verbleiben kann und nicht in ein Programmiergerät umgesteckt werden muss. Falls sich größere Stromverbraucher in der Schaltung befinden, sollten diese über eine Brücke oder Schalter vom Stromkreis des Prozessors abtrennbar sein, da während der In-circuit-Programmierung die Stromversorgung über den Druckerport erfolgt und dieser nur wenig Strom liefern kann. Eine andere Möglichkeit ist eine externe erdfreie Stromversorgung während des Programmiervorgangs. Obwohl mir keine Probleme bei der Verwendung der Schaltung bekannt sind, wird natürlich jegliche Haftung für Schä-

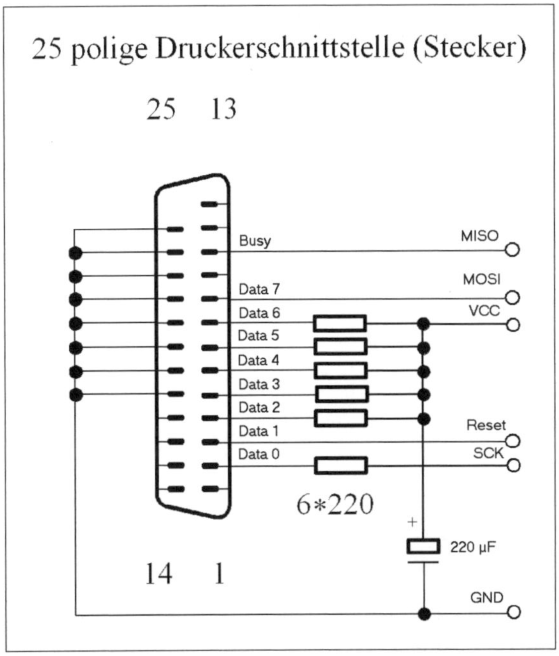

Bild 13.7: *Hardware zum Programmieren des Mikrocontrollers*

den am PC oder sonstiger Hardware ausgeschlossen. Nicht empfehlenswert ist es übrigens, eine Software zu schreiben, die an Ports der Inlineprogrammierschnittstelle Signale ausgibt. Mit der hier dargestellten Schaltung zur Programmierung des Prozessors hat es da schon einmal Probleme gegeben. In ***Bild 13.7*** ist das Schaltbild der einfachen Programmierhardware [13] dargestellt. Um die Daten zu übertragen, verbindet man die Anschlüsse der Programmierschaltung mit den Anschlüssen der Testschaltung (***Bild 13.3***).

Als Programmiersoftware auf dem Rechner, dient das sehr vielfältige und komfortable Programm avrdude. Es gehört ebenfalls zum WinAvr-Paket und wurde durch die Installation des Paketes bereits auf Ihren Rechner kopiert und ist einsatzbereit. Avrdude ist ein Programm, welches direkt auf den Parallelport des Rechners zugreift. Seit der Einführung des Windows 2000 oder Windows NT Betriebssystems ist dies aber nicht mehr ohne Weiteres möglich. Alle direkten Durchgriffe auf die Hardware werden vom Betriebssystem abgefangen und der Zugriff somit nicht ausgeführt. Setzen sie also Betriebssysteme ab Windows NT oder Windows 2000 ein, ist es notwendig den Hardwarezugriff wieder zu erlauben. Dies geschieht über das einmalige Ausführen der Batchdatei install_giveio.bat im Verzeichnis, in dem sich auch die Datei giveio.sys befindet. Es wird der Treiber giveio.sys installiert, der den Durchgriff auf die Hardware des Computers wieder ermöglicht.Über die Batchdatei status giveio.bat kann die ordnungsgemäße Installation überprüft werden, die Datei remove giveio.bat entfernt den Treiber wieder. Eine Installation des Treibers unter den alten Windowssystemen ME, 98 oder 95 ist nicht notwendig und sollte unterbleiben.

AVRDUDE hat einen beachtlichen Funktionsumfang, der vergleichbar mit kommerzieller Programmiersoftware ist. Neben dem Programmieren, Löschen und Auslesen des angeschlossenen Mikrocontrollers bietet er einen interaktiven Modus, in dem der Inhalt eines Bausteins untersucht werden kann. Um die erstellte Software, die sich in der Datei main.rom befindet, in den Baustein zu programmieren, erfolgt der Aufruf von AVRDUDE wie folgt in einer DOS-Box:

avrdude -p 2313 -c sp12 -U flash:w:main.rom

Die Bedeutung der Kommandozeilenparameter ist in der ***Tabelle 13.8*** erläutert:

Tabelle 13.8: *Parameterbedeutung beim Aufruf von avrdude*

Schalter	Bedeutung
-p 2313	Mikrocontrollertyp at90s2313
-c sp12	Typ der Programmierhardware, hier sp12 Typ
-U flash:w:main.rom	Update (U) des Flashroms, schreibend (w), mit der Datei main.rom

Standardmäßig arbeitet das Programm auf dem ersten Druckerport lpt1. Über den Schalter -P kann zusammen mit den Parametern lpt1, lpt2 oder lpt3 ein anderer Port selektiert werden.

Nach dem Aufruf des Programms wird der Mikrocontroller in 3 Phasen programmiert. Die erste Phase löscht den Baustein, die zweite Phase programmiert ihn und in der dritten Phase werden die geschriebenen Daten noch einmal mit den Solldaten verifiziert. Der Ablauf mit allen Ausgaben ist in ***Beispiel 13.12*** dargestellt, damit der Leser das ordnungsgemäße Zusammenspiel zwischen der Software avrdude und der Hardware überprüfen kann.

```
C:>avrdude -p 2313 -c sp12 -U flash:w:main.rom

AVRDUDE: AVR device initialized and ready to accept instructions

Reading | ################################################## | 100% 0.03s

AVRDUDE: Device signature = 0x1e9101
AVRDUDE: NOTE: FLASH memory has been specified, an erase cycle will be performed

        To disable this feature, specify the -D option.
AVRDUDE: erasing chip
AVRDUDE: reading input file "main.rom"
AVRDUDE: input file main.rom auto detected as Intel Hex
AVRDUDE: writing flash (1028 bytes):

Writing | ################################################## | 100% 11.43s

AVRDUDE: 1028 bytes of flash written
AVRDUDE: verifying flash memory against main.rom:
AVRDUDE: load data flash data from input file main.rom:
AVRDUDE: input file main.rom auto detected as Intel Hex
AVRDUDE: input file main.rom contains 1028 bytes
AVRDUDE: reading on-chip flash data:

Reading | ################################################## | 100% 0.48s

AVRDUDE: verifying ...
AVRDUDE: 1028 bytes of flash verified

AVRDUDE done. Thank you.
```

Beispiel 13.12: *Aufruf und Ausgaben des avrdude-Programms*

Die Möglichkeiten des Programms sind aber mit der reinen Programmierung von Software in den Controller bei weitem noch nicht ausgeschöpft. Im Terminalmodus, der über den Schalter -t (kompletter Aufruf: avrdude -p 2313 -c sp12 -t) erreicht werden kann, lassen sich Speicherbereiche des Controllers auslesen und verändern. So kann der EEPROM-Bereich bearbeitet werden, um beispielsweise Zählerstände auszulesen oder neue Programmparameter in den Baustein zu übertragen. Erwähnen möchte ich noch, dass die Startzeit des Terminalmodus unter Windows 98 fast eine Minute dauert.

Nach dem Abschluss der Programmierung ist es sicherer, aber nicht unbedingt nötig, die Testschaltung wieder vom PC zu trennen. Nach dem Anschluss der notwendigen Schalter für die Eingangssignale und der Stromversorgung können die Tests beginnen.

Der erfolgreiche Test schließt den Entwicklungszyklus (Planung, Softwareentwicklung, Compilieren, Linken und Test) ab.

13.11 Softwaretest durch Simulation und Instrumentierung des Codes

In der Originalhardware lässt sich das entwickelte Programm nur mit einem Emulator testen und gegebenenfalls debuggen. Ohne Hardware kann das Verhalten eines Softwaresystems „nur" simuliert werden. In einer Simulation lassen sich viele Fehler finden. Wir unterscheiden hier zwischen zwei Arten von Simulation:

- der Simulation mit Hilfe eines Prozessorsimulators und
- der funktionalen Simulation der Software auf einem PC.

Will man sich einen Einblick in die Arbeitsweise des Prozessors, der Abarbeitung des Programms, der Interruptlogik und vielleicht auch noch einen Eindruck von der Bearbeitungszeit gewisser Programmteile machen, kann ein Prozessorsimulator gute Dienste leisten. Da der hier verwendete Simulator, das AVR-Studio, auch zur Benutzung mit einem Emulator verwendet wird und im Emulator- und Simulatorbetrieb die gleiche Oberfläche bietet, kann der Leser sich hier mit der Bedienung von hardwarenahen Debugwerkzeugen vertraut machen. Der Ablauf vom fertigen Compilat bis zur Simuation der Software besteht aus mehreren Schritten. Der GNU-Compiler erzeugt eine Datei im ELF-Format, die zum AVR-Studio nicht kompatibel ist. Die Datei lässt sich zwar laden, beim Debugging fehlt aber die Anzeige aller benutzten Variablen. Durch eine Konvertierung des ELF-Debugformats in das COFF-Format ist ein Debugging uneingeschränkt möglich. Zur Konvertierung wird hier das Programm avr-objcopy verwendet, dass das ELF-Format in das COFF-Format umwandelt. Es wird hier das als Extended-Coff-Format bezeichnete Format verwendet, damit das AVR-Studio 4 Anwendung finden kann. Der Makefile aus dem ***Beispiel 13.11*** wird um ein paar Zeilen erweitert, die in ***Beispiel 13.13*** grau unterlegt sind. Sinn der makefile-Erweiterung ist, das Konvertierungsprogramm mit den erforderlichen Parametern zu starten, wenn das neu eingeführte Ziel „debug" beim Aufruf von make mit angegeben wird (Aufruf: make debug). Eventuelle Warnungen, die beim Konvertieren ausgegeben werden, vom Typ *„Discarding local symbol outside any compilation unit: .do..."* können bedenkenlos ignoriert werden und haben keine Bedeutung.

AVR-Studio kann nun die Datei mit der Erweiterung COF laden, und die Simulation des C-Programms kann beginnen. Wichtig ist noch, den verwendeteten Prozessor und die Taktfrequenz bei den Simulator-Optionen einzustellen (***Bild 13.8***). Falls es Probleme beim Laden der Software geben sollte und der Simulator nicht in der Lage ist den Code zu laden, ist eventuell ein Windowspatch erforderlich, der auf den HTML-Seiten der CD-ROM beschrieben ist. Analog zur Oberfläche des JTAG-Emulators (***Bild 11.11, S. 209***) können nun nach dem Laden der Quellcodedatei „main.c" Breakpoints gesetzt und Variablen angezeigt werden. Sogar simulierte Zeitmessungen sind möglich. Ein Breakpoint im Programm „MaXXXLed", welches das Blinken der LED steuert, zeigt, dass das Programm ziemlich genau jede Sekunde aufgerufen wird. Die Zeit lässt sich in der „Stopwatch" im Prozessorfenster (unter IO, Prozessor) ablesen. Die tatsächliche Zeit, die der Simulator benötigt, um

```
# AVR-Make
# Sourcedateien:
# Includedateien: -
Modul1 = main

Target = main
CC = avr-gcc
Linker  =  $(CC)
BIN     = avr-objcopy
LIBDIR = $(AVR)/avr/lib
INCDIR = .
CP      = copy
ELFCOF =    avr-objcopy --debugging \
        --change-section-address .data-0x800000 \
        --change-section-address .bss-0x800000 \
        --change-section-address .noinit-0x800000 \
        --change-section-address .eeprom-0x810000

###### Den verwendeten Controller angeben (at90s8515, at90s8535, attiny22, atmega603...)
MCU = at90s2313


###### Das Ausgabeformat fuer den Linker festlegen:  srec, ihex oder binary
FORMAT = ihex
###### compiler flags
# CFLAGS          = -g -O3 -Wall -Wstrict-prototypes  -mmcu=$(MCU)
CFLAGS            =  -g -O3 -Wall -Wstrict-prototypes  -mmcu=$(MCU)

###### linker flags
LDFLAGS = -mmcu=$(MCU)

all:    $(Target).elf $(Target).rom $(Target).eep

debug:  $(Target).elf $(Target).cof

%o : %c
        $(CC) -c $(CFLAGS) -I$(INCDIR) $< -o $@

#create bin (ihex, srec) file from elf output file
$(Target).rom: $(Target).elf
        $(BIN) -O $(FORMAT) $(Target).elf $(Target).rom

%elf:   $(Modul1).o
        $(Linker) $(Modul1).o $(LDFLAGS)  -o $(Target).elf

%eep:   %elf
        $(BIN) -j .eeprom --set-section-flags=.eeprom="alloc,load" -O $(FORMAT) $< $@

%.cof: %.elf
        $(ELFCOF) -O coff-ext-avr $< $(Target).cof

depend:
        $(CC) $(CFLAGS) -M $(Modul1).c > depend.d

clean:
        rm *.o

include depend.d
```

Beispiel 13.13: *Make-Datei mit Erweiterungen für das AVR-Studio* den Breakpoint zu erreichen, ist natürlich abhängig von der Geschwindigkeit des PC, auf dem der Simulator läuft. Zu einem realitätsnahen Betrieb fehlen noch die Signale von außen an den Prozessorpins. Auch das ist mit dem Simulator möglich. Die Signale lassen sich im IO-Fenster per Mausklick setzen. Das Setzen von PIND Bit 2 von 1 auf 0 löst z. B. den Interrupt 0 aus und setzt das Bit für die Toröffnungsanforderung. Für komplexe Abläufe lassen sich unter dem Menüpunkt „Debug, AvrSimulatorOptions, Simulator Port Stimuli“ Dateien einbinden, die die Prozessorports mit Signalen stimulieren. Das Ergebnis lässt sich in Log-Dateien für jeden Port festhalten und auswerten. Diese Art der Simulation eignet sich für Zeitmessungen, hardwarenahe Untersuchungen zum Interruptverhalten, Tests von Treibersoftware zur Ansteuerung der integrierten Mikrocontrollererweiterungen, wie Timer, Interruptlogik usw.

Komplexe Tests, die die Verarbeitungslogik eines Programms testen, sind aber mit einem Prozessorsimulator nur schwer durchzuführen. Wegen der rechenzeitaufwändigen Emulation dauert ein Test auf einem Simulator schnell sehr lange. Simulato-

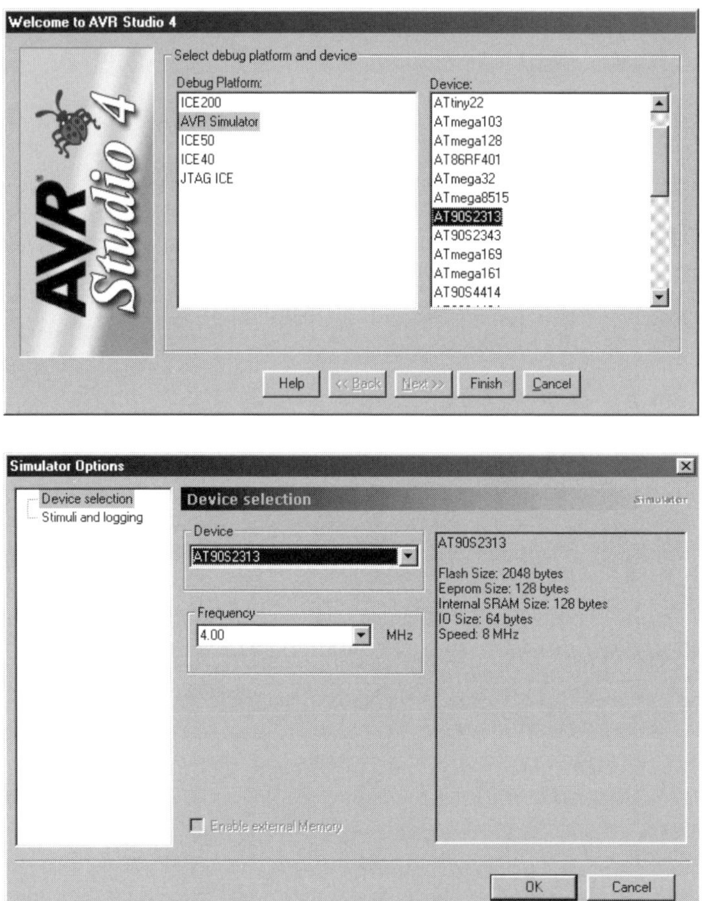

Bild 13.8: *Einstellung des Prozessortyps und der Taktfrequenz im Simulator*

ren bieten außerdem normalerweise keine Möglichkeit zur Decodierung von Ereignissen innerhalb der Software, eine komfortable Dateiverarbeitung für die Stimuli oder zum Speichern der Systemreaktionen. Da die hardwarenahe Simulation bei einem Test der nicht hardwarenahen Logik keinen Nutzen bringt, bietet sich hier die funktionale Simulation der Software auf dem PC an. Durch den Verzicht auf die Prozessorsimulation ergibt sich ein erheblicher Zeitgewinn. Tests, die am echten Gerät einige Stunden dauern würden, lassen sich am PC in wenigen Minuten durchführen. Der PC bietet zusätzlich die Möglichkeit, automatisierte Testauswertungen vorzunehmen. Funktionale Tests testen nur das Verhalten der Steuerungslogik eines Systems, klammern aber alle hardwarenahen Softwareteile aus. Ein funktionaler Test, der naturgemäß nur logische Fehler erkennt, kann mit jedem ANSI-Compiler und einem Debugger erfolgen. Dazu sind aber einige kleine Erweiterungen des Quellcodes nötig. Der in dieser Fallstudie vorgestellte C-Code ist kein reiner ANSI-C-Code. Es gibt einige, in Abschnitt 13.3 besprochene, compilerspezifische Erweiterungen. Diese Erweiterungen verhindern eine direkte Übersetzung und Ausführung des C-Codes auf einem Standard-C-Compiler. Die hier verwendeten Erweiterungen sind:

inp() zum Einlesen von Portwerten,
outp() zur Ausgabe von Signalen auf den Prozessorports,
cli() zum Sperren von Interrupten,
sei() zur Freigabe von Interrupten und
signal() zur Kennzeichnung der Interruptroutinen.

Mit Hilfe des Präprozessors (Abschnitt 3.2.6) können diese Funktionen einfach „unschädlich" bzw. compilierbar gemacht werden. Das dahinter steckende Prinzip ist, die Funktionsaufrufe durch Makros zu ersetzen, die nichts enthalten und die dadurch die nicht ANSI-konformen Anweisungen für den Compiler beseitigen. Ein weiterer Störfaktor für die Übersetzung auf einem anderen Compiler als dem AVR-GNU-Compiler sind die prozessorspezifischen include-Dateien. Diese Dateien sind bei einem anderen Compiler nicht vorhanden. Die include-Anweisungen lassen sich ebenfalls über den Präprozessor durch bedingte Compilierung ausblenden. Um die Ausblendung zu automatisieren, wird diese von der Definition eines Makros abhängig gemacht. Makrodefinitionen können auf Compilerebene (in fast allen Fällen mit dem Schalter -D) übergeben werden. Wenn der Compiler zur Simulation der Software Verwendung findet, wird beim Aufruf auf der Kommandoebene des Compilers der Schalter -DSIMULATION hinzugefügt.

Die gesamte Konstruktion zur Entschärfung der compilerspezifischen Erweiterungen und der Makros findet sich in ***Beispiel 13.14***.

Wenn das Makro SIMULATION definiert ist, werden die #include-Anweisungen (Zeilen 2-4) weggelassen und die spezifischen Anweisungen als Leermakros definiert. Das inp-Makro ist zu 0xFF definiert worden, damit Abfragen und Zuweisungen nicht zu einem Syntaxfehler führen. Als Input liefert dieses Makro für alle Portpins eine 1 zurück, was dem inaktiven Zustand der Eingänge entspricht.

Die sehr maschinenabhängigen Teile des Programms, wie die Interrupthandler, werden über das Makro SIMULATION komplett ausgeblendet, da es keine Möglichkeit gibt, diese Interrupte in der Simulations-ANSI-Umgebung auszulösen. Deshalb kann

```
#ifndef SIMULATION
#include <io.h>
#include <interrupt.h>
#include <sig-avr.h>

#else
#define inp(a) (0xFF)
#define outp(a,b)
#define cli()
#define sei()

#endif
```

Beispiel 13.14: *Ersetzung compilerspezifischer Anweisungen*

auch die Umdefinition der Anweisung signal entfallen, da der gesamte Code der Interruptroutinen durch den Präprozessor entfernt wird. Zur bedingten Entfernung findet wieder das Makro SIMULATION Anwendung. Da die Interrupthandler in der Datei nah beieinander angeordnet sind, genügt eine einzige Abfrage (***Beispiel 13.15***, Zeile 533), um alle Interrupthandler auszublenden. Das Ende der bedingten Compilierung kennzeichnet die #endif Anweisung in Zeile 586. Da die Interrupte schon in Abschnitt 13.7 besprochen wurden, stellt diese Beispiel nur einen Auszug aus dem Code dar.

Mit den beschriebenen kleinen Änderungen kann der Code nun auf allen ANSI-Compilern übersetzt werden, wenn das Makro SIMULATION definiert ist.

Um das Programm zu testen und auf logische Fehler zu untersuchen, fehlt noch die Stimulation von der Außenwelt. Alle Interrupthandler wurden für die Simulation

```
533 #ifndef SIMULATION
534
535
536 /* Interrupthandler */
537 /* Interrupthandler fuer den tcnt1 overflow interrupt */
538 SIGNAL(SIG_OVERFLOW1)
539 {
540    /* Neues Laden des Timerregisters */
541    outp(T1HIGHBYTE,   TCNT1H);  /* setzen TCNT1  */
542    outp(T1LOWBYTE,    TCNT1L);  /* setzen TCNT1  */
543
544    if(ByTmuxEndschalterentprelltimer!=0)
.....  .....................................................................
580 /* Interrupthandler fuer den Betätigungsschalterinterrupt*/
581
582 SIGNAL(SIG_INTERRUPT0)    /* interrupt int1 */
583 {
584   ByBitereignis|=K_BIT_ERG_TOR_AUF;
585 }
586 #endif
```

Beispiel 13.15: *Ausblenden der Interrupthandler*

deaktiviert. Würde man das Programm in dieser Form laufen lassen, erhielte man eine ziemlich unspektakuläre Endlosschleife. Deshalb müssen die Ereignisse, die das Programm stimulieren, nachgebildet werden. Der Hauptkommunikationsspeicher ist die globale Variable ByBitereignis. In ihr würden in der echten Anwendung die Interrupt- und Timerereignisse ihre entsprechenden Bits zur Weiterbearbeitung im Programm setzen. Um externe Ereignisse zu simulieren, wird diese globale Variable entsprechend verändert. Dies kann über ein Debug-programm geschehen, mit welchem die Variable modifiziert und die gewünschten Bits gesetzt werden können.

Komfortabler ist es, eine Stimulifunktion einzufügen, welches die Bits entsprechend setzt. Da die Stimulifunktion Teil des Gesamtmoduls ist, kann im Programm auf die symbolischen Definitionen der Bits zurückgegriffen werden. Durch die Verwendung von symbolischen Definitionen, erhöhen sich die Übersichtlichkeit und der Komfort der Funktion. Die Stimulifunktion wird in der Endlosschleife (***Beispiel 13.16***, Zeile 140) aufgerufen und setzt bei jedem Aufruf ein Ereignis.

```
138  for(;;)
139   {
140     Stimulifunkion();
141     MaScanEndschalter(); /* Endschalter scannen */
142     while(ByBitereignis)    /* Test auf Aufrufkriterium */
143     {
144       MaProcessEvent();
145     }
146   }
147 }
```

Beispiel 13.16: *Einbringen einer Stimulifunktion zur Simulation von externen Ereignissen*

Damit die Stimulifunktion nicht den realen Betrieb im Mikrocontroller stört, wenn später die Tests abgeschlossen sind, wird die Funktion über bedingte Compilierung, gesteuert über das bereits bekannte Makro SIMULATION, in das Projekt eingefügt. Der Funktionsaufruf wird, analog zum ***Beispiel 13.14***, über ein Makro entfernt, wenn das Programm mit dem GNU-AVR-Compiler übersetzt wird. Die Steuerung der Stimulifunktion ***Beispiel 13.17*** erfolgt über eine Zählvariable, die bei jedem Aufruf der Funktion um jeweils eins hochgezählt (Zeile 638) wird. Nacheinander erzeugt die Funktion die Ereignisse eines normalen Betriebsablaufs. Der Betätigungseingang mit seinem Ereignis (K_BIT_ERG_TOR_AUF) startet den Simulationszyklus. Es folgen die Ereignisse K_BIT_ERG_ENDPOSITION_ERREICHT, K_BIT_ERG_TORAUFZEIT_TIMEOUT, K_BIT_ERG_ENDPOSITION_ERREICHT und K_BIT_ERG_ENDPOSITION_ERREICHT. Nach dem letzten Ereignis befindet sich das System wieder im Ausgangszustand, und ein neuer Zyklus kann beginnen. Die Logik des Systems ist mit den dargestellten Änderungen auf jedem üblichen C-Compiler zu compilieren und mit einem C-Debugger testbar. Da das Programm keine Ausgaben erzeugt, macht ein Starten ohne Debugger keinen Sinn, da die Funktionalität von außen nicht wahrgenommen werden kann.

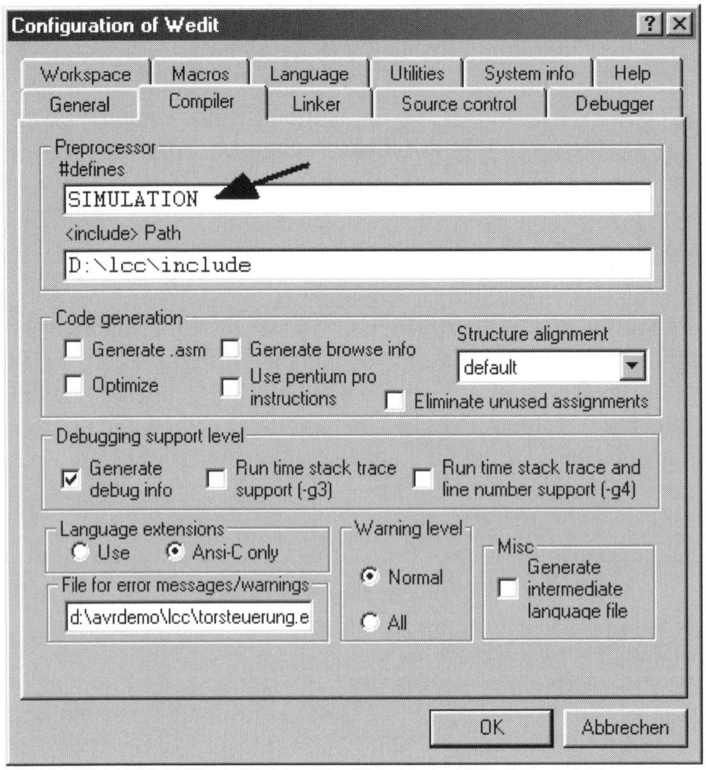

Bild 13.9: *Definition des Makros SIMULATION in der Compilerkonfiguration*

Um das Torsteuerungsprojekt hier zu simulieren, wird die kostenlose und freie Entwicklungsumgebung lcc-win32 Umgebung von *C. Fraser* und *D. Hanson* verwendet, von der sich eine Kopie auf der beigefügten CD-ROM befindet. Dazu wird ein Projekt als Konsolenapplikation eröffnet und die C-Datei für die Torsteuerung zum Projekt hinzugefügt. Danach in der Compilerkonfiguration das Makro SIMULATION (***Bild 13.9***) definiert, damit die AVR-GNU-spezifischen Makros ersetzt und Programmteile ausgeblendet werden. Ein Starten des Programms über „Execute" macht wegen der fehlenden Ausgaben keinen Sinn. Nach dem Starten des integrierten Debuggers lässt sich der Code im „Singlestep" oder mit Breakpoints versehen ausführen. In ***Bild 13.10*** ist der in die Entwicklungsumgebung integrierte Debugger zu sehen. Dort ist ein Breakpoint in der zweiten Zeile der Funktion MaTorOeffnetAufEndposition gesetzt. Die gerade in Benutzung befindlichen Variablen (lokale und globale und die Hexwerte der über #define definierten Konstanten) sind im unteren Fenster mit ihren aktuellen Werten dargestellt. Mit dieser komfortablen Umgebung lassen sich Fehler im Ablauf der Steuerung leicht finden. Bei Bedarf kann natürlich die Stimulifunktion verändert werden, um einen Fehlerfall nachzubilden.

Bei größeren Systemen ist die Stimulation des System über fest programmierte Programmteile in der Stimulusfunktion nicht sinnvoll. Zu viele Änderungen wären

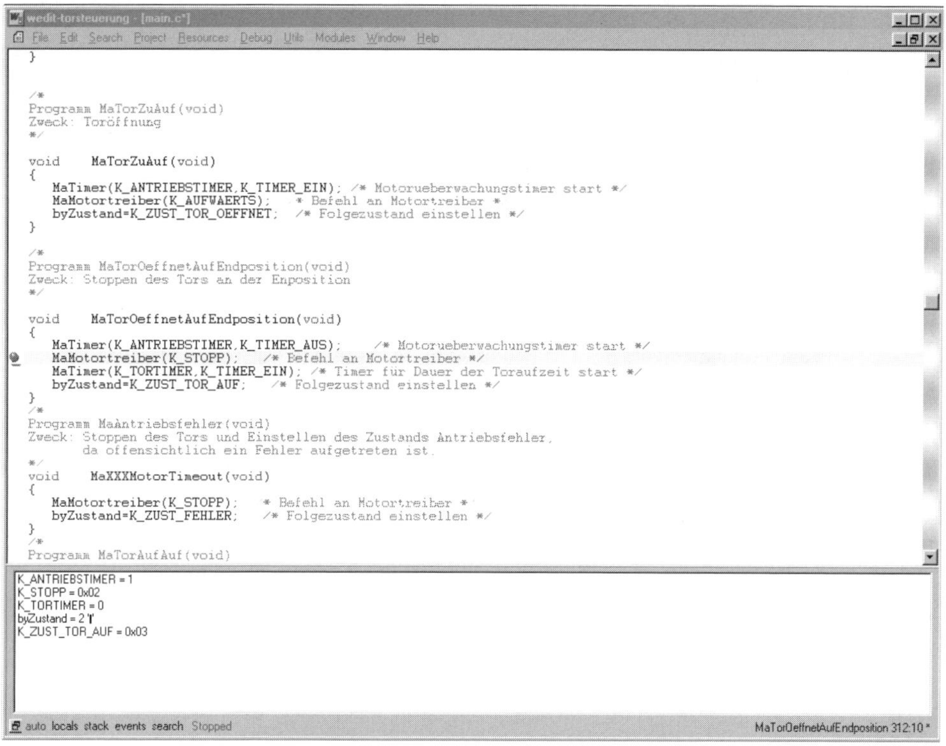

Bild 13.10: *Simulation des Projekts unter Windows*

nötig, um ein wachsendes System nach und nach vollständig zu testen. Die Nachverfolgung über einen Debugger wäre ebenfalls viel zu zeitaufwendig. Bei größeren Systemen ist es sinnvoll, die gewünschten Stimuli aus einer Datei zu lesen, die vom Programmierer oder anderen Personen, wie z. B. Systemtester, leicht erstellt werden kann. Dafür muss ein Dateihandling implementiert und die Debugfunktion mit einem Symbolinterpreter erweitert werden, damit die Erstellung der Stimuli leicht von der Hand geht. Anstatt der Zahl 4 ist z. B. ein Symbol „ENDPOSITION_ERREICHT" wesentlich eingängiger. Die Systemreaktionen sollten zusammen mit den erfolgten Stimuli in einer Ergebnisdatei, ebenfalls symbolisch aufbereitet, protokolliert werden. Dadurch wird es möglich, die Systemreaktionen und die dazugehörigen Stimuli leicht zu beurteilen und mit bisherigen Ergebnissen zu vergleichen (siehe auch Abschnitt 11.5.1).

Die Software wurde hier, ohne den Einsatz der Zielhardware, schon ziemlich gut getestet. Durch Simulation ist es jedoch nicht möglich, die Interaktionen zwischen dem Prozessor und der angeschlossenen Hardware vollständig zu simulieren. In der Hardware stehen aber (ohne Kauf eines Emulators) wiederum keine Debugfunktionen zur Verfügung. Ein Ausweg aus diesem Dilemma ist die Bestückung des zu testenden Treibercodes mit Codesonden, die eine optische Funktionskontrolle erlauben. Man spricht auch von *Instrumentierung* des Codes. Dazu kann z. B. die hier normalerweise als Funktionskontrolle verwendete LED (siehe Funktion MaXXXLed

```
#ifndef SIMULATION
....
#define Stimulifunktion(a)
#else
....
void Stimulifunktion(void); /*Prototyp der Stimulifunktion für die Simulation */
#endif
....
#ifdef SIMULATION
/*
Programm void Stimulifunktion(void)
Zweck: Programm zum Simulieren von externen Ereignissen
*/
void Stimulifunktion(void)
{
        static BYTE byZaehler=0;
        switch (byZaehler)
        {
                case 0:
                        {
                        break;
                        }
                case 1:
                        {
                        /* Schalterbetätigung simulieren */
                        ByBitereignis|=K_BIT_ERG_TOR_AUF;
                        break;
                        }
                case 2:
                        {
                        /* Endschalter */
                        ByBitereignis|=K_BIT_ERG_ENDPOSITION_ERREICHT;
                        break;
                        }
                case 3:
                        {
                  /* Timer abgelaufen Tor schliesst */
                        ByBitereignis|=K_BIT_ERG_TORAUFZEIT_TIMEOUT;
                        break;
                        }
                case 4:
                        {
                        /* Endschalter */
                        ByBitereignis|=K_BIT_ERG_ENDPOSITION_ERREICHT;
                        break;
                        }
                case 5:
                        {
                        /* Simultionszaehler zurücksetzen */
                      byZaehler=0;
                        }
  }
  /* Simultionszaehler weiterzaehlen */
  byZaehler++;
}
#endif
```

Beispiel 13.17: *Die Stimulifunktion und die notwendigen Änderungen für den simulierten Betrieb* aus ***Beispiel 13.5***) dienen. Die reguläre Ansteuerung der LED ist zuerst aus dem Code (z. B. durch Kommentierung der entsprechenden Codestücke) zu entfernen, damit es keine Interreferenzen zwischen den Testfunktionen und den regulären Funktionen der Anzeige gibt. Soll jetzt überprüft werden, ob z. B. der Schalterinterrupt tatsächlich bei der Betätigung des angeschlossenen Schalters im Prozessor ausgelöst wird, wird der Code zum Anschalten der LED in die Interruptroutine eingefügt. Leuchtet die LED beim Betätigen des Schalters auf, kann man sicher sein, dass der Interrupt bearbeitet wurde. Auf diese Art und Weise sind auch Messungen bei sehr schnellen Signalen möglich, bei denen ein Aufleuchten der LED nicht zu erkennen wäre. Ein Speicheroszilloskop zeichnet (anstatt der menschlichen Augen) die Signale der Leuchtdiode oder eines Portpins auf.

Bis jetzt konnte auf teure Werkzeuge wie den Emulator verzichtet werden. Trotzdem wurde die Software zu einem großen Teil getestet. Diese Vorgehensweise ist zugegebenermaßen etwas mühselig. Ich habe das hier vorgestellte Projekt ebenfalls auf die hier beschriebene Weise von Fehlern bereinigt und zum ordnungsgemäßen Funktionieren gebracht.

Auf eine Darstellung des Debugvorgangs mit dem Emulator wurde verzichtet, da sich er sich kaum von der Besprechung des JTAG-Emulators für den AVR-Mega323 in Abschnitt 11.5.3 unterscheidet. Für professionelle Anwendung ist, besonders bei komplexen Programmen, die Anschaffung eines Emulators jedoch unverzichtbar, da die Realität meist Fehlermöglichkeiten bereithält, an die der Programmierer nicht gedacht hat, und ein Blick in das „Innenleben" des Prozessors nötig ist.

14 Objektorientierte Programmierung (OOP)

Die Weiterentwicklung von C, das C++, ist in aller Munde. Als objektorientierter Programmiersprache werden wahre Wunder von C++ erwartet. Im Bereich der kleinen Systeme ist C++ jedoch noch mit Vorsicht zu genießen. *Objektorientierte Programmiersprachen* (OPS) brauchen im Vergleich zu ihren nicht objektorientierten Gegenstücken mehr Speicher. Muss besonders speichereffektiv programmiert werden, scheiden OPS leider aus. OPS nehmen dem Programmierer Arbeit ab und lösen viele Probleme eleganter. Mann kann es so betrachten, dass ein Teil der Arbeit, die früher der Programmierer leisten musste, bei OPS das System zur Laufzeit des Programms übernimmt. Erfüllt ein System seine Aufgaben mit einer konventionellen Programmiersprache in gerade noch annehmbarer Zeit, so wird es mit einer OPS garantiert zu langsam. Das gesamte Laufzeitverhalten eines objektorientierten Systems gestaltet sich grundsätzlich anders als das eines konventionellen Systems. In der Programmiersprache C bedeutet das Erreichen von geschweiften Klammern auf Prozessorebene ein paar einfache (Stapel-) Operationen, um Variablen anzulegen oder zu vernichten. Bei C++ werden aber bei Erreichen dieser Klammern evtl. ganze Objekte erzeugt und später wieder vernichtet. Da der Programmierer die Möglichkeit hat, die Prozeduren (OPS-Sprachgebrauch: Methoden) zum Anlegen und Vernichten von Objekten selbst zu schreiben (so genannte Konstruktoren und Destruktoren), können beim Erreichen der Klammern theoretisch beliebig komplizierte Prozeduren ablaufen. Dieser praktisch „versteckte“ Aufwand kann das Laufzeitverhalten eines Systems wesentlich beeinflussen. Man stelle sich z. B. das bekannte rekursive Programm Quicksort vor. Anstelle von lokalen Hilfsvariablen im Quicksortprogramm könnten genauso gut lokale Hilfsobjekte mit eigenen Konstruktoren und Destruktoren angelegt werden. Das evtl. aufwendige Anlegen der Hilfsobjekte geschieht dann mit jeder Rekursion des Programms. Ebenfalls nicht zu unterschätzen ist der zusätzliche Aufwand an Code, der für objektorientierte Programmierung notwendig ist. Es kann leicht zu einer Verzehnfachung der Codegröße im Vergleich zur herkömmlichen C kommen.

Um dem Problem der massiven Codevergrößerung zu begegnen, ist EC++ entwickelt worden. EC++ ist (noch) nicht standardisiert. Der Funktionsumfang wurde von einem Zusammenschluss von Tool- und CPU-Herstellern festgelegt. Ziel von EC++ ist es, eine Untermenge von C++ Funktionalität zu implementieren, um so die Codegrößen und Laufzeitprobleme zu umgehen. EC++ verzichtet auf einige Leistungsmerkmale von C++ wie:

- Mehrfachvererbung,
- virtuelle Basisklassen,
- variable Bezeichner,
- Templates,
- Exception Handling,
- Identifikation des Laufzeittyps,
- virtuelle Funktionstabellen.

Im Vergleich zu C muss aber immer noch mit einer Verdoppelung der Codegröße gerechnet werden. Die Entscheidung zwischen C, EC++ und C++ ist ein Abwägen zwischen den Parametern Speichergröße, Ausführungsgeschwindigkeit, Wartungsfreundlichkeit der Programme, vorhandene Problemlösungen und Komfort für den Programmierer. Komfort deswegen, da es kein programmiertechnisches Problem gibt, das ausschließlich mit C++ oder EC++ zu lösen wäre.

14.1 Objektorientierte Sichtweise

Die *Struktur* in der Sprache C gehört zu den wichtigen Gestaltungskriterien der Sprache. Eine Struktur in C beschreibt ein zu einer Einheit zusammengefasstes Datum, welches aus mehreren Komponenten besteht. Diese Komponenten können wieder aus weiteren Strukturen oder aus den Grunddatentypen von C, wie Integer, char, float und long, bestehen. Eine Grundidee von C++ ist es, eine Struktur als abgeschlossene Einheit zu betrachten, die nicht nur Daten enthält, sondern die auch die Funktionen (Methoden) beinhaltet, die auf diese Daten zugreifen. Diese gekapselte Einheit wird dann nicht mehr als Struktur bezeichnet, sondern sie bekommt den Namen *Klasse* (class). Genauso wie man nun mit einer Struktur Variablen anlegen kann, die die selbst definierten Daten repräsentieren, können mit den Klassen so genannte *Objekte* angelegt werden. Sogar die Erzeugungsvorschrift (*Konstruktor*) und die Vernichtungsvorschrift (*Destruktor*) des Objekts kann vom Programmierer vorgegeben werden.

Mit Hilfe der *Vererbung* kann bei der Implementation von Code auf bereits fertige Software zurückgegriffen werden. Bei der Vererbung übernimmt man bereits fertige Klassen mit in selbst definierte Klassen hinein. Die Funktionalität der beerbten Klasse kann für eigene Zwecke genutzt werden. Gibt es beispielsweise bereits eine Klasse, die die Funktionalität einer verketteten Liste besitzt, so kann diese Funktionalität in eigene Klassen vererbt werden. Diese Klassen müssen vom Programmierer dann nur noch um ihre eigene gewünschte Funktionalität erweitert werden. Auf die Funktionalität „verkettete Liste“ kann zurückgegriffen werden, ohne Programmieraufwand zu treiben.

Innerhalb der definierten Klassen können auch *Operatoren* definiert werden, die dann für die aus den Klassen abgeleiteten Objekte zur Anwendung kommen. Der Operator + kann so definiert werden, dass bei Anwendung von + auf zwei Objekte komplizierte Berechnungen ablaufen, die die Addition der Objekte vollziehen. Weiter ist es möglich, den Arrayoperator [] in einer Klasse so zu definieren, dass Felder möglich werden, die sich bei Bedarf automatisch vergrößern.

Polymorphismus ermöglicht es, gleiche Methoden auf verschiedene Objekte anzuwenden, die jeweils von unterschiedlichen Klassen abstammen. Ein Beispiel wären verschiedene Objekte, die beide eine Methode besitzen, die Daten im Speicher zwischen zwei anzugebenden Stellen kopiert. Denkbar wären ein Objekt Flashspeicher und ein Objekt RAM-Speicher. Diese Objekte wären stark unterschiedlich aufgebaut. Besitzen die Objekte beide eine Methode „Daten kopieren", kann über einen Zeiger das Objekt ausgewählt und die Methode als Operation auf diesen Zeiger gestartet werden. C++ findet automatisch die richtige zum Objekt gehörige Methode und startet diese.

Auch die Methoden der Systemanalyse und des Designs haben sich verändert. Gab es früher noch zwei verschiedene Arbeitsschritte, um das Design eines Programms zu bewerkstelligen, so gibt es jetzt nur noch ein Modell, welches immer weiter verfeinert wird. Dieses Modell wiederum besteht aber aus mehreren Komponenten bzw. Untermodellen. Bei der mittlerweile zum Standard gewordenen Methode UML gibt es ein Modell des Systems, welches verschiedene Sichtweisen auf das Modell enthält.

Dieser erste Überblick über C++ soll helfen, die folgenden Erläuterungen richtig einordnen zu können. C++ ist ein mächtiges Werkzeug, es gibt jedoch im Moment noch keine größeren Erfahrungen mit C++ in Embedded-Systemen. Vor Anwendung von OOP muss geprüft werden, ob sich C++ hier überhaupt lohnt. Ausführliche Informationen zum Erlernen von C++ und eine Sprachreferenz vom Erfinder von C++ finden sich in [14].

14.2 Objektorientierte Programmierung für ANSI C

Objektorientierte Programmierung (OOP) ist mit objektorientierten Programmiersprachen verknüpft. Für die momentanen Prozessoren für Massenartikel sind im Moment nur wenige OOP-fähige Compiler am Markt. Das heißt jedoch nicht, dass ohne objektorientierte Sprache keine objektorientierte Programmierung möglich sei. Es müssen nur die Möglichkeiten durch die Verwendung eines Konzepts und die Grenzen, bedingt durch eine nicht objektorientierte Programmiersprache (ANSI-C), herausgearbeitet werden.

Ein Ziel von OOP ist es, Objekte aus der realen Welt in Software abzubilden, um die Software dadurch möglichst einfach und übersichtlich zu halten.

Wie oben schon erwähnt, kann sich die Programmierung ohne C++-Compiler nur an die echte OOP-Programmierung annähern. Im Folgenden sind nun diese Annäherungspunkte aufgeführt, die eine C-Software „OOP-like" werden lassen.

Am einfachsten lassen sich OOP-ähnliche Strukturen erzeugen, indem so viel wie möglich *abstrakte Datentypen* verwendet werden. Abstrakte Datentypen bedeuten, dass auf Daten nur über Funktionen zugegriffen wird (siehe auch Abschnitt 4.2).

Diese Funktionen bilden mit den Daten eine Einheit. Betrachtet man (aus der OOP-Sicht) die Daten eines Systems als Daten eines Objekts, so können analog hierzu die Funktionen, die auf die Daten zugreifen, die *Methoden* eines Objekts genannt werden. Diese Art der Programmierung von abstrakten Datentypen lebt und stirbt mit der Disziplin der Benutzer. Denn leider gibt es in C nur äußerst spärliche Möglichkeiten, Daten vor unerlaubtem Zugriff zu schützen. Die einzige Möglichkeit für das Schützen von globalen Daten vor dem Zugriff von anderen Modulen ist das in Abschnitt 3.2.2 besprochene Schlüsselwort static.

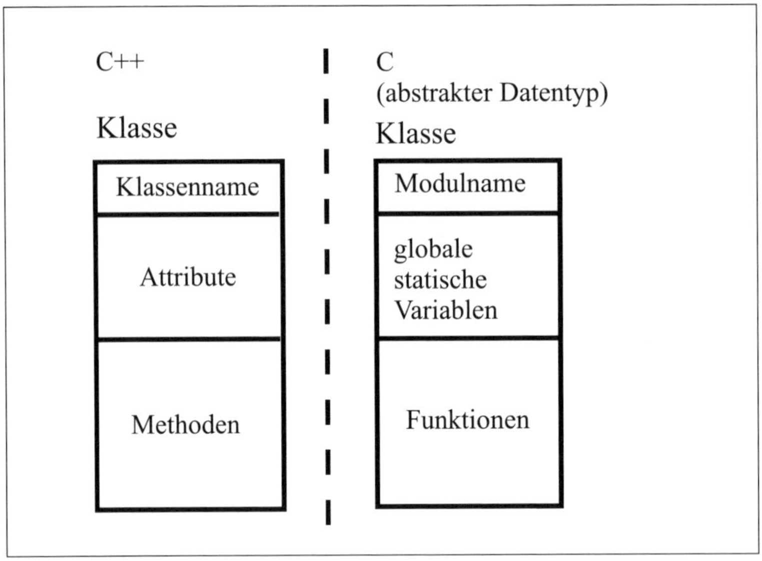

Bild 14.1: *Klasse in C++ und C*

Werden alle allgemeinen Unterprogramme einer Software in einer *Bibliothek* (Library) zusammengefasst und anderen Entwicklern zugänglich gemacht, so lässt sich auch eine mehrfache Verwendung von einmal programmiertem Code erreichen. Dies wird noch unterstützt, wenn mehrere Bibliotheken für Spezialprobleme existieren. So werden nicht alle mathematischen Programme in eine Bibliothek gepackt, sondern es gibt mehrere Bibliotheken für spezielle Probleme. Die zu den Bibliotheken gehörenden Include-Dateien stellen dem Programmierer auch schon genau auf das Problem zugeschnittene Strukturen und Datentypen zur Verfügung. Wichtig ist also auch, dass nicht zu viele Programme in eine Bibliothek gepackt werden, damit die Übersicht und Spezialisierung noch erhalten bleiben. Die Bibliotheken stellen die Methoden der im Code verwendeten Objekte dar.

Durch die Aufteilung der Software in funktional getrennte Module lässt sich die Abbildung realer Objekte auf den Code erreichen. Für das zu programmierende Objekt muss ein Modell als Abbild der realen Welt gefunden werden. Analog zu diesem Modell werden die verschiedenen Module der Software gebildet. Dieses Prinzip wurde auch in den hier beschriebenen Beispielen (Abschnitt 9.11 und Kapitel 13) angewendet. Es findet sich wieder in der strengen Trennung der verschiedenen Module nach ihren Aufgabenbereichen.

14.3 Unterschied zu echter OOP-Programmierung

Trotz der oben erwähnten Möglichkeiten bleiben jedoch große Lücken (und damit auch Rationalisierungspotenzial) zur echten OOP-Programmierung. Viele nützliche Dinge, die in OOP angewendet werden, sind bei reinem C nicht möglich. Polymorphie zum Beispiel lässt sich in C nur mit zusätzlichem Aufwand realisieren, der den Nutzen übersteigt. Operatoren können in C++ umdefiniert werden. So können komplexe Funktionen auf ein Objekt durch einen einfachen Operator wirken. Auch diese Funktion findet in C kein Äquivalent. Speicherverwaltung und Objektsteuerung durch Konstruktoren und Destruktoren bedeuten in C ebenfalls Mehraufwand und sind fehlerträchtig in der Anwendung, da das Erzeugen und Vernichten von Objekten nicht von der Sprache selbst unterstützt wird. Eine nachgebildete Objektsteuerung kann jedoch hilfreich sein. Bei vielen Ressourcen, wie z. B. Freispeicher, kommt es vor, dass die Ressource nach der Benutzung wieder freigegeben werden muss. Fehlt das Freigeben von Ressourcen oder wird es unvollständig gehandhabt, so entstehen schwer zu findende Programmfehler. Diese Programmfehler lassen sich dadurch reduzieren, dass analog zum Konstruktor-Destruktor-Modell von OOP zwei Funktionen geschrieben werden, die eine Ressource vollständig zur Verfügung stellen und nach Benutzung auch vollständig wieder freigeben.

Die Übersichtlichkeit, Hierarchie und Wartungsfreundlichkeit einer Software in C kann nie die einer mit gleichem Aufwand programmierten Software in C++ erreichen. Umgekehrt kann die Sprache C++ (oder EC++) nie die Codeeffizienz einer gleichwertigen Lösung in C erreichen.

15 Tooltipps

Auf dem Markt für Tools für die Softwareentwicklung gibt es eine unüberschaubare Vielfalt. Da ich mit vielen Programmen in Berührung gekommen bin, möchte ich hier eine subjektive Auswahl von Programmen und Tools vorstellen, die ich selbst in Benutzung habe und mit deren Qualität, Stabilität und Preisleistungsverhältnis ich zufrieden bin.

Editoren zur Programmcodeerstellung

CREdit

ist ein zuverlässiger, schneller und einfacher Freeware-Editor, der die syntaxabhängige Hervorhebung und Colorierung des Sourcecodes ermöglicht. Der Editor kommt mit wenig Ballast aus und ist dadurch übersichtlich und leicht zu bedienen. Mit der Version 1.013 wurde die komplette Fallstudie in Kapitel 13 erstellt. Der Editor ist Freeware. Die aktuelle Version kann unter (http://www.praven3.com/credit/) geladen werden. Außerdem ist er auf der beigefügten CD-ROM abgelegt.

Das Aktivieren der syntaxabhängigen Hervorhebung und Colorierung ist in der Version 1.013 nicht ganz einfach. Sie wird im Menü des Editors unter Optionen, „Syntaxhighlighting", Import und danach durch die Auswahl der Datei Total.ini vorbereitet. Diese Datei muss separat heruntergeladen werden. Jetzt kann die Sprache ausgewählt werden, die unterstützt werden soll. Hier wäre es C/C++.

Programmers Notepad

Dieser Editor gehört zur Gnu-Familie und befindet sich auch im WinAvr Softwarepaket. Wenn Sie die Software zur Fallstudie installiert haben, befindet er sich bereits auf Ihrem System. Die aktuelle Version ist unter www.pnotepad.org zu beziehen. Neben der, schon mittlerweile zum Standard bei Editoren gehörenden syntaxabhängigen Colorierung, ist es bei diesem Programm möglich, den Quelltext ebenenweise ein- und auszublenden. So lassen sich auch größere Quelltexte übersichtlich darstellen und strukturieren. Zur Orientierung lassen sich Zeilennummern einblenden. Mit dem Editor kann man auch sehr komfortabel makefiles erstellen. Auch hier bietet er eine automatische Syntaxcolorierung und ist damit der einzige Editor, den ich kenne, der diese Funktion bietet. Mit der Option Mark Whitespace (unter dem View-Menü) lassen sich Tabulatoren als Pfeile und Blanks als Punkte darstellen. Dies ist besonders hilfreich bei der Make-Datei-Erstellung und Bearbeitung, da der häufige Fehler, die Verwechselung zwischen Blanks und Tabulatoren, direkt sichtbar wird. Außerdem ist der Editor ein wahres „Sprachgenie". Er versteht neben dem

Windowsdateiformat problemlos Unix- und Macintoshtexte und lässt sich so gut in heterogenen Entwicklungsumgebungen einsetzen.

Codewright

Codewright bietet viele Funktionen und erleichtert die Arbeit stark. Filter- und Suchfunktionen ermöglichen die Navigation im Sourcecode. Die Definition von Makros erspart Tipparbeit. Eingeschränkte Demoversionen sind unter www.borland.com zu finden.

<u>HilfsProgramme und Compiler</u>

Make

Der GNU-Make leistet gute Dienste und ist kostenlos von der GNU-Software Foundation zu beziehen (http://www.gnu.org/). Eine aktuelle GNU-Make Version befindet sich im beigefügten AVR-Compilerpaket.

AVR Gnu Debugger

Im WinAvr Softwarepaket befindet sich auch ein eigener Debugger, der direkt das vom AVR-Gnu-Compiler erzeugte elf-Format bearbeiten kann. Er ist noch etwas umständlich zu bedienen und hat auch noch eine eigeschränkte Funktionalität, da er noch etwas unfertig und fehlerbehaftet ist. Der Debugger besteht aus drei verschiedenen Teilen:

- dem kommandozeilenorientierten Gnu-Debugger avr-gdb,
- der grafischen Oberfläche für den Gnu-Debugger avr-insight und
- dem Target-Modul (je nach Anwendung simulavr oder avrice).

Der grafische Gnu-Debugger avr-insight startet implizit den kommandozeilenorientierten Debugger avr-gdb. Dieser benötigt nach seinem Start noch ein Targetmodul, welches entweder einen Simulator realisiert oder eine Verbindung zu einem Emulator herstellt. Für den Simulatorbetrieb wird der Debugger wie folgt konfiguriert. Der Simulator wird in einem Kommandozeilenfenster gestartet (simulavr -d at90s2313 --gdbserver -p 1000). Hier wird der Simulator für den Baustein at90s2313 (-d at90s2313) und als gdbserver für den Port 1000 konfiguriert. Der Simulator wartet nun auf den Kontakt mit dem avr-insight-Debugger, der jetzt als nächstes gestartet wird. Über den Menüeintrag „File Load“ kann eine elf-Datei in den Debugger geladen werden. Danach werden bei „File Target Setting“ als Target „GdbServer“ und als Port 1000 eingetragen. Wenn man nun den Menüpunkt Run auswählt, beginnt das Programm zu laufen und ein Debugging ist eingeschränkt möglich. Man muss leider sagen, dass es sich bei dieser Version des Simulators um eine noch unfertige Programmversion handelt. Er stellt noch keine Alternative zum AvrStudio dar. Dies wird sich aber bestimmt im Laufe der Zeit ändern.

<u>Compiler für Embedded-Systeme</u>

Die Compilerauswahl ist stark von dem verwendeten Prozessor abhängig. Vielleicht steht ein kostenloser Compiler der Free Software Foundation (www.gnu.org) zur Verfügung? Speziell für den GNU-AVR-Compiler gibt es folgende Seiten:

- Manuals: http://www.avrfreaks.net/AVRGCC/coding.php und http://savannah.nongnu.org/download/avr-libc/
- Aktuelle Compilerversion: http://sourceforge.net/projects/winavr
- AVR-Codebeispiele: http://www.avrfreaks.net/
- AVR-Tools: http://www.rowalt.de

Kostenpflichtige Compiler für verschiedene Prozessoren werden z. B. von IAR (www.iar.com) und von Tasking (www.tasking.com) angeboten.

Eine allgemeine Seite zum Thema Mikrocontroller: http://www.mikrocontroller.net

Compiler für das Hostsystem

Es ist sinnvoll, entwickelte Programme auch auf dem Entwicklungsrechner (dem Hostsystem) zu testen, bevor das Programm in die Embedded-Welt entlassen wird. Ebenso sinnvoll ist es, einen zweiten Compiler über den Quelltext laufen zu lassen, damit möglichst viele Warnungen entdeckt werden können. Auf der Windows-Plattform existieren sehr viele Entwicklungsumgebungen und Compiler für C und C++. Zu nennen sind hier Produkte wie Microsoft Visual C++, Borland C++ (mit seinem freien Compiler und Debugger unter www.borland.com/bcppbuilder/freecompiler) oder ebenfalls der GNU-Compiler. Eine vollständige, uneingeschränkt funktionsfähige, freie C++-Entwicklungsumgebung ist das lccwin32-Paket, welches unter ftp://ftp.cs.virginia.edu/~lcc-win32 zu laden ist und sich auf der beigefügten CD-ROM befindet. Die Entwicklungsumgebung gibt es nicht nur für Windows sondern auch für Linux und Solaris. Auf Linux werden drei Compiler unterstützt, der gcc (GNU-C-Compiler), der lcc und der icc (Intels C/C++ Compiler).

Sourcecodeverwaltung

Zur Sourcecodeverwaltung kann das kostenlose, bereits vorgestellte und auf der CD-ROM vorhandene CVS eingesetzt werden. Es kann unter www.cvsgui.org geladen werden.

Programmiergeräte für die Programmierung von Programmspeichern

Der Innovationszyklus von Programmbausteinen, wie z. B. Flash-ROMs ist sehr kurz. Ständig kommen neue Bausteine auf den Markt. Deshalb ist es wichtig, die Software von Programmiergeräten und damit die verwendeten Programmieralgorithmen ständig auf dem neusten Stand zu halten und eine große Auswahl an unterstützten Bauelementen zu haben. Kostenpflichtige Updates über Wartungsverträge können da ganz schön ins Geld gehen. Glücklicherweise gibt es einige Hersteller von Programmiergeräten, die Softwareupdates zu ihren Produkten kostenlos über das Internet zum Download anbieten. Zu diesen Geräten gehört auch das hier in Abschnitt 11.6 vorgestellte, preiswerte Galep-4-Gerät (www.conitec.de), welches für die meisten Anwendungen vollkommen ausreicht und ein sehr gutes Preis-Leistungs-Verhältnis hat. Das Galep-4-Gerät ermöglicht netzunabhängigen Betrieb durch 6 optionale Standard 1,2 Volt Akkumulatoren (NiMh), Typ AAA. In ***Bild 15.1*** ist das Galep-Gerät dargestellt. Über die genannte Internetseiten ist es nicht nur möglich, Softwareupdates für die Geräte zu laden, es können auch (vor dem Kauf) die unterstützten Bausteine eingesehen werden.

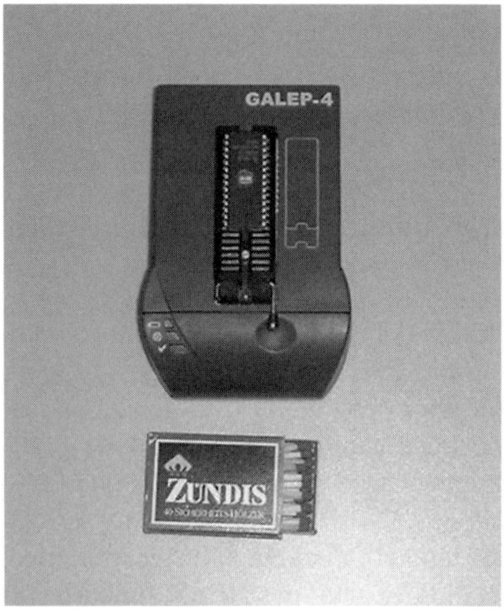

Bild 15.1: *Programmiergerät Galep-4*

Hinweise zur Beilage-CD-ROM

Auf der CD-ROM befindet sich eine HTML-basierte Oberfläche, die Sie mit Ihrem Browser über das Öffnen von index.html aktivieren können. Die gesamte auf der CD-ROM befindliche Software wurde von mir getestet. Bei Problemen empfehle ich nach Updates der Programme im Web zu suchen. Ein Support für diese Programme kann nicht geleistet werden, da sie nicht von mir erstellt wurden. Bei der Gelegenheit möchte ich noch allen Programmierern danken, die hier eine vollwertige Entwicklungsumgebung mit Debugger, Simulator, Sourcecode-Kontrolle, In-circuit-Programmer, Entwicklungsumgebung für den PC und Programmiersprachen unterstützenden Editor zur Verfügung stellen.

Beispiel:

In diesem Verzeichnis befindet sich der vollständige C-Code der Fallstudie mit weiteren Dateien, die für das Projekt notwendig sind. Für die Simulation mit dem Tool lccwin32, welches sich auch auf der CD-ROM befindet, ist die Projektdatei torsteuerung.prj vorhanden.

Verzeichnis Tools:

\Acrobat: Acrobat Reader zum Lesen von PDF Dokumenten.
\AVR: Programme und Utilities für den AVR-Prozessor.
\cccc: Softwarekomplexitätsanalyse.
\CREdit: Editor zur Programmerstellung.
\CVS: CVS-Programme, kommandozeilenorientiert.
\doxygen: Dokumentationssoftware für C und C++ Programme.
\graphviz: Zusatzprogramm zu Doxygen
\PC-Entwicklungsumgebung: Softwaretools der PC-Entwicklungsumgebung.
\rcs: rcs-Softwarepaket.
\splint: Statische Analyse von C-Programmen.
\WinCVS: CVS für Windows. Bitte auch Python installieren.
\python: Zusatztool für die Erweiterung von WinCVS. Es wird **dringend** empfohlen, diese Software zusammen mit WinCVS zu installieren.
\WinMerge Hilfsprogramm zum Vergleichen und Bearbeiten von Quellkode.

Verzeichnis Dokumentation:

In diesem Verzeichnis sind nützliche Dokumentationen abgelegt. Zum Offline-Lesen der HTML-Dateien benötigt man einen MS-Internet-Explorer ab Version 5.5. Die PDF-Dateien können mit dem Acrobat Reader gelesen werden, der sich ebenfalls auf der CD-ROM befindet oder auch über www.adobe.de/acrobat.de kostenlos bezogen werden kann.

Literaturverzeichnis

[1] Infineon: Microcomputer Components C161K, C161O, C161 V. 1997, www.infineon.de

[2] *Witzak, M.*: Echtzeitbetriebsysteme. Poing: Franzis, 2000

[3] *McCabe, T.:*, A complexity measure,

[4] *Fogel, K.*: Open Source-Projekte mit CVS. Bonn: MITP-Verlag, 2003

[5] *Fogel, K.*: Das CVS-Buch. 2001, http://cvsbook/.red-bean.com/translation/german

[6] *DeMarco, T.*: Structured analysis and system specification. New York: Yourdon Press, 1978

[7] *Page-Jones, M.*: The practical guide to structured systems design. New York: Yourdon Press, 1980

[8] *Coad, P.; Yourdon, E.*: Objectoriented Analysis. Englewood Cliffs: Prentice Hall, 1991

[9] *Thaller, G.*: Design und Implementierung. Berlin: Verlag Technik, 2000

[10] *Kent, B.*: Extreme Programming. München: Addison-Wesley, 2000

[11] *Schmuller, J.*: Jetzt lerne ich UML. München: Markt und Technik Verlag, 2003

[12] *Balzert, H.*: Lehrbuch der Softwaretechnik. Heidelberg: Spektrum Akademischer Verlag, 2001

[13] Atmel Cooperation: Atmel Microcontroller 90S2313, Revision 0839G 08/01. 2001, www.atmel.com

[14] *Walter, R.*: Mikrocontroller-Seite von Roland Walter. 2004, www.rowalt.de/mc/

[15] *Stroustrup, B.*: Die C++ Programmiersprache. München: Addison-Wesley, 2000

Sachwörterverzeichnis

Logistiknetze
Mit Supply Chain Management erfolgreich kooperieren
Hüthig

PRAXIS
Embedded Internet in der Industrieautomation
Hüthig